ELEKTROLYTISCHE
METALL-ABSCHEIDUNGEN

ANGEWANDTE ELEKTROCHEMIE
(GALVANOSTEGIE U. GALVANOPLASTIK)

WISSENSCHAFTLICHES U. PRAKTISCHES HANDBUCH FÜR GALVANOTECHNIKER, CHEMIKER, GEWERBETREIBENDE, INDUSTRIELLE USW.

VON

GEORG BUCHNER
SELBSTÄNDIGER. ÖFFENTLICHER CHEMIKER
MÜNCHEN

ZWEITE VERMEHRTE AUFLAGE

MIT 10 FIGUREN IM TEXT

BERLIN W
VERLAG VON M. KRAYN
1923.

F. L. WAGENER, LEMGO

Herrn Ingenieur

Hubert Steinach

(1851—†1919)

dem Förderer aller technischen Bestrebungen,
insbesondere auch der Galvanotechnik.
in Freundschaft gewidmet.

Inhalts-Verzeichnis.

I. Allgemeiner Teil.

Die elektrolytischen Metallabscheidungen in der Galvanotechnik.

B. Metallabscheidung mit äußerer Stromquelle.

II. Spezieller Teil.

Die Bäder

Anhang.

Vorwort zur 2. Auflage.

Dieser Ergänzungsband zu dem im gleichen Verlage erschienenen Grundriß: „Die galvanischen Metallniederschläge“ von Steinach-Buchner-Wogrinz — 4. Auflage — erscheint hiermit, durch die neuzeitlichen Fortschritte entsprechend erweitert, in neuer Auflage.

Die Galvanotechnik, deren Beginn und Entwicklung hier ausführlich geschildert wird, ist zu einem bedeutenden und umfangreichen Wissens- und Arbeitsgebiet herangewachsen. Das hierbei immer dringlicher nötige wirtschaftliche Arbeiten, also Ersparnis an Material, Energie und Arbeitsaufwand, kann nur durch ausgiebige Sachkenntnis ermöglicht werden.

Meine Bücher entspringen alle dem besonderen Bestreben, den beteiligten Kreisen außer den unumgänglich nötigen Kenntnissen und Arbeitsmethoden, auch die neuesten, wissenschaftlichen Erkenntnisse zu vermitteln, durch welche wir, tiefer als früher, in den Mechanismus der galvanotechnischen Arbeiten einzudringen in der Lage sind. Damit soll der Metalltechniker veranlaßt werden, seine Arbeit nicht nur mechanisch auszuführen, sondern sie verstehen zu lernen, gleichsam zu vergeistigen. Dadurch möchte ich beitragen zur Verbreitung „naturwissenschaftlicher Denkweise“, nach welcher all' unser Arbeiten und Leisten als freudiges Bedürfnis und Lebensinhalt, nicht aber als Last zu betrachten ist. Denn nicht die Arbeit von der wir leben befriedigt uns, sondern die Arbeit, in der wir leben.

München, im Oktober 1922.

Georg Buchner.

Vorwort zur 1. Auflage.

Dieses Buch ist dem Wunsche entsprungen, den auf dem Gebiete der Galvanostegie und Galvanoplastik tätigen Menschen allgemeine und spezielle Darstellungen zu geben, welche über diejenigen elementaren Kenntnisse hinausgehen, welche zu ihrer Arbeit unerläßlich sind und in dem Buche: „Die galvanischen Metallniederschläge“ von Steinach-Buchner, 3. Aufl., M. Krayn, Berlin, zusammengefaßt wurden. In diesem Sinne soll dieses einen Ergänzungsband zu jenem Grundriß bilden und setzt die dort niedergelegten Kenntnisse voraus.

Ich habe immer gefunden, daß eine Arbeit um so freudiger, sicherer und besser ausgeführt wird, je mehr sich der Arbeiter geeignete Vorstellungen über die dabei stattfindenden Vorgänge zu bilden in der Lage ist.

In diesem Buche ist die unitarische Auffassung des elektrischen Stromes und der elektrischen Vorgänge durchgeführt, nach welcher der Transport der Elektrizität in metallischen Leitern durch die elektrischen Elementarteilchen, die Elektronen, besorgt wird, wobei hier überhaupt kein positiver Strom, sondern nur ein Strömen von Elektronen in der, der üblichen Bezeichnungsweise entgegengesetzten Richtung stattfindet.

Möge dieses Buch den beabsichtigten Nutzen stiften.

München, im Juli 1912.

Georg Buchner.

---

*) Siehe auch: Georg Buchner, „Lehrbuch der Chemie, mit besonderer Berücksichtigung des für das Leben Wissenswerten, für Gebildete aller Stände“. — Solange der Vorrat reicht, wird dieses Buch vom Verfasser (München, Rottmannstr. 9/0) gegen Einsendung von Mk. 500.— an die Käufer diess Buches abgegeben.

I.
Allgemeiner Teil.

Beginn und Entwicklung der Galvanotechnik.

Die Erkenntnis von dem Vorhandensein und den Wirkungen der Elektrizität oder der elektrischen Energie ist ein später Zweig am Baume der menschlichen Erkenntnis. Denn die elektrische Energie unterscheidet sich, wie auch die magnetische, von den anderen Energien dadurch, daß sie nicht von einem besonderen Sinnesapparat des menschlichen Körpers wahrgenommen wird. Erst der Experimentierkunst gelang es, durch geeignete Vorkehrungen oder Apparate gleichsam einen neuen Sinn für die elektrische Energie zu schaffen. Dies erfolgte erst im 18. Jahrhundert, wo durch die Arbeiten von Gilbert, O. v. Guericke, Leibnitz, Boyle, Du Fay, Franklin und viele andere die allerersten Grundzüge der Elektrizitätslehre errichtet wurden.

Zu dem seit alten Zeiten bekannten Verhalten des Bernsteinharzes (Elektron) beim Reiben und den Eigenschaften des Zitterfisches war die auffallende Erscheinung des Leuchtens, Knisterns und Funkengebens, der Anziehung und Abstoßung geriebenen Schwefels und ebenso die Unterscheidung dieses Verhaltens von den magnetischen Erscheinungen getreten.

Diese Erkenntnis war die Vorbedingung, um z. B. das Gewitter und die Blitzentladung, sowie die Schläge des Zitterrochens in Zusammenhang mit diesen Erscheinungen zu bringen. Man lernte die Erscheinungen der statischen Elektrizität kennen, die Wirkungen des elektrischen Funkens, die leitenden und isolierenden Stoffe, die Polarität der Elektrizität, die Elektrisiermaschinen, die Influenz, die elektrischen Erscheinungen beim Schmelzen und Erstarren der Stoffe, die Leydener Flasche usw.

Nach den mystischen Vorstellungen über die Elektrizität kam Franklins unitarische Theorie der Elektrizität und die Erkennung und Unschädlichmachung der atmosphärischen Elektrizität.

Großes Interesse erweckten die Schläge des Zitterrochens, welche man als die Äußerungen einer besonderen Art der Elektrizität, nämlich der tierischen Elektrizität, ansah. Man war bereits im Stande, deren Ladung festzustellen.

Die damalige Elektrizitätslehre war ein Gebiet der Physik; mit der Chemie hatte dieselbe bis dahin keinen Zusammenhang. Erst Anfang des 19. Jahrhunderts treten, abgesehen von einzelnen diesbezüglichen, früheren Beobachtungen (Pristley 1774, Sultzer 1750 u. a.) besonders durch die Arbeiten von Davy und Faraday, die gegenseitigen Beziehungen zwischen elektrischen und chemischen Vorgängen über die Schwelle des Bewußtseins damaliger Naturforscher, es wurde die E l e k t r o c h e m i e angebahnt; es zeigte sich, daß durch elektrische Entladungen und später durch den elektrischen Strom, sowohl Verbindungen als auch Trennungen von Stoffen bewirkt werden können und weiteres wurde offenbar, daß chemische Vorgänge so geleitet werden können, daß Elektrizität auftritt, in der heutigen Ausdrucksweise, daß die chemische Energie in elektrische Energie umgewandelt werden könne. Vor allem wurden die chemischen Zerlegungen mittels Elektrizität in den Kreis der Arbeiten gezogen, die sog. Elektrolyse (die Scheidung oder Trennung durch Elektrizität). Von den verschiedensten Erfolgen der elektrolytischen Experimente vieler Forscher. (Nichelson, Carlisle, Simon, Berzelius und Hisinger, Davy u. a.) rief vor allem die zum ersten Male ermöglichte Herstellung der Alkalimetalle durch Davy die größte Begeisterung hervor. Man glaubte nun in den galvanischen Strömen chemische Affinität zu beliebigen Gebrauche in Händen zu haben.

Die dann gelungene Darstellung weiterer anderer Metalle auf elektrolytischem Wege regten bald den Gedanken der technischen Verwendung des elektrischen Stromes an.

Bis dahin hatte der elektrische Strom keinen Einfluß auf die Gewerbe gehabt, ja man sah vielfach den Nutzen dieser wissenschaftlichen Entdeckung wenig ein.

Vor allem zog aber die leichte Möglichkeit, aus den wäßrigen Salzlösungen der Schwermetalle mit Hilfe der Elektrizität die Metalle abscheiden zu können, die Aufmerksamkeit auf sich.

Das war der Beginn der Galvanotechnik.

Ausgehend von diesen Beobachtungen bei wissenschaftlichen Forschungsarbeiten betreffend die Wirkungen des elektrischen Stromes auf Metallsalzlösungen, hat sich die Galvanotechnik aus kleinsten Anfängen heraus, innerhalb 80 Jahre zu einem umfangreichen, gewerblich und großindustriell wohl ausgebildeten Arbeitsgebiet entwickelt. Durch die Galvanotechnik trat die Elektrochemie für die Allgemeinheit in Erscheinung. Die Galvanotechnik, der älteste Zweig der Elektrochemie, gründet sich auf die. Anfang des vorigen Jahrhunderts erkannte Möglichkeit, aus wässrigen Metallsalzlösungen der Schwermetalle, mit Hilfe des elektrischen Stromes, diese Metalle in zusammenhängender Form, in beliebiger Dicke und mit genügender Haftintensität auf metallische oder leitend gemachte nichtmetallische Unterlagen abschneiden zu können. Dadurch kamen die engen Beziehungen zwischen chemischen, also stofflichen Veränderungen und elektrischen Erscheinungen, wovon man früher nur die Wirkungen elektrischer Funken auf die atmosphärische Luft (Bildung von Stickstoffoxyd) und die auf Metallplatten (farbige Ringe) beobachtet hatte (Pristley Cavendish u. a.) ins allgemeine Bewußtsein. Die Weiterverfolgung dieser Erkenntnisse hatte jedoch wieder zur Voraussetzung, daß man in den, im Verfolge von Galvanis Arbeiten durch Volta 1800 erfundenen sog. Voltaschen Säulen oder Voltaschen Kessen eine Elektrizitätsquelle hatte, mit der man chemische Wirkungen hervorbringen konnte.

Daher kam es auch, daß man die, mit diesen Vorrichtungen, die Volta, zu Ehren Galvanis, „galvanische Elemente" nannte, erhaltene Elektrizität als eine von der bisher mit Hilfe der Elektrisiermaschinen erhaltenen sog. Statischen- oder Reibungselektrizität verschiedene Elektrizität hielt und sie mit dem Namen Galvanischer- oder Hydro- oder Kontaktelektrizität bezeichnete.

In der Tat handelt es sich aber um ein und dieselbe elektrische Energie, nur mit dem Unterschiede, daß die früher allein bekannten, Elektrizität gebenden Apparate, also die Elektrisiermaschinen, Elektrophore, Leydner Flasche usw. alle darin übereinstimmen, daß sie elektrische Energie von hoher Spannung, aber sehr geringer Elektrizitätsmenge geben, während die Voltaschen Ketten oder die sog. galvanischen Elemente eine große Elektrizitätsmenge (elektrischer oder galvanischer Strom) bei geringer Spannung zur Verfügung stellen. Da nun nach den Feststellungen Faradays (siehe S. 58) die chemischen Erscheinungen proportional der betätigten Elektrizitätsmengen verlaufen, so waren die elektrischen Betätigungen der statischen Elektrizitätsquellen für chemische Vorgänge so geringfügig, daß sie keine chemischen Einwirkungen von Belang veranlassen konnten. Die Spannung der Elektrizität einer Elektrisiermaschine ist viel tausendmal größer, als die einer elektrischen Kette. Hier ist der bedeutenden Errungenschaft zu gedenken, welche durch die Erkenntnis Voltas angebahnt wurde, daß man die geringen Spannungen stromgebender Metallkombinationen summieren kann, wie es in der Anordnung seiner elektrischen Säule oder Kette bewirkte. Indem es ihm gelang, die Spannungen zu erhöhen, wurde die Schwelle überwunden, welche bei Einzelanordnungen der Metallplattenpaare chemische Wirkungen nicht eintreten ließ, denn es gibt für alle elektrolytischen Prozsse Mindestspannungen, unter denen dieselben unterbleiben.

Es sei hier angeführt, daß die Entdeckung des sog. Galvanismus oder des elektrischen Stromes, als ein Forscher durch glückliche Kombination von zwei Metallen und einem Elektrolyten die Bedingungen für dessen Zustandekommen gefunden hatte, außer der technischen Bedeutung, der Forschung und wissenschaftlichen Erkenntnis ein ungeheures Gebiet erschloß, — das Gebiet der neuzeitlichen Elektrizitätslehre. Hierdurch war es möglich, elektrische Vorgänge messend zu verfolgen, die sich der unbewaffneten Sinneswahrnehmung entziehen und deren allgemeine Bedeutung insbesondere auch für die Lebensvorgänge der Organismen sich erst in unseren Zeiten auswirkt.

Galvani in Bologna hatte 1790, ohne zu wissen, den elektrischen Strom entdeckt, Volta gelang im Verfolge der Arbeiten von

Galvani die Konstruktion der elektrischen Säule und elektrischen Kette, welche dann von Davy, Wollaston, Faraday u. a. zu elektrochemischen Arbeiten benutzt und, weiter ausgestaltet, durch Daniell, Jakobi, Spencer, De la Rive, Elkington, von Ruolz u. a. für die Technik verwendet wird.

Cruishank*) untersuchte 1801 das Verhalten des elektrischen Stromes einer Volta-Kette gegen Metallsalzlösungen der Schwermetalle und fand, daß durch denselben diese Metalle an der Kathode vollständig aus ihren Lösungen abgeschieden werden. Der deutsche Arzt N. W. Fischer zeigte, daß man Chlorsilber mit dem galvanischen Strome leicht zu metallischem Silber reduzieren könne. Brugnatelli, ein Schüler Voltas, vergoldete 1805 als erster silberne Medaillen, indem er diese mit dem negativen Pol einer Voltaschen Säule verband und in eine Lösung von Knallgold in Zyankalium tauchte, während der positve Pol in der Lösung hing. Napier beobachtete als erster die durch den elektrischen Strom aus einer Zyansilberlösung bewirkte Abscheidung von metallischem Silber. Es sind das alles an dem negativen Pol zu beobachtende Vorgänge, sog. K a t h o d i s c h e V o r g ä n g e. Indessen hat Nobili 1826 auch Vorgänge am positiven Pol, sog. A n o d i s c h e V o r g ä n g e, kennen gelernt indem er die Abscheidung von Bleisuperoxyd in dünnen Schichten aus alkalischen Bleilösungen entdeckte und damit prächtig irrisierende Farbeneffekte auf blanken Metallblechen, sog. Nobilische Farben hervorrief. **)

Becquerel bemühte sich 1838 mit der Metallgewinnung auf elektrischem Wege; man erhielt von Anfang an aber harte, brüchige Metallabscheidungen, woran zweifellos eine Einlagerung von Wasserstoff schuld war.

Bei der Unzulänglichkeit der bis dahin zur Verfügung stehenden Apparate zur Lieferung elektrischer Ströme hatten diese Beobachtungen noch keine nennenswerten praktischen Folgen. Die elektrolytischen Metallfällungen bezw. Metallüberzüge oder die sog. galvanischen Metallüberzüge waren erst dann für die Technik von Bedeutung, als bessere Apparate für die Lieferung der strömenden Elektrizität oder nach heutiger Erkenntnis des Elektronenstromes erfunden wurden.

Es war ein großer Fortschritt als D a n i e l l in London (1790—1843) und J a k o b i (1801—1874, ein geborener Potsdamer) in Petersburg, unabhängig von einander, im verfolge ihrer elektrochemischen Arbeiten, wobei sie Kupfersulfat als elektromotorische Flüssigkeit benutzten, einen Apparat konstruierten. welchen wir unter der Bezeichnung D a n i e l l k e t t e oder D a n i e l l e l e m e n t kennen. Bei der Arbeit dieser Kette löst sich, wie bekannt, das metallische Zink auf, während sich Kupfer am

---

*) Gilberts Annalen 7. 88. 1801.

**) Siehe auch Georg Buchner: Die Metallfärbung. 6. Auflage. M. Krayn, Berlin 1920.

anderen Pol ausscheidet. Hierbei bemerkte nun Jakobi, daß das ausgeschiedene Kupfer sich meist ohne Schwierigkeit von der Elektrode ablösen ließ, und daß es sich während des Niederschlagens auf das allergenaueste in sämtliche Unebenheiten, Kratzer und andere Eigentümlichkeiten der Unterlage einlagerte, so daß eine genaue Kopie oder Matrize der Elektrode entstanden war. Jacobi bemerkte bald, daß er hier eine Art kalten Abgußverfahrens vor sich hatte, durch das von einer gegebenen Vorlage eine exakte Wiederholung in zähem, zusammenhängendem Kupfer erzeugt werden konnte, ohne daß die Vorlage eine andere Widerstandsfähigkeit zu haben braucht, als die gegen kalte Kupfervitriollösung. Jakobi rief nunmehr, indem er die Tragweite seiner Beobachtung richtig bewertete, das was in seinem Element unbeabsichtigt auftrat, absichtlich hervor und wurde so zum Erfinder der Galvanoplastik 1838.*)

Auch stellte Jakobi bereits mit Erfolg Versuche an, um von gravierten Stahl- und Kupferplatten durch Abdrucken mit Bleiblech Bleimatrizen zum Verkupfern für graphische Zwecke herzustellen. (Siehe auch: Albert-Galvanos).

Es wäre zu verwundern, wenn nicht auch andere dieselbe Beobachtung gemacht hätten. Es war dies auch der Fall, aber sie ließen es bei der Beobachtung bewenden (Daniell, de la Rive, Delarure u. a.) und dachten nicht an die praktische Verwendung. Fast gleichzeitig kamen auch Spencer und Jordan auf dieselbe Idee, aber nachgewiesenermaßen gebührt Jacobi in Petersburg die Priorität der Erfindung. Derselbe erhielt für seine, dem Kaiser von Rußland vorgelegten, galvanoplastischen Medaillen-Kopien 25 000 Rubel in Silber.

Soweit war das Verfahren auf die Nachbildung metallischer Gegenstände beschränkt. Erst später entdeckte Murray, daß nichtleitende, also nichtmetallische Gegenstände, durch Überziehen mit Graphit mit einem festhaftenden Metallüberzug auf elektrolytischen Wege versehen werden können, wodurch man für die Galvanoplastik und die Metallisierung nicht metallischer Objekte ein wertvolles Hilfsmittel erhielt.

Außer der galvanoplastischen Nachbildung, mit Hilfe des Kupferniederschlages (Galvanoplastik oder früher Elektrometallurgie **) genannt), — wobei man also einen dickeren Metallniederschlag erzeugt, der sich von dem Gegenstand, worauf er niedergeschlagen wurde, leicht ablösen läßt und dann die Abformung desselben darstellt — verwertete man dann auch bald die bedeutende Errungenschaft, alle Metallgegenstände in geeigneten Metallsalzlösungen, mit Metallüberzügen in jeder beliebigen Form und Stärke versehen zu

*) Jacobi „Die Galvanoplastik" 1840. Petersburg.

*) Jetzt versteht man unter Elektrometallurgie die elektrolytische Metalldarstellung und Metallraffination.

können, in den diesbezüglichen Metallgewerben und vor allem zuerst zur Versilberung, Vergoldung und Verkupferung. Es sind das die sog. elektrolytischen oder galvanischen Metallüberzüge, die man früher Galvano-Epikalymatik oder hydroelektrische Metallüberziehung, auch Elektroplattierung, nannte, jetzt zumeist mit Galvanostegie bezeichnet; denn bis dahin hatte man zum Versilbern und zum Vergolden außer den mechanischen Auflagen von Plattmetallen, nur die Feuerversilberung bezw. Feuervergoldung, dann die sog. kalten Anreibeverfahren mit Chlorsilber bezw. Goldzunder und die sog. nasse Versilberung und Vergoldung, durch Eintauch-Kontaktverfahren und den Silber- bez. Goldsud, welch' letztere Verfahren nur hauchdünne Versilberung oder Vergoldung gestatteten.

Mit der Erfindung des Daniellelements war eine geeignete konstante Quelle für den elektrischen Strom gegeben und damit, im Prinzipe wenigstens, die Galvanoplastik und Galvanostegie*) geschaffen. Die Daniellkette trug dann, nebenbei bemerkt, später noch ein gutes Teil bei zur Klärung der Arbeitsleistung galvanischer Ketten. Es wurden dann eine Reihe anderer galvanischer Elemente geschaffen, so die Platinzinkbatterie von Grove, die constante Batterie von Smees, der Kohlenzinkapparat von R. Bunsen, die Batterie von Poggendorff-Wöhler, die Batterie mit Kohle und Eisenblech, die Batterie von Callan, die Batterie mit Zinn- und Platinplatten von M. Robert, auch wurde mit kleinen magnetischen Rotationsmaschinen, der für solche Arbeiten nötige elektrische Strom erhalten. Mit der weiteren Erkenntnis der Schaltung mehrerer galvanischer Elemente entweder auf Spannung, oder Elektrizitätsmenge waren alle Bedingungen geschaffen, für die technische Anwendung der elektrolytischen Metallniederschläge.

Wie man aus der älteren Literatur ersieht, fanden diese Errungenschaften, deren Tragweite richtig erfaßt wurde, besonders in Frankreich und England lebhafte Aufnahme und zielbewußte Förderung. 1840 führte de la Rive zuerst die galvanische Versilberung und Vergoldung in die Praxis ein; er erhielt dafür von der Pariser Akademie einen Preis von 3000 Francs. Es ist leicht verständlich, daß diese Entdeckungen ein großes Aufsehen erregten und bei der gewerblichen und industriellen Wichtigkeit der Vergoldung und Versilberung, als Ersatz der bis dahin allein ausgeübten, aber durch die auftretenden Quecksilberdämpfe äußerst gesundheitschädlichen Feuervergoldung bezw. -Versilberung und des bisher geübten Plattierungs- und Plaqueverfahrens lebhaft begrüßt wurden. Es fehlte aber auch nicht an Mißtrauen, das diesem neuen Verfahren entgegen gebracht wurde. Eine eingehende Prüfung dieser Sache durch eine Kommission der Akademie der Wissen-

*) Auch Überzugsgalvanoplastik genannt

schaften in Paris (Thenard, d'Arcet, Pelouze, Pelletier und Dumas) bestätigte nicht nur die großen Vorzüge dieser neuen Technik, sondern förderte dieselbe in erster Linie aus gewerbe-hygienischen Gründen durch Aussetzung von hohen Preisen und Belohnungen aller Erfindungen auf diesem Gebiete.

Die Vergoldung nach de la Rive mit Goldchloridlösung wurde durch die Verfahren von Ruolz und Elkington, welche sich der komplexen Zyangold- und Zyansilberlösungen bedienten, überholt; in Birmingham entstand 1840 die erste Fabrik zur Herstellung von galvanisch-versilberten Waren. Das Werk von Elkington gilt heute noch als eines der bedeutendsten Etablissements auf diesem Gebiete.

1842 erfolgte die Gründung der Firma Christoflè in Paris zur galvanischen Versilberung usw. (siehe Seite 15) 1842 reichte Werner Siemens aus Wittenberg als seine erste Erfindung ein Verfahren zur galvanischen Vergoldung in Preußen zum Patent ein. Da er von einem Juwelier für diese Erfindung sogleich 600 Mark in

---

*** Ältere Literatur über Galvanoplastik und Galvanostegie.**

Galvanische Versilberung. Hossauer V. d. G. 1843. S. 136. — Elsner 1842. S. 223. 1843. S 77. — Böttger D. p. J. Bd. 78. S. 51. — Mourey Bd. 88. S. 205. Bd. 93. S. 157. Bd. 97. S. 206. — Versilb. mit citronens. S., Bd. 88. S. 320. — Tuck Vers. mit in kohlens. Ammoniak gelöstem Salze, Bd. 89. S. 236. — Jewreinoff Vers. d. Gußeisens, Bd. 89. S. 125. — Becquerel Bd. 92. S. 279. — Napier Bd. 95. S. 51. — Desbordeaux Vers. d. Stahles, Bd. 95. S. 193, 380. Bd. 97. S. 199, 314.

Galvanische Vergoldung. De la Rive D. p. J. Bd. 76. S. 297. — Böttger Bd. 78. S. 54. — v. Frankenstein Bd. 87. S. 290. Bd. 90. S. 110. Bd. 97. S. 383. — Fehling Bd. 86. S. 350. — Jacobi Bd. 87. S. 283. — Elsner V. d. G. 1840. S. 234, 1842. S. 208, 1843. S. 75, 1845. S. 110. — Hossauer 1843 S. 133. auch D. p. J. Bd. 90. S. 437. — Daselbst Bd. 91. S. 379. — Leuchtenberg Meth. d. Menge d. G. kennen zu lernen, welche beim Vergolden verwendet wurde, B. 99 S. 140. — Wiedergewinnung d. G aus d. Goldsolution, Bd. 99. S. 78. Bd. 101 S. 246.

Ältere Literatur der Vergoldung und Versilberung sog. nasse Verfahren.

V. d. G.*) 1837. S. 152. — Elkington D. p. J. Bd. 65. S. 42. Bd. 66 u. 126. Bd. 75. S. 270. Bd. 82. S. 122, 24, 371, 75. —Elkington u. Ruolz Bd. 83. S. 125. — Kaiser u. Alexander B. K. u. Gbl. 1842. S. 248, 318. — Levol D. p. J. Bd. 88. S. 364. — Figuier Theorie d. Vergold., D. p. J. Bd. 93. S. 223. — Barral desgl. Bd. 102 S. 30. — Talbot Methode zu vergolden mittels einer G.solution und Galläpfelsäure, unterschwefliger Säure, Bd. 87. S. 208. Bd. 89. S. 236. — Bonnet Verg. mit G. solution u. Salmiak, Br. d'i. T. 50. p. 402. — mit golds. Baryt., T. 55. p. 434. — Schweizers Journal Bd. 24. S. 97. Fougères, Brevets d'invention T. 19. p. 216. — Werner J. d. pr. Ch. Bd. 10. S. 343. — Stein D.p. J. Bd. 105. S. 27. — Lampadius Erdmanns Journal B. 8. S. 52.

* Abkürzungen:

D. p. J. = Dinglers polytechnisches Journal.
B. K. u. Gbl. = Bayerisches Kunst- und Gewerbeblatt.
Br. d'i. = Description des Brevets d'invention etc.
V. d. G. = Verhandlungen des Vereins zur Beförderung des Gewerbefleißes in Preußen.

Gold erhielt, wurde er ermutigt, sich fortan der Elektrizitätsverwertung zu widmen.

In Deutschland vollzog sich die Entwicklung langsamer als in den genannten Ländern, in welchen die Verbindung zwischen Wissenschaft und Praxis eine regere war. In Deutschland geschah die Verbreitung dieser weitgreifenden Errungenschaften, die den bestehenden Metallgewerben ganz neue Möglichkeiten und Erleichterungen ihrer Arbeiten brachten und welche ganz neue Erwerbszweige schufen, hauptsächlich durch die bestehenden technischen Vereine und ihre Veröffentlichungen, durch einige wissenschaftlich-technisch arbeitende, hervorragende Apotheker, welche damals die Vermittler zwischen Wissenschaft und Praxis waren, auch durch die Lehrer, der vereinzelt bestehenden polytechnischen Schulen, wo sich der Gewerbetreibende Rat und Belehrung holen konnte.

Vor allem waren es die Gold- und Silberarbeiter, welche von der neuen Technick Gebrauch machten, dann die Messerschmiede für ihre vergoldeten Garnituren und Hefte der Bestecke, für die vergoldeten oder versilberten Klingen für die Desserts- und Rasiermesser, für chirurgische und andere Instrumente, die Gewehrmacher zur Versilberung und Vergoldung von Jagdgerätschaften und deren Einzelteile, die Fabrikanten von Metallknöpfen usw.

Eines der ersten, für jene Zeit ganz hervorragendes Buch über diese Galvanotechnik, welches meines Wissens zur Zeit sogar in Bibliotheken kaum mehr zu finden ist, ist die Galvano-Epikalymmatik oder hydroelektrische Metallüberziehung von Dr. Christian Friedrich Hänle, Apotheker, Lahr, J. H. Geiger 1857. Dieses Buch enthält ein für die damalige Zeit staunenswertes Material, welches der Verfasser zum großen Teil auf Grund eigener Arbeiten niedergelegt hat. Nächst dem galvanischen Versilbern und Vergolden finden wir bereits Angaben über Verplattinierung, Verkupfern im sauern und alkalischen Bad, vermessingen, verbleien, verzinnen, verkobalten, vernickeln und verzinken.

Es ist interessant zu bemerken, daß neben der Versilberung und Vergoldung sowie Verkupferung die Bedeutung der später fast alle übrigen Metallüberzüge überragenden Technik der Vernickelung und auch die Wichtigkeit anderer Metallüberzüge nicht erkannt wurde und daß diese Überzüge gegenüber dem Vergolden und Versilbern lediglich als eine Spielerei galt. Es hängt das damit zusammen, daß die übrigen Metallüberzüge sich nicht so spielend leicht bei den damaligen elektrochemischen Einsichten herstellen ließen, wie die Versilberung, Vergoldung und Verkupferung mit den sehr bald gefundenen geeigneten Badkombinationen.

Ausführlich wird in diesem Buche dann die Galvanoplastik in allen ihren Anwendungen eingehend geschildert, so die galvanoplastische Darstellung von Gefäßen, Buchverzierungen, Münzen für die Nummismathik, Statuetten von Tieren und Pflanzen, die galvanoplastische Darstellung versilberter Kupferplatten für Daguersche Lichtbilder, die Galvanographie, die Stylographie, die Galvanotypie (Darstellung von Stereotypplatten), Glyphographie, Naturselbstdruck, Helioplastik u. a.

Außer diesen, an der Kathode sich abspielenden Vorgängen finden wir auch anodische elektrolytische Prozesse bereits beschrieben und angewandt, so das Entgolden und das Entsilbern, das elektrolytische Ätzen und Gravieren usw. Franz von Kobell hatte 1846, auf der Erfindung Jakobis fußend, ein Verfahren gegründet, um in Tuschmanier gemalte Bilder oder Zeichnungen auf galvanischem Wege so in Kupfer vertieft zu kopieren, daß sie durch druckbare Platten vervielfältigt werden konnten. *)

In der ersten Hälfte der vierziger Jahre des 19. Jahrhunderts wurde die galvanische Vergoldung und Versilberung in verschiedensten Betrieben der Metallwarenindustrie in Deutschland eingeführt und trug wesentlich zur Entwicklung derselben bei. Dennoch war die industrielle und gewerbliche Verwertung der durch diese bahnbrechenden Erfindungen erhaltenen weitgehenden Möglichkeiten gerade bei uns in Deutschland eine verhältnismäßig langsame. Man arbeitete nach den ersten gefundenen bewährten Angaben empirisch und war froh, für jedes Metall ein geeignetes Bad für die entsprechenden Metallniederschläge gefunden zu haben. Lange Zeit mangelten in Deutschland größere Betriebe, welche die neue Technik als Sondergebiet rationell betrieben. Die Galvanostegie und Galvanoplastik wurde zuerst meist von kleineren Geschäften, von Gürtlern, Gold- und Silberarbeitern, von Metallwarenfabriken usw. ganz nebenbei bearbeitet und von Arbeitern ausgeführt, denen die nötigen Kenntnisse hierzu nahezu vollständig fehlten, die sich empirisch eingearbeitet hatten und ihre Arbeit mit Geheimniskrämerei betrieben. Dieser neue Beruf, der sog. Galvaniseure, welche man mit den alten Alchimisten in eine gewisse Parallele stellen könnte, wurde von naturwissenschaftlich, ungebildeten Persönlichkeiten ausgeübt, welche planlos herumexperimentierten, Zufallserfolge ihrer Geschicklichkeit zuschrieben und sich durch den Schleier des Geheimnisses unentbehrlich zu machen suchten, was ihnen umso

---

*) Franz von Kobell, Galvanographie, München 1846.

Galvanographie hat zum Zweck Zeichnungen, Kupferstiche und Stahlstiche mit Hilfe der Galvanoplastik zu vervielfältigen.

Stylographie heißt die Manier, Kupferstiche, Landkarten usw. auf galvanoplastischem Wege herzustellen.

Glyphographie ist die Herstellung galvanoplastischer Platten an Stelle der Holzschnitte für die Buchdruckerpresse.

Beim Naturselbstdruck werden die Gegenstände zwischen einer Kupfer- und Bleiplatte gepreßt. Der auf der Bleiplatte erhaltene Eindruck wird in Kupfer galvanoplastisch wiedergegeben.

Helioplastik: Lichtbilder werden auf Stereotypplatten fixiert.

besser gelang, als ihre Arbeitgeber, also die Unternehmer, von diesen Dingen noch weniger verstanden, als sie selbst. Auch wurde die Galvanotechnik von Männern betrieben, die zufällig auf dieses Gebiet gerieten, die verschiedenste Vorbildung besaßen, denen aber zumeist auch die damals vorhandenen einschlägigen physikalischen und chemischen Kenntnisse fehlten, andererseits wurden aber auch von kenntnisreicheren Unternehmern die zielbewußt erreichten Kenntnisse und Vorteile als Fabrikationsgeheimnis gehütet. Das sind einige der Ursachen, warum das Gebiet der Galvanotechnik bei uns längere Zeit ohne wesentliche Fortschritte blieb und Fortschritte von anderen Ländern, insbesondere von Frankreich, England und später auch von Amerika gebracht wurden. Diese neue Technik der galvanischen Niederschläge hatte einen großen Einfluß auf andere Industriezweige. Es sei hier nur z. B. auf die ausgebreitete Bijouterie- und die Knopfindustrie von Deutschland hingewiesen. Diese waren bis dahin ganz angewiesen auf die alte Technik der Feuervergoldung und Feuerversilberung, auf farbige Firnisse und Lacke und die, vor den galvanischen Überzügen bekannten Tauch-, Ansiede-, Kontakt- und Anreibeverfahren, welche nur hauchdünne Überzüge der Metalle herzustellen gestatten, bis dann seit 1840 die galvanischen Verfahren Eingang fanden und reichlich zur Entwicklung dieser Industrien beitrugen.

Erst später entstanden kleinere Sonderanstalten und größere Betriebe in Deutschland und Österreich, wie z. B. die Württemberg'sche Metallwarenfabrik in Geislingen, die Bernstorfer Fabrik u. a. Dagegen waren in Frankreich und England schon frühzeitig Betriebe von Weltruf entstanden (Elkington und Christoflè), die tadellose Fabrikate lieferten und viele Neuheiten auf den Markt brachten. Die kleineren Betriebe hatten fortwährend mit Störungen und Mißerfolgen, damit auch mit pekunieren Einbußen und Schwierigkeiten, auch Mangels kaufmännischer Schulung, zu kämpfen, so daß man den Mut und die Liebe zur Sache bewundern muß, womit solche Unternehmer sich durchzusetzen verstanden. Bei dem damaligen Stande der Elektrochemie waren auch zu Rate gezogene Chemiker wenig in der Lage, die Ursache von Störungen u. dgl. ohne weiteres zu erkennen. Die Anforderungen, welche an einen Galvanotechniker gestellt werden, sind auch sehr vielseitige: er soll Metallarbeiter im feineren und gröberen Sinne, er soll Gürtler, Gold- und Silberarbeiter sein, er soll chemische, elektrochemische und elektrotechnische Kenntnisse besitzen und soll seine Sachen zuletzt in vielen Fällen durch zweckentsprechende Färbungen veredeln und fertigstellen (s. Georg Buchner „Die Metallfärbung" 6. Aufl. M. Krayn, Berlin).

Die G a l v a n o p l a s t i k machte besonders seit d e r Zeit Fortschritte, seit die Verwendung von Guttapercha für die Formen (1843) möglich war. Bald nach der gewonnenen Ausbildung der Galvanoplastik wurden z. B. für das römisch-gallische Museum von St. Germain in Laye die Basreliefs der Trajanssäule, und zwar 600 Stück à 1 qm, galvanisch kopiert, ebenso die Reliefs des Triumphbogens des Constantin durch das Haus Oudry in Paris.

Im Jahre 1855 begann das Kensington-Museum in London die besten Stücke der Sammlungen der ganzen Welt zu reproduzieren, später folgte das Kunst- und Industrie-Museum in Wien. Als im Jahre 1868, am 17. Oktober, bei Festungsarbeiten bei Hildesheim der Hildesheimer Fund, bestehend in 52 Stück silbernen Prunkgefäßen aus der Römerzeit, gemacht wurde, waren es Christofle und Bouilhet, welche die Gefäße galvanoplastisch vervielfältigten. Wenige wissen, daß die Kolossalfiguren auf der neuen Oper in Paris Galvanoplastik sind — Gruppen von 5—6 Meter Höhe und 1—3 Figuren enthaltend. Weiter wurden die Türen der Kirche Saint Augustin in Paris direkt nach dem Modell in Kupfer niedergeschlagen.

In Deutschland haben wir vor allem das durch v. Kreß ausgeführte Gutenberg-Denkmal in Frankfurt.

Die Galvanostegie entwickelte sich in der Richtung der geringsten Widerstände, da das Bedürfnis nach leichter Versilberung, Vergoldung und Verkupferung mit der Möglichkeit zusammenfiel, diese Metallüberzüge elektrolytisch in einer den technischen Anforderungen genügenden Zustandsform leichter zu erhalten, als das bei den anderen weniger edlen Metallen z. B. dem Nickel und Zink, dem Eisen, dem Zinn, Blei u. a. der Fall ist. Die Schwierigkeiten, welche hier zu überwinden waren, konnten erst später durch die fortgeschrittenen Einsichten mehr oder weniger behoben werden. Die elektrolytische Abscheidung der Metalle muß man als einen Kristallisationsprozeß betrachten, und bei einem solchen können die einzelnen, sich aus dem Jonenzustande in den Metallzustand abscheidenden Kriställchen je nach den Bedingungen ein sehr verschiedenes Gefüge haben z. B. dicht und gleichmäßig wie Silber, Gold und Nickel, mehr oder weniger feinkörnig oder grobkörnig wie z. B. Blei und Kupfer, in größeren Kristallen oder schwammförmig, wie bei Kadnium, Zinn u. a. Auch ist es verhältnismäßig einfach, die Metallüberzüge in dünnen Schichten zu erhalten und wachsen die Schwierigkeiten, wenn es sich um die Erzeugung der von der Technik verlangten, dickeren und doch dichten Niederschläge handelt.

Das ganze Gebiet der Galvanotechnik entwickelte sich dann in die Breite, insbesondere gefördert durch die Entwicklung der Elektrotechnik, welche an Stelle der bisher ausschließlich als Stromquellen benutzten, bedeutende Wartung erfordernden galvanischen Elemente den elektrischen Strom durch die Dynamos*)

*) Die Dynamomaschine im kleinen wurde zuerst 1854 von Christofle in Paris in Anwendung gebracht.

sehr bequem in jeder Spannung und Menge zur Verfügung stellte und durch Ausschaltung der umständlich zu handhabenden galvanischen Elemente bzw. Batterien die Arbeit sehr erleichterte. Daß aber, einzelne Fälle abgerechnet, von Seiten der Wissenschaft die Galvanotechnik bis vor ein paar Jahrzehnten besonders gefördert worden wäre, das kann man nicht behaupten. Die Fortschritte, die unterdessen gemacht wurden, entsprangen vielmehr der Praxis, insbesondere der intensiven Arbeit der Leiter einiger hervorragender galvanotechnischer Anstalten und deren Mitarbeiter, welche die Fortschritte der wissenschaftlichen Forschung für ihre Technik zu verwerten bestrebt waren.

Nennenswerte Fortschritte bewirkten die Handbücher, welche zuerst in England (G o r e, The Art of Elektro-Metallurgie) und Frankreich (Guide practique du Doreur, de l'argenteur et du Galvanoplaste, Manipulations, hydroplastiques par Alfred R o s e l e u r, Chimist, Paris) und in Deutschland (Dr. A. P e t z h o l d t, sowie das bereits genannte Werk von Dr. Chr. Friedr. H a e n l e, Galvano-Epikalymmatik oder hydroelektrische Metallüberzüge, Lahr, J. H. Geiger, 1857) entstanden. Von den vielen guten Werken, welche später herausgegeben wurden und allenthalben Nutzen stifteten, seien von den deutschen genannt das „Galvanisieren von Metallen" von Wilhelm P f a n n h a u s e r - Wien und „Vollständiges Handbuch der galvanischen Metallniederschläge, Galvanostegie und Galvanoplastik" von Dr. Gg. L a n g b e i n - Leipzig. In dem Handbuch von H. S t e i n a c h und G. B u c h n e r, „Die galvanischen Metallniederschläge" (M. Krayn-Berlin, 1889, neueste Auflage 1922), wurden die praktischen Erfahrungen des ersteren und zum ersten Male durch letzteren die wichtige Kontrolle und Regeneration der Badzusammensetzungen durch leicht ausführbare analytische Methoden eingehend berücksichtigt. *) Große Förderungen erhielt unsere Technik außer den bereits angeführten Autoren durch Adams, Becquerel, Böttger, Elsner, Elmore, Förster, Gaiffe, Heeren, v. Hübl, Jordis, Klein, v. Kreß, v. Leuchtenberg, Meidinger, Ruoltz, Seidel, Steinach, Rudholzner, Smee, Thompson, Volkmer, Wahl, Weil u. a. Die größten Etablissements der Galvanstegie bzw. auch der Galvanoplastik sind außer dem bereits genannten englischen Haus Elkington: Christofle in Paris, seit 1842, die Berndorfer Metallwarenfabrik bei Wien, die Württembergische Metallwarenfabrik Geißlingen, die Langbein-Pfannhauser Werke, Leipzig-Wien, verschiedene amerikanische Firmen, die verschiedenen Fabriken zur Herstellung von Bijouterien in Pforzheim usw. Die Bedeutung dieser Industrien lernt man bewerten, wenn man bedenkt, daß der jährliche Verbrauch dieser Firmen an Silber, für die Herstellung versilberter Waren weit über eine Viertel Million Kilogramm an metallischem

*) Siehe auch: H. Steinach: Galvanotechnik (Sonderdruck) und Galvanoplastische Anstalten (Elektrotechnische Zeitschrift 1890, Heft 7).

Silber angenommen werden kann. Von allen Silber-Handelswaren sind mehr als 90 % galvanisch versilbert. Zur galvanischen Vergoldung von Bijouteriewaren werden in Pforzheim allein gegen 50 Kilo Gold pro Jahr verbraucht. Aus diesen Anstalten gingen dann wieder geschulte Galvaniseure hervor. — 1882 teilte H. Bouilhet vom Hause Christofle in Paris mit, daß diese alte Fabrik im Jahr mehr als 6000 Kilo Silber für galvanische Versilberung verbraucht; seit dem Jahre 1842, seit dem diese Fabrik besteht, hat sie 169 000 Kgr. Silber niedergeschlagen. Die Dicke ihrer galvanischen Silberüberzüge ist durchschnittlich der Art, daß auf 1 qdm 3 gr. Silber kommen. Bouilhet schätzte für die damalige Zeit (1882) die zur galvanischen Versilberung in Paris gebrauchte Silbermenge auf 25 000 Kilogr. und für Europa und Amerika auf etwa 125 000 Kilogr., welche Menge zu dieser Zeit einen Wert von etwa 20 Millionen Mark darstellte.

Seit dem Jahre 1871 benutzte die Christofle'sche Fabrik nach mehreren ungenügenden Versuchen mit magnet-elektrischen Maschinen, eine Grammesche Maschine, welche bei 300 Touren in der Minute stündlich 600 gr Silber in vier in parallele Zweigleitungen geschalteten Bädern niederschlägt. Durch die Einführung der Grammeschen Maschine als Elektrizitätsquelle sind die Kosten der galvanischen Ueberzüge stark herabgegangen. Bei Anwendung von galvanischen Batterien betrugen die Kosten des Stromes für das Niederschlagen von 1 Kgr. Silber = 3,10 M. Bei der Grammemaschine betrugen die Kosten, wenn man die Verzinsung und Amortisation des Anlagekapitals in Rechnung zieht, nur 76 Pf. für 1 Kgr. Silber. *)

Die Galvanotechnik hat immer mehr an Umfang zugenommen, teils als ausschließliches Arbeitsgebiet, teils als Hilfsgebiet zur Veredlung und zur Vervollkommnung der mannigfachsten Erzeugnisse. So hatte die Galvanostegie z. B. großen Einfluß auf die schützende und verschönernde Oberflächenbehandlung der Metalle, besonders auch auf dem Gebiete der Metallfärbung.**) Schon früh wurde in Frankreich verkupferter Eisenguß in schöner Metallfärbung verwendet. Es gelang im Verlaufe der Zeit die Verfahren auf so sichere Grundlage zu stellen, daß eine großindustrielle Verwertung ermöglicht wurde. Hatte man im Anfang der Gal-

---

* Erst das Entstehen der Elektrotechnik hat die Entwicklung dieser Metalltechnik ungemein gefördert, diejenige der übrigen technischen Elektrochemie erst ermöglicht. Bald nachdem brauchbare Starkstrommaschinen gebaut werden konnten, entwickelten sich die elektrochemischen Industrien, wie die Herstellung von Aluminium, von Ätznatron, Chlor, Karbiderzeugung, Herstellung von Natrium, denen sich später die Herstellung von Stickstoffverbindungen aus dem Stickstoff der Luft anschlossen. Die elektrochemische Industrie ist an den Bezug großer und billiger Energiemengen gebunden.

**) Siehe: Georg Buchner, Die Metallfärbung. 6. Auflage. M. Krayn, Berlin.

vanotechnik vor allem die herkömmlichen Bedürfnisse des Versilberns und Vergoldens befriedigen können, so gelang es dann Anfang der vierziger Jahre Nickel in brauchbarer Form elektrolytisch niederzuschlagen. Damit beschritt die Galvanotechnik das große Gebiet der allgemein nützlichen Anwendung, insbesondere zum Schutze des Eisens und des Stahles. Ruoltz bediente sich dazu (1841) des Zyandoppelsalzes, Smee (1843) des Nickelchlorides, Böttger führte 1843 die Vernicklung mit dem heute noch gebräuchlichen Nickelammoniumsulfat aus. Roseleur vernickelte 1849 bereits Tafelgeräte. Aber erst von den Amerikanern* wurde die Vernicklung in den 80er Jahren praktisch großindustriell aufgegriffen und hat von dieser Zeit an eine kolossale Ausdehnung erfahren. Einen großen Fortschritt bedeutete die 1878 bewirkte Einführung der Borsäure-Nickelbäder. — Die Vernicklung ist zurzeit wohl der bedeutendste Zweig der Galvanotechnik, wozu auch die direkte Glanzvernicklung und die sog. Schwarznickelniederschläge gehören. Von Bedeutung ist auch die Nickelgalvanoplastik für Schriftgießerien, ferner die Vernickelung von Stereotypieplatten, wodurch eine Druckmöglichkeit von einer Million erreicht wird. An Stelle der weicheren Kupfergalvanos werden Nickelgalvanos hergestellt, z. B. Matern für Schriftgießer usw., wobei direkt Wachsformen benutzt werden.

Die schon früh (s. Seite 6) zur kathodischen und anodischen Metallfärbung angewandten elektrolytischen Prozesse, ferner die anodischen Lösungsprozesse zur Entfernung von Metallüberzügen, z. B. Entsilberung, Entgoldung usw. und zum Ätzen der Metalle**) sind in der Schablonenindustrie und in den vielseitigen Arbeiten der Elektrotypie und den Elektrogravüren (sog. chemische Gravüren) reichlich entwickelt worden. Ferner sei auf die spätere elektrolytische Entfettung hingewiesen, welche mit einer zugleich stattfindenden Verkupferung verbunden werden soll.

Unterdessen hatte die wissenschaftliche Elektrochemie eine stetige Entwicklung erfahren, die gegen Ende des 19. Jahrhunderts die größten Erfolge zeitigte.

Die dadurch erhaltenen Erkenntnisse, die uns immer mehr Einblick in den Mechanismus des elektrolytischen Geschehens gewähren, insbesondere die Lehre von der elektrolytischen Dissoziation bzw. die Jonenlehre (Arrhenius, W. Ostwald, Nernst, Förster, Le Blanc u. a.) die Beschäftigung wissenschaftlich arbeitender Männer mit elektrochemischen und galvanotechnischen Fragen, neuerdings gefördert durch die Kolloidalchemischen Erkenntnisse, stellten die Technik der elektrolytischen Metallniederschläge auf

*) Siehe auch: Die amerikanische Vernickelung von W. H. Wahl, deutsch von H. Steinach, Quandt und Händel, Leipzig 1884.

**) Siehe: Georg Buchner, Das Ätzen und das Färben der Metalle. 3. Auflage. M. Krayn, Berlin.

immer mehr gesicherten Boden, ohne den die schwieriger zu bewerkstelligenden Metallabscheidungen eine großtechnische Verwertung nicht hätten finden können. Dadurch konnte das Gebiet immer mehr ausgedehnt werden auf die, infolge der besonderen elektrochemischen Verhältnisse schwieriger zu erhaltenden galvanischen Niederschläge von Zink, Eisen und Zinn u. ä. Die technisch wirtschaftliche Bedeutung dieser Verfahren ist eine große.

Zurzeit ist nach der Vernicklung die Verzinkung auf galvanischem Wege, insbesondere für die Eisendrahtverzinkung (Rostschutz) der bedeutendste Zweig unseres Gebietes. Nach Pfannhauser sind bereits 15 % aller verzinkten Drähte elektrolytisch hergestellt. Hierfür arbeiten in Deutschland und Österreich etwa 300 000 Ampere, entsprechend einem täglichen Quantum hergestellten Drahtes von zirka 800 Tonnen, wofür der Niederschlag pro Quadratmeterfläche auf zirka 100—200 g Zink bemessen ist.

Eine Rolle spielte von jeher die galvanische Verkupferung und hat insbesondere auch diejenige nichtmetallischer Gegenstände, insbesondere von Gips, die sog. Galvanobroncen, eine bedeutende Entwicklung erfahren. Hand in Hand ging auch die Verbesserung aller maschinellen Hilfsmittel der Galvanotechnik und auch derjenigen, die eine Verkürzung der Plattierungsdauer bei gleichzeitiger Erhöhung der Stromdichten bezwecken (Schnellgalvanoplastik). Hieran wird auch fortwährend gearbeitet, wovon die Patentliteratur einen reichlichen Beleg darstellt.

Die Bemühungen, die Dauer des galvanischen Prozesses abzukürzen, fanden anfangs große Schwierigkeiten zu überwinden, da bei zu großen Stromdichten die Beschaffenheit der Niederschläge nicht mehr genügte, — führten aber nach Überwindung dieser zur Schnellgalvanoplastik, welche (zuerst die Verkupferung) eine große Ausdehnung erfahren hat. Während bei langsamer Stromarbeit 150 Amp.-qm niedergeschlagen wurden, erreicht man heute bei der Kupferschnellgalvanoplastik das Vier- bis Zehnfache. Bei der Verzinkung wird mit Bädern gearbeitet, bei denen Stromdichten von 3000—4000 Amp-qm Oberfläche vorhanden sind, bei Eisenbädern solche von über 2000 Amp.-qm.

Weitere Fortschritte betreffen die Bewegungs- und Heizvorrichtungen der Reinigungsbäder, sowie der galvanischen Bäder, Vorrichtungen zum Plattieren von Massenartikeln, von Blechen, Röhren, Drähten, Bändern in endlosen Längen und Plattierungsanlagen für Leonische Drähte und Gespinste und die Plattierung mittels Wanderanode, die Vorrichtungen zum Glätten der Niederschläge während der Arbeit u. a. *)

Die Metallüberzüge, die man früher nur mit den geschmolzenen Metallen erzielte, sucht man immer mehr auf galvanotech-

*) Siehe auch: Schlötter, Galvanostegie. II. Teil (besondere Einrichtungen zum Plattieren). W. Knapp, Halle a. S. 1911.

nischem Wege, wie z. B. bei der Verzinkung und Verzinnung zu erreichen. Hier müssen die wirtschaftlichen Vorteile der früheren Verfahren durch Ersparnisse an Arbeitskräften oder durch geringere Kosten der Anlage und deren Unterhaltung oder durch Ersparnisse an Metall ersetzt werden. Allerdings kann der galvanische Prozeß, der eine ökonomischere Arbeit gestattet, als die früheren heißen Verfahren, erst großindustriell verwendet werden, wenn sich damit innerhalb einer bestimmten Zeit eine tadellose große Produktion erreichen läßt. Die elektrolytischen Eisenüberzüge, fälschlich (nur wegen ihrer Härte) Verstählungen genannt, stehen zurzeit im Vordergrunde des Interesses und dürfte ihnen, insbesondere auch dem Fischer'schen Verfahren, eine große Zukunft bevorstehen. Auch wird die Eisengalvanoplastik eine immer größere Ausdehnung erfahren. Bereits heute werden Druckplatten, Prägeformen für Papier und Leder, Gießformen für leicht schmelzbare Metalle, Gummi usw. elektrolytisch dargestellt. Kupfergalvanos werden mit Eisenüberzügen versehen, um sie widerstandsfähiger, härter beim Abdruck zu machen, auch werden für solche Zwecke direkte Eisengalvanos angefertigt. Während des Krieges wurde infolge Materialmangels das Vernickeln durch Kobaltniederschläge, das Verzinnen durch Kadmiumniederschläge ersetzt. Der industriellen Verzinnung stehen noch Schwierigkeiten entgegen, bezüglich der Herstellung von dichten und glänzenden Niederschlägen, die den technischen Anforderungen genügen und ein wirtschaftliches Arbeiten im großen gestatten. Auch Blei und Antimon werden auf Grund neuer Verfahren bereits verläßlich galvanisch niedergeschlagen. Bereits 1844 teilte Jakoby ein Verfahren für galvanischen Messingniederschlag mit. Ruoltz und Becquerel arbeiteten dann in der Richtung der elektrolytischen Herstellung von Metallegierungen erfolgreich weiter. Diesen Messingniederschlägen kommt eine wachsende Bedeutung zu. Gleiche Bedeutung haben auch die Probleme, andere Legierungen elektrolytisch herzustellen, wie z. B. Hartblei oder Kupfernickelzinklegierungen, Neusilber u. a. Auch die anodischen elektrolytischen Vorgänge zum Zwecke des Ätzens (Elektrogravüren- und Schablonenfabrikation) von Metallfärbungen (insbesondere Abscheidung von Blei-Mangansuperoxyd) und des Entsilberns, Entgoldens, Entnickelns usw., sowie die Entfettungsbäder haben heute bereits eine große Ausdehnung erfahren. Nach Pfannhauser arbeiten für galvanische Arbeiten in Europa allein zirka 2½ Millionen Ampére, auf der ganzen Erde cr. 3 Millionen Ampére. Es entspricht dies einer Jahresproduktion von rd. 15000 Tonnen reiner, niedergeschlagener Metalle, worin aber die elektrolytische Metallraffination (Elektrometallurgie) noch nicht einbegriffen ist. An dieser enormen Arbeit beteiligen sich Deutschland und Oesterreich mit cr. 35%; zirka 60% der installierten galvanischen Betriebe sind deutschen Ursprungs.

Die G a l v a n o s t e g i e nahm eine viel bedeutendere d. h. ausgedehntere Entwicklung als die eigentliche G a l v a n o p l a s t i k (auch Hohlgalvanoplastik genannt, s. unten). Wenn letztere sich auch ausgezeichnet eignet zur Herstellung von Klischees (Druckstöcken) in der Buchdruckerei und anderen Vervielfältigungsverfahren, z. B. Kupferstichplatten, dann Grammophontechnik, Schriftgießereitechnik, Wasserdruckverfahren, Prägeformen, für Herstellung von Denkmünzen, von Vereinszeichen, Statuetten usw., so stellen sich bei der fabrikmäßigen, galvanoplastischen Herstellung von größeren Objekten, z. B. als Ersatz unserer Erzdenkmäler, ganz besondere Schwierigkeiten in den Weg*). Man hat dafür die Galvanostegie oder die Überzugstechnik (auch wegen der dickeren Schichten, Überzugsgalvanoplastik oder Kerngalvanoplastik zum Unterschied von der echten oder Hohlgalvanoplastik, genannt), herangezogen, indem man Objekte jeglicher Größe aus Gips formt, dieselben dann vollständig wasserdicht imprägniert, dann mit einem dicken Kupferniederschlag versieht, der dann beliebig nachbehandelt, gefärbt usw. werden kann. (Sog. Galvanobroncen). Durch diese Verfahren, insbesondere durch Heranziehung von Bauornamenten und dergl. findet die Galvanostegie immer noch eine Erweiterung ihres Gebietes. Zur Galvanotechnik gehört auch die sog. Elektrometallurgie, welche sich mit der Herstellung der Metalle aus ihren Erzen oder der Reinigung der Rohmetalle auf elektrochemischem Wege befaßt. Dieses Sondergebiet wird in unserem Buche nicht behandelt.

Zur Bestimmung des Metallgehaltes von galvanischen Bädern dient zweckmäßig in dafür eingerichteten Laboratorien der galvanotechnischen Fabriken die E l e k t r o a n a l y s e insbesonders für Silber, Gold, Kupfer, Nickel und Zink.

Durch die wissenschaftlichen Forschungen der letzten Zeit hat die Galvanotechnik eine weitgehende Förderung erfahren. Trotz dieser Fortschritte haben wir noch eine Reihe von Problemen und Schwierigkeiten vor uns, welche der Lösung bedürfen. Die Schwierigkeiten des galvanotechnischen Arbeitsgebietes liegen auch darin, daß nicht die mechanische Arbeit eines nicht denkenden Handwerkers genügt, sondern daß nur ein intelligenter, arbeitsfreudiger, umsichtig und reinlich arbeitender Mensch Er-

*) Von der Württembergischen Metallwarenfabrik Geislingen werden tadellose galvanoplastische Nachbildungen in Großgalvanoplastik ausgeführt, so die neuerdings hergestellten ausgezeichneten galvanoplastischen Nachbildungen der Paradiestüre von Lorenzo Ghiberti (1378—1455) am Baptisterium in Florenz. Dieses prachtvolle Bronzegußwerk besteht aus zehn Feldern mit Reliefdarstellungen aus der biblischen Geschichte. Die Einrahmung der Felder ist mit 24 Figuren in Nischen und 24 Medaillons mit Kupfer geschmückt.

Fortschritte auf dem Gebiete der Galvanoplastik betreffen auch die Herstellung der Formen, welche jetzt vielfach statt in Wachs u. dgl. durch Abdrücken in Blei erhalten werden.

folge erzielen kann, der die nötigen Kenntnisse der Physik, der Chemie, der Elektrochemie und Elektrotechnik und der mechanischen Arbeit besitzt, dem auch die Fähigkeit zu eigen ist, alles was er tut, auch ganz zu tun und vorauszuschauen. Geschah früher die Verbreitung der nötigen Kenntnisse durch das Arbeiten in galvanotechnischen Werkstätten, durch Überlieferung von Arbeiter zu Arbeiter, dann auch durch Lehrbücher, so haben wir jetzt den Fortschritt zu verzeichnen, daß durch systematischen Unterricht in verschiedenen Fachschulen Galvanotechniker herangebildet werden, z. B. in den Gewerbeförderungsanstalten zu Nürnberg, Iserlohn, Wien usw.

Wenn wir das Gebiet der Galvanotechnik überblicken, so kann man sagen, daß wir bedeutende technische Fortschritte zu verzeichnen haben, gezeitigt, einerseits durch die Zunahme unserer theoretischen Einsichten, welche uns gegen früher den Mechanismus der meisten elektrolytischen Geschehnisse klar zu durchschauen und zu beherrschen gestatten. Denn die wissenschaftliche Aufklärung ist die Grundlage jeglichen technischen Fortschrittes. Anderseits verdanken wir Fortschritte dem Unternehmungsgeist und der Erfindertätigkeit. Immerhin ist aber die Galvanotechnik ein noch weiterer bedeutender Entwicklung fähiges Arbeitsgebiet. Vor allem handelt es sich darum, die Schwierigkeiten zu bewältigen, welche der großindustriellen Herstellung von technisch tadellosen Niederschlägen von Zink, Zinn, Blei, Eisen und Platin, wobei eine gewisse Stärke des Niederschlages Bedingung ist, noch im Wege stehen.

Hier handelt es sich darum, vor allem die bisher durch Schmelzverfahren hergestellten, bewährten Metallüberzüge, vor allem die Verzinkung und Verzinnung technisch einwandfrei und wirtschaftlich günstig herzustellen, die alten Verfahren zu übertreffen und zu bewirken, daß innerhalb kurzer Zeit tadellose Großerzeugung bewerkstelligt werden kann. Dann steht im Vordergrunde des Interesses die Herstellung technisch wichtiger Legierungen, vor allem dickere Messingniederschläge, Bronzeniederschläge, solche von Hartblei, Neusilber, rostsicheren Eisen-Nickellegierungen u. a., ferner die Erzeugung von Metallfolien usw. Da die Ausgaben für Material und Arbeitskräfte, wie in allen anderen Industriezweigen, immer mehr einen wesentlichen Faktor bilden, so sind da, wo die früheren Schwierigkeiten technischer Natur zum größten Teil als überwunden gelten können, die Bemühungen darauf gerichtet, alle Herstellungskosten herabzusetzen, alle Arbeiten zu vereinfachen, Arbeitskräfte durch mechanische Vorrichtungen zu sparen, mehrere Verrichtungen, die bisher getrennt vorgenommen wurden, zu einer einzigen Behandlung zusammen zu fassen. In dieser Richtung können uns die amerikanischen Fachleute vielfach als Vorbild dienen. Auch der regen Zusammenarbeit von Wissenschaft und Praxis stehen noch weite Wege offen, um immer mehr die Struktur der Metallniederschläge, also die Keimbildung und Kristallbildung dabei und die Beeinflussung derselben hinsichtlich der Natur der Elektrolyten, der Stromverhältnisse, Temperatur, Oberflächenspannung und Adsorption, Wirkung der Kolloide usw. beherrschen zu lernen.

Die elektrolytischen Metallabscheidungen in der Galvanotechnik.

Die elektrolytische Metallabscheidung, wie sie bei der Galvanostegie *) und Galvanoplastik **) vollzogen wird, bildet ein besonderes Gebiet der angewandten Elektrolyse. Hierbei handelt es sich nicht um Metallabscheidungen überhaupt, sondern um Metallniederschläge von ganz bestimmter Beschaffenheit.

Elektrolyse (Allgemeines).

Unter Elektrolyse versteht man die Scheidung oder Trennung der Bestandteile eines Stoffes, durch die Einwirkung des elektrischen Stromes. Diese Art der Trennung kann indessen nur bewerkstelligt werden bei den Stoffen, in denen die einzelnen Bestandteile bereits in Form elektrisch geladener Atome, welche man Jonen (siehe diese) nennt, vorhanden sind. Diese Stoffe nennt man Elektrolyte, oder auch im Gegensatz zu der metallischen Leitung, Leiter zweiter Klasse. Dazu gehören die Säuren, Basen und Salze, insbesonders auch die Salze der Schwermetalle.

Die moderne Elektrochemie hat die engen Beziehungen zwischen chemischen und elektrischen Vorgängen bzw. zwischen chemischer und elektrischer Energie klar gelegt.

Ein weiterer Fortschritt ergibt sich aus der einheitlichen, stofflichen Auffassung aller elektrischen Erscheinungen durch die Elektronen-Theorie, wodurch das ganze Gebiet der elektrischen Wirkungen unserem Verständnis näher gebracht wurde.

Die ganze Elektrochemie ist Jonenlehre (siehe diese); sie betrifft die Verbindungen der Stoffe mit dem Einheitsstoff „Elektron" (siehe dieses) und dessen Lostrennung aus den Verbindungen.

Bei der Elektrolyse tauchen die beiden Pole der Elektrizitätsquelle, verbunden mit Metallplatten (lösliche Elektroden) oder Kohleplatten (unlösliche Elektroden) in den geschmolzenen oder in Wasser gelösten Elektrolyten. Es wandern dann die positiven Ionen, die Kationen, zum negativen Pol, der sog. Kathode; die negativen Ionen, die sog. Anionen zum positiven Pol, der sog. Anode. Am negativen Pol, also an der Kathode, werden den Kationen Elektrizitätsatome sog. Elektronen zugeführt, am posi-

*) Überzüge, metallische, unter Anwendung des galvanischen Stromes.

**) Plastik mit Hilfe des galvanischen bezw. elektrischen Stromes.

tiven Pol, der sog. Anode, werden solche abgeleitet. Die zu den Elektroden gewanderten Ionen werden dort elektrisch neutral und verhalten sich dann wie elektrisch neutrale Atome oder Atomgruppen, d. h. sie scheiden sich ab, verbinden sich gegenseitig oder sie reagieren mit dem Lösungsmittel oder mit der Elektrode. Der Wasserstoff also z. B. entweicht als Gas, das Kupfer z. B. scheidet sich in metallischer Zustandsform ab. Hieraus erkennt man den charakteristischen Unterschied zwischen der metallischen und nichtmetallischen Elektrizitätsleitung. Die Elektrizitätsleitung in Metallen, z. B. Metalldrähten, beruht auf dem Strömen freier Elektrizitätssatome, der Elektronen; diese können als solche aber nicht durch eine Flüssigkeit gehen. Die Stromleitung in einem Elektrolyten ist im Gegensatz zur metallischen Leitung mit einem Transport von Stoffteilchen verbunden. Ein elektrischer Strom in einer Flüssigkeit findet nur dann statt, wenn die zugeleiteten Elektronen auf vorhandene elektrisch geladene Teilchen, also Ionen, wirken können. In einer Zucker- oder einer Alkohollösung (sog. Nicht-Elektrolyte s. d.) wirken die Elektronen nicht, sie finden keine elektrisch geladenen Teilchen vor, und so findet auch kein elektrischer Strom statt, m. a. W. solche Flüssigkeiten leiten den Strom nicht. Der Übertritt des elektrischen sog. galvanischen Stromes aus der Elektrode in den Elektrolyten ist also stets mit einer stofflichen Veränderung des letzteren verbunden und zwar so, daß dessen positiv geladenen Kationen z. B. die Wasserstoffionen oder Metallionen zur negativen Kathode, und die negativen Anionen z. B. Chlorionen oder Sulfationen in entgegengesetzter Richtung zur positiven Anode wandern.

Das ist das, was man einen elektrischen Strom in einem Elektrolyten z. B. in einem galvanischen Bad nennt. An den Elektroden treten die Ionen in Beziehung, zum elektrischen Strom, also zu den Elektronen. An der Kathode nehmen die Kationen, also z. B. die Metallionen der Lösung Elektronen auf und erscheinen dadurch in der metallischen Zustandsform, in der sie sich abscheiden. An der Anode werden die Anionen unter Abgabe ihrer Elektronen entweder entladen (an nicht metallischen Elektroden) oder die Anionen lösen von der metallischen Anode Metall auf, welches unter Abgabe von Elektronen in die Zustandsformen der Metallionen übergeht.

Am einfachsten gestaltet sich das Ergebnis der Elektrolyse, wenn der Elektrolyt ein geschmolzenes, wasserfreies Salz ist. Die Ionen desselben werden einfach getrennt, an den Elektroden abgeschieden. Es wird z. B. wasserfreies Magnesiumchlorid zwischen einer Eisenkathode und einer Kohlenanode in geschmolzenem Zustande elektrolysiert, wie das in einer der bekannten, weißen Tonpfeifen ohne Schwierigkeit ausgeführt werden kann. Man erhält an der Kathode metallisches Magnesium, an der Anode gasförmiges Chlor. Elektrolysiert man eine wässrige Lösung von Chlorwasserstoff zwischen unangreifbaren Kohlenelektroden, so erhält man an der Kathode Wasserstoffgas, an der Anode Chlorgas. Wendet man eine lösliche Metallanode an, so erscheint an Stelle des Chlors das betreffende Metallchlorid in Lösung. Elektrolysiert man eine Metallsalzlösung unter Verwendung einer Anode, welche aus dem in der Lösung befindlichem Metall besteht, so wird letztere in dem Maße gelöst, als die Metallionen an der Kathode in die metallische Zustandsform übergehen; sonstige Vorgänge finden im allgemeinen nicht statt, wenn die Stärke des Stromes einen gewissen Betrag nicht überschreitet; so erhält man bei der Elektrolyse einer Kupfersulfatlösung zwischen Kupferelektroden an der Kathode Abscheidung von metallischem Kupfer, während an der Anode von dem Sulfatrest eine äquivalente Menge Kupfer gelöst wird. Man muß stets unterscheiden, ob man Elektroden aus löslichen Metallen, oder solche aus unlöslicher Kohle verwendet. Denn danach gestalten sich die Vorgänge an den Elektroden verschieden. Reagiert ein bei der Elektrolyse an die Anode geführtes Ion oder Atom oder eine Atomgruppe mit der Elektrode oder mit dem Lösungsmittel, so bezeichnet man das als eine sekundäre Reaktion; so wird bei der Elektrolyse von Chlornatrium an der Anode Chlorgas entwickelt, das Natriumion geht durch Aufnahme von Elektronen an der Kathode in Natriummetall über, welches in dieser Zustandsform mit Wasser unter Entwicklung von Wasserstoffgas und Bildung von Natriumhydroxyd reagiert (sekundärer Vorgang.)

Man faßte früher den elektrolytischen Vorgang bei der Metallabscheidung als eine Zersetzung derart auf, daß z. B. in schwefelsaurer Kupferlösung das Kupfermetall von der Schwefelsäure losgerissen würde. Heute haben wir die Einsicht gewonnen, daß in dieser schwefelsauren Kupferlösung bereits positiv geladene Kupferionen ($Cu^{\cdot\cdot}$) der negativ geladenen Schwefelsäureionen (SO_4'') gegenüberstehen. Durch Verbindung mit einer Stromquelle werden Elektronen zugeführt — dadurch tritt eine Ionenverschiebung ein, es werden die positiven Metallionen von der Kathode angezogen, die negativen Schwefelsäureionen abgestoßen. Die zur Kathode wandernden Kupferionen erhalten dort Elektrizitätsquanten, also Elektronen zugeführt und gehen durch Aufnahme dieser in metallische Zustandform über. Die negativen Säureionen stellen sich neuen, von der metallischen Anode unter Elektronenabgabe gebildeten Metallionen gegenüber, oder rufen an nichtmetallischen Anoden andere Vorgänge hervor.

Demgemäß genügen erfahrungsgemäß schon elektrische Ströme von sehr schwacher Spannung, um die Erscheinungen der Elektrolyse zu bewirken, m. a. W. die Abscheidungsspannung (früher Zersetzungsspannung genannt), zu erreichen. Unter der Abscheidungsspannung versteht man diejenige Potentialdifferenz, die man mindestens aufwenden muß, um an unlöslichen Elektroden so viele Kationen und Anionen abzuscheiden, daß ein lebhafter, dauernder Stromdurchgang stattfindet. Bei Aufwendung einer geringeren elektromotorischen Kraft erfolgt nur ein sog. Stromstoß.

Die Abscheidungsspannung eines Elektrolyten ist eine additive Eigenschaft der Ionen, nämlich gleich der Summe ihrer Haftintenstäten. Wenn zufolge des Gesetzes von Faraday die Elektrizitätsmengen gleich sind, die die verschiedenen Ionen in den ihren Valenzen entsprechenden Mengen abscheiden, so werden doch hierzu verschiedene Energiemengen verbraucht, da ja der abscheidende Strom verschiedene Spannungsunterschiede zu überwinden hat.

Übrigens ist die Elektrolyse keine Erscheinung, die sich nur in der Nähe der Elektroden vollzieht, sondern der gesamte dissociierte Anteil des gelösten Stoffes (Ionen) ist in Bewegung, weshalb von Faraday der Name „Ion“ (Wanderer) eingeführt wurde. Nach Faraday sind die Elektroden nur die Türen, durch welche die Elektrizität, also die Elektronen ein- und austreten.

Die Elektrizitätsmenge, die durch die Flüssigkeit hindurch geht, entspricht genau der von den abgeschiedenen Ionen an die Elektrode abgegebenen bzw. aufgenommenen Elektrizitätsmengen; genau soviel fließt auch zur Stromquelle zurück. Die Ionen haben also den elektrischen Strom durch die Flüssigkeit transportiert, sie sind die Träger der Stromleitung in einer Flüssigkeit.

Die Salze sind in ihren Lösungen und auch an und für sich, also ohne jede Einwirkung des elektrischen Stromes in Ionen gespalten — die nur durch elektrostatische Kräfte lose zusammengehalten werden, in ein Dielektrikum, wie z. B. Wasser gebracht, aber ganz oder teilweise sich trennen, je nach der Natur des Salzes, dem Grade der Verdünnung, der Temperatur usw. Zwischen den zusammengehaltenen Ionen und den freibeweglichen Ionen besteht stets ein bestimmtes Gleichgewichtsverhältnis, das sich ebenso zu erhalten sucht, wie eine im Gleichgewicht befindliche Wage die Mittellage, wenn der Wagebalken durch äußeren Anstoß aus dieser abgelenkt wird. Nimmt man von einem Wagebalken etwas Gewicht weg, so muß auch vom anderen Gewicht abgegeben werden; werden freie Ionen aus der Lösung entfernt, so werden solche von den noch zusammengehaltenen Ionen nachgeliefert, um das Gleichgewicht zu erhalten.

Eine Stromleitung kommt nach unseren derzeitigen Vorstellungen in Lösungen also dadurch zu Stande, daß die Ionen, die ja geladene Massenteilchen sind, sich unter der anziehenden und abstoßenden Wirkung der polarisierten Elektroden ihren Vorzeichen entsprechend verschieben.

Die Größe des Leitungsvermögens wird gemessen an der Stärke des Stromes, der durch eine bestimmte elektromotorische Kraft in der Flüssigkeit hervorgerufen wird und hängt für eine gegebene Menge des gelösten Stoffes zunächst von der

Zahl der beweglichen Ladungen, d. h. der Ionen ab; sie wird weiter vom Reibungswiderstand, den die einzelnen Ionen dem elektostatischen Zug von Seite der Elektroden entgegensetzen, bestimmt. Ihre Wanderungsgeschwindigkeit ist proportional der auf sie wirkenden Kraft und der Reibungswiderstand bemißt sich nach der Kraft, die auf ein Grammäquivalent wirken muß. damit eine Verschiebung von 1 cm in der Sekunde erreicht wird. Der reciproke Wert stellt dann ihre „Beweglichkeit" dar und ist durch Beobachtung der unten gegebenen Bedingungen aus einem Teil des Elektrolyten in den anderen übergeführten Mengen bestimmbar.

Für den Mechanismus der galvanischen Stromleitung ist es von Wichtigkeit zu wissen, mit welcher Geschwindigkeit bei gegebener Potentialdifferenz (Klemmspannung) der Elektroden und Dimensionen der elektrischen Zelle die Ionen sich im Lösungsmittel verschieben. Die Größe der auf die Ionen wirkenden und von den Ladungen der Elektroden herrührenden Kraft ist unter gleichen äußeren Umständen für gleichwertige Ionen zweifellos gleich groß und zwar ist der auf die positiven Ionen ausgeübte Zug ebenso groß wie der auf die negativen Ionen in der entgegengesetzten Richtung ausgeübte Zug. Aber eben der stets vorhandene Reibungswiderstand der verschiedenen Ionen wird, ihrer verschiedenen Beschaffenheit entsprechend, verschieden sein. Dieser Reibungswiderstand wird ein sehr großer sein, denn wenn man beachtet, wie langsam sich ein feiner in Wasser suspendierter Niederschlag zu Boden setzt, und wie das um so länger dauert je feiner der Niederschlag ist, so werden so außerordentlich kleine Partikelchen, wie es die Ionen sind, offenbar nur unter dem Einfluß ungeheuer großer Kräfte im Lösungsmittel sich mit merkbarer Geschwindigkeit verschieben. Die Ionen sind daher Teilchen mit sehr großer Reibung, deren Geschwindigkeit proportional der auf sie wirkenden Kraft ist.

Die Ionen sind bei ihrer entgegengesetzten Wanderung unabhängig von einander. Das Leitungsvermögen eines binären (zweiteiligen) Elektrolyten ist gleich der Summe der Leitungsvermögen der beiden Ionen, also eine additive Eigenschaft.

Das Leitungsvermögen der Lösung eines binären Elektrolyten ist bei gleicher Konzentration um so größer je mehr freie Ionen in ihr enthalten sind, also je größer der elektrolytische Dissoziationsgrad ist, und je größer die Beweglichkeit der letzteren ist.

Wenn ein elektrochemisches Äquivalent d. i. 96 540 Coulombs durch einen Elektrolyten geht, dann wird an der Kathode ein Grammäquivalent Kationen und an der Anode ein Grammäquivalent Anionen abgeschieden. Sind die Wanderungsgeschwindigkeiten der Anionen und Kationen gleich, wie z. B. beim Chlorkalium, dann geht durch einen Querschnitt der Zelle in der gleichen Zeit $^1/_2$ Grammäquivalent Kationen nach der einen Richtung und ½ Grammäquivalent Anionen nach der anderen Richtung, in Summa geht also ein ganzes Grammäquivalent durch den Querschnitt.

Die Wasserstoffionen wandern bei der Elektrolyse der Schwefelsäure ungefähr 5 mal so schnell als die Sulfationen. Hierbei gehen also in der gleichen Zeit $^5/_6$ Grammäquivalent Kationen nach der einen, $^1/_6$ Grammäquivalent Anionen nach der anderen Richtung, in Summa also wieder ein ganzes Grammäquivalent durch den Querschnitt.

Wenn man einen nicht zu starken Strom zwischen Kupferelektroden durch eine Kupfersulfatlösung leitet, so scheint keine andere Veränderung einzutreten, als daß das Kupfer von der Anode zur Kathode wandert, die Anode also soviel an Kupfer verliert als die Kathode an Gewicht zunimmt. Dies ist jedoch nicht ganz richtig; denn wenn man einige Zeit elektrolysiert hat, dann zeigen genaue Untersuchungen, die zuerst Hittorf angestellt hat, daß die Konzentration der Lösung an der Anode zunimmt und an der Kathode abnimmt, bei sonst gleichbleibendem Gehalt der Lösung an Kupfersulfat. Das rührt daher, daß die verschiedenen Ionen ganz unabhängig sind von der Natur der anderen in der Lösung befindlichen Ionen und daß dieselben eine verschiedene Wanderungsgeschwindigkeit haben. Man könnte nun meinen, daß bei dieser verschiedenen Wanderungsgeschwindigkeit, hier z. B. der Kupferionen und der Sulfationen (sog. Überführungszahl = relative Wanderungsgeschwindigkeit des Kupferions 0,375, des Sulfations 0,625, also wandert das Sulfation 2 mal schneller als das Kupferion), die schneller wandernden Sulfationen sich in dem betreffenden Abteil anhäufen müßten. Indessen ist dies nicht möglich, da sich sonst hier freie elektrische Ladungen ansammeln würden. Die Ionenverschiebungen können nur immer so stattfinden, daß in einem Volumteil der Lösung die Anzahl der positiven Elektrizitätseinheiten gleich ist derjenigen der negativen. Dieser Forderung wird trotz der verschiedenen Wanderungsgeschwindigkeit genügt, indem innerhalb der Lösung Verschiebungen stattfinden.

Die bei der Elektrolyse stattfindenden Erscheinungen werden durch beistehendes Schema verständlich. *)

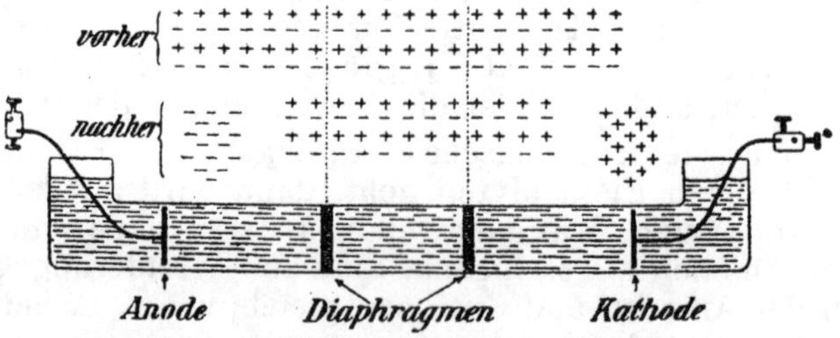

Figur 1

*) Nach Danccl, Elektrochemie.

Ein Rohr, welches durch zwei Diaphragmen (Tonzelle oder Membran) in drei Teile geteilt ist, enthält rechts die Kathode, links die Anode. Überall befindet sich der Elektrolyt in der gleichen Konzentration, wie das durch die obersten +-Zeichen angedeutet ist. Jedes +-Zeichen möge ein Gramm-Molekül Salz bedeuten, und zwar die +-Zeichen die Kationen, die —-Zeichen die Anionen. Die Geschwindigkeiten mögen sich verhalten wie 3 : 5, und zwar möge das Kation das beweglichere Ion sein. Wir lassen 16 F[1]) durch die Flüssigkeit gehen, wodurch an der Kathode 16 Mol Kation, an der Anode 16 Mol Anion abgeschieden werden. In den Elektrizitätstransport teilen sich nun die Ionen in dem Verhältnis ihrer Wanderungsgeschwindigkeit, also:

$$^{*)}\quad E^{\cdot} : E' = 10\,F : 6\,F$$
$$E^{\cdot} : E = 10\,F : 16\,F$$
$$E' : E = 6\,F : 16\,F.$$

Während die + -Ionen sämtlich um fünf Wegeeinheiten fortschreiten, schreiten die —-Ionen um drei fort, so daß am Schluß die Verteilung so ist, wie die unteren zwei +-Reihen der Figur zeigen. Man sieht, daß auf jeder Seite 16 Mol abgeschieden sind, daß in der Mitte die Konzentration dieselbe geblieben, an den Elektroden kleiner geworden ist, und daß **die Verarmung an Salz in beiden Elektrodenkammern sich verhält wie die Wanderungsgeschwindigkeiten der hinwegwandernden Ionen**, in diesem Falle also:

Verarmung an der Kathode: Verarmung an der Anode = Wanderungsgeschwindigkeit des Anions: Wanderungsgeschwindigkeit des Kations = 3 : 5.

Überführungszahlen einiger Ionen in zehntel-normaler Lösung:

	Kation	Anion
Salzsäure $H^{\cdot}Cl'$	0,828	0,172
Schwefelsäure $H^{\cdot}_2SO_4''$	0,809	0,191
Kalilauge $K^{\cdot}OH'$ . . . . . . , .	0,265	0 735
Chlorkalium $K^{\cdot}Cl'$	0,492	0 508
Chlorammonium $NH_4^{\cdot}Cl'$		
Chlornatrium $Na^{\cdot}Cl'$ . . . . . , .	0,383	0,617
Kupfervitriol $Cu^{\cdot\cdot}SO_4''$	0 375	0,625

Wenn ein elektrischer Strom in einem Elektrolyten gleich lang und mit gleicher Stärke ein- und austritt, so stehen die an den Kathoden und Anoden abgeschiedenen Stoffmengen im Verhältnis der Aequivalentgewichte, an und für sich und gegenseitig.

---

[1]) Mit F bezeichnet man zu Ehren Faradays die Zahl 96 000 Coulombs, d. h. die Ladung eines Grammäquivalentes.

**) E' bedeutet die vom Anion, E· die vom Kation transportierte Elektrizitätsmenge, und E' die Summe beider.

Die Menge der auftretenden Stoffe ist der durchgegangenen Elektrizitätsmenge proportional und zwar wird zur Abscheidung je eines Grammäquivalentes eines Stoffes stets dieselbe Elektrizitätsmenge, nämlich F = 96540 Coulombs oder Ampèresekunden = 26,8 Ampèrestunden gebraucht.

Scheinbare Ausnahmen erklären sich wie folgt, durch sekundäre Prozesse z. B. 26,8 Ampèrestunden können in schwach saurer Lösung statt eines ganzen Grammäquivalentes Zink nur 95 % davon abscheiden. Statt der fehlenden 5 % Zink sind dann 5 % eines Grammäquivalentes Wasserstoff abgeschieden worden. In Summa wird aber doch ein ganzes Grammäquivalent Ionen zur Abscheidung gebracht.

26,8 Ampèrestunden scheiden 1 g Wasserstoff aus = 11,2 Liter Wasserstoffgas, denen am anderen Pole 5,6 Liter Sauerstoffgas entsprechen, an beiden Polen also 16,8 Liter Knallgas

Aus diesen Darlegungen ergibt sich auch die Aequivalenz von Säure und Base der Salze. Elektrolysiert man eine Kaliumsulfatlösung, so werden an der Kathode Kaliumionen, an der Anode Sulfationen entladen. Das gebildete Kaliummetall wirkt auf das Wasser ein unter Bildung von Wasserstoff und Kaliumhydroxyd; das entladene Sulfation liefert mit Wasser Sauerstoff und Schwefelsäure. Die entstandenen Produkte dieser sekundären Reaktion sind alle unter sich äquivalent.

Auf den geschilderten Vorgängen beruht die technische Elektrolyse, die sich aus kleinsten Anfängen heraus in verschiedener Richtung zu einem bedeutenden Arbeitsgebiet der chemischen Großindustrie entwickelt hat. Insbesonders handelt es sich um die Gewinnung und Reinigung (Raffinierung) der Metalle an Stelle der älteren Schmelzverfahren (Elektrometallurgie), dann um Herstellung von Stoffen, welche früher auf rein chemischen Wege gewonnen wurden, z. B. Chlor, Ätznatron, Natriummetall, Wasserstoff usw., dann um unser Sondergebiet, die Galvanotechnik; ferner findet die Elektrolyse als Elektroanalyse reichliche Anwendung. Von diesen Anwendungen der Elektrolyse ist, abgesehen von den experimentellen Versuchen zur Gewinnung der Alkalimetalle usw. die älteste (s. Einleitung) die Galvanotechnik (seit 1838) und auch die Elektroanalyse in ihren Anfängen. Die Anwendungen der Elektrolyse in der Metallurgie und in der chemischen Großindustrie war erst möglich durch die Entwicklung der Elektrotechnik, die es gestattet, elektrische Energie in beliebiger Menge und Spannung zu billigem Preise mit Hilfe der Dynamomaschinen und Wasserkräfte zu erhalten.

Elektro-Endosmose (Kataphorese).

Bei der Elektrolyse verdünnter Lösungen unter gleichzeitiger Trennung der Räume durch ein Ton-Diaphragma beobachtet man, daß in den Kathodenraum nicht nur die positiv geladenen

Kationen hineinwandern, sondern, daß auch das Lösungsmittel, das Wasser, sich an der Wanderung in den Kathodenraum beteiligt, und der Anodenraum sich entleert.

Das beruht darauf, daß das Lösungsmittel bei der Berührung mit allen heterogenen Stoffen sich gegen diese elektrisch auflädt. Wasser in Brühung mit Ton lädt sich z. B. positiv, der Ton negativ. Erzeugt man nun eine größere Spannungsdifferenz z. B. 100 Volt zwischen einer verdünnten Säure im Diaphragma und derjenigen außerhalb desselben, so werden alle positiv geladenen Teilchen, also die Kationen und das positiv geladene Wasser in der Richtung der Kathode herangezogen, der Elektrolyt wird durch die Tonzelle hindurchgetrieben. Welche Arbeit hierbei geleistet wird, kann man sich vorstellen, wenn man bedenkt, welcher Druck erforderlich wäre, um den Elektrolyten in der gleichen Zeit durch die Poren der Tonzelle mechanisch durchzupressen.

Der Vorgang der Wanderung des Elektrolyten durch die Tonzelle heißt elektrische Endosmose oder Elektro-Endosmose.

Die umgekehrte Erscheinung der Wanderung der Tonteilchen sei auch Erwähnung getan, weil uns dadurch die Wanderung der Kolloidteilchen in galvanischen Bädern verständlich wird. Suspendiert man etwas feinen Ton in ganz schwacher Säure. so beobachtet man, daß sich die Tonteilchen gegen die Flüssigkeit negativ laden und bei Anlegung eines Stromes zur Anode wandern, während durch die Kathode, wenn diese z. B. hohl und durchlässig ist, das Wasser abfließt. (Elektrische Trocknung) sog. Kataphorese oder Eletrophorese.

Elektrolyse in der Galvanotechnik.

So verschieden auch die Zustandsformen sind, in denen die elektrolytischen Metallabscheidungen auftreten (s. später), so handelt es sich doch immer um eine, durch einen Kristallisationsprozeß erfolgende Kristallstruktur. Bei der Galvanotechnik handelt es sich nun darum, die elektrolytischen Metallabscheidungen auf Metallen oder nicht metallischen Unterlagen oder Formen, in ganz bestimmter Zustandsform zu bewirken, welche den jeweiligen, technischen Anforderungen genügt.

Die Schwierigkeit unserer Technik lag von jeher und liegt heute noch darin, die Bedingungen ausfindig zu machen, herzustellen und konstant beizubehalten, unter denen es gelingt, die Metalle aus ihren wässrigen Lösungen in technisch brauchbarer, also in zusammenhängender biegsamer, glatter, festhaltender, glänzender Form und in beliebiger Dicke zu erhalten, nicht aber etwa in Form von unzusammenhängenden Metallflittern oder Metallschwamm. Jedes Metall bietet hier seine Besonderheiten, welche erst erkannt und deren Ursachen klar gelegt werden mußten. Dies geschah zum großen Teil in mühevoller Arbeit vollständig empirisch, zu einer Zeit, in der die heute vorhandenen wissenschaftlichen Grundlagen der Elektrochemie noch lange nicht gegeben waren. Mit der zunehmenden Einsicht und wissenschaftlichen Beherrschung dieses Gebietes vermindern sich die Schwierigkeiten, die insbesondere für die großindustrielle Herstellung der unedleren Metallniederschläge noch im Wege stehen. Immerhin ist auf diesem Gebiete noch viel wissenschaftliche und technische Arbeit zu leisten und sind noch viele Erkenntnisse zu erringen, um alle galvanotechnischen Arbeiten einwandfrei zu beherrschen.

Elektrolytische Operationen sind im allgemeinen sehr empfindlicher Art. Es genügt nicht, daß man weiß, daß die Metalle sich zum negativen Pol, die sauren Reste zum positiven Pol begeben. Vielmehr ist es nötig, bei der Leitung und Kontrolle derartiger Operationen all die Bedingungen zu kennen, die man bei den einzelnen Arbeiten berücksichtigen muß.

Erscheint bei der Elektrolyse einfacher Metallsalze z. B. einer wässrigen Zinnchlorürlösung die Metallabscheidung in Form von glänzenden, großen, oft vielfach verzweigten, losen Zinnkristallen, oder treten bei Verwendung einer einfachen Silbernitratlösung kristallinische, nicht haftende, baumartige Ausfällungen auf, so muß man sich wundern, in welch schöner Gleichmäßigkeit unter anderen Bedingungen die gleichen Metalle festhaftend abgeschieden werden, zumeist in Form eines vollständig homogenen, samtartigen, feinstfeinkörnigen, mikro- oder makrokristallinischen Niederschlages, der eine zusammenhängende, festhaftende, biegsame Metallhaut darstellt und oft sogar in Form einer glänzenden Fläche erscheint. Erst unter gewissen Bedingungen also, welche für einige Metalle z. B. das Silber und das Gold, Platin und Kupfer sehr bald, für das Nickel und andere Metalle erst später gefunden wurden, erhält man technisch brauchbare Metallniederschläge, ohne welche eine Entwicklung der Galvanotechnik nicht möglich gewesen wäre.

Die Metalle treten, wenn sie durch den elektrischen Strom (oder auch durch andere Metalle) aus dem Ionenzustand in den metallischen Zustand übergehen, vorübergehend aus dem molekular verteilten, in die kolloidalverteilte Zustandsform über, aus der sie dann erst in die weniger fein verteilte, sichtbare, feinkristallisierte Zustandsform*) übergeht. Die gleich-

*) Ein Krystall, besteht aus einer Anzahl regelmäßig im Raum angeordneter punktförmiger Teilchen (Atomen - Ionen - Molekülen), er stellt also ein Raumgitter dar von sog. Feinbauteilchen (sog. Leptonen). Wenn man demnach einen Krystall mit einer Lichtart bestrahlt, deren Wellenlänge von gleicher Größenordnung ist, wie die Gitterkonstante, d. h. die Abstände der Atome bezw. Ionen oder Moleküle des Krystalls, so müssen sich hinter dem Metall Gitterspektren zeigen. Die Röntgenstrahlen stellen eine derartig kurzwellige Lichtart dar, deren Wellen-

mäßige Abscheidung der Metallniederschläge beruht darauf, daß bei dem elektro-chemischen Prozeß der Metallabscheidung, im Gegensatz zu mechanischen Vorgängen, keine Bevorzugung irgend einer Richtung für die entstehenden Oberflächenelemente stattfindet, solange sich keine störenden Einflüsse geltend machen.

Es ist wichtig, daß man sich vergegenwärtigt, daß aus verschiedenen Badzusammensetzungen die Metalle in verschiedener Zustandsform erhalten werden, daß man also für verschiedene Zwecke, verschiedene Badzusammensetzung wählen muß. So kann man z. B. eine silberähnliche, hellweise Vernicklung oder eine dunklere Vernickelung wünschen, oder in anderen Fällen ist

---

länge von gleicher Größenordnung ist, wie die Abstände der Feinbauteile im Kristall (4—7 . 10—[8] cm). Aus der Anordnung dieser Spektren ist es möglich, Schlüsse über die Anordnung der Feinbauteile zu ziehen, ja sogar ihre Abstände zu berechnen. Dadurch ist der Bau der Krystalle sichergestellt.

Um sich richtige Vorstellungen von einem Krystall zu machen, dazu reichen die bisherigen Definitionen als eines von ebenen Flächen, Kanten und Ecken begrenzten Körpers, oder eines Riesenmoleküle nicht mehr aus. Bei den Krystallen handelt es sich um feinbauliche, feste Systeme von großer Regelmäßigkeit. Vor allem sind die Krystalle anisotrope Stoffe, d. h. solche, in welchen gewisse physikalische Eigenschaften in bestimmten ausgezeichneten Richtungen ein Maximum oder ein Minimum annehmen z. B. beim optischen Verhalten usw. (also Wechsel der physikalischen Eigenschaften mit der Richtung). Im Gegensatze hierzu sind die amorphen, nicht krystallisierten Stoffe, die man heute als Flüssigkeiten mit hoher innerer Reibung ansieht, isotrop, d. h. sie weisen in allen Richtungen gleiche physikalische Eigenschaften auf; die kleinsten Teilchen sind zwar auch hier nicht regellos angeordnet, aber es besteht keine Stabilität.

Der Zusammenhalt der Atome oder Ionen im Krystall beruht auf den gewöhnlichen, von Atom zu Atom wirkenden chemischen bezw. elektrischen Kräften. Die Struktur der Metallkrystalle kann man sich ganz ähnlich denken, wie die eines Chlornatriumkrystalls, wenn man sich die Natriumionen unverändert, die Chlorionen aber durch freie Elektronen ersetzt denkt, welche die elektrische Leitfähigkeit der Metalle bewirken.

Das Charakteristikum des Kristalles ist die dreidimensionale, periodische und damit geradlinie Anordnung gleichen Partikel, verbunden mit der Fähigkeit beliebig ausgedehnter Weiterführung des Baues in der gleichen Periodizität durch den Wachstumsvorgang.

Weiters hat man erkannt, daß im kristallinem Raumgittersystem die Moleküle nicht einfach nebeneinanderliegen, sondern die Krystalle beispielsweise im Chlornatrium oder im Kalziumcarbonat elektrolytisch in der Kristallarchitektur aus Chlor- und Natrium- bzw. Kalzium- und Carbonat-Ionen unter der Wirkung elektrischer Kräfte aufbauen. Der Krystall ist demnach ein neues chemisches System, in dem der Molekülecharakter verwischt ist. Die chemischen Hauptbindungen schneiden im Krystall nicht mehr wie bei den Flüssigkeiten und Gasen an Molekelgrenzen ab, sie durchziehen vielmehr das ganze Gebilde in nach Abstand und Richtung gleichmäßiger Verkettung.

Die Modifikationen der Polymorphie z. B. bei Eisen, Zinn usw. beruhen auf krystallographisch-chemischen Akten, m. a. W. auf Parallelverschiebungen oder Drehungen von Bauteilen gegen andere, einer inneren Umstellung oder Neubildung von Baugruppen bezw. Combinationen solcher Fälle, ähnlich wie in einem Kaleidoskop. Da die Metalle einatomig sind, handelt es sich bei diesen um Atomenordnungen.

es notwendig, einen weichen, geschmeidigen Nickelniederschlag (Schlittschuhe, chirurgische Instrumente usw.) oder ein hartes Nickel zu erhalten, z. B. Türschilder usw. Oder man will einen glänzenden Niederschlag, der des Polierens nicht bedarf, in andern Fällen einen weichen Nickelbelag, der leicht poliert werden kann. Wieder anders richtet sich die Wahl des Nickelbades, je nach dem man die Waren aus Eisen, Zink oder Weißblech vernickelt, ob man einzelne ins Bad gehängte Gegenstände oder Massenwaren vernickeln will.

Abgesehen von der bestimmenden Rolle, welche die Oxydationsstufen (Wertigkeit) des Metalles in der Lösung *), die Konzentration derselben, die Temperatur, die Leitfähigkeit, die Oberflächenspannung, die Adhäsion am Metall usw. spielt, ist von Bedeutung für die Art des Niederschlages jede Änderung der Badzusammensetzung, das Auftreten von, sich bei der Elektrolyse nebenbei bildender und schädlich wirkender Stoffe, ins Bad gelangender Verunreinigungen, stellenweise Metallverarmung mangels Bewegung, ungeeignete Stromverhältnisse und nicht zuletzt die Rolle des Wasserstoffes (s. unten). Je nach den jeweils gegebenen Bedingungen fällt der Metallniederschlag verschieden aus. Normalerweise ist der Metallniederschlag mikrokristallinisch, dicht, matt oder glänzend, homogen und biegsam. In abweichenden Fällen erscheint derselbe ganz oder teilweise großkristallinisch, spießig, knospig, warzig, wulstig, über die Ränder sich verbreitend, netzförmig, verästelt, pulvrig, schwammig, flittrig, rauh, spröde, abblätternd, statt festhaftend.

Flitter nennt man die bei ungestörter oder zu rascher Abscheidung sich ausbildenden, langen Kristallnadeln.

Schwammbildung besteht in äußerst zarten, losen Gebilden, die vor allem bei der Störung der Kristallisation durch Abscheidung von Gas (Wasserstoff) entstehen.

Die Einflüsse, welche die Zustandsform der Niederschläge bestimmen, sind äußerst verschieden, zum großen Teile erkannt, zum Teil noch nicht in allen Fällen klar gestellt oder beherrscht.

Im allgemeinen kann man sagen, daß in der Regel aus Lösungen, welche die Metalle in Form einfacher Salze gelöst enthalten, feinkörnige, matte, etwas großkristallinische Niederschläge auftreten, die erste durch mechanische Behandlung z. B. bürsten, gleichmäßig und polierbar werden (z. B. das saure Kupferbad) während aus Lösungen, welche die Metalle in Form komplexer Salze (s. später) enthalten (z. B. das zyankalische Kupfer-Silber-Goldbad u. a.) dichtere, homogene, leichtpolierbare Niederschläge

---

*) Das Blei und das Zinn lassen sich als festes dichtes Metall nur aus Lösungen abscheiden, in denen diese Metalle in zweiwertiger Form vorhanden sind. Sind dagegen vierwertige Metallionen zugegen, dann erhält man großkrystallinische und schwammige Niederschläge. Desgleichen scheint das Elektrolyteisen durch die Anwesenheit von den zwei- und dreiwertigen Eisenionen stark beeinflußt zu werden.

erhalten werden. Hier spielen zweifellos Beeinflussungen von Stoffen der kolloidalen Zustandsform eine bedeutsame Rolle (siehe später). Die Bildung der Metallniederschläge ist ein Kristallisationsprozeß und ein solcher wird durch die geringfügigsten Ursachen auf das weitgehendste beeinflußt, nicht nur hinsichtlich der äußeren Erscheinungsform, sondern auch hinsichtlich anderer Eigenschaften also z. B. der Festigkeit, Zähigkeit, Sprödigkeit, Biegsamkeit usw.

Wenn die Metallionen durch die Elektronen in die metallische Zustandsform übergeführt werden, so spielen, wie bei jedem Kristallisationsprozeß, Keime, welche denselben entscheidend beeinflussen, eine große Rolle. Immer mehr wird uns die Bedeutung kolloider Vorgänge in dieser Richtung klar, weshalb nachstehende Ausführungen hierüber hier Platz finden sollen.

Einige Metalle, wie z. B. Blei, können nicht in zusammenhängender Form zur Abscheidung gebracht werden, wenn nicht Kolloide in der Lösung anwesend sind. Bei der Abscheidung anderer Metalle wie z. B. Zink, wird die Qualität des Metalles durch Anwesenheit von Kolloiden verbessert. Die Wirkung der Kolloide kann darin bestehen, daß die Größe der Kristallkörner des abgeschiedenen Metalles vermindert wird.

Anderseits können Kolloide in manchen Bädern große Störungen verursachen (siehe später).

Eine in der Galvanotechnik sich öfters sehr unliebsam bemerkbar machende Erscheinung ist das Abblättern der niedergeschlagenen Metallschichten, das besonders gerne bei Nickelniederschlägen auftritt; es ist zu vermeiden, wenn man das Auftreten von Sauerstoff bzw. Oxyden an der Kathode sorgsam vermeidet, also einen absolut guten Kontakt zwischen Unterlage und Überzug bewirkt. Ursache für das Abblättern ist die Tatsache, daß in elektrolytischen Metallniederschlägen Spannungen bestehen und sich diese Metallschichten wie kaltgereckte Metalle verhalten (siehe bei Nickel) sog. Reckspannungen.

Die auffallende, technisch so wertvolle Tatsache, daß aus den galvanischen Bädern, welche die Metalle in Form komplexer Salze, vor allem als Zyandoppelverbindungen enthalten, dichte, glatte Metallbeläge erhalten werden, hatte man sich verschieden zu erklären versucht. Mit Hittorf *) nahm man eine sekundäre Fällung z. B. im Zyansilberbad an, derart, daß das an die Kathode wandernde Kalium das Silber verdrängt, während das Anion $Ag(CN)_2'$ zur Silberanode wandert, um wieder Silber aufzunehmen: oder man dachte sich nach Bodländer **) die sekundäre Fällung des Silbers so, daß die komplexen Anionen von der Kathode zuerst Elektronen übernehmen und dann gewissermaßen überladene

*) Wanderung der Ionen, Ostwalds Klassiker 23.

**) „Zeitschrift für Elektrochemie“ 10. 607.

Ionen bilden, die dann in Metallatome und Einzelionen zerfallen, z. B. $Ag(CN)_2' + \ominus$ —— $(AgCN)_2''$ —— $Ag^{\cdot} + 2\,CN'$.

Dagegen trat Haber *) für eine primäre Metallabscheidung ein, aber nicht im Sinn einer Entladung von Silberionen, sondern nach der Formel:

$$Ag(CN)_2'' + \ominus \;—'—\; Ag + 2\,CN'.$$

Nach V. Kohlschütter †), dem wir in dieser Richtung verschiedene schöne, aufklärende Arbeiten verdanken, konnte experimetell erhärtet werden, daß das Auftreten dichter Niederschläge durch die Gegenwart kolloidaler Salze bedingt werde, indem diese wie die Metallhydroxyde in den alkalischen Silberammoniaklösungen wirken, welche Wirkung darin besteht, daß das Silber, wenn nicht in kolloidem Zustand, so doch in einem solchen ihm nahestehenden Dispersitätsgrad abgeschieden und erhalten wird. Kohlschütter zeigte, daß bei der gewöhnlichen Versilberung im Kaliumsilberzyanidbad im ersten Stadium der Elektrolyse kolloide Zerteilungen von Silber, nach der Art der Subhaloide oder sog. Photohaloide erhalten werden. Durch diese ersten Abscheidungen, die je nach dem benützten Elektrolyten charakteristisch verschieden sind, wird die Ablagerungsform des Silbers bestimmt. Maßgebend dafür ist eine dünne, mechanisch entfernbare Haut auf der Kathode, die die erste kolloide Zerteilung der ersten Silberabscheidung bedingt; dieselbe genügt, um die typische Form auch in anderen Lösungen zu erzeugen. Diese formbestimmende Haut wird in den komplexen Salzlösungen offenbar durch kolloidale Silberverbindungen gebildet, die durch chemische Abspaltung aus den komplexen Ionen entstehen. Aus diesen Untersuchungen ergibt sich die vollkommene Parallelität der elektrolytischen Abscheidung aus stark komplexen Salzlösungen.

1. hinsichtlich des Mechanismus zur Bildung von Silberspiegeln durch chemische Reduktion,
2. hinsichtlich der Form zu der Entstehung der besonderen Bildungen, die bei der Elektrolyse der schwach komplexen, ammoniakalischen Lösungen nach Zusatz fremder Metallsalze beobachtet werden.

Diese Erkenntnisse geben uns Erklärungen für viele Störungen beim Betrieb der galvanischen Bäder, für die wir bei der bisherigen, rein chemischen Denkweise keine Deutung fanden; wir verstehen nun den störenden Einfluß auch anscheinend geringfügiger Verunreinigungen dieser Zubereitungen. Kohlschütter verfolgte den Einfluß von äußerst geringen Mengen Kupfernitrat, alkalischer Bleilösung, alkalischer Aluminiumlösung, Thallonitratlösung, alkalischer Berylliumlösung, Zink-Kadmiumnitrat, Stärke, Gelatine. Wasserglas — zu einer alkalischen Silberammoniak-

---

*) „Zeitschrift für Elektrochemie“ 10. 773.

†) Zur Kenntnis der Formen elektrolytisch gefällter Metalle, I—IV, „Zeitschrift für Elektrochemie“ 19. (1913.)

lösung bei der Elektrolyse; er erhielt dabei ganz verschiedene Zustandsformen des Silbers, deren mikroskopische Bilder im Originalaufsatz wiedergegeben sind. Die erhaltenen Abscheidungsformen wurden mit den gleichen Verschiedenheiten unter den gleichen Bedingungen immer wieder erhalten, so daß es sich also nicht um etwaige Zufallsbedingungen handelt. Die Wirkung der Zusätze erstreckte sich nach zwei Richtungen. Einmal wirkten sie in der Richtung, daß die größeren Kristallkomplexe, die ohne den Zusatz erhalten werden, zu kleinen und kleinsten Teilchen aufgelöst werden, wodurch dichte und zusammenhängende Abscheidungen in mehr flächenförmiger Form oder Ausbildung auftreten; sodann veranlassen sie das Auftreten von Gebilden mit ausgesprochenen Körperformen und einer von Fall zu Fall charakteristischen Gestalt, in denen sich die besondere Art des Zusatzes offenbart. Es war ja bisher bekannt, daß z. B. der Zusatz geringer Mengen von Kolloiden, z. B. Gelatine, glänzende, der Zusatz größerer Mengen davon spröde Niederschläge verursachte; auch hatte man erkannt, daß geringe Mengen dieser Kolloide in den Metallbelag übergehen. Nach Erich Müller stellt man sich die Sache so vor, daß das Metall zuerst in kolloidaler Form ausgeschieden wird, und mit den ebenfalls kolloiden Fremdstoffen ein komplexes Kolloid bildet, welches unter der Wirkung des Potentialgefälles elektroendosmotisch auf die Kathode gepreßt wird. Als Beweis konnte gelten, daß die Gelatine z. B. nur in saurer Lösung, also z. B. im sauren Kupferbad, wirksam ist, wo sie tatsächlich in der Richtung des positiven Stroms wandert.

Kohlschütter will nicht in Abrede gestellt wissen, daß solche Vorgänge in einzelnen Fällen mitsprechen, deutet aber den Vorgang in dem am Anfang dieses Aufsatzes ausgeführten Sinn, daß ebenso, wie bei der von ihm untersuchten rein chemischen, auch bei der elektrolytischen Metallabscheidung, an Grenzflächen eine Haut von adsorbierten Lösungsbestandteilen auftritt, welche eine bestimmte Kernverteilung bewirkt und dadurch dem ausgeschiedenen Metall eine Form aufprägt. Auch die Stromstärke, Elektrodenstellung, Bewegung des Elektrolyten waren von Einfluß, auch auf die Farbe des Niederschlags. Das Gewicht der Niederschläge war immer schwerer, als es aus den gleich konzentrierten, reinen Silberlösungen unter gleichen Bedingungen erhalten wurde. Sehr interessant ist die Beobachtung Kohlschütters, daß sich das „A l t e r n“ des Elektrolyten stark bemerkbar macht. So lieferten kupferhaltige Silberlösungen, die länger als 15—24 Stunden gestanden hatten, unter sonst gleichen Bedingungen das Silber nicht mehr in der beschriebenen Form. Es handelt sich um das „A l t e r n bzw. die Z u s t a n d s ä n d e r u n g e n d e r i m k o l l o i d e n Z u s t a n d*) v o r h a n d e n e n Z u s ä t z e.

So finden wir heute eine wissenschaftliche Erklärung für vieles, was uns der Praktiker beobachtend mitteilte, dem aber der

*) Siehe später „Kolloide“.

Wissenschaftler mangels einer Erklärungsmöglichkeit meist ablehnend gegenüberstand. Es handelt sich hier keineswegs um nur für den Wissenschaftler bestimmte theoretische Darstellungen. Auch der Gewerbetreibende, hier der Metalltechniker, der Galvaniseur soll mit diesen Erkenntnissen vertraut gemacht werden.

Der Wasserstoff spielt in der Technik der elektrolytischen Metallniederschläge eine außerordentlich große Rolle, in vielen Fällen direkt ausschlaggebend für das Zustandekommen der beabsichtigten Metallniederschläge. Der Wasserstoff verhält sich sozusagen, wie ein konkurrierendes Metall neben den anderen Metallen, worauf stets zu achten ist. Auf die Rolle des Wasserstoffes ist schon von älteren Autoren hingewiesen worden, insbesonders in der Richtung, daß derselbe einen bedeutenden Einfluß auf das physikalische Verhalten eines Metallniederschlages hat und in vielen Fällen nicht etwa nur mit einer mechanischen Absorption, sondern mit einer direkten Legierung von Metall mit Wasserstoff zu rechnen ist.

Theoretisch hat man es in einer wässerigen Metallsalzlösung eigentlich nie mit dem Metall allein zu tun, da neben den Metallionen, stets Wasserstoffionen vorhanden sind, mit deren möglichen Abscheidung man zu rechnen hat. In einer neutralen Metallsalzlösung sind die Wasserstoffionen in verschwindender Menge vorhanden; deren Menge steigt an, mit dem Gehalt an einer Säure und hier wieder mit dem Dissoziationsgrade derselben.

Die Wirkung des Wasserstoffes kann eine verschiedene sein. Insbesonders wird derselbe für das häufige Abblättern (siehe auch bei Überspannung des Wasserstoffes und bei Nickel), der Niederschläge, wenn diese eine gewisse Dicke erreicht haben, verantwortlich gemacht, ferner für pulvrige und schwammige Niederschläge, sobald in neutralen oder sauren Bädern die Stromstärke, bezogen auf eine gewisse Kathodenoberfläche eine maximale Grenze überschreitet.

Ferner veranlaßt die Wasserstoffabscheidung spröde Metallniederschläge z. B. bei Eisen und Nickel, ja in manchen Fällen kann die Occlusion von Wasserstoff zur Erzielung harter Niederschläge sogar erwünscht und beabsichtigt sein. Unliebsam macht sich der Einfluß des Wasserstoffes geltend durch das sog. Verziehen der Niederschläge, wenn solche in dickeren Schichten abgeschieden werden, oder durch das Aufrollen des Niederschlages von ihrer Unterlage. Geeignete Maßnahmen gegen die schädlichen Wirkungen des Wasserstoffes sind Temperaturerhöhung des Bades, also Erwärmung, geeignete Zusammensetzung der Bäder, Herabdrückung der freien Säure und damit der Wasserstoffionenkonzentration, ferner die mechanische Nachbearbeitung und die thermische Behandlung der fertigen Niederschläge.

Für die Wasserstoffabscheidung ergeben sich folgende Beziehungen:

1. Ist das zur Metallabscheidung erforderliche Potential kleiner, als das zur Wasserstoffabscheidung nötige, so scheidet der Strom nur Metall ab.
2. Sind beide Potentiale gleich. so erfolgen beide Vorgänge nebeneinander.
3. Ist das zur Metallabscheidung nötige Potential größer, als das zur Wasserstoffabscheidung erforderliche, so scheidet sich nur Wasserstoff ab. Hier handelt es sich um besondere günstige Eigenschaften des Wasserstoffes, nämlich darum, daß derselbe bedeutend überspannt werden kann, ohne daß er sich tatsächlich absscheidet (s. später Überspannung des Wasserstoffes).

Bei elektronegativeren Metallen ist auch in stärkerem mineralsauren Lösungen die Bedingung 1 erfüllt. Der Fall 2 und 3 tritt für unedlere, also für elektro-positiverer Metalle in starksaurer Lösung nur dann ein, wenn die Wasserstoffüberspannung einen hohen Wert besitzt. Bei Zink und Kadmium trifft das zu, es kann das Zink noch mit befriedigender Stromausbeute abgeschieden werden, aus $^2/_1$ normaler schwefelsaurer Lösung, auf Zink noch mit $^1/_1$ normaler Zinksulfatlösung. Eisen und Nickel, an denen die Wasserstoffüberspannung niedriger ist, werden aber unter gleichen Bedingungen nicht mehr niedergeschlagen, oder nur dann, wenn ihre Lösung der Sulfate schwach angesäuert ist. Auch in neutralen Lösungen können Wasserstoffionen in der Lösung vermehrt auftreten, wenn durch hydrolytische Spaltung freie Säure im Bad auftritt. Denn Wasserstoffionen entgegen wirken höhere Metallionenkonzentrationen, indem dann der osmotische Druck der Wasserstoffionen, gegenüber demjenigen der Metallionen kleiner wird. Erfolgreich gegen die unliebsame Wasserstoffwirkung, wirken auch Zusätze, welche durch Oxydation des Wasserstoffes, dessen gasförmige Abscheidung verhindern z. B. Salpetersäure u. a. sog. Wasserstoffdepolisatoren. Zur Vermeidung von Bildung von Peroxyder, welche Störungen verursachen, dient Alkoholzusatz. Bemerkenswerte Störungen hinsichtlich der Eigenschaften eines Metallniederschlages werden hervorgerufen, durch stellenweise Verarmung eines Bades an Metallionen, wogegen Bewegung des Bades angewandt wird.

Eine Wirkung des Wasserstoffes ist, wenn auch in minimalem Betrage, stets in Betracht zu ziehen. Um die Elektrolyse des Wassers dauernd im Gange zu erhalten, müssen allerdings die Elektroden auf eine ziemlich hohe Spannungsdifferenz gebracht werden. (1,2 Volt.) Der Beginn der Elektrolyse erfolgt aber schon bei viel geringerer Spannung (0,005 Volt). Dabei beladen sich die Elektroden mit Wasserstoff und Sauerstoff und die Elektrolyse kommt im wesentlichen rasch zum Stillstand. Sie wird aber in Gang gebracht und dauernd erhalten, auf zweifach verschiedene Weise. Entweder durch Erhöhung der Spannung der Elektroden, oder bei gleichniederbleibender Spannung dadurch, daß die Produkte der

Elektrolyse, also Wasserstoff und Sauerstoff, rasch durch einen chemischen Prozeß entfernt werden, mit a. W. durch eine dauernde Depolarisation. Dazu muß die Anode, an der sich der Sauerstoff entwickelt, in eine reduzierende, die wasserstoffbildende Kathode, in eine oxydierende Lösung tauchen. Dies läßt sich realisieren, beim eintauchen von Metallelektroden in eine Lösung von Chinhydron, bei einer Klemmspannung von nur 0,05 Volt.

Die Vermeidung einer Wasserstoffentwicklung an der Kathode ist von großer Wichtigkeit; hiergegen ist vor allem ein hoher Gehalt an Metallionen notwendig, so daß der osmotische Druck der Wasserstoffionen gegenüber dem der Metallionen sehr klein wird. Mit der Entladung von Wasserstoffionen neben Metallionen im engen Zusammenhang steht die Erscheinung, daß wasserstoffhaltige Metalle niedergeschlagen werden; besonders beim Eisen und Nickel.

Ebenfalls spielt die Größe der Anoden eine Rolle. Ist diese sehr klein, so daß die Anionen nicht die genügende Angriffsfläche finden, so wirken dieselben auf die Badbestandteile ein; es kann dann z. B. in einem sauren Kupferbad neben der Elektrolyse des Kupfersulfats auch eine solche der Schwefelsäure stattfinden, infolge welcher dann Wasserstoff an der Kathode auftritt.

Jede Elektrolytlösung (galvanisches Bad) hat ihren Eigenwiderstand (spezifischer Widerstand). Dieser ist der Widerstand eines Würfels von 1 dcm Seitenlänge. Dieser Eigenwiderstand erfährt eine Erweiterung durch

1. die elektromotoriche Gegenkraft im Bad, die sog. Polarisation. Diese kann man sich leicht veranschaulichen. Taucht man zwei Platinbleche z. B. in eine Chlorzinklösung und sendet dann den Strom durch, so schlägt sich auf dem Kathodenblech Zink nieder, während am Anodenblech Chlor auftritt. Unterbricht man nun den Strom und verbindet die beiden Bleche miteinander unter Einschaltung eines Galvanometers, so bemerkt man, daß ein dem angewandten Strom entgegengesetzter Strom angezeigt wird, der bald schwächer wird. Dieser Strom schwächt die Stromstärke des arbeitenden galvanischen Bades (Polarisationsstrom).
2. die sog. Stromlinienstreuung.

   Ebenso wie bei einem magnetischen Kraftfeld die Kraftlinien nicht nur zwischen den Polblechen übertreten, sondern auch seitlich aus den Magnetstäben herausströmen, immer größere Bogen bildend, so ist auch der Verlauf der Stromlinien in einem Elektrolyten kein vollständig geradeliniger und nach Pfannhausers Angaben wächst diese Stromlienstreuung mit der Elektrodenentfernung, während sie mit größer werdender Elektrodenfläche prozentual abnimmt. Durch die Streuung der Stromlinien wird der Querschnitt der Flüssigkeit, die den Strom zu leiten hat, größer. Aus diesem Grunde überstürzt sich an den äußeren Kanten der Gegenstände oft der Niederschlag (Anbrennen der Praktiker). In solchen Fällen hängt man um die Waren schmale Anodenstreifen, die überall über die Waren hervorragen.

Manche Verunreinigungen können durch zweckmäßige Zusätze unschädlich gemacht werden. Ein saures Kupferbad war z. B. durch geringe Mengen Leim (herstammend von den Leimformen) vollständig verdorben in der Weise, daß ein glasspröder Kupferniederschlag von wulstiger Beschaffenheit auftrat. Durch Zugabe einer kleinen Menge von, mit Ruß verriebener Salpetersäure konnte der Übelstand beseitigt werden.

Wenn auch ein anscheinend normaler, elektrolytischer Metallniederschlag entstanden ist, darf man sich doch nicht der Täuschung hingeben, als handle es sich um einen, die Unterlage vollständig homogen bedeckenden und dadurch schützenden Überzug. Vielmehr ist es in allen Fällen, in denen ein solcher Niederschlag das unterliegende Metall durch vollständige Bedeckung schützen soll (z. B. gegen rosten, gegen saure Dämpfe usw.) unbedingt erforderlich, daß durch geeignete Nachbehandlung z. B. Glätten durch Polieren, Zusammendrücken in rotierenden Trommeln mit Stahlkugeln u. dgl., die in feinsten Kristallteilchen, wie ein Netz neben und übereinanderliegenden Aggregate, untereinander zu einer homogenen, keine Zwischenräume aufweisenden Schichte vorbunden werden. Erst dann kann man mit einem vollständigen Schutze eines galvanischen Niederschlages rechnen. Vernachlässigung dieses Erfordernisses ist der Grund, warum in vielen Fällen die galvanischen Metallüberzüge nicht den an sie gestellten Erwartungen entsprechen.

Noch sei hier angeführt, daß ein langsamer erzeugter galvanischer Metallniederschlag immer ein festeres Gefüge zeigt, als ein schneller hergestellter Überzug, selbst wenn letzterer nachträglich entsprechend mechanisch bearbeitet wird. H. Steinach gibt aus eigener Erfahrung z. B. an, daß ein schnell erhaltener Silberniederschlag z. B. von 80 gr Silber auf 1 Dutzend Löffel nicht so lange hält als ein langsamer von 60 gr Silber.

Weiteres sei hier erwähnt, daß man jetzt die maschinelle Bearbeitung der Glättung schon während der elektrolytischen Arbeit einzuführen bestrebt ist.

Eine elektrolylische Lösung oder ein sog. galvanisches Bad stellt theoretisch ein stationäres System dar, also ein solches, in welchem sich der Verlust und der Wiederersatz eines Stoffes beständig im Gleichgewicht hält, indem z. B. in einem Kupferbad sich von der Kupferanode genau soviel Kupfer löst, als an der Kathode abgeschieden wird. Theoretisch wird also die

Zusammensetzung eines derartigen Bades unverändert erhalten, vergleichbar mit einem See, dessen Niveau deshalb gleich bleibt, weil in der Zeiteinheit sein Zufluß eben soviel beträgt, als sein Abfluß. In der Tat aber ist ein galvanisches Bad doch ein veränderliches und empfindliches Gebilde, dessen Zusammensetzung sich beständig, wenn auch in geringem Betrage, ändert. Hauptaufgabe des Galvanotechnikers muß sein, die Natur dieser Veränderungen zu kennen, sie zu beobachten und dafür Sorge zu tragen, daß durch geeignete Maßnahmen z. B. geeignete Zusätze, stets die ursprüngliche Zusammensetzung gewährleistet wird Dazu ist natürlich von Zeit zu Zeit eine analytische Kontrolle der Zusammensetzung nötig, um nicht plötzlich von Störungen überrascht zu werden, sondern dieselben von vornherein zu vermeiden.

Die A e n d e r u n g der Zusammensetzung eines galvanischen Bades bezw. dessen abweichende Arbeit findet, um einiges zu nennen und unter Voraussetzung der richtigen Stromverhältnisse statt:

I. Durch Aenderung der Konzentration durch Wasserverdunstung.

II. Durch Temperaturerniedrigung z. B. (im Winter, kalte Räume).

III. Infolge der Beschaffenheit der Anoden löst sich oft weniger von deren Metall auf, als an der Kathode abgeschieden wird z. B. bei Nickel. (Gußanoden).

IV. Sekundäre Prozesse ändern die Zusammensetzung, so wird z. B. bei zu starkem Strom im Nickelbad nicht nur das schwefelsäure Nickel elektrolysiert, sondern auch das als Leitungsalz dienende schwefelsaure Ammonium. Die dadurch frei werdende Schwefelsäure löst Nickel von der Anode, das gleichzeitig entstandene Ammoniak macht das Bad alkalisch, die Vernicklung findet nicht mehr richtig statt. Indem man den Grad der Alkalität bestimmt, die zur Neutralisation nötige Menge Schwefelsäure berechnet und zusetzt, bringt man das Bad auf einfache Weise zum tadellosen funktionieren.

V. Es bilden sich in einem galvanischen Bade Stoffe, durch Umsetzung eines Bestandteiles, welche die normale Funktion verhindern. So bildet sich im Versilberungsbad durch die Zersetzung des Zyankaliums unter dem Einflusse der Luft, kohlensaures Kalium; wenn dessen Menge im Bade einen gewissen Betrag erreicht, haftet der Silberniederschlag nicht mehr und steht an den Rändern z. B. der zu versilbernden Löffeln auf. Durch Entfernung des gebildeten kohlensauren Kaliums, was auf einfache Weise geschehen kann, ehe sich eine zu große Menge davon angesammelt hat, kann man diese Störungen vermeiden.

VI. Verunreinigungen aller Art, die sich durch Unsauberkeit und Unachtsamkeit der Arbeiter ergeben. haben oft sehr unangenehme Folgen, so wird z. B. ein Nickelbad durch geringe Mengen Kupfer, das dadurch ins Bad kommen kann, daß die Waren an Kupferhaken angehängt werden oder dadurch, daß ein solcher ins Bad fiel, vollständig verdorben. Das gleiche kann der Fall sein durch Verwendung unreiner, d. h. kupferhaltiger Nickelanoden usw.

Passivitätserscheinungen.

Als Ergebnis seiner Untersuchungen über die Passivitätserscheinungen bei der anodischen Abscheidung der Halogene, kommt Förster*) für die kathodischen Abscheidungen, bzw. der kathodischen Passivitätserscheinungen zu folgenden Schlüssen:

Durch eine Reihe von Untersuchungen ist bekannt, daß die Eisenmetalle bei ihrer kathodischen Abscheidung ähnliche Hemmungen erfahren, wie beim anodischen Inlösunggehen. Beide Arten von Hemmungen werden durch Temperatursteigerung vermindert. Die Untersuchungen, namentlich von Schildbach am Kobalt und die von M. Schade am Nickel, haben gezeigt, daß die Polarisation bei der kathodischen Abscheidung dieser Metalle in schwach saurer Lösung größer ist, als in neutraler. Da diese Eisenmetalle bei der elektrolytischen Abscheidung aus wässeriger Lösung stets Wasserstoff in sich aufnehmen und sich mit ihm legieren und auch diese Beladung mit zunehmender Wasserstoff-Konzentration des Elektrolyten wachsen muß, so ergeben jene Tatsachen, daß die von den Eisenmetallen gelösten Wasserstoffbeladungen als negative Katalysatoren die kathodische Abscheidung dieser Metalle verzögern. Man darf es als wahrscheinlich aussprechen, daß die Wasserstoffbeladungen die kathodische Passivität der Eisenmetalle verursachen, wie die Sauerstoffbeladungen ihre anodische Passivität bewirken.

Diese wird, wie man weiß, oft so stark, daß statt des Inlösunggehens der Anode die Sauerstoffentwicklung den anodischen Stromdurchgang vermittelt. Auch die kathodische Passivität kann so gesteigert werden, daß ein schwerer verlaufender Kathodenvorgang im erheblichen Umfange an die Stelle des leichteren Vorganges der Entladung der Eisenmetalle tritt. Das geschieht, wenn der Elektrolyt neben Eisen oder Nickel Zink enthält; Untersuchungen über diese Verhältnisse sind unter den hier erörterten Gesichtspunkten für das Nickel schon vor einiger Zeit von W. Treadwell, für das Eisen von W. von Escher ausgeführt. Sie haben gezeigt, daß zunächst die Eisenmetalle vom Strome abgeschieden werden und depolarisierend auf die Zinkabscheidung wirken, wobei verhältnismäßig zinkarme Legierungen entstehen. Durch den Eintritt des Zinks in den Kathodennieder-

*) Chem. Ztg. 1915. Nr. 127—128.

schlag wird aber die weitere Abscheidung der Eisenmetalle so erschwert, daß das Kathodepotential immer weiter steigt, bis es das Zinkpotential erreicht. Jetzt werden sehr zinkreiche Legierungen abgeschieden, trotzdem im Elektrolyten das Zink keineswegs vorzuwalten braucht. Der erste vorbereitende Teil der Vorgänge kann je nach den Umständen äußerst kurz sein, so daß scheinbar von Beginn der Elektrolyse an der Strom zinkreiche Legierungen abscheidet.

Die kathodische Passivität kann also ganz ähnliche Erscheinungsformen zeigen wie die anodische, Deckschichten können bei ihr aber nicht in Frage kommen; hier können nur gelöste Fremdstoffe, als negative Katalysatoren wirkend, die starke Polarisation bewirken. Man braucht daher kein Bedenken zu tragen, da, wo die Erscheinungen es erfordern, auch bei der anodischen Passivität die negativ katalytische Wirkung von in der Anode gelösten Fremdstoffen, von Sauerstoff oder Sauerstoffverbindungen, zur Erklärung heranzuziehen.

Sicher haben wir in zahlreichen Fällen mechanische, durch Deckschichten veranlaßte Passivität an der Anode. Gewiß aber haben wir daneben auch die chemische Passivität, bei der gelöste Fremdstoffe Elektrodenvorgänge verzögern. Am gleichen Metall kann je nach den Umständen bald die eine, bald die andere Art der Passivität auftreten.

Wenn man den Prozeß in einem galvanischen Bade umkehrt, daß also ein Gegenstand als Anode ins Bad gehängt wird, so löst sich das Metall auf. Dieser Prozeß wird benützt beim sogenannten Abziehen der Metallschichten, um also von verkupferten, versilberten, vergoldeten usw. Gegenständen das Überzugsmetall auf leichte und einfache Weise wieder zu entfernen. Auf gleiche Weise werden Metallätzungen*) auf galvanischem Wege bewerkstelligt. Die Gegenstände, deren Metall sich lösen soll, werden als Anoden ins Bad gehängt und der an diese hinwandernde Säurerest löst das Metall auf. Auf diese Weise wird auch die Entzinnung von Weißblechabfällen, das ist verzinntes Eisenblech, entfernt. Als Kathoden werden Eisenbleche verwendet, als Badflüssigkeit eine 12—15prozentige Kochsalzlösung, mit bis 5 Proz. zinnsaurem Natron, die stets alkalisch gehalten wird. Die Bäder werden erwärmt angewendet, die Stromdichte kann etwa 50 Amp. pro qm betragen. Die Weißbleche befinden sich in eisernen Körben, durch ein Weißblech wird ihnen der Strom zugeführt.

Haftintensität und Legierung elektrolytischer Metallüberzüge mit der Unterlage.

Obwohl die Haftintensität der elektrolytischen Metallniederschläge für die Technik der Galvanostegie von weittragender Be-

*) Siehe das Ätzen der Metalle von Georg Buchner 1922. M. Krayn, Berlin.

deutung ist, so liegt hier doch noch ein sehr wenig durchforschtes Gebiet vor. Schlötter*) hat sich näher damit befaßt und sei von dessen Arbeiten kurz folgendes mitgeteilt:

Schlötter beschreibt die Vorrichtung, wie Burgeß die Haftintensität des Niederschlagmetalls auf dem Grundmetall in einwandfreier Weise bestimmt. Diese Methode ist von großer Bedeutung. Da man bei der Abscheidung von Metallen in der Galvanostegie fast nie von Salzlösungen ausgeht, die nur das zur Abscheidung gelangende Metall enthalten, sondern stets dem Elektrolyten gewisse Leitsalze zusetzt, so hat man in dieser Methode ein Mittel in der Hand, den Einfluß dieser Leitsalze auf die Haftintensität zu bestimmen, der bisher nicht in Zahlen ausgedrückt werden konnte.

Ferner beeinflussen folgende Faktoren die Haftintensität des Überzugmetalls auf dem Grundmetall.

Die Adhäsion zwischen Grundmetall und Niederschlagmetall ist ebensowohl vom Grundmetall wie vom Niederschlagmetall abhängig.

1. In erster Linie spielt die Natur des Grundmetalls eine Rolle. So haftet z. B. Nickel auf Messing oder Kupfer viel fester als auf Stahl.

2. Dies hängt zum Teil wohl von der Härte des Grundmetalls, von Legierungsverhältnissen, Adhäsionsverhältnissen usw., aber auch von anderen Faktoren ab.

3. Die Haftintensität wird besonders von der Oberflächenbeschaffenheit des Grundmetalls beeinflußt. Das Überzugmetall wird um so fester haften, je rauher die Oberfläche der Unterlage ist.

4. Von der Oberflächenbeschaffenheit ist auch die Fläche abhängig, welche die Lösung, aus der das Metall zur Abscheidung gelangt, benetzen kann. Hier spielt die Natur des Elektrolyten eine wichtige Rolle, ob derselbe die Fläche überall vollständig gleichzeitig benetzt usw.

5. Die Tatsache, daß die Metalle die Eigenschaft haben, Wasserstoff aufzunehmen, sog. Wasserstoffokklusion, spielt eine große Rolle.

6. Die Natur des Niederschlagmetalls ist ebenso von Einfluß auf die Adhäsion wie die des Grundmetalls. Ein weicher Überzug wird sich inniger dem Grundmetall anschmiegen als ein harter. Natürlich spielen hier wieder andere Faktoren, wie gerade die Wasserstoffaufnahme durch das abgeschiedene Metall, eine Rolle.

7. Die Struktur des Metallniederschlags ist bestimmend auf die Adhäsion.

---

*) Chemiker Zeitung 1914. Nr. 27.

8. Auch beim Niederschlagmetall kommt die Eigenschaft der Wasserstoffaufnahme für die Adhäsion in Betracht.

9. Die Legierungsmöglichkeit zwischen Grundmetall und Niederschlagmetall spielt eine große Rolle.

Zweifellos bilden die elektrolytisch niedergeschlagenen Metalle in vielen Fällen mit der Metallunterlage Legierungen. Eisen und Nickel vereinigen sich bei Berührung schon unter gelindem Druck, ein dünn mit kupferüberzogenes Zinkstück wird nach einiger Zeit wieder weiß, indem das Kupfer ins Innere des Zinks dringt, ebenso bei verzinntem Blei.

Man nimmt z. B. an, daß das geringe Haften von Nickelniederschlägen auf Zink durch vorherige Verkupferung oder Vermessingung deshalb verbessert wird, weil das Kupfer sich mit beiden Metallen leicht legiert. Legierungsbildung wird durch vorheriges Verquicken befördert.

Auf der Hauptversammlung der American Electrochemical Society in Atlantic City 1913 stellte W. D. Bancroft folgende allgemeine Richtlinien auf:

1. Schlechte Niederschläge werden durch übermäßigen Zusatz eines Bestandteils oder zu große Kristalle verursacht.

2. Übermäßiger Zusatz von irgendwelchem Bestandteil kann durch Abänderung der Verhältnisse in einer Weise beseitigt werden, daß dieser Bestandteil nicht niedergeschlagen werden kann.

3. Durch Steigerung der Stromstärke, Erhöhung des Potentialunterschieds an der Kathode oder Erniedrigung der Temperatur verringert sich die Größe der Kristalle.

4. Die Größe der Kristalle wird verringert, wenn an der Kathodenoberfläche Stoffe vorhanden sind, welche von dem gefällten Metall adsorbiert werden.

5. Wenn eine gegebene Lösung einen guten Niederschlag bei einer beliebigen Stromstärke liefert, so gibt sie einen guten Niederschlag bei einer beliebigen größeren Stromstärke, vorausgesetzt, die Verhältnisse an der Kathodenoberfläche werden konstant gehalten.

6. Verästelung wird durch einen starken Potentialfall in der Lösung und durch Verhältnisse gefördert, welche die Bildung großer Kristalle begünstigen.

Der Galvanotechniker muß Kenntnisse haben von den Eigenschaften der Stoffe, mit denen er umgeht und welche er herzustellen beabsichtigt. Insbesondere muß er über gewisse Eigenschaften der Stoffwelt bes. deren verschiedene Zustandsformen unterrichtet sein, welche in den üblichen chemischen Lehrbüchern zwar gelegentlich erwähnt, aber nicht in zusammenhängender Darstellung gegeben werden. Deshalb bringe ich hier folgende aufklärende Ausführungen.

Über die verschiedenen Zustandsformen der festen Stoffe.

Vor allem sind folgende zwei Sätze zu beachten:

1. Satz:

Jeder Stoff der festen Formart oder des sog. festen Aggregatzustandes, gleichviel ob ein chemisch einfacher oder chemisch zusammengesetzter Stoff, ist im Stande, in mehr als einer Zustandsform aufzutreten.

Diese Zustandsformen unterscheiden sich mehr oder weniger hinsichtlich ihrer Eigenschaften. Die Zahl dieser Zustandsformen ist unbegrenzt bez. unbeschränkt. Mit der einfachen Bezeichnung Phosphor, Quecksilbersulfid, Quecksilberoxyd, Zinkoxyd, usw. sind diese Stoffe noch lange nicht hinreichend charakterisiert.

So finden wir den Kohlenstoff auftreten in den Zustandsformen des Diamanten einerseits und des Grafits andererseits, den Phosphor als gelben und roten sog. armorphen Phosphor, das Schwefel-Quecksilber als schwarzes Schwefelquecksilber und als roten Zinnober, das Quecksilberoxyd und das Cadniumsulfid in einer gelben und roten Zustandsform, das Zinn in der Form des weißen metallischen — und in der Zustandsform des grauen pulverförmigen Zinns — das erstere in fein verteiltem Zustande wieder in verschiedenen Bildungsformen, das Eisen und andere Metalle in verschiedenen Modifikationen von großer technischer Bedeutung, besonders auch in deren Legierungen. Die Kieselsäure, der kohlensaure Kalk und die meisten anderen Stoffe treten in verschiedenen Zustandsformen auf usw.

Während es als eine unbedingte Forderung angesehen wird, daß zwei in ihren sämtlichen Eigenschaften sich gleich verhaltende feste Stoffe auch gleiche chemische Zusammensetzung haben, tritt also erfahrungsgemäß oft der Fall ein, daß dieser Satz nicht umkehrbar ist, d. h., daß feste Stoffe, welche gleiche qualitative und quantitative Zusammensetzung aufweisen, doch verschiedene Eigenschaften und verschiedenes Verhalten zeigen. Mit anderen Worten: Es bestehen verschiedene feste Aggregatzustände ein und desselben Stoffes und viele Stoffe können aus einem festen Aggregatzustand β in einen zweiten festen Aggregatzustand α übergehen.

2. Satz:

Ein Stoff oder ein Stoffsystem der festen Formart erscheint uns nicht stets in seinem ursprünglichen Bildungszustande; er macht vielmehr in den meisten Fällen von diesem bis zu seinem endgiltigen Erscheinungszustande, oder seine Erscheinungsform eine Reihe von Entwicklungsstadien durch, je nach den herrschenden Bedingungen; die feste kristallinische Zustandsform ist keine so starre, unveränderliche Form, wie man früher anzunehmen geneigt war; auch bei den erstarrten kristallinischen Stoffen finden noch vielfache Umwandlungen statt, Umkristallisationen, Vergrößerungen, Rekritallisationen usw., insbesondere auch bei den Metallen.

Bei vielen Stoffen verläuft, nachdem der Stoff aus dem Schmelzfluß oder aus der Lösung erstarrt ist, die weitere Abkühlung gleichmäßig; bei anderen Stoffen aber finden auch in bereits festem kristallisiertem Zustande noch vielfache Umkristallisationen und teils reversible Umwandlungen statt, der Stoff tritt in verschiedenen Modifikationen oder Zustandsformen auf. Hierbei treten auch hier, wie beim Übergang von dem flüssigen in den festen Zustand, oft sog. Unterkühlungserscheinungen auf, welche zum Teil praktisch verwertbar, von größter Wichtigkeit für die Technik sind. Man kann also hier gleichsam von einer Entwicklungsgeschichte eines festen Stoffes sprechen.

Von besonderer Bedeutung sind die Umwandlungen, die nachträglich bei erstarrten Legierungen stattfinden; beruht doch die ganze Werkzeugstahlherstellung (Härten, Anlassen, Ausglühen uws.) auf derartigen Vorgängen; dann spielen die nach stattgefundener Bildung vor sich gehenden, nachträglichen Veränderungen von Niederschlägen je nach den herrschenden Bedingungen (z. B. Übergang in andere Modifikationen, Übergang aus dem amorphen Zustand in den kristallinischen, körnigen Zustand, Kornvergrößerung, Kristallvergrößerung) in der Technik eine große Rolle, ganz besonders z. B. bei der Herstellung von Mineralfarben, da die Farbe, die Deckkraft, die Leuchtkraft usw. stark von diesen Verhältnissen beeinflußt wird. Hier unterstützen uns hinsichtlich unseres Verständnisses die neuen Erkenntnisse über den Aufbau und das Wesen der Kristalle (siehe diese).

Für den Techniker ist es also notwendig, zu wissen, daß Verschiedenheiten bezüglich der Eigenschaften eines festen Stoffes oder beobachtete Veränderungen eines Materials nicht nur von verschiedener chemischer Zusammensetzung oder von chemischer Veränderung herrühren können oder müssen, sondern daß sehr oft chemisch ein und derselbe Stoff, je nach seiner Vorgeschichte, also seinen Bildungs- und Existenzbedingungen mit sehr verschiedenen, technisch sehr abweichenden Eigenschaften auftreten oder Eigenschaftsänderungen erleiden kann.

Während man in der Regel bei technischen Störungen u. dergl. für rein chemische Erklärungen volles Verständnis findet, so kann man oft den Mangel eines solchen feststellen, wenn man zur Erklärung von irgendwelchen Veränderungen lediglich die Zustandsänderungen ein und desselben festen Stoffes heranziehen muß, und oft werden Erfolge und Mißerfolge bei technischen Arbeiten in einer Richtung gesucht, welche nicht die richtige ist. Daraus ergibt sich auch, daß man im Stande ist, ein und denselben Stoff mit verschiedenen Eigenschaften zu erhalten, eine Möglichkeit, welche in der gesamten Technik eine große Rolle spielt und welcher sich auch die Natur in ergiebigstem Maße bedient.

Wenn ich hier von den verschiedenen Zustandsformen oder Modifikationen der festen Stoffe spreche, so fasse ich diese Bezeichnung oder diesen Begriff im weitesten Sinne des Wortes auf, das heißt, ich verstehe darunter alle nur möglichen Zustandsformen, in denen ein und derselbe feste Stoff mit verschiedenen Eigenschaften in die Erscheinung oder Wahrnehmung treten kann, ohne seine chemische Zusammensetzung zu ändern.

Alle diese Zustandsformen sind an den festen Aggregatzustand oder die feste Formart gebunden, d. h. sie sind davon abhängig, sie hören auf, im geschmolzenen, gas- oder dampfförmigen, sowie im gelösten Zustande.

Man kann dieses große Gebiet in zwei charakteristische große Gruppen bringen.

I. Die erste Gruppe umfaßt die wissentschaftlich zum großen Teil streng definierten, gesetzmäßig erkannten, oft auch noch wenig geklärten Zustandsformen, die in engster Beziehung zur Kristallstruktur stehen, für welche Berzelius die allgemeine Bezeichnung der Allotropie d. h. der Andersbeschaffenheit geprägt hat, während Mitscherlich für die verschiedenen Zustandsformen der kristallisierten Stoffe die Bezeichnung der Polymorphie d. h. Mehrformigkeit einführte. Bei diesen Stoffen kann die eine Zustandsform entweder augenblicklich (Umwandlungspunkt) in die andere umgewandelt und rückverwandelt werden, oder die Umwandlung oder die Rückverwandlung erleidet eine mehr oder weniger lange Verzögerung, die sich auf Minuten bis Jahrtausende erstrecken kann; oder es sind uns bei anderen Stoffen die gegenseitigen Umwandlungen unbekannt, also bislang weder beobachtet noch bewirkbar. Zu dieser Gruppe gehören z. B. die Modifikationen der Metalle, des Eisens, des Zinns, diejenigen des Kohlenstoffes u. a.

II. Die zweite Gruppe umfaßt die wissenschaftlich eigentlich noch sehr wenig bearbeiteten Zustandsformen chemisch ein und desselben festen Stoffes, welche auf der Verschiedenheit des Verteilungs- oder Zerteilungszustandes beruhen also die sog. Bildungsformen der kleinsten Massenaggregate betreffen; diese verschiedenen Zustandsformen sind also ein Ergebnis des Bildungsvorganges, wobei die Korngröße, Oberflächenenergie u. a. das bestimmende ist. Z. B. Quecksilberoxyd, Zinkoxyd, Kadmiumsulfid, Metazinsäure, Zinnpulvermodifikationen und viele Erscheinungsformen des Silbers und des Goldes.

Diese Vorgänge im Sinne der Bildungs- oder Zerteilungsformen können dann auch bei den wahren polymorphen Zustandsformen der ersten Gruppe wieder weitere Variationen oder Modifikationen bewirken z. B. verschiedene Formen des Grafits, Phosphors Arsens u. a. Bei den Stoffen dieser Gruppe können verschiedene Zustandsformen erhalten, gewisse Bildungsstadien festgehalten werden, wir können sie aber nicht, wie bei den Stoffen der ersten Gruppe, in einander beliebig überführen, es sind Bildungsformen ohne sogenannten Umwandlungspunkt. Gerade diese wissentschaftlich bisher sehr stiefmütterlich behandelten Zustandsformen fester Stoffe spielen in der Technik, bei Fabrikationsverfahren aller Art, so z. B. in der Galvanostegie, bei Fabrikation der Mineralfarben, bei der mechanischen Metallbearbeitung usw. eine große Rolle; sie sind in der Praxis in Form von Fabrikationsgeheimnissen viel besser bekannt, als der Wissenschaft; diese Zustandsformen sind viel mannigfaltiger als die der wahren Polymorphien.

Es ist nicht immer leicht zu unterscheiden, ob Zustandsformen ein und desselben Stoffes zu dieser oder jener Gruppe gehören, so daß die Klassifikation dieser Zustandsformen oft eine schwierige und schwankende ist, je nach dem jeweiligen Stande unserer Erkenntnisse.

Charakteristisch für die Zustände oder Phasen der echten polymorphen Formen ist die Fähigkeit sich ohne Vermittlung eines Lösungsmittels, ohne Schmelzung oder Verdampfung, nur durch Änderung der Temperatur (U. P.) in einander umzuwandeln. Hierbei findet ein disskontinuierlicher Übergang eine disskontinuierliche Änderung aller Eigenschaften statt. Das schärfste Kriterium aber für die wissenschaftlich streng definierten und gesetzmäßig erkannten wahren allotropen Zustandsformen ist der verschiedene Energieinhalt dieser Formen. Die verschiedenen Formen ein und desselben festen Stoffes verhalten sich in ihrem Energieinhalt als energetisch verschiedenartige Systeme abseits vom Umwandlungspunkt oder der Gleichgewichtstemperatur, zeigen also verschiedenes elektrochemisches Verhalten, m. a. W., man kann bei Anordnung dieser Modifikationen in Form einer elektrischen Kette, (so sich das ausführen läßt) elektrischen Strom erhalten.

Während bei der ersten Gruppe der echten Polymorphien oder Allotropien, entweder die eine oder die andere Zustandsform, beim Umwandlungspunkte auch die beiden Zustandsformen nebeneinander existieren können, aber keine Zwischenformen oder Übergangsformen existieren — gibt es bei der zweiten Gruppe der sog. B i l d u n g s f o r m e n zahlreiche Übergangsglieder, oder Zwischenformen, die dann continuierlich zu dem Endzustande führen, was wir z. B. sehr schön bei der α und β Zinnsäure beobachten können. Wesentliche Energieunterschiede, abgesehen von den kleinen Variationen der Oberflächenenergie sind hier nicht zu verzeichnen.

Da sich die verschiedenen Zustandsformen ein und desselben Stoffes durch mehr oder weniger stark in die Erscheinung tretende, meist wissenschaftlich gut faßbare — technisch oft sehr wichtige, unterschiedliche Eigenschaften auszeichnen, so liegt die große Wichtigkeit dieser äußerst verbreiteten Zustandsmannigfaltigkeit der Stoffe, die man früher als Ausnahme ansah, jetzt aber vielmehr als die Regel anzunehmen gezwungen ist, wenn auch in vielen Fällen noch unerkannt, klar zu Tage.

Abgesehen von dem tieferen wissenschaftlichen Interesse haben diese Erkenntnisse auf dem Gebiete der Polymorphie eine große, weitgehende Bedeutung für die praktische Chemie, die Mineralogie und die gesamte Technik. Man denke z. B. nur an die so wichtige Zustandsform des roten sog. amorphen Phosphors, an die technische Verwendung einer besonderen Zustandsform des Selens usw. Eine gesteigerte Bedeutung erlangten dann diese Verhältnisse, als man vor nicht zu langer Zeit erkannte, daß die Mehrformigkeit im Leben der Metalle und Legierungen ganz besonders auch beim Eisen eine große Rolle spielen und bei der technischen Behandlung dieser Stoffe von ausschlaggebender Bedeutung sind, ebenso die Kieselsäuremodifikationen in der Keramik usw., denn wenn z. B. ein Metall oder eine Legierung nach dem Erkalten, also nach dem Kristallisieren aus der Schmelze durch weitere Zustandsänderungen andere Eigenschaften annimmt, so sind wir, solange wir diese Vorgänge nicht erkennen, oder verstehen, Sklaven derselben und stehen allen möglichen Zufällen ratlos gegenüber. Erkennen und beherrschen wir aber anders diese Vorgänge, dann erreichen wir das Ziel der Stoff- und Naturbeherrschung. Hier hat vielfach die Praxis der Wissenschaft die Wege gewiesen, bis dann letztere wieder der Praxis vorwärts geholfen hat durch wissenschaftliche Behandlung und Erkenntnis.

So wichtig besonders die erste Gruppe der Polymorphie ist, so kommt der zweiten Gruppe, der verschiedenen Bildungsformen eine mindestens ebenso große, aber noch weit ausgedehntere Bedeutung zu. Insbesondere für die präparative und die analytische Chemie, die Fabrikationsverfahren aller Art, vor allem auch die Herstellung der Mineralfarbe, kommen hier in Betracht.

Wenn wir durch Einhaltung besonderer Bedingungen ein und denselben Stoff mit verschiedenen Eigenschaften erhalten können, z. B. von verschiedener Farbe, beständiger oder unbeständiger, reaktionsfähiger und wirksamer oder weniger reaktionsfähiger und unwirksamer z. B. Quecksilberoxyd, Quecksilber-Chlorür bsw., so ist die Bedeutung dieser Zustandsformen offenkundig.

Diese Zustandsformen stehen sehr häufig in Beziehung zu dem Bildungsvorgange, in soferne eine bestimmte Herstellungsart oder Reaktion einen Stoff unbestimmter Gestalt entstehen läßt, während für denselben Stoff ein anderes Herstellungsverfahren, auch ein anderes aber wiederum dafür charakteristisches Produkt liefert. In vielen Fällen kann man sofort am Aussehen eines Stoffes die Herstellungsart erkennen.

Diese Zustandsformen sind aber nicht, wie bei der vorher behandelten Stoffgruppe der Ausdruck der atomistischen bzw. molekularen Aufbaus, sondern das Ergebnis des chemischen Vorganges, der zu dem Stoff führt.; m. a. W. des Bildungsvorganges oder der Bildungsform. Wir können hier von einer physikalisch-chemischen Morphologie sprechen, es handelt sich vor allem um Oberflächenerscheinungen, Korngröße, Farbe, Beständigkeit, Reaktionsfähigkeit usw.

Diese spezifischen Zustandsformen kommen so zu Stande, daß ein Stoff, wenn er bei seinem Bildungsgange nach Durchlaufen des molekularen und kolloiden Zerteilungszustandes in Zustände verschiedener größerer Condensation oder Verdichtung übergeht, dabei der Einwirkung aller möglichen Einflüsse unterliegt, die in den äußeren Bedingungen, der Gegenwart anderer Stoffe, ja selbst der Art und Beschaffenheit der verwendeten Gefäße usw. gegeben sind.

So sind die Eigenschaften eines dispersen Systems z. B. kolloidalen Silbers, des Silbersols abhängig von den Gefäßwänden. Z. B. Gefäße aus gewöhnlichem Glas und Quarzglas geben gelbbraune, Gefäße aus Jenenserglas geben rote, violette und blaue Sole. In Platingefäßen findet überhaupt keine Solbildung statt, sondern Kristallabscheidung.

Es handelt sich vor allem immer um den Grad der Zerteilung und um Teilchengröße. Bestimmend sind vor allem:

Die Geschwindigkeit der Bildung, also der Abscheidung, die Verdünnung der Lösung, also die Konzentration, Temperatur, Visikosität des Lösungmittels. Einfluß der Zeit — der Reaktionsgeschwindigkeit, Einfluß fremder Stoffe, die an der eigentlichen Reaktion unbeteiligt sind, ob es sich handelt um Ionenreaktionen, die schnell verlaufen, oder um langsamere Reaktionen complexerer Verbindungen. Einwirkung von Stoffen, die sich als Nebenprodukte bei der Reaktion bilden, z. B. bei Herstellung von Silberspiegeln, die oft die Art der Abscheidung dirigieren, dann die Adsorption geringer Menge anderer Stoffe, um Bildung der ersten Anlage, um Stoffe, welche die Oberflächenspannung beeinflussen; dann um Stoffe, welche, wie z. B. minimale Menge kolloider Stoffe, infolge des Auftretens bestimmter Keime oder Kerne, oder eines kolloiden Netzes richtungs- und bildungsbestimmend wirken, z. B. bei galvaschen Metallniederschlägen. Die Korngröße der Metallteilchen spielt bei der Technologie der Metalle eine besonders wichtige Rolle. Besonders deshalb, weil dieselben die Eigenschaften vieler Metalle und Legierungen in hohem Grade beeinflussen kann. Sie wird daher vielfach als Wertmesser für das Arbeitsgut benützt und spielt insbesondere bei den Metallblechen, welche für Gravierarbeiten und Ätzungen aller Art eine große Rolle, da ja die Gleichmäßigkeit dieser Arbeitsverfahren nur bei richtiger und gleichmäßiger Korngröße gewährleistet wird. Hieraus geht die Wichtigkeit hervor, daß der Metalltechniker sich vor allem Kenntnis von der Zustandsform seiner Metallbleche verschafft. Vielfach werden Mißerfolge bei derartigen Ätzarbeiten z. B. von Legierungen in der fehlerhaften chemischen Zusammensetzung gesucht, während die Ursache einfach in der unrichtigen Zustandsform des

Metalles liegt. Die Größe der einzelnen Kristallkörner eines erstarrten Metalles ist von der Erstarrungstemperatur, der Kristallisationsgeschwindigkeit, der Anzahl vorhandener Kristallisationskeime und der nachträglichen mechanischen und Wärmebehandlung abhängig. Auch die Korngröße bereits erstarrter Metalle kann sich auf dem Wege der sog. Rekristallisation ändern. Aus der Korngröße kann man auf die vorhergegangene Metallbearbeitung z. B. Kaltreckung, Glühtemperatur usw. schließen. Durch geeignete Wahl des Kaltreckungsgrades und der Glühtemperatur ist man imstande, ein Metall in bestimmter physikalisch-mechanischen Zustandsform, also z. B. von bestimmter Korngröße, zu erhalten. Die Korngröße eines kaltgereckten Metalles nimmt z. B. mit steigender Rekristallisationstemperatur zu und zwar um so mehr, je geringer der Grad der Kaltreckung ist.

Hier seien einige Ausführungen über die **kolloide Zustandsform gegeben**, wobei es sich um zweiphasige Systeme handelt, um einen verteilten (dispersen) Stoff und ein Dispersions- — oder Verteilungsmittel. —

Die neuzeitlichen Forschungen über die Kolloide haben uns weitgehende Kenntnisse und Erkenntnisse gebracht, welche für die gesamte Technik, insbesondere auch für die Galvanotechnik von weitgehender Bedeutung sind. Wenn man von Kolloiden oder von Kolloidchemie spricht, könnte der ferner Stehende glauben, es handele sich um etwas ganz neues; und doch sind die Kolloide bzw. der kolloide Zustand der Stoffwelt so alt wie die Welt selbst. Es handelt sich nicht sowohl um eine etwa neu entdeckte Stoffgruppe, als um eine besondere Zustandsform, in der die Stoffe auftreten können, deren nähere Kenntnis und allgemeine tiefgreifende Bedeutung für Leben und Technik, erst in unseren Tagen entwickelt wurde.

Durch Behandeln der Stoffe mit Lösungsmitteln ist man imstande, dieselben viel weitgehender zu zerteilen, als das durch mechanische Zerteilung z. B. Pulverisierung oder Aufschwemmung (sog. Suspendieren) in einer Flüssigkeit zu erreichen ist. Beim Lösen verhalten sich nun die Stoffe hinsichtlich des Grades ihrer möglichen Zerteilung nicht gleich. Während die kristallisierten Stoffe, wie z. B. Kochsalz beim Lösen in Wasser die denkbar weitgehendste Zerteilung in Form der molekularen bzw. Ionenlösung erfahren, geht bei der Lösung mancher anderer Stoffe, wie z. B. Leim, Gummi, Eiweiß und dergl. die Zerteilung nicht so weit, sie bleibt auf einem geringeren Zerteilungsgrade stehen, einem Zerteilungszustande, der aber der bloßen Suspension (Aufschwemmung) gegenüber doch bereits riesengroß ist, jedoch noch bedeutend geringer als derjenige, dem die Stoffe in der molekularen oder Ionenlösung der sog. wahren Lösung besitzen. In diesen mittleren Zerteilungszustand kann man alle Stoffe mit Hilfe der experimentellen Kunst bringen, also auch die Kristallinischen, und zwar mehr oder weniger leicht; man nennt ihn den kolloidalen oder kolloiden Zustand, deshalb, weil man bei Stoffen, deren Hauptvertreter der Leim (= Colla) ist, die Besonderheit dieses Zerteilungszustandes zuerst erkannt und festgestellt hat, und weil dieser Zustand für diese Stoffe (Kolloide) die Regel bildet. Es handelt sich also bei dem kolloidalen Zustand erstens nicht um homogene (= gleichteilige), sondern um heterogene (= verschiedenteilige) und zwar zweiphasige (= zweiteilige) Systeme, also um einen zerteilten (= dispersen) Stoff und ein Zerteilungsmittel und dann um einen Zerteilungsgrad von einem bestimmten Größenverhältnis. Ein jeder Stoff muß von seiner molekularen (sog. echten) Lösung bis zu seiner Auscheidung oder Ausfällung im festen Zustand eine kolloidales Zwischenstadium (sog. Scheinlösung) durchlaufen. Wenn man den besonderen Zerteilungsgrad, den man den kolloiden nennt, als eine besondere Zustandsklasse abgegrenzt hat, so hat das seinen Grund darin, daß bei diesem Zerteilungsgrad der Stoffe sich eine ganze Menge von auffallend in die Erscheinung tretenden Sondereigenschaften einstellen, so daß es sich um eine ganze neue Stoffklasse zu handeln scheint.

Man darf nämlich nicht glauben, daß ein aus vielen Molekülen aufgebautes Riesenmolekül nur Unterschiede in der Quantität bedinge; nein, beim Aufbau einer komplexen Menge können an gewissen kritischen Punkten durchaus neue Qualitäten oder Eigenschaften auftreten. Man kann z. B. folgenden Vergleich anstellen: Wenn man ein paar kleine Holzhütten miteinander verbindet, so haben wir noch immer Hütten; fügen wir aber tausend oder mehrere tausend solcher Hütten zusammen, so erhalten wir einen Bau, bei dem von einer bestimmten Größe an, ganz neue Eigenschaften und Möglichkeiten vorhanden sein werden.

Der kolloidale Zerteilungszustand steht in seiner Größenordnung mit 1 bis 100 $\mu\mu$ *) Teilchendurchmesser zwischen den grob zerteilten Systemen (Aufschwemmungen in Form der Suspensionen und Emulsionen mit Teilchengröße über 100 $\mu\mu$) und den maximal zerteilten Systemen (molekularen und Ionenlösungen) mit Teilchengrößen unter 1 $\mu\mu$. Die kolloiden Zerteilungen sind ebensowenig als die molekularen unter dem gewöhnlichen Mikroskop wahrzunehmen; dagegen gelingt es die kolloiden Teilchen in der optischen Vorrichtung des sog.. Ultramikroskops sichtbar zu machen.

Die Stoffgruppe der Kolloide, die also stets in dieser Zustandsform sich befindet, zeichnet sich durch gemeinsame, charakteristische Eigenschaften aus, welche auch ihre technische Anwen-

---

1 μ (sprich mü) ist ein tausendstel Millimeter.

1 $\mu\mu$ (mü-mü) = 1 Millionstel Millimeter oder eine Tausendstel μ. Die Größe eines roten Blutkörperchens beträgt beispielsweise 7 μ = 7000 $\mu\mu$, typische Molekül-Dimensionen etwa 0,0000001 bis 0,000001 mm = 0,1 — 1 $\mu\mu$.—

dung bedingen. Es sei nur einiges hierüber kurz erwähnt: Die Kolloiden zeichnen sich aus durch Mangel an Kristallisationsvermögen und Diffusionsvermögen durch Quellungs- und Koagulationsfähigkeit. Gegenüber den groben Zerteilungen haben die kolloidalen Zerteilungen eine riesige Oberfläche und ein bedeutendes Adsorptionsvermögen; gegenüber den molekularen Lösungen gehen in den kolloidalen Lösungen alle Reaktionen langsamer vor sich; während kristalloide Stoffe nur nach einer begrenzten Zahl von Reaktionsschemen reagieren können, ist bei den kolloiden die Zahl der Reaktionsmöglichkeiten sehr groß. Dieselben werden durch alle im Reaktionsraum befindlichen Stoffe in Reaktionsvermögen und Zusammensetzung beeinflußt; durch Elektrolyte (z. B. Salze, Säuren, Basen) werden sie zumeist ausgefällt und weitgehend in der Zustandsform verändert. Diese Eigenschaft scheidet die Kolloide streng von den Kristalloiden, deren Beschaffenheit von derjenigen des umgebenden Mediums unabhängig ist. Gegenüber den groben Zerteilungen, den Suspensionen, sind die kolloidalen Lösungen (sog. falsche Lösungen) beständig d. h. sie setzen sich nicht ab.

In den elektrischen Eigenschaften der Kolloide offenbart sich ganz besonders ihr Charakter als heterogenes System. An der Grenzfläche heterogener Systeme — also zwischen Flüssigkeiten und festen Körpern, oder zwischen zwei nicht vollkommen mischbaren Flüssigkeiten treten ganz allgemeine elektrische Ladungen auf; deren Vorhandensein äußert sich unter anderem darin, daß ein elektrisches Potentialgefälle die beiden Teilen der Doppelschichte gegeneinander verschieben kann; es entstehen Flüssigkeitsströmungen (sog. elektrische Endosmose siehe Seite 29); auch suspendierte Teilchen weisen elektrische Ladungen auf und wandern unter dem Einflusse ihrer positiven oder negativen Ladung zur Kathode oder zur Anode. (Elektrische Kataphorese siehe Seite 29). Gerade wie suspendierte Stoffe verhalten sich dieKolloide; bei diesen ist eine große Grenzfläche gegen die Flüssigkeit auf viele Einzelteilchen verteilt; deshalb treten bei ihnen die typischen elektrischen Erscheinungen im verstärkten Maße auf; diese rühren zum großen Teil her von der Adsorption von den im Elektrolyten vorhandenen Ionen; man kennt daher negativ und positiv geladene Kolloide. Als Beispiel dienen folgende Stoffe bzw. deren kolloidalen Lösungen:

Zur Kathode wandern:	Zur Anode wandern:
mit Ladung der Teilchen	
+	—
Eisenoxyd,	Gold, Silber, Platin,
Aluminiumhydooxyd,	Schwefel,
Chromoxyd,	Mastix,
Basische Farbstoffe,	Gummiarabicum,
Kadmiumhydroxyd.	Kieselsäure,
	Saure Farbstoffe.

Die Ionen, welche die Kolloide aufladen können, sind durch die elektrische Dissoziation vorhanden, oder werden durch nachträgliche Hydrolyse gebildet. Deshalb besitzen die Kolloide auch ein, wenn auch dem Betrage nach äußerst geringes elektrisches Leitungsvermögen, (Siehe auch Elektrodosmose und Kataphorese Seite 29).

Nehmen wir ein Stückchen reines Gold, so haben wir diesen elementaren Stoff in der denkbar dichtesten, komprimiertesten oder kondensiertesten Zustandsform vor uns. Wir lösen dasselbe in Königswasser auf und erhalten dann eine klare, goldgelbe Lösung von Goldchlorid (genauer; Goldchloridwasserstoffsäure), die wir stark mit Wasser verdünnen. Durch diesen Lösungsprozeß haben wir das Gold in Form eines Salzes in die denkbar weitgehende Zerteilung gebracht. Wir haben in der Lösung unendlich viele Millionen von Goldatomen bezw. Gold-Ionen, das heißt positiv elektrisch geladene Goldatome, denen als Balanze negative Chlor-Ionen gegenüberstehen. Diese Lösung ist optisch leer, das heißt, weder mit dem gewöhnlichen Mikroskop noch mit dem Ultramikroskop können irgendwelche Teilchen wahrgenommen werden, denn die Goldatome bzw. Ionen sind viel zu klein, als daß sie durch unsere Vergrößerungsapparate sichtbar gemacht würden. Denn die Masse eines Goldatoms ist viel kleiner als ein Hunderttausendstel Millionstel Milligramm, der Durchmesser viel kleiner als ein 0,1 Mikron (1 μ = 0,001 mm). Aus dieser, wie wir sagen, Molekular- beziehungsweise iondispersen Lösung (= Verteilungszustand in Form von Molekülen und Ionen) können wir das Gold wieder in metallischer Form erhalten, und zwar können wir nach Belieben das Gold in den verschiedensten Zustandsformen, in den verschiedenartigsten Verdichtungsgraden auftreten lassen, bis wir zuletzt bei dem kompakten Goldklümpchen wieder angelangt sind.

Wenn wir in diese Goldlösung ein Zinkstäbchen eintauchen, so schlägt sich das Gold in Form einer dünnen, zusammenhängenden gelben Haut auf dem Zink nieder. Bringen wir ein Kupferblech als Kathode in diese Goldlösung, lassen wir also den elektrischen Strom einwirken, so schlägt sich das Gold, je nach den Bedingungen in Form eines mehr hellen oder mehr dunkelgelben Niederschlages auf dem Kupfer nieder.

Fügen wir zu obiger Goldlösung, ohne weiteres eine Eisenvitriollösung, so werden die in der Lösung befindlichen Gold-Ionen ihrer elektrischen Ladungen beraubt (bzw. sie erhalten nach der unitarischen Theorie der Elektrizität wieder ihre Elektronen) und gehen in unelektrische Goldmoleküle über, die sich unter, mit größter Geschwindigkeit vor sich gehenden Zwischenkondensationen, die wir aber auch beliebig festzuhalten gelernt haben, zu größeren Komplexen zusammenballen, die uns in Form eines je nach den Bedingungen feineren oder gröberen braunen Pulvers erscheinen, das beim Reiben oder Erhitzen in kompaktes Gold übergeht.

Auch dieses braune Goldpulver erscheint in verschiedener Zustandsform, insbesondere Korngröße, je nachdem es in verdünnter Lösung, bei gewöhnlicher Temperatur oder in der Wärme gefällt wurde, ob die Goldlösung in das Reduktionsmittel, oder die Reduktionslösung in die Goldlösung, ob es schneller oder langsamer einfloß und welches Reduktionsmittel gewählt wurde, ob Eisenvitriol oder Oxalsäure oder andere.

Wählen wir nun zur Überführung des Goldchlorids in Gold, also zur Goldreduktion andere Mittel und Bedingungen, so erhalten wir das Gold in ganz anderer Zustandsform. Gibt man zu zirka 100 cm destilliertem Wasser ein paar Tropfen einer neutralisierten einprozentigen Goldchloridlösung und fügt nach dem Umschütteln ebenfalls einige wenige Tropfen einer sehr verdünnten, etwa 0,1 prozentigen Gerbsäurelösung zu, so erhält man zunächst eine farblose Flüssigkeit. Erwähnt man nun unter ständigem Bewegen, so erhält man noch vor dem Siedepunkt eine kirschrote Flüssigkeit. Wir haben nun die Goldteilchen nicht in der grobdispersen Suspension des braunen Goldpulvers, sondern in einer Zerteilung, die man die kolloide Zustandsform nennt; hierbei befinden sich die verteilten Stoffteilchen in einem zweiten Stoff (Verteilungs- oder Dispersionsmittel) verteilt.

Hier sind die kondensierten, verhältnismäßig großen Goldmoleküle bereits durch das Ultramikroskop sichtbar zu machen. Wählt man andere Bedingungen, besonders andere Reduktionsmittel, so erhält man andere kolloidale Zerteilungszustände in Form violetter, blauer, grüner, auch schwarzer Goldlösungen, in denen die Goldteilchen dichter, aber immer noch fein zerteilt sind, daß sich aus denselben ohne weiteres kein Gold absetzt, und welche echte Lösungen vortäuschen. Wir haben es hier mit Goldteilchen von der Größe 2, 3, 20, 25, 50, 150 $\mu\mu$ zu tun.*)

Setzen wir zu solchen farbigen Goldscheinlösungen Salze (Elektrolyte), so findet unter Kondensation der Goldteilchen Ausflockung in Form braunen bis schwarzen Goldpulvers statt; fügen wir zu den Lösungen, die sich ohne weiteres längere Zeit unverändert erhalten, oft aber auch ausflocken, gewisse Stoffe, sog. Schutzstoffe, zu, z. B. etwas Leimlösung, so bleiben sie unverändert.

Dieses Beispiel der verschiedenen Zustandsformen des Goldes ist noch dahin zu erweitern, daß wir auch das zusammenhängende, kompakte Gold in verschiedener Zustandsform erhalten, merkbar an der verschiedenen Goldfarbe, ob wir es bei der Feuervergoldung, bei der Sudvergoldung oder bei der galvanischen Vergoldung erhalten, und hier wieder sichtbar verschieden je nach der

*) 1 μ = 1 Tausendstel Millimeter, 1 $\mu\mu$ = 1 Millionstel Millimeter.

Temperatur und der Zusammensetzung der Bäder, ebenso beim Kupfer usw., ferner als Weichgold oder Hartgold.

Die Zustandsform des elektrolytisch niedergeschlagenen Kupfers, seine Struktur, ist verschieden und damit auch dessen Reaktionsfähigkeit, z. B. Färbungsflüssigkeiten gegenüber, je nachdem das Kupfer aus einem sauren Bade oder aus dem alkalischen (komplexes Kupferion enthaltenden) Kupferbade erhalten wurde.

Ganz ähnliche Verhältnisse finden wir bei anderen Metallen, z. B. beim Silber. Vermischt man z. B. eine Lösung von salpetersaurem Silber mit einer zitronensaures Natrium enthaltenden Eisenvitriollösung nach bestimmtem Verfahren, so entsteht ein violetter Niederschlag, der sich im Wasser wieder zu einer Scheinlösung, einer kolloidalen Lösung verteilen läßt. Nach entsprechender Reinigung erhält man nach dem Eintrocknen eine scheinbar ganz wasserlösliche metallglänzende Masse, die nahezu ganz aus metallischem Silber besteht, das in kolloider Zustandsform vorhanden ist und durch anhängendes zitronensaures Eisenoxyd, das als Schutzkolloid wirkt, in solcher erhalten wird.

Hierbei ist es interessant, daß hier durch die Reaktion der Silberreduktion selbst kolloidale Stoffe entstehen, welche für das Metall ein Schutzkolloid darstellen, hier z. B. das leicht hydrolysierbare *) zitronensaure Eisenoxyd.

Werden Silberlösungen mit großer Stromdichte elektrolysiert, so wird Silber in „s c h w a r z e r Zustandsform“ erhalten.

Bei der elektrischen Entladung in verdünnten Gasen entstehen durch Zerstäubung des Kathodenmetalles an den Glasgefäßwänden zusammenhängende Metallhäute von disperser Beschaffenheit; ihre Teilchen sind von der Größenordnung der Teilchen in kolloiden Metallösungen; sie leiten aber den Strom metallisch und erfahren zeitliche Veränderungen, indem die kleineren Teilchen zu größeren sich verdichten, was in der Zunahme der elektrischen Leitfähigkeit erkennbar ist. Das Wesen der dünnen Metallhäutchen, wie wir solche z. B. bei der Glasversilberung als sog. Silberspiegel erhalten, hat Kohlschütter aufgeklärt.

Die Bildung solcher zusammenhängenden Metallhäutchen ist nichts anderes als die Folge einer Koagulation vorübergehend auftretender kolloider Metallösungen, die durch die besondere Beschaffenheit der Flüssigkeit an eine bestimmte Stelle verlegt wurde. Dieses G l a s s p i e g e l s i l b e r hat eine mikroskopische oder ultramikroskopische Struktur aus Einzelteilchen, ist in dünner Schicht mit den Farben kolloidaler Lösungen durchsichtig, leitet den elektrischen Strom und verändert seine Eigenschaften mit der Zeit (Alterungserscheinung) und unter dem Einfluß von Elektrolyten, stellt also zweifellos ein disperses Gebilde dar. Diese Silberspiegel weisen verhältnismäßig große Unterschiede auf, je

*) Siehe: Hydrolyse.

nach der Beschaffenheit der Lösungen, aus denen sie gewonnen wurden. Ihre Veränderung ist aus ihrem elektrischen Leitungsvermögen erkennbar, zuerst nimmt der anfänglich vorhandene Widerstand ab, indem durch eintretende Teilchenvergrößerung die Übergangswiderstände zwischen vielen kleinen Teilchen verschwinden; dann aber nimmt er zu, da mit wachsender Größe der Teilchen aus Materialmangel Zerreisungen der zusammenhängenden Schicht auftreten.

Der kolloidale Zustand eines Stoffes, also z. B. eines Metalles, ist als ein die Form fester Abscheidungen bestimmendes Durchgangsstadium auch da in Betracht zu ziehen, wo er überhaupt nicht in die Erscheinung tritt, weil er zu schnell durchlaufen wird.

Kohlschütter faßt die Silberspiegel auf, als Kolloide, ohne Dispersions- oder Verteilungsmittel, als eine besondere Art von dispersen Systemen, in denen Eigenschaften kolloidaler Metallzerteilungen mit solchen des zusammenhängenden Metalles verbunden sind.

Elektrische Energie.

Bei der elektrischen Metallabscheidung wird Arbeit geleistet durch **elektrische Energie,** indem dieselbe stoffliche, d. h. chemische Veränderungen in den hier in Betracht kommenden Metallsalzlösungen, und zwar Metallabscheidungen, hervorbringt.

Unter Energie versteht man die Fähigkeit Arbeit zu leisten. Der verschiedenen Art der Arbeit entsprechen die verschiedenen Energiearten, wie mechanische Energie, Volumenergie, chemische-, elektrische-, Wärme- und Strahlenenergie. Die Eigenschaften der Körper hängen neben ihrer stofflichen Zusammensetzung von ihrem Energieinhalte ab. Jede Energie ist unzerstörbar wie der Stoff selbst, kann aber ganz oder teilweise in andere Energieformen umgeformt werden. So sind z. B. chemische Umwandlungen aufs engste mit elektrischen Verhältnissen verbunden. Chemische Energie kann ganz oder teilweise in elektrische Energie umgeformt werden und umgekehrt. So sind z. B. die Volta'schen Ketten, die sog. galvanischen Batterien oder Elemente als Maschinen aufzufassen, in denen chemische Energie in elektrische Energie umgewandelt wird. Anders wird in den Dynamomaschinen mechanische Energie in elektrische Energie transformiert. Die elektrische Energie gehört, wie die chemische Energie, zu den nichtmechanischen Energien.

Jede Energieform läßt sich in zwei Faktoren zerlegen, deren Produkte den Zahlenwert der Energie selbst ergibt. Man unterscheidet die zwei Faktoren jeder Energie 1. als Intensität oder Stärke, 2. als Kapazität oder Größe. Bei der elektrischen Energie ist die Intensität die Elektrizitätsspannung (= das Potential oder die elektromotorische Kraft), die Kapazität die Elektrizitätsmenge. Die elektrische Energie ist also das Produkt aus der Elektrizitätsmenge und der Elektrizitätsspannung.

So wie das Wasser das Bestreben hat, von höherem auf niederes Niveau zu fallen, oder wie die Wärme von höherer auf niedere Temperatur sinkt, so hat auch die elektrische Energie das Bestreben, von höherem auf niederes Potential überzugehen. Das Übergangsbestreben ist in allen drei Fällen um so stärker, je größer der Niveau- oder Potentialunterschied ist, und infolgedessen ist auch die Menge um so größer, die in der Zeiteinheit übergeführt wird. Beim Wasser messen wir die Mengen in Litern, bei der Temperatur in Kalorien und bei der elektrischen Energie in Coulombs. Dieser Energie entgegen ist der Widerstand. den dieselbe beim Durchgang durch Leiter zu überwinden hat (Querschnitt, Länge, Reibung). Es ist das ganz so, wie eine Flüssigkeit beim Durchgang durch eine Rohrleitung durch Reibung einen Widerstand erfährt.

Als Hauptfaktoren, die bei der Verwendung der elektrischen Energie in Betracht kommen, können wir also angeben: 1. Spannung, 2. Menge, 3. Widerstand. Außer einer gewissen Elektrizitätsmenge ist zur Ausführung der Elektrolyse für jeden besonderen Fall eine bestimmte elektrische Spannung nötig, außerdem zur Erzielung brauchbarer Metallniederschläge eine bestimmte Stromdichte, d. h. ein bestimmtes Verhältnis von Strommenge zur Größe der Oberfläche des Niederschlages. Man bezieht die Einheit der Stromdichte auf 100 qcm = 100 cm_2 (N D 100).

Die Elektrizitätsmenge steht zur Stoffmenge in einem ganz bestimmten Verhältnis. Diese Erkenntnis, welche uns von dem englischen Forscher Faraday gegeben wurde, beherrscht die ganze Elektrochemie. Faraday (1834) hat dargetan, daß eine gegebene Elektrizitätsmenge eine ganz bestimmte Menge Knallgas liefert bei der Elektrolyse des Wassers, Er entdeckte so, das allgemeine Gesetz, daß gleiche Elektrizitätsmengen- wenn sie durch verschiedene Elektrolyte gehen, äquivalente Mengen ihrer Bestandteile für den Transport in Anspruch nehmen. Die ausgeschiedenen Stoffmengen liefern ein geeignetes Maß für die durch den Elektrolyten gegangene Strommenge. Schaltet man in ein und denselben Stromkreis, in dem sich in gleichen Zeiten gleiche Elektrizitätsmengen durch jeden Querschnitt bewegen, verschiedene Elektrolyte ein, so stehen sowohl die Mengen der ausgeschiedenen Metalle und des Wasserstoffes, wie auch die Mengen der ausgeschiedenen Säureradikale in äquivalentem Verhältnis. Das Äquivalent eines Elementes ist sein Atomgewicht, dividiert durch seine Valenz *).

---

*) Valenz oder Wertigkeit ist gleichbedeutend mit dem früher gebrauchten Begriff des Äquivalentgewichtes, d. h. derjenigen Gewichtsmenge eines elementaren Stoffes, welche sich mit 1,008 g Wasserstoff

Hat man z. B. im gleichen Stromkreis Lösungen von Silbernitrat, Kupfersulfat, Antimonchlorür, so stehen die ausgeschiedenen Metallmengen in dem Verhältnis: 108 Silber zu $\frac{63,5}{2}$ Kupfer, zu $\frac{120}{3}$ Antimon.

(Das Faradaysche Gesetz bezieht sich nur auf die Elektrizitätsmenge (der eine Faktor der elektrischen Energie), die Spannung bleibt völlig außer Betracht.)

Hierbei ist zu beachten, daß je nach der Natur der Verbindungen ein Metall verschiedene, in rationellen Verhältnissen stehende elektrochemische Äquivalente haben kann. So ist z. B. das elektrochemische Äquivalent des Kupfers in der Form des Kupferchlorürs 63,3, in der Form des Kupferchlorids 31,7. —

Die Messung der Elektrizitätsmenge geschieht nach zwei verschiedenen Arten, elektrostatisch und elektrochemisch:

1. durch die Wirkung auf die Magnetnadel (Galvanometer. Sinus- und Tangentenbussole, Elektrodynamometer (physikalische Methode) u. a.,

2. durch das Coulometer (Voltameter) = chemische Methode. Gesetzlich ist das Coulomb (= Ampersekunde) elektrochemisch festgelegt (siehe unten); dadurch ist die elektrochemische Strommessung über die elektromechanische gestellt worden und die elektromechanischen Instrumente werden am Silbercoulometer geeicht.

Während die Voltmeter die hindurchgeflossenen Strommengen angeben, dienen die elektromechanischen Instrumente zur direkten Ablesung der Stromstärke = Strommenge pro Zeiteinheit.

Genaue Bestimmungen haben ergeben, daß einem Gramm aus Wasser entwickeltem Knallgas 10 720 Coulombs entsprechen. Hieraus berechnen sich für die Ladung eines Gramm-Äquivalents 96 500 Coulombs.

An äquivalenten Stoffmengen haftet die gleiche Elektrizitätsmenge, und zwar die oben angegebene Ladung von hohem Betrage. Die Menge des aus einem Elektrolyten ausgefällten Stof-

———

oder 35,45 g Chlor vereinigen oder diese Mengen ersetzen oder vertreten können. Die Wertigkeit oder Valenz drückt aus, wieviel Atome Wasserstoff oder diesem an Wertigkeit gleiche Atome von einem Atom eines Stoffes zu einer chemischen Verbindung gebunden werden. Z. B.: O (Sauerstoff) ist zweiwertig und bindet daher zwei Atome H (Wasserstoff) zu Wasser, die Formel lautet daher H_2O; oder Fe (Eisen) ist dreiwertig, Cl (Chlor) ist einwertig (wie H). Ein Atom Fe bindet daher drei Atome Chlor zu einer Verbindung $FeCl_3$; das Eisen tritt aber auch zweiwertig auf, indem es nur zwei Atome Chlor bindet, $FeCl_2$.

fes bildet ein genaues Maß für die durch den Elektrolyten gegangene Elektrizitätsmenge; als Einheit ist diejenige Elektrizitätsmenge genommen, die aus Silberlösung 1,118 mg (= 0,001118 g) ausscheidet oder 0,3284 mg Kupfer oder 0,0104 mg Wasserstoff. Diese Menge entspricht einem Coulomb. Ein Strom von 1 Ampére muß 96 540 Sekunden = 26,8 Stunden fließen, um 108 g Silber, 1,01 g Wasserstoff oder 31,8 g Kupfer abzuscheiden.

Ein Coulomb scheidet pro Sekunde 0,00001036 Grammäquivalent eines Stoffes ab. Umgekehrt ist zur Abscheidung von 1 Gramm Äquivalent eines Stoffes die Anzahl von 96 500 Ampéresekunden oder, da eine Ampéresekunde 1 Couloumb ist, 96 500 Coulombs nötig. Jede Atomvalenz ist bei ihrer Wanderung mit derselben Anzahl Coulombs behaftet. 1 Coulomb = $3 . 10^9$ elektrostatische = 0,1 elektromagnetische = $1{,}036 . 10^9$ elektrochemische Einheiten.

Um z. B. die Stromstärke eines unbekannten Stromes zu bestimmen, läßt man ihn durch ein Silbercoulometer fließen und bestimmt die in t-Sekunden an der Kathode abgeschiedenen Silbermengen (a gr); da 1 Ampére pro Sekunde 1,118 mg Silber ausscheidet, ergibt sich für die Stromstärke

$$1 = \frac{a}{t . 0{,}001\,118} \text{ Ampére.}$$

Im Kupfercoulometer (Voltameter) wird für die Berechnung der Stromstärke die ausgeschiedene Kupfermenge bestimmt (1 Ampére pro Sekunde = 0,3281 mg).

Im Knallgascoulometer (Voltameter) mißt man das Volumen des gebildeten Knallgases (1 Ampére pro Sekunde = 0,174 cc. Knallgas von 0^0 und 7^{60} mm).

Ebenso wie zur Elektrolyse chemisch äquivalenter Stoffmengen gleiche Elektrizitätsmengen nötig sind, so werden umgekehrt auch in Elektrizitätsquellen, z. B. galvanischen Elementen, durch die Umsetzung äquivalenter Beträge verschiedener Stoffe gleiche Mengen von Elektrizität erhalten. Bei elektrischen Vorgängen ist aber die zur Umsetzung äquivalenter Mengen nötige elektrische Energie nach der Art des chemischen Vorganges verschieden; da die Elektrizitätsmenge in allen Fällen die gleiche ist, so muß der andere Faktor der elektrischen Energie, die elektromotorische Kraft, in jedem Falle verschieden groß sein. Folglich entstehen auch bei Strom liefernden Prozessen durch die Umwandlung äquivalenter Stoffmengen verschieden große Beträge von elektrischer Energie. Es bilden sich Potentialdifferenzen verschiedener Größe aus, m. a. W. es entstehen Ströme von verschiedener elektromotorischer Kraft. Die verbrauchte oder entwickelte elektrische Energie wird durch das Produkt der Faktoren ausgedrückt.

Für die technische Ausnützung der elektrischen Energie zur Abscheidung und Gewinnung von Stoffen ist außer der Spannung die Beziehung zwischen der angewandten Stromstärke und der abgeschiedenen Stoffmenge, die sogenannte Stromausbeute, von Wichtigkeit, da diese die Frage der Ökonomie regelt. Zur Berechnung der erzielten Stromökonomie wird das Gesetz von Faraday zugrunde gelegt.

Das elektrochemische Äquivalent findet man, wenn man das Atomgewicht durch die Wertigkeit dividiert (Grammäquivalent). 96 500 Coulombs lassen soviel Gramm Ionen niederschlagen, als der Wertigkeit des Metalles entspricht, z. B. Kupfer: Atomgewicht 63,6, Wertigkeit 2. Daher ist das elektrochemische Äquivalent

$\frac{63,6}{2 \cdot 96,540} = 0,000329$ g. d. h. ein Strom von 1 Ampére schlägt in einer Sekunde 0,329 Milligramm nieder, oder 1,18584 g pro Stunde.

Elektrochemisches Äquivalent.

	Symbol und Valenz (= Wertigkeit)	Abscheidung durch 1 Ampère in einer Sekund. mg	in einer Stunde g	Aequivalentgewicht
Wasserstoff	H'	0,01044	0,0375	1,008
Antimon	Sb'''	0,4151	1,4940	40,07
Arsen	As'''	0,2590	0,9360	25,00
Blei	Pb''	1,0744	3,8520	103,45
Eisen (Oxydulform)	Fe''	0,2895	1,0450	27,95
Eisen (Oxydform)	Fe'''	0,1930	0,6950	18,63
Gold (Oxydulform)	Au'	2,0430	7,3560	197,20
Gold (Oxydform)	Au'''	0,6809	2,4520	65,73
Kobalt	Co''	0,305	1,0970	29,49
Kupfer (Oxydulform)	Cu'	0,6578	2,3680	63,6
Kupfer (Oxydform)	Cu''	0,3289	1,1840	31,8
Nickel	Ni''	0,3050	1,0940	29,35
Platin	Pt''''	0,5078	1,8140	48,70
Silber	Ag'	1,1183	4,0250	107,93
Zink	Zn''	0,3389	1,2200	32,7
Zinn (Oxydulform)	Sn''	0,6184	2,2420	59,5
Zinn (Oxydform)	Sn''''	0,3082	1,1120	29,73

Anzahl Coulombs × Anzahl Volt = Menge der elektrischen Energie. In der Praxis ist es von Wert zu wissen, wieviel elektrische Energie in der Zeiteinheit (Sekunde)

erzeugt oder verbraucht wird; diese Größe (Effekt) ist durch das Produkt Ampére (= Coulomb pro Sekunde) × Volt gegeben. Anzahl Ampére × Anzahl Volt = Effekt (in Joule pro Sekunde = Watt). Die Einheit der Stromstärke ist ein Ampére = die Stärke, bei welcher sich ein Coulomb in jeder Sekunde durch den Stromkreis bewegt. Diejenige elektromotorische Kraft, die in einem Stromkreis von einem Ohm Widerstand eine Stromstärke von ein Ampére erzeugt, heißt ein Volt und bildet die Einheit. Die Einheit des Widerstandes ist ein Ohm.

Je größer der Widerstand (Ohm) gegen den Strom (Ampére), desto höher die elektromotorische Kraft (Volt).

Damit haben wir ein Grundgesetz für die Beziehungen der drei Einheiten gefunden, nämlich:

Strommenge (Ampére) × Widerstand (Ohm) = elektromotorische Kraft, oder: Ampére × Ohm = Volt.

Also 1. $\text{Ampére} = \frac{\text{Volt}}{\text{Ohm}}$ oder 2. $\text{Ohm} = \frac{\text{Volt}}{\text{Ampére}}$

Die besondere Arbeit des Galvanotechnikers besteht im Grunde in der Herstellung der Beziehungen zwischen dem durch Metalldrähte zugeleiteten und den Metallelektroden zugeführten elektrischen Strom (Elektronen) und den in den Metallsalzlösungen (Elektrolyten) vorhandenen Metallionen einerseits, den Metallanoden anderseits.

Diesen drei Faktoren:

1. **den Metallen** (Leiter I. Klasse),
2. **Elektronen** (elektrischer Strom),
3. **Metallionen** (Metallsalzlösungen), Leiter II. Klasse)

und ihren gegenseitigen Beziehungen sei zunächst in den folgenden Abschnitten unsere Betrachtung gewidmet.

1. Die Metalle.

Leiter I. Klasse (metallische Leitung). Die Leiter I. Klasse, zu denen die Metalle gehören, erfahren beim Durchgang des elektrischen Stromes keine stoffliche Veränderung; infolge des Reibungswiderstandes werden sie einfach erwärmt.

Der elektrische Strom ist hier ein Elektronenstrom.

Die überwiegende Mehrzahl (60) der uns bekannten Elemente oder Grundstoffe (87) gehört den Metallen an. Im metallischen Zustande treten uns die Stoffe in einer eigenartigen Form entgegen. Dieser Zustand, in dem unter Umständen wohl alle Stoffe auftreten können, ist die Regel für die Stoffe, welche man Metalle nennt; wenn auch Übergangsstufen (z. B. Kohlenstoff, Silizium, Tellur usw.) nicht fehlen, so ist doch dem nichtmetallischen Zustande gegenüber eine scharfe Abgrenzung vorhanden. Die Metalle unterscheiden sich von den Nichtmetallen durch eine Reihe gemeinsamer Eigenschaften und bilden insbesondere hinsichtlich ihres Verhaltens in mechanischer, optischer, thermischer, chemischer und elektrischer Beziehung eine große Gruppe, innerhalb welcher sich wieder, je nachdem man von physikalischen oder chemischen Gesichtspunkten ausgeht, verschiedene Untergruppen ergeben.

Die Metalle, welche mit Ausnahme des Quecksilbers bei gewöhnlicher Temperatur in der festen Formart erscheinen, sind schmelz- und vergasbar. Die Metalle sind mehr oder weniger leicht deformierbar, d. h. sie können durch mechanische Bearbeitung eine Formveränderung erleiden, ähnlich wie Flüssigkeiten. Man kann sie leicht zu Blechen auswalzen, zu Drähten ausziehen usw. (Duktilität). Die Nichtmetalle der festen Formart sind dagegen spröde Stoffe, zwischen diesen und den Metallen stehen die sogenannten Halbmetalle. Dem spezifischen Gewichte nach unterscheidet man die Leichtmetalle, mit einem spezifischen Gewichte unter 5, und die Schwermetalle, deren spezifische Schwere über 5 liegt. Die Schwermetalle unterscheidet man wieder in die unedlen und in die edlen Metalle. Unter der Gruppe der edlen Metalle faßt man diejenigen Metalle zusammen, welche sich weder bei gewöhnlicher, noch bei höherer Temperatur in nennenswertem Betrage direkt mit Sauerstoff unter gewöhnlichem Drucke verbinden (Silber, Gold, Quecksilber, Platin, Palladium). Im Gegensatze hierzu verlieren die unedlen Metalle bei gewöhnlicher Temperatur oder beim Erhitzen an der Luft unter Bildung entsprechender Sauerstoffverbindungen ihre blanke Oberfläche, sie oxydieren sich, laufen an (rosten) und werden wegen dieser Unbeständigkeit unedel genannt. Die Metalle besitzen ein starkes Leitungsvermögen für Wärme und Elektrizität, und zwar leiten sie den elektrischen Strom (dies ist das wichtigste Kriterium für den metallischen Zustand), metallisch, d. h. im Gegensatze zu der elektrolytischen Leitung ohne gleichzeitigen Transport von Stoffteilchen (s. S. 22).

Während die Metalle sich untereinander leicht zu homogenen, durch gegenseitige, molekulare Durchdringung entstandenen Gemischen (Legierungen) vereinigen, kennen wir keinen nichtmetallischen Stoff, welcher ein Metall ohne offenbare chemische Einwirkung zu lösen imstande wäre. Im gasförmigen Zustande verschwinden die Kennzeichen des metallischen Zustandes. Metalldämpfe mischen sich mit allen anderen Gasen und haben keine metallische Leitfähigkeit. Die Metalle absorbieren das Licht so stark, daß die Lichtschwingungen schon absorbiert sind, ehe sie nur eine Wellenlänge in denselben zurückgelegt haben, deshalb sind die Metalle undurchsichtig, nur in sehr feinen dünnen Schichten sind sie durchscheinend, wie z. B. Blattgold.

Tabelle der bekannten physikalischen Eigenschaften der Metalle

Nr.	Csemisches Symbol	Name des Metalles	O = 1 Atogewicht (1912)	Spezifisches Gewicht bei mittlerer Tnmperatur	Schmelzpunkt °C	Spezifische Wärme bei etwa 15° C	Spezifische Wärme in der Nähe des Schmelzpunktes	Schmelzwärme
1	Ag	Silber	107,88	10,50	961,5	0,055	0,076	24,7
2	Al	Aluminium	27,1	2,60	657	0,167	0,308	100
3	As	Arsen	74,96	5,73	sublim. bei 450° C	0,076	—	—
4	Au	Gold	107,2	19,32	1063,5	0,030	—	12,6
5	Bi	Wismut	208,0	9,80	267,5	0,080	0,030	12,4
6	Ca	Kalzium	40,07	1,58	780	0,180	—	—
7	Cd	Kadmium	112,4	8,64	322	0,054	0,062	13,9
8	Co	Kobalt	58,97	8,6	1500	0,106	0,204	—
9	Cr	Chrom	52,0	6,50	1515	0,104	—	—
10	Cu	Kupfer	63,57	8,93	1084	0,086	0,118	43,0
11	Fe	Eisen	55,84	7,86	1550	0,116	0,162	—
12	Hg	Quecksilber	200,6	13,55	— 39	0,033	0,032	2,8
13	Ir	Iridium	193,1	22,42	etwa 1900	0,030	0,040	—
14	K	Kalium	39,10	0,87	62	0,166	—	15,7
15	Li	Lithium	6,94	0,59	186	0,941	—	—
16	Mg	Magnesium	24,32	1,74	632,6	0,246	—	—
17	Mn	Mangan	54,93	7,39	1245	0,122	—	—
18	Mo	Molybdän	96,0	8,6	sehr hoch	0,066	—	—
19	Na	Natrium	23,01	0,98	97	0,293	—	31,7
20	Ni	Nickel	58,68	8,9	1484	0,109	0,161	4,6
21	Os	Osmium	190,9	22,48	etwa 2000	0,031	—	—
22	Fb	Blei	207,1	11,37	326,9	0,030	0,034	5,4
23	Pd	Palladium	106,7	11,4	1575	0,059	—	36,3
24	Pt	Platin	195,2	21,50	1780	0,032	0,046	27,2
25	Rb	Rubidium	85,45	1,52	38,5	—	—	—
26	Rh	Rhodium	102,9	12,1	höher als Platin	0,058	—	—
27	Sb	Antimon	102,2	6,62	630,5	0,048	0,054	—
28	Sn	Zinn	119,0	7,29	232	0,055	0,059	14
29	Ti	Titan	48,1	3,59	—	0,112	—	—
30	Tl	Thallium	204,0	11,85	301	—	—	—
31	V	Vanadium	51,0	5,5	—	0,115	—	—
32	W	Wolfram	184,0	19,1	höher als Chrom	0,034	—	—
33	Zn	Zink	65,37	7,1	419	0,093	0,122	28,0

*) Wo zwei Zahlen angegeben sind, bezieht sich die obere auf das ausgeglühte, die

nach WÜST, sowie der gebräuchlichen chemischen Bezeichnungen

Gesamt-Schmelzwärme	Absolut Wärmeleitfähigkeit	Mittlerer linearer Ausdehnungskoeffizient von 1 bis 100°	Schwindungskoeffizient in %	Absolute Festigkeit kg/mm²*)	Härte	1000 m 1 mm² Elektrischer Widerstand	Elektrische Leitfähigkeit bei 0° C
81,7	1,096	0,000019	—	{10 30	{2,5 3	15	[illegible]
240	0,35	0,000023	1,6	{12 24	2	28	324 000
—	—	0,000006	—	—	3,5	350	28 600
44,52	0,70	0,000014	—	{7—8 28	2,5	21	461 000
21	0,02	0,000013	—	—	2,5	1080	9 260
—	—	—	—	—	—	75	95 000
32	0,21	0,000030	—	—	—	70	144 100
—	—	0,000012	—	—	—	97	103 000
—	—	—	—	-	—	—	—
154	0,72	0,000017	0,8	{20—24 24 - 35	2,5 3	16,7	620 000
—	0,17	0,000012	1,0	—	{4 5	76	131 000
—	0,02	0,000181	—	—	—	941	10 630
—	—	0,000007	—	—	6	—	—
26	—	0,000083	—	—	—	66	150 500
—	—	—	—	—	—	88	119 000
—	0,38	0,000027	—	21,5	—	43	230 000
—	—	—	—	—	—	—	—
—	—	—	—	—	—	—	—
60	—	0,000072	—	—	—	48	211 000
205	0,14	0,000013	1,0	—	—	70	144 200
—	—	0,000007	—	—	—	95	105 300
16	0,08	0,000029	1,1	1,2	1,5	195	50 400
130	0,17	0,000012	—	—	4,8	107	—
109	0,17	0,000009	—	28	4,3	108	63 500
—	—	—	—	—	—	—	—
—	—	0,000009	—	—	—	—	—
—	0,04	0,000017	—	—	3,3	380	27 100
27	0,14	0,000023	0,8	3,5—4	1,5	100	76 600
—	—	—	—	—	—	—	54 600
—	—	0,000031	—	—	—	180	—
—	—	—	—	—	—	—	—
—	—	—	—	—	—	—	—
73	0,26	0,000029	1,6	{25—23 15—20	—	—	183 000

untere auf das kalt bearbeitete (kalt gehärtete) Metall.

Die Metalle gehören zu den Stoffen, welche alle Strahlen des Spektrums sehr stark, wenn auch nicht alle gleich absorbieren und auch das Licht sehr stark reflektieren, d. h. zurückwerfen; aber ebenfalls wieder alle Teile des Spektrums in annähernd gleicher Stärke, so daß eine Farbwirkung deswegen im allgemeinen nicht zustande kommt. Die Farben*), welche die Metalle zeigen, sind im Gegensatze zu den Körperfarben (Absorptions- oder Durchlaßfarben) sogenannte Oberflächenfarben (Metallreflexion) eventl. auch sogenannte Schillerfarben. Mit Ausnahme des gelben Goldes und des roten Kupfers besitzen die Metalle eine weiße Farbe, in den verschiedensten Nuancierungen von silberweiß bis rötlichweiß (Wismut).

Die kolloidalen Lösungen der Metalle (sogenannte Metallsole, siehe Kolloide) zeichnen sich durch ungewöhnlich mannigfache und prächtige Farben aus. So kann kolloidales Gold rot, orange, gelbgrün, blau, blauviolett, violett gefärbt sein, das Silbersol tiefrot, mattlila, blaugrün, tiefdunkelgrün, olivengrün, das Platinhydrosol braun, das feste Sol schwarz usw. Diese Lösungen haben eine so intensive Färbekraft, daß z. B. 0,000000002 Gramm kolloidales Gold genügen, um einigen Seidenfasern eine charakteristische Rotfärbung zu erteilen.

Die Metalle sind lichtempfindlich, wenn auch die starke Undurchsichtigkeit derselben verhindert, daß sich die Lichtwirkung bis zu einer nennenswerten Tiefe fortpflanzt.

Trifft ein Lichtstrahl auf eine Metallplatte, so werden aus derselben die (negativen) Elektronen frei und fliegen mit einer bestimmten Anfangsgeschwindigkeit in den Raum hinaus. Dies Metall hat dann eine positive Ladung (Hallwachseffekt), Aufladepotential. Die Anfangsgeschwindigkeit, mit der die Elektronen das Metall verlassen, ist von der Wellenlänge des einwirkenden Lichtes abhängig, der Schwingungszahl proportional, der Wellenlänge umgekehrt proportional.

Die Zahl der freigewordenen Elektronen ist der absorbierten Lichtenergie proportional; diese Tatsache erinnert an das zweite Grundgesetz der Photochemie (die Geschwindigkeit eines photochemischen Vorganges ist proportional der absorbierten Lichtmenge und nicht der Lichtintensität). Nimmt man din atomistische Struktur des Lichtes an, so ergibt sich ein direkter Zusammenhang zwischen beiden Erscheinungen. Die Licht.uanten müssen in proportionalem Verhältnis zu den elektrischen Quanten, den Elektronen, stehen. Und da die Atome aus den Elektronen aufgebaut sind, so wird der Zusammenhang verständlich. Wir erhalten eine Analogie mit dem Gesetze der Elektrolyse von Faraday. Wie dort die Menge des beim Stromdurchgang umgesetzten Stoffes der elektrischen Energie proportional ist, d. h. der Zahl der absorbierten Elektronen, so ist auch bei den photochemischen Vorgängen die unter der Einwirkung des Lichtquantenstromes umgesetzte Menge proportional der adsorbierten Lichtmenge, d. h. der Lichtquantenzahl. Beide Vorgänge sind stationär.

Von einigen blanken Metallen, insbesondere von Zink, gehen sehr kräftige Strahlen von durchdringender photographischer Wirkung aus, die man Metallstrahlung nennt. Es ist nun festgestellt, daß es sich hier um die vorherige Bildung von höheren Oxyden und das nachherige Entstehen von Wasserstoffsuperoxyd handelt, welches die Wirkungen auf die photographische Platte ausübt .Diese Erscheinungen an den Metallen gehören deshalb nicht zu den radio-aktiven, sondern zu den pseudoradioaktiven Prozessen.

Die Metalle enthalten als wesentliche Bestandteile positiv geladene Massenteilchen und frei bewegliche negative Elektrizitäts-

*) Siehe G. Buchner, Die Metallfärbung. M. Krayn, Berlin. 6. Auflage, 1920.

ladungen = Elektronen, welche den Gasgesetzen gehorchen. Der metallische Zustand ist charakterisiert durch freie Elektronen. Wir haben uns die Atome und die Elektronen in beständiger heftiger Bewegung zu denken; diese Bewegungen sind besonders in den Metallen von einem sehr großen Betrage. Dabei lösen sich stets Elektronen von den Atomen, wodurch freie Elektronen entstehen. Diese freien Elektronen sind die Ursache der Leitfähigkeit. Nach der Elektronen-Theorie besteht der elektrische Strom lediglich in der Bewegung von Elektronen vom negativen zum positiven Pol (Elektronenstrom). Wird die Bewegung der Elektronen plötzlich gehemmt oder denselben ein starker Widerstand entgegengesetzt, so wird die Energie der Bewegung in eine andere Energieform umgesetzt und zwar in Form von Wärme oder Ätherwellen in den Raum ausgestrahlt.

Die verschiedenen Metalle geben die Elektronen verschieden leicht oder schwer ab. Bei der direkten Berührung der Metalle oder der durch einen Metalldraht hergestellten Verbindung in einer Flüssigkeit entsteht eine Potenzialdifferenz. Man nimmt einen Elektronenstrom an, der um so schneller fließt, je leichter ein Metall Elektronen abgibt. Je nach der Kombination der Metalle erhält man verschiedene Spannung (Spannungsreihe, elektrolytische Potentiale).

Weiter nimmt man bei den Metallen in den Atomen feststizende und freibewegliche Elektronen an. Erstere bedingen die Lichtabsorption, letztere die Leitfähigkeit (Leitungselektronen). Die optische Undurchsichtigkeit der Metalle oder des metallischen Zustandes wird darauf zurückgeführt, daß die Metalle auch gegenüber so schnellen elektrischen Schwingungen, wie es die Lichtschwingungen im Sinne der elektromagnetischen Lichttheorie sind, sich als gute Leiter erweisen. Die große elektrische Leitfähigkeit der Metalle erklärt sich durch die große Elektronenkonzentration. Nach unseren heutigen Vorstellungen bewirken die Elektronen nicht nur die Stromleitung innerhalb der Metalle, sondern auch den Wärmeausgleich innerhalb eines Metalles. Die Elektronen sind in den Metallen den gleichen Diffusionsgesetzen unterworfen wie die Gasmoleküle. Wenn man die Metalle, z. B. eine blanke Zinkplatte, mit Licht bestrahlt, so gehen von derselben langsame Elektronenstrahlungen (auch D-Strahlungen genannt) aus. Wenn man z. B. auf eine negativ geladene Zinkplatte Licht auffallen läßt, dann verliert diese ihre Ladung, das kommt daher, daß unter der Bestrahlung negativ geladene Elektronen aus der Metalloberfläche austreten und die Ladung mitnehmen. Eine Entladung tritt nicht ein, wenn die Zinkplatte positiv geladen ist. Es werden eben nur negative Elektronen ausgesandt, positive Elektronen sind bisher unbekannt.

Einige Metalle, insbesondere das Eisen, Chrom, Kobalt, Nickel u. a., besitzen eine sehr eigentümliche Eigenschaft; sie werden nämlich von stark konzentrierter Salpetersäure nicht angegriffen, während das durch verdünnte Säure möglich ist; auch werden sie nach dem Eintauchen in konzentrierte Säure von der verdünnten Säure nicht mehr gelöst. Man bezeichnet dieses Verhalten mit Passivität der betreffenden Metalle. Der Grund dieser Erscheinung ist nicht aufgeklärt, zum Teil nimmt man die Bildung dünnster Oxydschichten an, nach deren Entfernung die Passivität verschwindet. Hittorf bezeichnet die Passivität als einen Zwangszustand der Molekel, der unter gewissen Bedingungen entsteht und mit dem Aufhören der letzteren schneller oder langsamer, aber stetig sich verliert. Die Passivität spielt auch bei den Metallanoden auf dem Gebiete der elektrolytischen Metallabscheidung eine Rolle (siehe auch Seite 41).

Die Metalle und deren Legierungen haben eine kristallinische Struktur, d. h. sie bestehen aus Kristallverbänden, d. h. einer Mehrheit von einzelnen Kristallen, welche durch die Energieform, die man Kohäsion nennt, zusammengehalten werden. Beim Übergang eines Metalles aus der flüssigen Formart (geschmolzen) in die feste Formart, oder von gelösten Metallionen in die metallische Form, lagern sich die Metallatome (die Metalle sind einatomig) zu kleinsten Kriställchen aneinander. Auf diese lagern sich weiter Kriställchen ab, bis die von verschiedenen Zentren wachsenden Kriställchen sich berühren. Bei mechanischer Verarbeitung wird die kristallinische Struktur der Metalle verschieden beeinflußt. So werden z. B. durch Auswalzen das Zink, Silber, Gold und Nickel unkristallinisch, während Zinn, Blei und Messing kristallinisch bleiben. Kupfer ist bei einer Dicke von 0,3 mm noch kristallinisch, während es bei einer Dicke von 0,8 mm unkristallinisch wird (siehe auch Seite 51).

Bei den Metallen und Legierungen bestehen enge Beziehungen zwischen der Kristallstruktur und ihrem technischen Verhalten. Hier sind die Zustandsformen (siehe Seite 45) und deren Umwandlung (Modifikationsänderungen, allotrope Umwandlungen), die Bildungsformen, Umkristallisationen im bereits erstarrten Zustande von großer Bedeutung.

In der Metallkunde sind Veränderungen von Metallen, die man als Krankheitserscheinungen bezeichnen kann, seit langer Zeit bekannt. Die Wasserstoffkrankheit bei Kupfer und Eisen, die einerseits zur Bildung zahlreicher Rißherde im Innern des Metalles führt, anderseits die gefürchtete Kaltbrüchigkeit des Eisens bedingt; die Zinnpest (allotrope Umwandlung), die versteckt und schleichend gleich einem chronischen Leiden Gegenstände aus Zinn (Zinnguß, Geschirr, Verkleidungen, Zinndächer, Orgelpfeifen u. a.) befällt und langsam aber sicher das Zinn zu grauem Pulver zerfallen läßt und direkt ansteckend auf intakte Zinngegenstände wirkt.

Über den Einfluß der Verunreinigungen auf die mechanischen Eigenschaften der Metalle und Legierungen, ferner über die Zustandsänderungen der Metalle durch mechanische Bearbeitung, Wärmebehandlung usw. (Siehe: Georg Buchner, Hilfsbuch für Metalltechniker, Berlin, Jul. Springer 1922.

Die Legierungen sind feste oder flüssige Gemische von zwei oder mehreren Metallen. Es hat sich durch die neuesten Forschungen herausgestellt, daß die meisten technische Verwendung findenden Legierungen, wie z. B. Stahl, Messing, Bronze, Neusilber, Argentan, feste Lösungen darstellen, und nur diesen kommen im allgemeinen die technisch wertvollen Eigenschaften (Festigkeit, Dehnbarkeit usw.) zu, während die chemischen Metallverbindungen durch Sprödigkeit ausgezeichnet sind. Auch feste Metalle sind imstande, sich zu legieren.

Spring hat Bestandteile vieler Legierungen in Form grober Metallpulver bei einem Drucke von 7500 Atm. zusammengepreßt und dabei Metallblöcke erhalten, die alle Eigenschaften der geschmolzenen Legierungen zeigten. Aehnliches lehren auch die Erfahrungen der Galvanostegie. Man kann z. B. mit einer äußerst geringen Menge Platin eine polierte Messingplatte vollständig galvanisch mit Platin überziehen; nach kurzer Zeit aber verfärbt sich die weiße Platinierung und dann verschwindet sie ganz. Das Platin versinkt in das Messing, d. h. es löst sich im Grundmetall, legiert sich; der Techniker sagt dann, das Messing schlägt durch. Das Diffusionsvermögen der Metalle zeigt auch das Eindringen von Gold bei 251 ° C, also 75 ° unter dem Schmelzpunkte des Bleis in dieses Metall.

Man hat erkannt, daß die Erstarrung der Legierungen aus ihren Schmelzen genau nach denselben Gesetzen verläuft, wie die Kristallisation der Salze aus ihren Lösungen oder die Kristallisation der Gesteine aus dem feuerflüssigen Magma. Wie der Granit aus verschiedenen einzelnen Kristallkörnern aufgebaut ist, so ist dies auch bei den Metallegierungen der Fall. Diese Tatsache war lange verborgen geblieben und erst vorgeschrittene mikroskopische Untersuchungsverfahren lehrten, den inneren kristallinen Aufbau der Metalle und Legierungen erkennen. Das Schliffbild eines reinen Metalles zeigt eine zellenartige oder kornartige, homogene Struktur. Bei den Legierungen liegen verschiedene Möglichkiten vor. Setzt man z. B. zu Kupfer Gold, so tritt das Gold in die Kupferkristalle ein, ohne daß sich das Bild des reinen Kupfers ändert. Das ist ein Fall der festen Lösung. Die Kupferkristalle variieren einfach ihre Zusammensetzung. Ein anderer Fall ist der, wenn man z. B. zum Kupfer Silber setzt. Bei geringer Zugabe verhält sich das Gemisch wie reines Kupfermetall. Sind aber einige Prozent Silber vorhanden, dann sind die Kupferkristalle gesättigt, es treten Silberkristalle selbständig auf, die ihrerseits Kupfer bis zur Sättigung aufgenommen haben. Man hat nun lauter Silber und Kupferkristalle, die von einander gesättigt sind, also ein Gemenge zweier fester Lösungen.

Man sieht sowohl weiße, als rote Bestandteile. Ein weiterer Fall ist z. B. der, daß sich in den Legierungen zweier Metalle, Kristalle von vollkommen neuer Art vorfinden, die mit keinem der beiden Komponenten identifiziert werden können. Es bilden sich hier chemische Individien, z. B. in Kupfer-Antimonlegierungen. Zu diesen Legierungen, die intermediäre Kristallarten als wesentlichen Bestandteil enthalten, gehören sämtliche ungehärtete Stahlarten, weil sie ein Carbid enthalten, sämtliche Bronzen und Messing und fast alle Legierungen, welche als einen Bestandteil Zinn, Antimon, Blei, Aluminium, Magnesium und Zink enthalten.

Manche Legierungen wie z. B. gehärteter Stahl, gehärtete Bronze verdanken andererseits schmarotzenden Geflügelbestandteilen ihre technischen Vorzüge. Durch die Beseitigung dieser Bestandteile gehen die wertvollen Eigenschaften verloren.

Bezüglich des elektrischen Verhaltens der Metalle sei noch folgendes ausgeführt:

Der Widerstand, den eine Quecksilbersäule von 1063 mm Länge und 1 Quadratmillimeter-Querschnitt dem Passieren eines Stromes entgegensetzt, bezeichnet man als ein Ohm. Die Energie, welche als Elektrizität durch den Widerstand der Quecksilbersäule scheinbar vernichtet wird, erscheint in der Energieform, die wir Wärme nennen, wieder. Diejenigen Stoffe, deren Widerstand elektrische Energie in Wärmeenergie verwandelt, werden Leiter erster Ordnug genannt, das sind vor allem die Metalle und ihre Legierungen. Als spezifischen Widerstand eines Metalles bezeichnet man die Zahl der Ohm, die ein Draht von 1 mm Länge und 1 qmm Durchschnitt dem Strom entgegensetzt. Das spezifische Leitvermögen ist der reziproke Wert des Widerstandes, je geringer der Widerstand, desto größer das Leitvermögen. Je dünner ein Metalldraht ist, desto größer, je dicker derselbe erscheint, desto geringer ist sein Widerstand dem elektrischen Strome gegenüber. Das elektrische Leitvermögen der Metalle entspricht relativ genau ihrem Wärmeleitungsvermögen. Nach beiden Eigenschaften geordnet, erhält man dieselbe Reihenfolge der Metalle. Mit steigender Temperatur steigt der Widerstand und vermindert sich das elektrische Leitvermögen der Metalle, und zwar pro Grad Celsius um ca. 0.104 des Gesamtbetrages bei 0 ° Celsius. Diese Zahl ist gleich dem Ausdehnungskoeffizienten der Gase.

Reine Metalle leiten Elektrizität besser als Legierungen, selbst minimale Zusätze von Silber zum Kupfer setzen dessen Leitfähigkeit herab.

Ihrem chemischen Verhalten nach (Verhalten gegen Wasser und Säuren) unterscheidet man die Metalle in drei Gruppen:

1. Leichtmetalle zersetzen das Wasser unter Entwicklung von Wasserstoff.

2. Die unedlen Schwermetalle zersetzen das Wasser nicht bei gewöhnlicher Temperatur, lösen sich aber in verdünnten Säuren unter Wasserstoffentwicklung.

3. Die edlen Schwermetalle werden erst von konzentrierten Säuren angegriffen.

Die Metalle besitzen eine bestimmte, für jedes Element charakteristische Affinität zum Sauerstoff. Diese ist am größten bei den Alkalimetallen, am geringsten bei den Edelmetallen. Zwischen der Oxidationstendenz und dem elektromotorischen Verhalten der Metalle besteht ein gewisser Parallelismus.

Als typische Eigenschaften eines Metalles gelten folgende:

1. Die Metalle können nicht ohne stoffliche Veränderung in Lösung gehen (ausgenommen die gegenseitige Lösung in Form von Legierungen oder Amalgamen). Bei dem Lösungsvorgange der Metalle geben die Metalle Elektronen ab und gehen als positive Metallionen (Kationen) in Lösung.

2. Aus diesen Lösungen oder auch aus ihren geschmolzenen Salzen scheidet sich das Metall beim Durchgange des elektrischen Stromes (Elektronenzufuhr) stets am negativen Pol (Kathode) ab. Unter Umständen erfolgt dieser Vorgang auch durch andere Metalle.

3. Verbindungen der metallischen Stoffe mit den Hydroxylgruppen geben Stoffe von basischem Charakter.

4. Die Metallsalze mit starken Säuren werden durch Wasser nur schwach hydrosyliert.

Die Metalle gehen unter Abgabe von Elektronen in positive Ionen, und umgekehrt gegen die letzteren durch Aufnahme von Elektronen in den metallischen Zustand über. Das Bestreben, Elektronen abzugeben, oder aufzunehmen, ist von seiten der Metalle und Metallionen ein sehr verschiedenes. Nachfolgende Übersicht zeigt die Metalle geordnet nach ihrem abnehmenden Bestreben, von dem metallischen in den Ionenzustand überzugehen.

I. Gruppe: Alkalimetalle, alkalische Erdmetalle, Magnesium, Aluminium, Mangan, Zink, Chrom, Kadmium.

II. Gruppe: Eisen, Kobalt, Nickel, Zinn, Blei, Wasserstoff, Arsen, Kupfer.

Von zwei Metallen ist immer dasjenige als das edlere zu bezeichnen, welches die Elektronen aufnimmt, also dasjenige, welches aus seinen Lösungen durch ein anderes gefällt wird. Dieses Verhalten ist aus folgender Reihe ersichtlich:

Platin, Osmium, Iridium, Gold, Silber, Blei, Kupfer, Zinn, Zink, Nickel, Eisen, Mangan, Aluminium, Magnesium.

Das unedlere Metall wird Lösungselektrode, verhält sich also anodisch gegen das erstere.

Als Elektroaffinität der Metalle bezeichnen Abegg und Bodländer die Arbeit, welche bei dem Übergang von Metall in Metallion gewonnen werden kann, falls die vorhandene Salzlösung in bezug auf das Metallion einfach normal ist.

Alle Metalle haben die Eigenschaft, den wässrigen Lösungen elektrische Ladungen zu erteilen und dabei die entgegengesetzte Ladung anzunehmen.

Gleichwie den in Wasser löslichen Stoffen, wie zum Beispiel Zucker, Metallsalzen usw., ein Bestreben innewohnt, die feste Formart in Gegenwart einer Flüssigkeit aufzugeben und sich infolge ihres Lösungsdruckes in derselben zu verbreiten, so wohnt den Metallen je nach ihrer chemischen Natur eine geringere oder größere Fähigkeit inne, in Form von Metallionen in Lösung zu gehen, wenn sie mit Wasser oder einer Elektrolytlösung in Berührung kommen. Dieses Bestreben ist um so größer, je weniger Ionen bzw. Kationen in der Lösung vorhanden sind. Eine solche Lösungstension kommt auch den Nichtmetallen, z. B. dem Sauerstoff, den Halogenen zu, aber im Gegensatz zu den Metallen gehen diese Nichtmetalle ohne weitere Veränderung in Lösung. Metalle können also neben Wasser oder Salzlösungen nicht bestehen, ohne daß, wenn auch nur minimale Spuren, die evtl. chemisch gar nicht mehr nachweisbar sind, in Lösung gehen. Wenn die elektrolytische Lösungstension größer ist als der osmotische Druck, so werden im Augenblicke der Berührung, getrieben durch diesen Überdruck, eine Anzahl positiver Ionen in die Lösung gehen, während die entsprechend abgespaltenen Elektronen dem Metall eine negative Ladung erteilen. So verhalten sich die Metalle Magnesium, Aluminium, Mangan, Zink, Chrom, Kadmium, Eisen, Kobalt, Nickel, Zinn, Blei = sog. **elektrisch-positive, unedle Metalle;** der elektrolytische Lösungsdruck ist größer als der osmotische Druck ihrer Salzlösung, welcher der Auflösung entgegenwirkt, sie erteilen der Lösung eine positive Ladung und werden dabei selbst negativ.

Ist die elektrolytische Lösungstension kleiner als der osmotische Druck, so treten aus den Elektrolyten Metallionen aus und schlagen sich unter Aufnahme von Elektronen metallisch auf der Elektrode nieder, bis die elektrostatische Kraftkomponente der hierdurch entstandenen positiven Ladung des Metalles und der negativen Ladung (freie negative Ionen) der Flüssigkeit dem osmotischen Druck das Gleichgewicht hält. In dieser Weise verhalten sich die **edleren sog. elektronegativen Metalle** Kupfer, Antimon, Wismut, Quecksilber, Silber, Platin und Gold. Hier ist der elektrolytische Lösungsdruck kleiner als der osmotische Druck ihrer Salzlösung, sie erteilen der Lösung eine negative Ladung (siehe auch Seite 91).

Berühren sich zwei Metalle, so treten Elektronen von dem einen zum andern, die Folge davon ist eine Potentialdifferenz auf beiden Körpern. Bei Thermoelementen (Erwärmung zweier aufeinander gelöteter Metalle) setzt sich die Wärme in elektrische Energie um (Thermostrom). Eine beliebige Reihe von Metallen gibt an den offenen Enden freie Ladung, und beim Schließen der Enden entsteht kein Strom, da der entgegengesetzte Potentialsprung hinzugefügt wird, wohl aber beim Erwärmen. Die zugeführte Wärme treibt Elektronen aus einem Metall in das andere.

2. Elektrizität und Elektronentheorie.

Bis Galvani bzw. Volta war den Forschern die Elektrizität nur in der beschränkten Erscheinungsform der sog. statischen oder Spannungselektrizität bekannt. Die Erfindung der Volta-Säule hat die Elektrizitätslehre in ungeheurem Maße weiterentwickelt. Der einfache Aufbau aus Zink- und Kupferplatten, sowie angefeuchteten Tuchscheiben war der Ausgangspunkt für die mannigfachen Apparate, die sog. elektrischen Ketten oder galvanischen Elemente, in denen durch Kombination von Leitern I. und II. Klasse elektrische Energie (Elektronen) erhalten und abgeleitet werden kann.

Faraday hat, nachdem Volta den Nachweis erbracht hatte, daß die sog. galvanischen Erscheinungen elektrische seien, gezeigt, daß beide auf gleiche Weise gemessen werden können, gleiche Wirkungen hervorbringen und gleiche Eigenschaften aufweisen, vorausgesetzt, daß ihre maßgebenden Bestimmungsgrößen gleiche Werte haben. Diese maßgebenden Bestimmungsgrößen sind Elektrizitätsmenge und -Spannung. Diese stehen so zueinander, daß ihr Produkt die elektrische Energie ausmacht. Das heißt, aus derselben Arbeitsmenge kann man, wenn man sie vollständig in elektrische Energie verwandelt, entweder eine kleine Elektrizitätsmenge von hoher Spannung gewinnen (das ist der Fall bei der sog. statischen Elektrizität der Elektrisiermaschine und der Reibungselektrizität überhaupt) oder eine große Elektrizitätsmenge von geringer Spannung (das ist der Fall bei den elektrischen Ketten, sog. galvanischen Elementen). Faraday wies z. B. nach, *) daß 2 Drähte, je $^{1}/_{18}$ Zoll dick, einer von Zink, der andere von Platin, in sehr verdünnter Schwefelsäure, $^{5}/_{8}$ Zoll tief, während $^{8}/_{150}$ Minuten getaucht, ebenso viel Elektrizitäts menge liefern, wie 30 Umdrehungen einer großen, sehr wirksamen Elektrisiermaschine. Etwas anderes ist es mit der Elektrizitätsspannung; diese ist im zweiten Falle viel tausendmal größer als bei der elektrischen Kette.

Es verhält sich mit diesen beiden Faktoren ähnlich wie mit der Wassermenge und der Druckhöhe bei einem Wasserfall und einem Fluß. Die Arbeit ist gleich dem Produkt der beiden Größen, also der Wassermenge und der Fallhöhe; man kann also die

---

*) Siehe W. Ostwald „Entwicklung der Elektrochemie". Ambr. Barth, Leipzig 1910.

gleiche Arbeit leisten mit nur wenig Wasser, das von bedeutender Höhe herabfällt, wie mit viel Wasser mit weniger Gefälle. Der erste Fall entspricht der Reibungselektrizität, der zweite der sog. galvanischen Elektrizität.

Die Natur der Elektrizität ist stets ein und dieselbe, ein Wesensunterschied besteht nicht zwischen statischer und galvanischer Elektrizität. Nur die quantitativen Unterschiede sind in beiden Gebieten so sehr verschieden, daß in dem zweiten Falle ganz neue Seiten der Erscheinung, wie z. B. die magnetischen Wirkungen, deutlich hervortreten können, welche in dem ersten Falle unbemerkt blieben, während umgekehrt wieder die statischen Anziehungen und Abstoßungen in dem zweiten Gebiete fast verschwinden. In der Tat, sagt E. Mach, kann man die magnetische Wirkung des Entladungsstromes einer Influenzmaschine leicht am Multiplikator nachweisen, doch hätte man schwerlich an diesem Strome die magnetische Wirkung e n t d e c k e n können. Die statischen Fernwirkungen der Poldrähte eines galvanischen Elementes wären ebenfalls kaum zu beobachten, wenn die Erscheinung nicht schon von anderer Seite her in auffallender Form bekannt wäre. Eine sich entladende Leydener Flasche und ein galvanisches Element (statische und strömende Elektrizität) verhalten sich wie eine Windbüchse und ein Orgelblasebalg. Erstere gibt plötzlich unter sehr hohem Drucke eine kleine Luftquantität, letzterer allmählich unter sehr geringem Druck eine große Luftquantität frei.

Faraday hatte gefunden, daß die chemischen Vorgänge, die unter dem Einfluß des elektrischen Stromes stattfinden, in ganz bestimmter Beziehung zu letzterem stehen. Er fand, daß

1. die abgeschiedenen Stoffmengen stets den Mengen der durchgegangenen Elektrizität, unabhängig von allen Mannigfaltigkeiten, proportional sind, und konstatierte weiteres, daß
2. die Mengen der gleichzeitig abgeschiedenen Stoffe ihren chemischen Äquivalenten proportional sind, m. a. W., daß mit gleichen Elektrizitätsmengen chemisch äquivalente Stoffmengen wandern.

Zur E r k l ä r u n g d e r e l e k t r i s c h e n E r s c h e i n u n g e n hatte man in früherer Zeit angenommen, es gebe zwei vollkommen elastische und gewichtslose Fluida, welche den Stoffen die bekannten abstoßenden und anziehenden Eigenschaften erteilen. Daher spricht man heute noch von „Fließen“ oder Strömen der Elektrizität. Später stellte sich dieser älteren dualistischen Auffassung eine unitarische Annahme entgegen, nach welcher es nur e i n elektrisches Fludium gäbe; ein Ueberschuß davon sollte positive Stoffe, ein Mangel negative geben; dann suchte man die Elektrizität aufzufassen als Schwingungen entweder der kleinsten Stoffteilchen oder als solche, des sog. Lichtäthers.

Auf Grund experimenteller Forschungen nimmt man heute an, daß die Elektrizität ein Stoff ist (eine chemisch wirksame Masse), der aus kleinsten, diskreten Teilchen, den Elektronen, sog. Elektrizitätsatomen, besteht. Nach dieser Lehre werden alle elektrischen Strömungen in verdünnten Gasräumen, wie z. B. die Kathodenstrahlen, durch die schnell dahinschießenden elektrischen Partikelchen gebildet, ebenso auch der elektrische Strom in metallischen Leitern.

Der elektrische Strom — ein Elektronenstrom.

Im elektrischen Strom erscheint die Elektrizität als etwas kontinuierliches, ständig fließendes; aber wie ein Wasserstrom bei näherer Untersuchung, in letzter Linie aus kleinsten Teilchen, den Wassermolekülen sich zuammensetzt, so löst sich nach den neuzeitlichen Forschungen auch der elektrische Strom in ein Aggregat von kleinsten Individuen, den Elektronen auf. Diese Elektronen haben eine zweitausendmal kleinere Masse, als ein Wasserstoffatom.

Es ist die negative Elektrizität (Harzelektrizität), die im elektrischen Strom fließt und ihren Ort verändert; die kompensierende, positive Elektrizität (Glaselektrizität) sitzt in dem Metallatomen, des Leiters fest.

Das Elektron ist die kleinste Einheit der negativen Elektrizität, wohl definiert nach Ladung und Masse. Unter einem Elektron soll man sich nichts anderes vorstellen, als eine Stelle, in der elektrische Kraftlinien zusammenlaufen. Eine solche Stelle wirkt nach außen, als elektrische Ladung, indem sie von einer gleichartigen Stelle abgestoßen, von einer ungleichartigen Stelle, von der elektrische Kraftlinien austreten — dem Bilde der positiven Ladung, — angezogen sind.

Als weiteres Kennzeichen kommt dem Elektron außer seiner Ladung eine gewisse Masse zu, die sich bei seiner Bewegung äußert.

In Reinkultur tritt das Elektron als Kathodenstrahl auf, sog. β-Strahlen, die nichts weiteres sind, als schnell bewegte Elektronen, unbelastet durch gewöhnlichen Stoff. Das Elektron ist also das Atom der negativen Elektrizität (ein Mikroatom).

Die positive Elektrizität tritt niemals rein auf, sie ist stets belastet mit gewöhnlichem Stoff. In den Kanalstrahlen haben wir schnell bewegte, positive Elektrizität; aber je nach der Erzeugungsweise haftend an Heliumatomen, Wasserstoffmolekeln, Quecksilberatomen usw.

Die Elektronen gehören zu den Bausteinen, aus denen sich die Atome aufbauen und es ist gelungen, selbst die Zahl der Elektronen in diesem komplizierten Bausystemen, den Atomen zu zählen. Auch die Abstände der Elektronen im Atom konnten geschätzt werden und fand man dafür einen 100 Millionstel cm. Die Elektronen sind in diesem Planetensystem, das wir Atom nennen, in lebhaftester Bewegung, mit Geschwindigkeiten von etwa 300stel Lichtgeschwindigkeit und die Lichtgeschwindigkeit beträgt 300 Millionen Meter in der Sekunde.

Die Elektronen können sowohl für sich bestehen als auch sich mit den Stoffatomen verbinden. In den Leitern der Elektrizität bewegen sich die Elektronen entweder allein oder mit den Stoffatomen. In den Metallen bewegen sich die Elektronen frei, womit eine Reibung verbunden ist, wodurch die Leiter erwärmt werden, und zwar um so mehr, je größer der Widerstand ist. In den Nichtleitern, den Isolatoren, können die Elektronen zwar verschoben werden durch Druck oder Reibung, kehren aber nach dem Aufhören dieser Ursache gleich wieder in ihre ursprüngliche Stellung zurück. In den Isolatoren sind diese Elektronen mit den Molekülen in mehr oder weniger fester Bindung, in den Metallen dagegen können sich dieselben frei bewegen. Obwohl es Leiter von allen Größenordnungen gibt, unterscheidet man doch von den Leitern und den sog. Nichtleitern (den guten und schlechten Leitern) die Halbleiter (mittlere Leitungsfähigkeit). Letztere werden von den zwischen den Metallen und Metalloiden stehenden Elementen, ferner besonders von den Metalloxyden und Metallsulfiden gebildet. Solche Halbleiter sind z. B. Eisenglanz, Eisensulfid, Manganoxydhydrat, Eisentitanoxyd, Eisendisulfid, Eisenoxyduloxyd, Molybdäntrisulfid, Manganoxyd, Silizium.

Nach Bädecker kommt den Elektronen (freie negative Elektrizität) über jedem Metall ein bestimmter Dampfdruck zu. Dieser Elektronendampf zeigt die Eigenschaften eines idealen Gases. Erhitzte Leiter emittieren Elektronen. Dieser Vorgang läßt sich vergleichen mit einem richtigen Verdampfungsprozeß der Elektrizität, somit käme jedem metallischen Leiter bei jeder Temperatur ein bestimmter Dampfdruck der negativen Elektrizität, also der Elektronen, zu. Nach der unitarischen Auffassung gibt es bloß eine Elektrizität, d. h. die Elektronen; die Ausdrücke positive und negative Elektrizität sind lediglich eine Bezeichnung für das Vorhandensein einer elektrischen Druckdifferenz. Während zwischen Leitern und sog. Nichtleitern kein abgegrenzter, sondern nur ein gradueller Unterschied besteht, ist ein grundlegender Unterschied zwischen der *metallischen* und *elektrolytischen* Leitfähigkeit. Die metallische Leitfähigkeit (*Leiter* I. Klasse) besteht, wie wir schon gesehen haben, darin, daß sich innerhalb der Metalle ohne stoffliche Veränderung derselben die Elektronen frei fortbewegen. Eine andere Art von Leitern (*Leiter* II. Klasse) sind diejenigen Stoffe, in denen der Stromdurchgang nur dadurch bewirkt werden kann, daß sich die Elektronen *mit* den Stoffteilchen in Form von *Ionen* bewegen können. Diese Leiter, in denen also an Stelle eines *Elektronenstroms* ein

Ionenstrom stattfindet, sind die Elektrolyte, also vorzugsweise die Stoffe, deren Molekel, wie wir nachher sehen werden, in wässeriger Lösung zum Teil in Ionen (elektrisch geladene Atome) zerfallen sind. Hierzu gehören die Salze Säuren und Basen. Ein elektrischer Strom kann also sowohl in dem Strömen von freien Elektronen in metallischen Leitern bestehen oder im Strömen von Ionen in einem Elektrolyten. So fließt z. B. in einer Volta'schen Kette (sog. Galvanisches Element) bei geschlossenemZustande durch den Leitungsdraht ein Elektronenstrom, durch die Flüssigkeit, den Elektrolyten, ein Ionenstrom.

Die Art und Weise, wie sie die elektrische Energie in Wärme umsetzt, pflegt man sich ebenso vorzustellen, wie die Umwandlung der mechanischen Arbeit einer strömenden Flüssigkeit in Wärme. Durch eine Art Reibung, die sich der Elektrizitätsbewegung entgegensetzt, und deren Überwindung wird die Umwandlung dieser Energie in Wärme bedingt. Wenn Elektronen in einer Lösung z. B. vom Zink auf die Kupferionen überspringen, wird die Reaktionswärme von der Reibung herrühren, welche die Elektronen erfahren, wenn sie den Raum durchdringen.

Die Bezeichnungsweise von positiver und negativer Elektrizität entstammt, wie Helmholtz einmal ausgeführt hat, dem Bedürfnis, der Symmetrie zwischen der positiven und negativen Seite der elektrischen Erscheinung Rechnung zu tragen. Denn stets tritt beim Entstehen einer bestimmten Menge von positiver Elektrizität die entsprechende Menge negativer Elektrizität auf. Diese Symmetrie ist keine vollständige und besteht durchaus nicht zwischen positiven und negativen Elektronen. Nur bei der elektrolytischen Leitung sind positive und negative Atome oder Atomgruppen nachweisbar. Bei dem Elektrizitätstransport in Metallen und im Vakuum können jedoch die negativen Elektronen frei, d. h. als selbständige Partikel auftreten, während die positiven stets mit dem Stoffe verbunden bleiben und daher bedeutend größere Trägheit besitzen Diese Asymmetrie hat dazu geführt (H. A. Lorentz), die dualistische Theorie aufzugeben und die unitarische anzunehmen. Hiernach sind die negativen Elektronen die Bausteine der Elektrizität. Die elektrisch neutralen Molekel enthalten einen gewissen Betrag davon. Die positive Ladung besteht in einem Minus von negativer Ladung. Diese Anschauung gestattet alle Erscheinungen der elektrischen Ströme in ihre Sprache zu übersetzen. An Stelle der Affinität zum positiven Elektron tritt eine verringerte Affinität zum negativen Elektron. Wie schon erwähnt, ist auch ein Nachweis von positiven Elektronen bisher nicht geglückt.

In diesem Buche übernehmen wir die unitarische Vorstellung von der Elektrizität und betrachten die positive Elektrizität als einen Mangel an negativer Elektrizität. Wenn wir dieser Auffassung folgen, wird also der Transport der Elektrizität in metallischen Leitern nur durch negative Elektrizitätsteilchen besorgt. Es findet also überhaupt kein positiver Strom statt, sondern nur ein Strömen von Elektronen in der, **der üblichen Bezeichnung entgegengesetzten Richtung.** Beim Daniell-Element z. B., bei welchem auf dem Kupfer eine positive Spannung herrscht, strömt nach der bisherigen Auffassung und Ausdrucksweise die positive Elektrizität vom Kupferpol längs des Verbindungsdrahtes zum Zinkpol, die positive Elektrizität bewegt sich in der Flüssigkeit von dem Zink zum Kupfer. Man hätte ebenso umgekehrt sagen können; es war das eine Sache der Festsetzung. Nach der unitarischen Auffassung fließt die negative Elektrizität (Elektronen) vom Zink durch den Verbindungsdraht zum Kupfer, dann vom Kupfer durch die Flüssigkeit zurück (in Form von Sulfat-Ionen) zum Zinkpol. Nach der unitarischen Theorie der Elektrizität bedeutet + z. B. in der Spannungsreihe nur eine stark verminderte negative Ladung.

Eine eindeutigere Bezeichnung als positiv und negativ gewinnt man durch die von Faraday eingeführte Bezeichnung der Elektroden: Kathode ist die Elektrode, zu welcher aus dem Elektrolyt die Kationen wandern und unter Aufnahme von Elektronen metallisch abgeschieden werden. Anode ist die Elektrode, zu welcher die Anionen wandern.

In den Volta'schen Ketten ist das Zink Anode.

3. Salzlösungen, Elektrolyte. Ionenlehre *).

Leiter II. Klasse (elektrolytische Leitung).

Im Gegensatze zu den Leitern I. Klasse (s. S. 63) erfahren die Elektrolyte (Ionenverbindungen) mit der Leitung des Stromes eine Veränderung, indem an den Stellen, wo sich die metallischen Leiter oder Elektroden anschließen, ihr Zusammenhang getrennt wird. Hier muß sich der elektrische Strom, d. h. die Elektronen, mit dem Stoff bewegen; ohne dieses stoffliche Mitwandern gibt es keine Elektrizitätsbewegung. Diese besteht in Elektrolyten in einem Ionenstrom.

Die elektrolytischen Metallabscheidungen, welche der Galvanotechniker ausführt, spielen sich in den wässerigen Lösungen der Metallsalze ab und bestehen in der Wechselwirkung derselben mit den Elektronen. — Im allgemeinen kann man sagen, daß ein gelöster Stoff, also eine **Lösung,** nichts anderes darstellt, als einen mehr oder weniger fein zerteilten Stoff. Je nach der Art der Zerteilung unterscheiden wir:

1. Die wahren Lösungen. Diese kann man im allgemeinen als gleichartige oder homogene Gemische auffassen. Als ihr Hauptkriterium gilt, daß sie optisch leer sind, d. h. daß sie im

*) Siehe auch Georg Buchner, „Angewandte Ionenlehre". München 1912. I. F. Lehmann.

Mikroskop und Ultramikroskop keinerlei Teilchen wahrnehmen lassen. Hierzu gehören die Kristalloide, z. B. Zucker, Kochsalz usw. Solche Lösungen, denen eine sehr geringe Oberflächenspannung zukommt, zerfallen je nach dem Grade der Zerteilung der in ihnen befindlichen Stoffe wieder in zwei Gruppen:

a) in die Nichtelektrolyte (Nichtstromleiter), z. B. Zucker;

b) die Elektrolyte (Stromleiter), z. B. Kochsalz, Kupfersulfat.

2. Die falschen oder Scheinlösungen der kolloidalen Stoffe, wie z. B. Leim, Gummi, Eiweiß usw. Diese Lösungen erweisen sich, obwohl sie dem freien Auge und den gewöhnlichen optischen Hilfsmitteln gegenüber als homogen erscheinen, doch bei verfeinerter Beobachtung mit dem Ultramikroskop als optisch inhomogen, gleichsam als äußerst feine Suspensionen.

Die Kolloide sind meist hochmolekulare, organische Stoffe, doch können auch anorganische Stoffe, wie z. B. Metalle und deren Verbindungen, in Form kolloidaler Lösungen erscheinen. Es kann also ein und derselbe Stoff sowohl in kristalloidem als auch in kolloidem Zustande erscheinen, je nach den Herstellungsbedingungen (siehe Seite 45 u. f.).

a) Nichtelektrolyte.

Lösungen kann man als homogene Mischungen von zwei oder mehreren Stoffen bezeichnen, die nicht auf mechanischem Wege in ihre Bestandteile zu trennen sind, ohne daß eine Zustandsänderung eines der Bestandteile eintritt. Überwiegt das Lösungsmittel den gelösten Stoff in bedeutendem Betrage, so spricht man von einer verdünnten Lösung.

Der einfachste Fall der Lösung liegt vor, wenn dabei keinerlei Veränderungen stattfinden. So verhält sich z. B. eine Lösung von einem gesättigten Kohlenwasserstoff in einen anderen wie eine Mischung zweier indifferenter Gase. Der gelöste Stoff ist einfach durch das Lösungsmittel verdünnt und behält seine Eigenschaften unverändert bei. Das Volumen der Mischung ist gleich der Summe der Volumina der Komponenten, die Lösungswärme ist gleich Null, der Dampfdruck beider Teile wird um einen Betrag vermindert, den die Verdünnung mit dem anderen Stoff voraussehen läßt.

Wenn man einen Stoff der festen Formart, z. B. Zucker, mit Wasser übergießt, so verlieren zunächst die kleinsten Teilchen an der Oberfläche des festen Stoffes ihren Zusammenhang, die Molekularkomplexe zerteilen sich in einzelne Moleküle und diese treten in die Flüssigkeit über. Diese kleinsten Teilchen wandern immer wieder in das Wasser hinein, während sich neue Teilchen auflösen. Das Bestreben der Moleküle, die feste Formart in Gegenwart einer Flüssigkeit aufzugeben, führt man zurück auf eine

Art Druck, den wir den Lösungsdruck oder die Lösungstension nennen. Die Teilchen des festen Stoffes gehen so lange in Lösung, bis der dem Lösungsdruck entgegengesetzte Druck der Moleküle, welche aus dem Lösungsmittel nicht austreten können, so groß geworden ist, daß er dem Lösungsdruck das Gleichgewicht hält.

Die Löslichkeit ändert sich im allgemeinen mit der Temperatur und in geringem Betrage mit dem Druck. Die Löslichkeit ist ein Ausdruck des Gleichgewichtes zwischen dem festen und flüssigen Anteil, der festen und flüssigen Phase. Durch ein Lösungsmittel kann ein fester Stoff auf einen sehr großen Raum verteilt werden.

Nach van't Hoff besitzen die festen Stoffe in der Lösung die Eigenschaft, die sonst nur den gasförmigen Stoffen zukommt; sie haben das Bestreben, den gesamten, ihnen in Gestalt des Lösungsmittels zur Verfügung stehenden Raum gleichmäßig zu erfüllen (Diffusion) Wenn die Bewegungen der kleinsten Teilchen im Lösungsmittel, die der Schwerenergie entgegen sich zu verbreiten suchen (Verdünnungsbestreben), einen Widerstand finden, so äußert sich dies im Auftreten eines Druckes, den man nach dem Vorgange von van't Hoff osmotischen Druck nennt.

Die Auflösung eines Stoffes in einem beliebigen Lösungsmittel ist nach Nernst ein Vorgang, der mit der Sublimation die allergrößte Ähnlichkeit hat. In beiden Fällen findet der Vorgang sein Ende, wenn die Expansionskraft des verdampfenden oder des sich lösenden Stoffes durch den Gasdruck der verflüchtigten oder durch den osmotischen Druck der gelösten Moleküle im Gleichgewicht gehalten wird. Wir finden hier Analogie zwischen osmotischen Druck — Lösungsdruck — Lösungstension — Sublimationsspannung.

Van,t Hoff bewies die Gültigkeit der Gasgesetze von Boyle, Gay-Lussac und Avogadro für gelöste Stoffe. Hiernach ist erstens bei konstanter Temperatur der Druck der Moleküle einer Lösung der Konzentration derselben proportional (Gesetz von Boyle-Mariotte). Zweitens wächst bei gleichbleibender Konzentration dieser Druck der Moleküle mit der Temperatur, und zwar proportional derselben (Gay-Lussac), drittens ist der Druck der Moleküle einer Lösung verschiedener Stoffe (eines Lösungsgemisches) gleich der Summe der Drucke, welche die einzelnen Stoffe für sich allein in Lösung ausüben würden. Viertens erweist sich der Druck der Moleküle unabhängig von der Natur des gelösten Stoffes und allein bedingt von der Zahl der in Lösung befindlichen

Die Seite 79 geschilderten Lösungsvorgänge, die Gesetze des osmotischen Druckes, treffen für alle Stoffe zu, welche in wässeriger Lösung den elektrischen Strom nicht leiten, also für die Gruppe von Stoffen, welche man unter der Bezeichnung Nichtelektrolyte zusammenfaßt.

b) Elektrolyte.

Bei den Stoffen dagegen, welche in wässeriger Lösung den elektrischen Strom leiten, für die Gruppe von Stoffen, welche man Elektrolyte nennt, also in erster Linie für die verdünnten Lösungen in Wasser (und anderen Flüssigkeiten von hoher Dielektrizitätskonstante), von Salzen, Säuren und Basen, treten Abweichungen gegenüber den Gesetzen des osmotischen Druckes ein, verursacht durch eine Erweiterung des Seite 79 geschilderten Lösungsvorganges.

Die Lösungen der anorganischen Säuren, Basen und Salze, welche den elektrischen Strom leiten, weichen in ihrem Verhalten bezüglich des Erstarrens, des Siedepunktes, der Dampftension, der Leitfähigkeit für den elektrischen Strom und dem osmotischen Druck wesentlich von den Stoffen ab, welche den elektrischen Strom nicht leiten, den Nichtelektrolyten. (Zu diesen gehören die organischen Verbindungen, mit Ausnahme der starken Säuren und Basen, sowie deren Salze, ferner die Lösungen aller Verbindungen in Äther, Chloroform, Benzol, Schwefelkohlenstoff usw.).

Die Elektrolyten zeigen im Gegensatz zu den Nichtelektrolyten in wässeriger Lösung ein Verhalten, als ob eine größere Anzahl von Molekülen sich in der Lösung befände als den molekularen Gewichtsmengen entspricht; kurz, sie verhalten sich so, als ob sie eine Vermehrung erfahren hätten. Diese Erscheinung findet nach Arrhenius ihre Erklärung darin, daß diese Stoffe in wässeriger Lösung in ihre Komponenten zerfallen, welche sich ihrerseits wieder in Beziehung auf den osmotischen Druck je wie ein Molekül verhalten. Wegen der Ähnlichkeit dieses Vorganges mit der Dissoziation, und wegen des Zusammenhanges mit der elektrischen Leitfähigkeit, wurde dieser Vorgang von Arrhenius elektrolytische Dissoziation genannt; die bei diesem Dissoziationsvorgang auftretenden Spaltungsteilchen werden Ionen (Ionten) genannt.

Aus der Tatsache, daß die Bestandteile einer Salzlösung an elektrisch geladene Elektroden wandern, sei es, daß sie dort sekundär verändert werden oder nicht, und zwar die positiven Ionen (Kationen) an die negative Elektrode, die negativen Ionen (Anionen) an die positive Elektrode, wobei eine minimale Spannung oder Arbeit nötig ist, schließt man, daß diese Ionen in der Flüssigkeit getrennt vorhanden und elektrisch geladen sind. Ionen sind also nach Arrhenius die Teilchen einer Flüssigkeit, die unter der Einwirkung von äußeren Kräften, wie z. B. elektrischen, osmotischen, eine Geschwindigkeit erhalten, welche proportional der wirkenden Kraft ist. Dieselben werden wie die Teilchen einer Flüssigkeit im allgemeinen mit steigender Temperatur leichter beweglich. Wegen der durchgehenden Ähnlichkeit zwischen dem Widerstand, den Ionen im Lösungsmittel finden, und der Reibung von Flüssigkeitsteilchen, bezeichnet man erstere Erscheinung als galvanische Reibung. Dieselbe ist für die verschiedenen Ionen verschieden und nimmt mit steigender Temperatur ab. Größer als im Wasser ist die Reibung der Ionen in anderen Flüssigkeiten. Das elektrische Leitvermögen einer Lösung beruht auf der Anzahl der vorhandenen Ionen und auf deren Beweglichkeit, d. h. auf ihrer Fähigkeit, durch die umgebende Flüssigkeit zu wandern. Schon ein geringer Zusatz von Nichtleitern zu Wasser erhöht die elektrolytische Reibung der Ionen in hohem Grade und vermindert dadurch das Leitvermögen; bei größeren Zusätzen wird der Dissoziationsgrad der Elektrolyte vermindert (z. B. Zusatz von Alkohol, Rohrzucker, Eiweiß usw.) Außer von elektrischen Kräften können die Ionen auch noch von anderen Kräften getrieben werden, insbesondere kommt hier der osmotische Druck zur Geltung. Auch sind die Gesetze des osmotischen Druckes für die freien Ionen gültig. Die Bezeichnung elektrolytische Dissoziation könnte die irrige Meinung hervorrufen, als ob der Zerfall der Moleküle in Ionen durch die Einwirkung äußerer elektrischer Kräfte oder Potentiale bewirkt würde. Es ist daher zu betonen, daß die Moleküle eines Elektrolyten in verdünnter wässeriger Lösung in die Ionen zerfallen, ohne daß ein elektrischer Strom die Lösung durchfließt. An Stelle der elektrolytischen Dissoziation wird man daher besser die Bezeichnung Ionisation setzen.

Nach dieser Theorie der Ionisation tritt also beim Lösen eines Salzes in Wasser, dem Grade der Verdünnung entsprechend, eine Trennung der im Molekül bereits vorhandenen, aber zusammengehaltenen elektrisch geladenen Atome, d. i. der Ionen, ein. Je nach der Konzentration ist diese Trennung vollkommen oder nur teilweise. In jeder Lösung sind die dissoziierten von den nichtdissoziierten Molekülen zu unterscheiden; erstere nennt man die aktiven, auch aktuellen, letztere die inaktiven, auch potentiellen Moleküle. Die aktiven allein bedingen die Leitfähigkeit und andere Eigenschaften, insbesondere die chemische Betätigung. Alle Reaktionen, welche sich in wässerigen Lösungen abspielen, sind Ionen-Reaktionen. Zwischen den dissoziierten und nichtdissoziierten Molekülen besteht ein gewisses Gleichgewicht, welches dem Massenwirkungsgesetz folgt und seinen mathematischen Ausdruck findet. Chlorwasserstoff z. B. besitzt als Gas zweifellos die Molekulargröße der Formel H Cl, eine wässerige Lösung weist aber nahezu die doppelte Gefrierpunktserniedrigung auf, als der gleichen Molekulargröße entsprechen würde. Es müssen also doppelt so viele Teile vorhanden sein, also nicht die Molekühle H Cl, sondern die Ionen $H^{\cdot}$ und Cl'. Zum Beispiel zeigt eine Lösung von 58,5 g Natriumchlorid oder Kochsalz in einem Liter Wasser eine elektrische Leitfähigkeit von 69,5, während die gleiche Menge Chlornatrium in 10 Liter Wasser aufgelöst eine solche von 102,9 aufweist. In dieser Verdünnung ist die Ionisation nahezu vollständig, bei weiterer Verdünnung nimmt sie nicht mehr zu. Beim Lösen eines Salzes z. B. Chlornatrium in

Wasser, welches ein starkes Dielektrikum ist, fallen also die im trockenen Salz zusammengehaltenen Ionen auseinander, wie folgendes Schema zeigt:

$$\begin{matrix} Na^{\cdot} & & & & Cl' \\ & \searrow & Na\ Cl & \nearrow & \end{matrix}$$

Mit dem Grade der Verdünnung nimmt dieser Zerfall die sog. elektrolytische Dissoziation zu. Zwischen den dissoziierten und nichtdissoziierten Anteilen besteht ein Gleichgewicht. In einer Lösung, welche 1 Gramm-Mol Kochsalz d. i. 58,5 g im Liter gelöst enthält, sind z. B. 84,9% des Kochsalz in $Na^{\cdot}$ und Cl' zerfallen.

Man darf aber nicht glauben, daß, je mehr man verdünnt, man immer mehr freie Ionen in der Lösung erhält.

Denn wenn auch in verdünnter Lösung ein noch größerer Bruchteil des Salzes in Ionen zerfällt, so nimmt aber mit der Verdünnung auch der gesamte Salzgehalt ab.

Die Ionisation eines Stoffes wird zurückgedrängt, wenn ein Stoff mit gleichen Ionen in die Lösung gebracht wird, also z. B. ein anderes Salz mit derselben Base oder Säure. Die Ionisation z. B. von Salzsäure oder von Essigsäure wird zurückgedrängt, wenn zu der Lösung ein Chlorid oder ein essigsaures Salz gesetzt wird. Die Ionen haben vollständige Freiheit der Bewegung; die einzige Beschränkung ist die, daß die positiven und negativen Ionen überall in äquivalenter Menge vorhanden sein müssen. Die Eigenschaften einer Lösung können als die Summe der Eigenschaften der darin anwesenden Körper betrachtet werden. Eine Lösung etwa von Rohrzucker enthält zwei Körper, wovon der eine, der gewöhnlich im Überschuß vorhanden ist, das Lösungsmittel, der andere gelöster Körper genannt wird. Die physikalischen, chemischen und physiologischen Eigenschaften einer solchen Lösung sind mit großer Annäherung als die Summe der entsprechenden Eigenschaften der beiden Stoffe, hier also Wasser und Zucker, anzusehen. Da nun die Salze in wässeriger Lösung mehr oder weniger in ihre Ionen zerfallen sind, so werden die Eigenschaften der Lösungen gleich der Summe der Eigenschaften des Lösungsmittels, meistens Wasser, der Ionen und des nichtdissoziierten Salzes sein. Diese Annahme ist durch vielfache Versuche in jeder Beziehung bestätigt worden. Die Ionen verhalten sich in ihren Eigenschaften und ihrem Energieinhalt wesentlich verschieden von den Molekülen und Atomen; während letztere als elektrisch neutral gelten können, müssen wir die Ionen als mit elektrischen Ladungen von hohem Betrage versehen uns vorstellen. Ionen kann man also als mit Elektrizität behaftete Atome ansehen. Mit der Erkenntnis der freien Ionen und ihrer elektrischen Ladungen war eigentlich die Beziehung der Chemie mit der Elektrizität enger, als man bisher ahnte, hergestellt, es war die moderne Elektrochemie geschaffen, überhaupt die unzertrennlichen Beziehungen zwischen der elektrischen und chemischen Energie gegeben. Jede chemische Reaktion kann nunmehr in gewissem Sinne als elektrochemische Reaktion bezeichnet werden, da sich einerseits jede chemische Reaktion zwischen Ionen abspielt, anderseits die Ionen Träger der Elektrizität sind.

Die Metalle müssen als Verbindungen angesehen werden, welche aus Elektronen und gewissen Stoffen, den Metallionen, bestehen. Im Metall-Natrium haben wir also eine Verbindung von Natriumion mit Elektron vor uns. Wenn z. B. das metallische Natrium im Chlorgas erhitzt wird, so entflammt es und vereinigt sich unter Feuererscheinung mit dem Chlor zu weißem Chlornatrium oder Kochsalz. Nach den Vorstellungen, welche zuerst von Ramsay vertreten wurden, verlieren dabei die Natriumatome Elektronen, welche von den Chloratomen aufgenommen werden. Dadurch ist sowohl das Natrium in Natriumion, als auch das Chlor in Chlorion übergegangen, welche sich zusammenlagern zu der Verbindung, welche wir Chlornatrium oder Kochsalz nennen. Diese Auffassung, daß schon in den Salzen Ionen vorhanden sind, welche bei der Lösung in Wasser einfach auseinanderfallen, wird durch neuere Untersuchungen, wie Nernst berichtet, gestützt. In Salzen, wie z. B. Chlornatrium, darf man, wie Nernst gelegentlich eines Vortrages (Zeitschrift für Elektrochemie, 1911) ausführte, annehmen, daß bereits das feste Kochsalz aus Natriumionen und Chlorionen besteht, welche dann beim Lösen in Wasser je nach dem Grade der Verdünnung mehr oder weniger auseinanderfallen. Die Ionenlehre läßt uns viele chemische Prozesse in ganz anderem Lichte erscheinen als wie es früher der Fall war. Man muß, wenn ein Stück Natrium, sagt Ramsay, sich mit Chlor verbindet, unter Feuererscheinung, ebenso wie Kohle im Sauerstoff brennt, annehmen, daß dieser Vorgang darin besteht, daß Elektronen vom Natrium auf das Chlor überströmen mit dem Ergebnis, daß das Natrium in Natriumion, das Chlor in Chlorion verwandelt wird. Diese Natrium- und Chlorionen sind vom metallischen Natrium und vom gasförmigen Chlor ganz verschiedene Stoffe. Wenn sich ein Metall, z. B. Zink, in verdünnter Säure auflöst, muß man sich den Prozeß so vorstellen, daß die Wasserstoffionen der Säure Elektronen von Metall aufnehmen, wodurch sie zu elektrisch-neutralem, gasförmigem Wasserstoff werden, der entweicht, während die Zink-Atome unter Abgabe von Elektronen in positiv geladene Zinkionen übergehen. Daß der Prozeß nur hierin besteht, geht daraus hervor, daß die hierbei stattfindende Wärmeentwicklung von der Natur der Säure ganz unabhängig ist, weil es sich nur um den Austausch der Elektronen zwischen Metall und Wasserstoff handelt. Das gleiche ist der Fall, wenn Zink aus einer Kupfersulfatlösung unter Bildung von Zinksulfat Kupfermetall ausscheidet. Die chemische Gleichung dafür heißt:

$$Zn + Cu\,S\,O_4 = Zn\,S\,O_4 + Cu.$$

Dieser Prozeß erscheint im Lichte der Ionentheorie wie folgt:

Nach dieser enthält die Lösung von Kupfersulfat die Ionen: $Cu^{\cdot\cdot}$ und SO_4'', wobei die Zeichen und ' oder + und — die Art der elektrischen Ladungen angeben, welche mit den Atomen verbunden sind, bzw. den Atomen fehlen, so daß man sich also die Punkte oder das Pluszeichen als Lücken, die Striche oder Minuszeichen als Elektronen vorstellen muß. Die elektrischen Elementarmengen, also die Elektronen, sind ihrer Größe nach identisch mit den Elektrizitätsmengen, welche nach dem Gesetze von Faraday mit den Stoffatomen verbunden sind. Die obige Formel muß im Lichte dieser Anschauung geschrieben werden:

$$SO_4'' - Cu^{\cdot\cdot} + Zn = SO_4'' - Zn^{\cdot\cdot} + Cu.$$

Hierbei erfährt das Anion SO_4 überhaupt keine Änderung, es bleibt auf beiden Seiten der Gleichung gleich, daher besteht auch hier der Vorgang nur darin, daß die Elektronen des Zinks auf die Kupferionen überspringen, wodurch dieselben unter Aufnahme zweier Elektronen in metallisches Kupfer übergehen (elektrisch-neutral), während das Zink unter Verlust eben dieser zwei Elektronen (pro Atom) als Zinkion in Lösung geht. Das Anion SO_4'' tut hierbei gar nichts, es muß nur anwesend sein, wie Ostwald ausführt, damit das Kation bestehen kann, sonst müßte ja die Flüssigkeit ungeheuere Ladungen aufweisen. Als Beweis für diese Darstellung führe ich an, daß, da sich die Anionen direkt am Prozeß nicht beteiligen, die Natur derselben, ob also Sulfationen, Nitrat- oder Chlorionen vorhanden sind, mit anderen Worten, ob als Kupfersalz, Kupfersulfat, Kupfernitrat oder Kupferchlorid vorhanden ist, bezüglich der Wärmetönung bei diesem Prozesse in verdünnter Lösung gleichgültig sein muß, was auch der Fall ist. In diesem Lichte erscheinen alle diese einfachen chemischen Reaktionen als elektrochemische Prozesse, sie vollziehen sich unter Mitwirkung von Elektronen, wenn auch solche nicht von außen zugeführt werden, wie das bei den eigentlichen elektrolytischen Prozessen der Fall ist. Der geschilderte Prozeß geht unter Wärmeentwicklung vor sich, und zwar tritt bei Anwendung von 32,7 g Zink (ein Gramm-Äquivalent) eine Wärmeentwicklung im Betrage von 25 055 Kalorien auf. Diese Energieänderung erleidet das System Kupfersulfatlösung-Zink bei der Abscheidung von 1 Gramm-Äquivalent Kupfer = 31,75 g (63,5 : 2). Die verschiedenen Stoffe haben eine geringere oder größere Affinität zum Elektron (Elektroaffinität), mit anderen Worten, das Bestreben der Metalle in positive Ionen, unter Abgabe von negativen Elektronen einerseits, und die Neigung von Metallionen unter Aufnahme von Elektronen in die metallisch-neutrale Form überzu gehen, ist verschieden. Nur solche wässerige Lösungen sind imstande den elektrischen Strom zu leiten, bei denen die Moleküle ganz oder teilweise in Ionen zerfallen sind. Dadurch werden sie befähigt den Strom zu leiten, indem unter dem Einflusse elektrostatischer Kräfte die positiven Ionen zur negativen Elektrode, die negativen Ionen zur positiven Elektrode wandern. Hierbei soll betont werden, daß die Bezeichnungen „positiv" und „negativ" nach der unitarischen Theorie der Elektrizität nicht etwa das Vorhandensein verschiedener Elektrizitäten, sondern nur das Bestehen einer elektrischen Druckdifferenz angeben soll (siehe S. 77). Wie jede Energie, so wird auch die Elektrizität immer von Stellen höheren Druckes nach Stellen mit niedrigem Potential getrieben. Zu den positiven Ionen gehören der Wasserstoff und alle Metalle, zu den negativen Ionen die Hydroxylionen, die der nicht metallischen Stoffe und die Säurereste. Die Untersuchung über die Leitfähigkeit der Elektrolyte hat ergeben, daß sich die Bewegung der Elektrizität innerhalb dieser Flüssigkeit ganz ebenso vollzieht wie in den metallischen Leitern, daß sie insbesondere ohne Arbeitsaufwand vor sich geht, solange die Ionen nicht an den Elektroden abgeschieden und in elektrisch-neutrale Stoffe umgewandelt werden. Die Elektrizität bewegt sich also in Elektrolyten, das sind also Lösungen von Salzen, Säuren oder Basen, auch, nur mit dem Unterschiede, daß sie hier (Leiter II. Klasse) gleichzeitigt mit dem Stoffe, also dem Träger der elektrischen Ladungen, wandern muß, während sich in den Metallen (Leiter I. Klasse), also bei metallischer Leitung, die Elektronen vollständig frei ohne den Stoff bewegen.

Der elektrische Strom in einem Elektrolyten besteht in der Wanderung der positiven Ionen nach der Kathode — und der negativen Ionen nach der Anode. Der elektrische Strom ist nicht etwa mit einer solchen Doppelbewegung verbunden, sondern er **besteht** in dieser Doppelbewegung.

Während wir den Vorgang der metallischen Elektrizitätsleitung — den Elektronenstrom — leicht durch das hydraulische Analogon veranschaulichen können, können wir die gegeneinander gerichteten Strömungen von positiven und negativen Ionen im Elektrolyten nicht ebenso nachahmen.

Durch einen Elektrolyten wird der elektrische Strom geschlossen, wie bei der Verbindung zweier Drähte, nur mit dem Unterschied des Elektronenstroms in letzteren, des Ionenstroms in ersterem Falle.

Wenn nun die Ionen mit Elektrizitätsladungen behaftete Atome sind, so erhebt sich die Frage oder der Einwand, warum eine Elektrolytlösung von ihrem elektrischen Charakter keinerlei Merkmale aufweist und warum es nicht gelingt, die Ionen als solche zu isolieren, wie man z. B. die Dissoziationsprodukte anderer Stoffe durch geeignete Maßnahmen voneinander trennen kann. Die Erklärung liegt darin, daß in einem Elektrolyten die von den Ionen getragenen Gesamtmengen positiver und negativer Elektrizität gleich groß sind, und daß die entgegengesetzten Ladungen zweier Ionen einander das Gleichgewicht halten; deshalb können wir die Ionen als solche nicht isolieren, deshalb erscheint eine Elektrolytlösung elektrisch neutral. Außerdem handelt es sich, was die elektrischen Ladungen betrifft, um Beträge, von deren Größe man sich nicht immer die richtigen Vorstellungen gemacht hat. Mit einem Gramm-Äquivalent von Ionen wandern nicht weniger als 96 540 Coulomb, d. h., wenn ein Gramm-Äquivalent an einer Elektrode zur Abscheidung gebracht werden soll, so müssen dazu 96 540 Coulomb in Bewegung gesetzt werden. Wollte man also die Zinkionen z. B. in einer Zinksulfatlösung von den Sulfationen trennen, so brauchte es kolossale Kräfte, um wägbare Mengen Zink gegen die Anziehungskraft der entgegengesetzt geladenen Sulfationen aus der Lösung herauszuholen.

Infolge dieser neuen Erkenntnisse definieren wir heute eine **Säure** als einen Stoff, welcher in wässeriger Lösung Wasserstoffionen liefert, als **Base** einen solchen,, der Hydroxylionen abspaltet. Die Eigenschaften der Säuren und Basen hängen enge mit dem Betrage ihrer Ionisation zusammen. Der Betrag dieser Spaltung ist die Stärke der Säure oder Base. Um in Reaktion zu treten, muß ein Körper ionisiert sein.

Schon im 18. Jahrhundert hatte man gefunden, daß eine Säure eine andere aus ihren Verbindungen verdrängen kann; z. B. $Na_2CO_3 + 2HCl = 2NaCl + CO_2 + H_2O$, ebeso bei Basen $FeCl_3 + 3KOH = Fe(OH)_3 + 3KaCl$.

Die Säuren oder Basen, die von anderen verdrängt wurden, nannte man die schwächeren, die Verdränger — die stärkeren. Die Erfahrung lehrte nun, daß d i e Säuren und Basen die s t ä r k s t e n sind, welche am meisten zerfallen oder ionisiert sind bei gleicher Verdünnung.

Salzsäure ist z. B. eine stärkere Säure als die Flußsäure, da bei einer Verdünnung von einem Molekül im Liter die erstere zu 80%, die letztere nur zu 3% in Ionen gespalten ist. Man kann sagen, daß die Wasserstoffionen die sauere, die Hydroxylionen die alkalische Reaktion verursachen. Die Säuren enthalten Wasserstoff in leicht beweglicher, abspaltbarer Form. Diese Theorie schien anfangs widersinnig; es schien unbegreiflich, in einer Lösung von Jodkalium z. B. freies Jod und freies Kalium anzunehmen, da man doch weiß, daß Kalium das Wasser augenblicklich zersetzt, neben Wasser nicht existieren kann und Kaliumhydroxyd gibt, und daß eine Jodkaliumlösung farblos — eine Lösung von freiem Jod dagegen braun erscheint. Die Jodkaliumlösung enthält ebensowenig freies Kalium wie freies Jod, sondern Ionen, Kalium- und Jodionen, also elektrisch geladene Atome. Die Atome müssen einen ganz anderen Energieinhalt haben, als die mit einer starken elektrischen Ladung behafteten Ionen. Dieser Energieinhalt ist es, welcher die Eigenschaften der Körper bedingt. Da dieser bei den Atomen sicher ein anderer ist als bei den Ionen, so ist es durchaus natürlich, daß jene andere Eigenschaften zeigen als diese. Man weiß schon lange, daß bei der Neutralisation von starken Säuren und Basen in verdünnter Lösung stets die gleichen Wärmemengen entwickelt werden. Ob also Salzsäure mit Kali oder Salpetersäure mit Kali — oder mit Natron abgesättigt wird, ist in bezug auf die Wärmetönung gleich. Nach der alten Anschauung konnte man hierfür keine Erklärung finden. Warum sollte die gleiche Wärmemenge entstehen bei der Reaktion verschiedener Körper, beim Entstehen verschiedener Reaktionsprodukte? Leicht und zwanglos erklärt die Ionentheorie diese Tatsache.

Früher dachte man den Vorgang, durch Formeln veranschaulicht, so:

$$HCl + KOH = KCl + H_2O,$$
$$HNO_3 + NaOH_3 = NaNO_3 + H_2O.$$

Nun stellt sich der Prozeß wie folgt dar, unter der Annahme, daß die Säuren und Basen in Ionen gespalten sind, während das Wasser, das ja auch den Strom nicht leitet, nahezu nicht dissoziiert ist *):

$$H^{\cdot} + Cl' + K^{\cdot} + OH' = K^{\cdot} + Cl' + H_2O,$$
$$H^{\cdot} + NO_3' + Na^{\cdot} + OH' = Na^{\cdot} + NO_3' + H_2O.$$

Da $K^{\cdot}$ und Cl' und Natrium- und Nitrationen auf beiden Seiten unverändert scheinen, so besteht der Neutralisationsprozeß lediglich nur in einer Wasserbildung zwischen $H^{\cdot}$ und OH' = H_2O.

Also stets der gleiche Prozeß — daher dieselbe Wärmetönung.

Wenn eine stärkere Säure eine schwächere aus ihrer Verbindung in wässeriger Lösung verdrängt, so liegt die treibende Ursache nicht, wie man früher annahm, in der Anziehung der stärkeren Säure zum Metall, sondern in der Neigung der schwachen Säure, in den nichtdissoziierten Zustand überzugehen, da schwache Säuren eben deshalb schwach sind, weil sie in Lösung wenig dissoziiert sind. Trifft z. B. essigsaures Natrium mit Salzsäure in wässeriger Lösung zusammen, so treffen die Anionen des Salzes mit den Wasserstoffionen der Säure zusammen und vereinigen sich zu der schwach dissoziierten — daher schwachen Essigsäure.

$$\begin{array}{ll} CH_3 & \\ | & \\ COO' & K^{\cdot} \\ \hline H^{\cdot} & Cl' \end{array}$$

Das Wasser ist, wenn auch zu einem minimalsten Betrage in Wasserstoff- und Hydroxylionen dissoziiert.

$$H_2O \longrightarrow H^{\cdot} + OH'.$$

Da wir in unserer Technik stets mit wässerigen Lösungen zu tun haben, so hat man mit diesen Ionen zu rechnen, indem es,

*) = positive, = negative Ladungen.

wenn auch minimal, zu einer primären oder sekundären Abscheidung von Wasserstoff kommen kann, sobald Metalle ausgefällt werden, deren Lösungstension diejenige des Wasserstoffes übertrifft. Bei Gegenwart von Säuren, die zu einem größeren Betrage in Wasserstoffionen und Säureradikal gespalten sind, wächst die Konzentration der Wasserstoffionen und damit die Gefahr der Wasserstoffabscheidung. Ueber die Stellung und große Bedeutung des Wasserstoffes (siehe Seite 36 und 124 u. f.).

In manchen Fällen, z. B. bei der elektrolytischen Abscheidung von Eisen, Zink und Nickel, spielen diese Verhältnisse eine besondere Rolle. Bei diesen Bädern ist die Gegenwart einer geringen Menge von Säure bzw. Wasserstoffionen nötig, um die Bildung von Oxyden zu verhindern und die Erzeugung eines brauchbaren Niederschlage zu ermöglichen. Darum setzt man bei der Elektrolyse von Nickelsalzen eine elektrolytisch wenig dissoziierte Säure zu, wie Zitronen-, Milch- oder Borsäure (auch Phosphorsäure), wodurch man ein weißes Nickel erzielt. Bei der Abscheidung von Zink versetzt man die Lösung mit einer äußerst geringen Menge von (Schwefel-) Säure, etwa 0,01 Prozent, oder von Aluminiumsulfat, das etwas hydrolysiert ist, und verwendet eine hohe Stromdichte — über 1 Amp./dm^2 —, um eine sekundäre Wasserstoffentwicklung zu vermeiden. Tritt in den genannten Fällen zu viel Wasserstoff auf, so wird das Nickel blättrig und das Zink nicht kompakt (siehe bei den betreffenden Metallen).

Hydrolyse.

Die durch das Wasser hervorgerufene trennende Wirkung auf die Salze bzw. deren Bestandteile nennt man Hydrolyse oder hydrolytische d. h. durch Wasser bedingte Spaltung. Reines Wasser leitet den elektrischen Strom in einen kaum merkbaren Betrage. Es ist praktisch gesprochen ein Nichtleiter, da dasselbe nur in einem minimalen Betrage in seine freien Ionen gespalten ist. Auf 10 Millionen L Wasser sind z. B. nur ein Gramm Wasserstoffion und 17 Gramm Hydroxydlionen frei vorhanden. Werden diese freien Ionen durch irgend einen Vorgang weggenommen, dann werden durch weitere Dissoziation dieselben wieder ergänzt, weil ja stets ein bestimmtes Gleichgewicht zwischen den nichtdissoziierten und dissoziierten Anteilen aufrecht erhalten wird. Diese, wenn auch sehr geringen Mengen der freien Ionen im Wasser sind aber im Stande auf ein Salz einzuwirken, es in Base und Säure zu trennen, wenn entweder die Säure oder die Base eine geringe Neigung hat, den Ionenzustand beizubehalten und in den nicht dissoziierten Zustand überzugehen strebt, m. a. W. wenn die Säure oder die Base sehr schwach ist. So reagiert z. B. eine Lösung von Kupfersulfat (starke Säure,schwache Base) in Wasser sauer, obgleich ein Neutralsalz vorliegt. Die Lösung muß also freie Wasserstoffionen enthalten; das erklärt sich wie folgt: Das

Kupfersulfat ist dissoziiert in Kupfer und Sulfation, gegenüber stehen in geringer Menge die freien Wasserstoff- und Hydroxylionen des Wassers. Indem die letzteren sich an das Kupfer anlagern, bildet sich eine geringe Menge Kupferhydroxyd, dadurch werden dem Wasser Hydroxylionen entzogen, es bleiben aber Wasserstoffionen vorhanden, welche sich, da die Schwefelsäure eine stark zerfallene Säure ist, nur in geringem Betrage mit den Sulfationen verbinden. Seifenlösungen reagieren in Folge der Hydrolyse in wässeriger Lösung immer schwach alkalisch. Das palmitinsaure Natrium ist nämlich stark dissoziiert, aber die Palmitinsäure ist so gut wie nicht in Ionen zerfallen. Anders das entstandene Natriumhydroxyd, deshalb enthält die Lösung Hydroxylionen, welche die alkalische Beschaffenheit bedingen. Ebenso reagiert das Zyankalium, das Salz des starken Ätzkalis mit der sehr schwachen Blausäure alkalisch. (Dissoziationsgrad für verdünntes Kaliumhydroxyd 94%, für verdünnnte Blausäure 0,04%).

In der Lösung müssen primär Kalium- und Zyanionen vorhanden sein. Diese reagieren aber mit den Wasserstoff- und Hydroxylionen des Wassers in der Weise, daß das Zyan mit den Wasserstoffionen zu kaum dissoziierter Blausäure, d. i. Zyanwasserstoff, zusammentritt, während die Kalium- und Hydroxylionen unverbunden bleiben, wobei die letzteren die alkalische Reaktion des eigentlich neutralen Zyankaliums verursachen.

Die Folgen der Hydrolyse spielen in der Praxis der Galvanotechnik, wie auch auf anderen Gebieten eine beachtenswerte Rolle. Um z. B. ein Gewebe in der Färberei mit einem Farbstoff, der an und für sich die Faser nicht anfärbt, zu färben, kocht man dasselbe mit einer Lösung von schwefelsaurer Tonerde. Durch Hydrolyse dieser wird in der Lösung etwas Aluminiumhydroxyd frei, das von der Faser adsorbiert wird. In diesem Zustande (sog. gebeizt) kann nun die Färbung stattfinden. Sobald sich ein Stoff aus einer Lösung abscheidet, durchläuft er das Stadium des kolloidalen Zustandes, um in einem Zustand weniger großer Verteilung und zuletzt in den kristallisierten Zustand überzugehen. Hierbei spielt die Gegenwart von anderen kolloidalen Stoffen hinsichtlich der Bildungsformen durch Kern- oder Netzbildung usw. eine bestimmende Rolle. Durch Hydrolyse in einer Lösung auftretende kolloidale Hydroxyde, werden galvanische Niederschläge hinsichtlich ihrer Bildungsformen weitgehend beeinflussen. Siehe auch: Kolloide und Kataphorese. So bewirkt ein Zusatz von Aluminiumsulfat zu Zinkbädern eine günstige Zustandsform der Zinkniederschläge, ebenso ein solcher bei Zusatz zu Kupferbädern diejenige der Kupferniederschläge. Hierbei werden die Kolloide wirksam sein, welche, gleich den Metallen, positiv geladen, zur Kathode wandern.

Anderseits ist auch zu beachten, daß bei der Hydrolyse eine Aziditätverschiebung bewirkt wird. So vermögen Kolloide der verschiedensten Art, welche zur Kathode wandern, die

Art der Niederschläge insbes. hinsichtlich der Dichte und dem Glanz in günstigem Sinne zu beeinflussen.

Anderseits können auch anorganische Kolloide in zu großer Menge nachteilig wirken. Man kann die übermäßige Abscheidung von Hydroxyden durch Aufrechterhaltung einer schwachen Azidität verhindern; hierzu hat sich besonders bei Nickel- und Zinkbädern die schwach dissoziierte Borsäure wirksam erwiesen; hierdurch wird die Abscheidung basischer Zinksalze, welche die Bildung von Zinkschwamm hervorrufen, vermieden.

4. Metalle und Metallsalzlösungen (Elektrolyte). Gegenseitige Beziehungen.

I. Ein Metall und ein Elektrolyt.

Taucht man ein Metall in Wasser, so sendet es infolge seines Lösungsbestrebens des sog. Lösungsdruckes Ionen in die Flüssigkeit und lädt sich selbst in entgegengesetztem Sinne; so z. B. nimmt ein Zinkstab in Wasser getaucht eine negative Ladung an, während positive Zinkionen von ihm (natürlich in äußerst geringfügiger Menge) in das Wasser gehen. Die unedleren Metalle haben ein erheblich niedrigeres Lösungsbestreben (niederen Lösungsdruck) als die unedleren Metalle. Dieser niedere Lösungsdruck drückt ersteren eben den Charakter des sog. edleren Metalles auf. Diese Potentialdifferenz ist aus einer für das betreffende Metall charakteristischen physikalisch-chemischen Größe, seinem elektrolytischen Lösungsdruck und der Ionenkonzentration der Lösung berechenbar.

Wenn man ein Metall mit einer Metallsalzlösung in Berührung bringt, so findet, je nach Art des Metalles und der Metallsalzlösung, entweder eine minimale, direkt nicht wahrnehmbare oder eine sichtbare, geringere oder stärkere Einwirkung statt.

Eine für die gewöhnliche Wahrnehmung unsichtbare Einwirkung geht vor sich, wenn man ein Metall in seine eigene Metallsalzlösung taucht oder in eine Metallsalzlösung, die auf das Metall nicht nennenswert einwirkt.

Jedes Metall besitzt einen bestimmten Lösungsdruck (Lösungstension), unter dem dasselbe in Lösung geht. Hierbei nimmt es unter Abgabe von Elektronen Ionenform an, indem es, wenn auch in minimalem Betrage, in Form dieser positiven Ionen in Lösung geht. Die Größe des Lösungsdruckes der Metalle nimmt vom Magnesium bis zum Gold rasch ab (s. S. 92). Ebenso wie wir den Metallen die Eigenschaft beimessen, mit einem bestimmten Lösungsdruck in Lösung zu gehen, Ionen in die Lösung zu treiben, kann man den Ionen die Eigenschaft zuschreiben, mit einem entgegengesetzten Druck den Ionenzustand aufzugeben; während der Lösungsdruck z. B. am größten ist beim Magnesium und am kleinsten beim Gold (sog. Spannungsreihe der Metalle), ist der negative Ionendruck, der Ausscheidungsdruck, umgekehrt am größten beim Gold, am kleinsten beim Magnesium. Die Tendenz der Metalle, in den Ionenzustand überzugehen, kann man mit dem Dampfdruck flüchtiger Flüssigkeiten vergleichen. In beiden Fällen wird hierdurch Arbeit geleistet. Die verschiedenen Stoffe haben eine geringere oder größere Affinität zum Elektron (Elektroaffinität), mit anderen Worten, das Bestreben der Metalle, z. B: unter Abgabe von Elektronen in positive Ionen überzugehen einerseits und die Neigung der Metallionen unter Aufnahme von Elektronen in die metallische Form zurückzukehren, ist verschieden. Es ist hier wie bei der Auflösung eines Salzes. Bringt man ein festes lösliches Salz mit Wasser zusammen, so hat ersteres das Bestreben, in den gelösten Zustand überzugehen. Anderseits hat das gelöste Salz das Bestreben, aus der Lösung auszutreten. Das Lösungsbestreben ist um so größer, desto weniger Salz bereits gelöst ist. Das Bestreben, aus der Lösung auszuscheiden, ist um so stärker, je größer die Konzentration der Löung ist. Enthält eine Lösung schon Ionen desselben Metalles, so suchen diese unter Aufnahme von Elektronen sich in metallischer Form auf dem Metalle auszuscheiden. Diese beiden Kräfte wirken einander entgegen, wie beim gewöhnlichen Lösungsvorgange Löungsdruck und osmotischer Druck einander entgegengesetzt sind. Taucht man also ein Metall in eine Lösung, welche die Ionen desselben Metalles enthält, stellt man also z. B. Zink in eine Zink-, Kupfer in eine Kupferlösung, so finden je nachdem folgende Prozesse statt:

1 Überwiegt, wie z. B. beim Zink (und bei den Metallen Kalium bis Thallium), der Lösungsdruck, so nimmt die Lösung durch Eintritt positiver Metallionen eine positive Ladung an, das eingetauchte Metall wird durch Übertritt von Elektronen, welche bei der Ionisation abgespaltet werden, negativ.

2. Ist das Bestreben der Ionen, Metallform anzunehmen, also sich niederzuschlagen, größer als das Lösungsbestreben des Metalles, z. B. Kupfer in Kupferlösung, so schlägt sich ein wenig Metall nieder, die Lösung nimmt eine negative, das Metall eine positive Ladung an. So verhalten sich die Metalle Gold bis Kobalt. Diese Druckgrößen sind zahlenmäßig festgelegt worden und aus nachstehender Tabelle ersichtlich: das Vorzeichen bezieht sich auf die Art der von der Lösung angenommenen Ladung.

Kalium	K	+ 2,9 Volt	Nickel	Ni	— 0,04	Volt
Natrium	Na	+ 2,54 „	Zinn	Sn''	— 0,08	„
Barium	Ba	+ 2,54 „	Blei	Pb	— 0,13	„
Strontium	Sr	+ 2,49 „	Wasserstoff	H	— 0,28	„
Kalzium	Ca	+ 2,28 „	Kupfer	Cu''	— 0,61	„
Magnesium	Mg	+ 1,21 „	Arsen	As	— 0,62	„
Aluminium	Al	+ 1,00 „	Wismut	Bi	— 0,67	„
Mangan	Mn	+ 0,8 „	Antimon	Sb	— 0,74	„

Zink	Zn	+ 0,49	„	Quecksilber	Hg''	— 1,03	„
Kadmium	Cd	+ 0,14	„	Silber	Ag	— 1,05	„
Eisen	Fe''	+ 0,06	„	Palladium	Pd	— 1,07	„
Thallium	Tl	+ 0,04	„	Platin	Pt	— 1,14	„
Kobalt	Co	— 0,04	„	Gold	Au	— 1,35	„

Ist der Lösungsdruck gleich dem Entionisierungsbestreben, so geschieht nichts. In den geschilderten Fällen verhindert die entstandene elektrostatische Ladung infolge Anziehung bzw. Abstoßung weitere Ausfällung bzw. Auflösung. Erst wenn die Elektrizität, also die Elektronen, aus dem Metall abgeleitet wird, so verschwindet die hindernde elektrostatische Ladung, und die Auflösung bzw. Ausfällung schreitet weiter fort. Siehe später.

Wenn man z. B. Zink in eine Lösung von einem Zinksalz von normaler Konzentration taucht, so wird die Lösung durch Eintritt von positiven Zinkionen positiv, das Metall durch Übertritt von Elektronen negativ. Die Potentialdifferenz zwischen Metall und Lösung beträgt +0,49 Volt. Kupfer erteilt der Lösung (Kupferlösung) eine negative Ladung, das Metall wird positiv, die Lösung negativ, die Potentialdifferenz beträgt —0,61 Volt. Die obige Tabelle gestattet verschiedene Berechnungen, wovon später die Rede sein wird.

Bezüglich des Potentials von Legierungen (also auch Amalgamen) kann man drei Fälle unterscheiden:

1. Die Metalle bilden ein mechanisches Gemenge; dann hat das Gemenge das Potential des unedleren Metalles. Z. B. ein Gemenge von Zink und Eisen hat das Potential des Zinks.

2. Die Metalle bilden eine Lösung (Amalgame oder Legierung). Eine Metallösung ist stets edler als der unedle Komponent.

3. Die Metalle bilden eine chemische Verbindung; eine solche hat ihr besonderes elektrolytisches Potential.

Diese Verhältnisse kommen in Betracht bei der Auflösung (elektrolytischer) von unreinen Metallen.

Bei Herstellung der Spannungsreihe der Metalle schlägt man dasselbe Verfahren ein, wie bei der Festsetzung der Atomgewichte, von denen wir auch nur die Verhältniszahlen ermitteln, d. h. wir setzen eine willkürliche Einheit fest. Hier setzt man die Lösungstension des Metalles Wasserstoff = 0. Danach werden die Lösungstensionen der anderen Metalle (in einem Wasserstoffelement) gemessen. Die mit + bezeichneten Elemente haben größere, die mit — bezeichneten Elemente geringere Lösungstension als der Wasserstoff. Man bezeichnet die Negativität als Edelgrad und sagt z. B. das Silber ist „edler" als der Wasserstoff, das Zink „unedler". Auch die Kalomelnormalelektrode dient zu diesen Bestimmungen.

	Kalomelelektrode = — 0,283 Wasserstoffelektrode = 0,0	Kalomelelektrode = — 0,56 Absolute Potentien
Zn	+ 0,770	+ 0,493
Fe	+ 0,660	+ 0,373
Ni	+ 0,600	+ 0,323
Co	+ 0,530	+ 0,253
Cd	+ 0,404	+ 0,127
FC	+ 0,151	— 0,132
H	+ = 0	— 0,277
Cu	— 0,330	— 0,607
Hg	— 0,750	— 1,027
Ag	— 0,798	1,075

Diese Tabelle gestattet, die E. M. K. verschieden kombinierter galvanischer Elemente zu berechnen. Z. B. Nickel-Kupfer-Element E. M. K. = +0,600 — (—0,330) = 0,930 Volt. Zink-Blei hat eine E. M. K. von 0,770 — 0,151 = 0,619; Zink-Kupfer hat 0,770 +0,33 = 1,1; Zink-Silber = 0,77 +0,798 d. i. 1,568; Kupfer-Silber = 0,33 — 0, 798 = 0,468 Volt usw.

Mit diesem elektrochemischen Verhalten steht die Angriffsfähigkeit unserer technisch wichtigen Metalle im engsten Zusammenhange, mit anderen Worten mit der größeren oder geringeren Fähigkeit, unter Abgabe von Elektronen aus dem metallischen Zustand in den Ionenzustand, d. h. in ihre entsprechenden Salze überzugehen. Je geringer diese Fähigkeit vorhanden ist, desto edler, also angriffsbeständiger ist ein Metall. Der Techniker muß stets darauf bedacht sein, die Metalle nicht Bedingungen auszusetzen, welche dem Streben der Metalle, Elektronen abzugeben, entgegenkommen, mit anderen Worten, er muß verhindern, daß das Metall sich oxydieren kann. Die technisch verwendeten Metalle sind nicht die stabilen Stoffe, als die man sie anzusehen geneigt ist, sondern Stoffe, die einen großen Energievorrat — oder Arbeitsmöglichkeit — aufgespeichert besitzen, mit Hilfe dessen sie sich betätigen wollen. Wir können uns ein Metall vorstellen als ein aufgezogenes Uhrwerk, das nur der Gelegenheit harrt, unter Beseitigung der vorhandenen Hemmungen unter Abgabe von Energie abzulaufen, wobei es den metallischen Zustand verliert.

Die Spannungsreihe der Metalle belehrt uns in der Tat über die Aktionsfähigkeit oder das elektrochemische Potential (früher als „Affinität“ bezeichnet) der Metalle und über ihre Tendenz zur Ionenbildung. Natürlich hat diese Reihe nur unter der Bedingung übereinstimmender Ionenkonzentration Geltung; in Elektrolyten, welche mit den Metallen komplexe Ionen geben, ändert sich dieses Verhältnis bis zu seiner Umkehrung. Nachstehende Übersicht zeigt die Spannungsreihe der wichtigsten Metalle in einprozentiger Kochsalzlösung, gemessen gegen die Kalomelelektrode nach 120 Stunden, in Volt, wie sie die Untersuchungen von Prof. O. Bauer ergeben haben:

Platin	+ 0,347	Antimon	— 0,261
Gold	+ 0,218	Zinn	— 0,422
Chrom	+ 0,150	Blei	— 0,483
Quecksilber	+ 0,044	Aluminium	— 0,737
Silber	+ 0,0006	Kadmium	— 0,741
Nickel	— 0,08	Elektrolyteisen	— 0,755
Wismut	— 0,202	Zink	— 1,037
Kupfer	— 0,223	Magnesium	— 1,598

Immer ist zu beachten, daß diese Reihe keine absolute Geltung hat, daß bei Gegenwart anderer einwirkender Stoffe (Elektrolyte), z. B. Alkalien u. a., die Stellung eine andere wird, welche die Metalle hier einnehmen. Man muß daher bei der Auswahl der Metalle stets auf die Bedingungen Rücksicht nehmen, unter die es gestellt wird.

A. Metallabscheidung ohne äußere Stromquelle.

Eine sichtbare Einwirkung eines Metalles auf eine Metallsalzlösung findet statt, wenn die in der Lösung befindlichen Metallionen mit dem Metalle reagieren, d. h. die von dem Metalle zur Verfügung gestellten Elektronen aufnehmen können und dadurch in Metallform abgeschieden werden, wenn also die in Lösung befindlichen Metallionen eine größere Affinität zum Elektron haben als das eingeführte Metall.

Diese Verhältnisse sind in der sog. Spannungsreihe der Metalle ausgedrückt, wonach jedes voranstehende Metall die nachstehenden Metalle aus ihren Lösungen ausfällt. Die Tabelle S. 92, 94 u. 95 gibt ein Maß der chemischen Aktionsfähigkeit der Metalle, und zwar ihrer Tendenz zur Ionenbildung, also zur Abgabe von Elektronen und zum Uebergang in salzartige Verbindungen. Jedes Metall mit größerem positiven Werte verdrängt das mit kleinerer Spannung aus seinen Salzen, indem ein Elektronenaustausch stattfindet. Zink verdrängt z. B. gleich wie den Wasserstoff das Blei, Kupfer, Silber; Kupfer verdrängt das Silber usw. Die Spannungsreihe hat ihre Bezeichnung daher, weil bei der Elektrolyse der Normallösungen ihrer Salze die elektromotorische Kraft des zur Abscheidung jedes Metalles erforderlichen Stromes kleiner ist als für jedes in der Reihe vorher stehenden Metalles. Der einfache Prozeß der Fällung eines Metalles aus seiner Lösung durch ein anderes Metall, der infolge der Mitbeteiligung der Elektronen als ein elektrochemischer Vorgang angesprochen werden muß, war schon den alten Alchimisten bekannt, nur wurde dieser Vorgang, z. B. die Fällung des Kupfers durch Eisen, nicht in diesem Sinne, sondern in dem einer Metallverwandlung gedeutet.

Auch Wasserstoff fällt aus Kupferlösungen das metallische Kupfer aus, allerdings nur bei Gegenwart von Platin als Katalysator.

Diese sog. Spannungsreihe der Metalle, wonach jedes vorhergehende Metall das nachfolgende aus seinen Lösungen ausfällt, ist nicht allgemein gültig, sondern besteht nur für die Metallsalze der starken Säuren, nicht aber für die komplexen Salze, wie z. B. zyankalischen Lösungen. Aus solchen wird z. B. Silber wohl durch Kupfer, aber nicht durch Eisen gefällt. Unter Umständen kehrt sich die Reihenfolge direkt um. Die Bedingung bildet die Ionenkonzentration, die aber bei komplexen Salzen sehr gering ist. So kehren sich z. B. in einer Kette aus Silber-Zyankalium: Zink-Zinksulfat die Pole gegen das gewöhnliche Verhältnis um: Zink wird Kathode und Silber Anode. Schließt man diese Kette, so wird Zink durch das Silber ausgeschieden.

Wenn man in eine Kupfersulfatlösung Zinkmetall einbringt, so wird dieses System so verändert, daß die Metalle ihre Plätze wechseln; das Zink geht in Lösung, während eine äquivalente Menge Kupfermetall ausfällt. Löst man z. B. 25 g Kupfersulfat in Wasser auf, so werden durch 6,5 g Zink = 6,3 g Kupfer metallisch gefällt, während die angegebene Menge Zink in Lösung geht.

Die chemische Gleichung dafür heißt:

$$Zn + Cu\,S\,O_4 = Cu + Zn\,S\,O_4.$$

Dieser Prozeß erscheint im Lichte der Ionentheorie wie folgt:

Nach dieser enthält die Lösung von Kupfersulfat die Ionen: Cu.. und $S\,O_4''$, wobei die Zeichen . und , (oder + und —) die Art der elektrischen Ladungen angeben, welche mit den Ionen verbunden sind; die elektrischen Elementarmengen, d. i. Elektronen, sind der Größe nach identisch mit den Elektrizitätsmengen, welche nach dem Gesetz von Faraday mit den Stoffatomen verbunden sind. Die obige Formel muß nun geschrieben werden:

$$Cu^{\cdot\cdot} — SO_4'' + Zn = Zn^{\cdot\cdot} — SO_4'' + Cu.$$

indem die nebeneinander bestehenden freien Ionen auch einzeln angegeben werden. Hierbei erfährt das Anion $S\,O_4''$ überhaupt keine Aenderung, es bleibt auf beiden Seiten der Gleichung gleich. Daher besteht auch hier der Vorgang nur darin, daß die Elektronen des Zinks auf die Kupferionen überspringen, wodurch dieselben unter Aufnahme zweier Elektronen in metallisches Kupfer übergehen, während das Zink nach Verlust zweier Elektronen (pro Atom) als Zinkion in Lösung geht. Das Anion $S\,O_4''$ tut hierbei gar nichts, es muß nur anwesend sein, damit das Kation bestehen kann, sonst müßte ja die Flüssigkeit ungeheure Ladungen aufweisen. Deshalb kann man den Prozeß so schreiben: $Cu^{\cdot\cdot} + Zn = Zn^{\cdot\cdot} + Cu$.

Als Beweis für diese Darstellung gilt auch hier, daß, da sich die Anionen am Prozeß nicht beteiligen, die Natur der Anionen bezüglich der Wärmetönung bei diesem Prozeß in verdünnter Lösung gleichgültig sein muß, daß also die gleiche Wärmetönung auftritt, ob man z. B. Kupfersulfat oder Nitrat anwendet. Der geschilderte Prozeß geht unter Wärmeentwicklung vor sich, und zwar tritt bei Anwendung von 32,7 g. Zink (1 Gramm-Äquivalent 65,4 : 2) eine Wärmeentwicklung im Betrage von 25055 Kalorien auf Diese Energieänderung erleidet das System Kupfersulfatlösung—Zink bei der Abscheidung von 1 Gramm-Äquivalent Kupfer

Da es sich bei der technischen Benutzung dieser Vorgänge zur Erzielung dünnster Metallüberzüge auf anderen Metallen nicht nur um eine Metallfällung überhaupt, sondern um die Herstellung dünner, glänzender, festhaftender, zusammenhängender Metallschichten handelt, so muß man hier ganz bestimmte, durch die Erfahrung ermittelte Zusammensetzungen benutzen (s. S. 31).

Bei diesen sog. T a u c h v e r f a h r e n, evtl. A n s i e d e- oder S u d v e r f a h r e n zur Herstellung dünner Metallüberzüge, werden die Gegenstände kurze Zeit in die betreffende Lösung getaucht, evtl. damit bepinselt oder angerieben, dann gespült und getrocknet.

Übrigens ist der hier in Betracht kommende Fällungsprozeß eines Metalles durch ein anderes kein so einfacher Prozeß als er erscheint. Denn bei der Ausfällung eines Metalles durch ein anderes muß der entstehende Metallniederschlag stets auch eine gegewisse Menge des fällenden Metalles enthalten, um mit den von diesem in Lösung gehenden Ionen im Gleichgewicht zu bleiben. Je nach den Verhältnissen handelt es sich nur um Spuren oder um größere Mengen.

So schlägt sich beim Eintauchen von Zink direkt in eine verdünnte Kupfersulfatlösung eine schwarze Legierung nieder. Kupferzink, die ca. 60 % Kupfer und 40 % Zink enthält (sogen. amorphes Messing).

Wenn eine Metallelektrode I in die Lösung eines fremden Metallsalzes II taucht, so scheiden sich die fremden Ionen als unelektrisches Metall auf der Elektrode ab, so lange, bis der Potentialsprung Metall I zu der entstandenen Ionenlösung I gleich ist dem Potentialsprung Metall II zu der Ionenlösung II. Praktisch bedeutet das meist, daß das edlere Metall fast vollständig ausscheidet, das unedlere in äquivalenter Menge in Lösung geht. Taucht man Eisen in verdünnte Kupfersulfatlösung, so scheidet sich fast alles Kupfer ab. Die entsprechende Menge Eisen geht in Lösung. In Wirklichkeit entsteht eine Legierung von wenig Eisen und viel Kupfer, als neue Elektrode und einige Kupferionen bleiben in der Lösung;

es herrscht Gleichgewicht, weil unter diesen Bedingungen der Potentialsprung, des nur noch in minimaler Menge vorhandenen Eisens der Elektrode zu dem hohen Eisengehalt der Lösung (Ionenlösung) derselbe geworden ist, wie der Potentialsprung des Kupfers der Elektrode, zu dem sehr geringen Kupferionengehalt der Lösung.

Man kann durch dieses Eintauchverfahren Zink leicht schön verkupfern, vergolden, versilbern; Kupfer, Messing versilbern, vergolden usw.

In den einfachen Metallsalzlösungen, z. B. Kupfersulfat, Silbernitrat, ist die Konzentration der Metallionen so groß, daß die Metallfällung zu rasch erfolgt, um einen Überzug in zusammenhängender Form zu erhalten. Man benutzt deshalb Lösungen, welche das Metall in Form von komplexen Salzen enthalten**).

So haben wir z. B. in einer ammoniakalischen Kupfersulfatlösung die Cupriammoniakionen $Cu(NH_3)_4^{\cdot\cdot}$ in einer zyankalischen Kupferlösung die Cuprozyananionen $Cu(CN)_2'$ u. $K^{\cdot}$. In einer Zyansilberlösung die Ionen $Ag(CN)_2'$ u. $K^{\cdot}$ in Kupfertartratlösung die Kupfertartrationen usw.

Taucht man z. B. Kupfer in eine zyankalische Lösung von Zyansilberkalium ein, also in die Lösung eines Metalles mit geringerem Lösungsdrucke, so wird das Kupfer infolge seines Lösungsdruckes positive Kupferionen in die Lösung senden; infolgedessen, sowie durch die elektrostatischen Kräfte der hierbei entstehenden elektrischen Doppelschicht zwischen Metall und Lösung, wird eine den in Lösung gegangenen Kupferionen äquivalente Menge Silberionen, die eine geringere Haftintensität (Bestreben, den Ionenzustand beizubehalten) haben als das Kupfer, sich auf diesen niederschlagen, bis das Kupfer ganz mit Silber bedeckt ist. Alsdann vermag kein Kupfer mehr in die Lösung zu treten, kein Silber sich niederzuschlagen, der Prozeß steht still.

Bei Niederschlägen durch einfaches Eintauchen (Sudverfahren ohne Kontakt) hört unbedingt eine weitere Bildung des Metallniederschlages auf, sobald das Metall mit einem dünnen Metallhäutchen bedeckt ist. Hieraus ergibt sich, daß alle durch Tauch-, Sud- und Anreibe-Verfahren erhaltenen Metallniederschläge nur

---

**) Wenn bei der Vereinigung von zwei Salzen ein neues Salz entsteht, das in verdünnter, wässeriger Lösung andere Ionen hat, als die beiden Salze für sich, so heißt man das ein komplexes Salz, z. B. das gelbe Blutlaugensalz = Ferrozyankalium enthält in Lösung weder Eisen- noch Zyanionen, sondern Ferrozyanionen.

Doppelsalze und komplexe Salze sind Salze, die zwei verschiedene Metalle enthalten; sie unterscheiden sich stark beim Lösen in Wasser. Das Doppelsalz liefert in Lösung beide Metalle als positive Metallionen z. B. $NiK_2(SO_4)_2 = Ni + 2K + {}_2SO_4$.

Beim komplexen Salz erscheint das eine Metall nicht als eigenes Ion, es steckt (komplex-gebunden) im negativen Säurerest, der das eingeschlossene Metall nicht erkennen läßt z. B. Kaliumsilbercyanid $KAg(CN)_2 = K + Ag(CN)_2$

hauchdünn sein können und durch längeres Eintauchen nicht verstärkt werden können. Im Gegenteil ist letzteres meist von Übel, da die Farbe oft mißfarbig wird.

Die Ausfällung eines Metalles durch ein anderes, z. B. bei den sog. Kontaktverfahren ist der elektrolytischen Metallabscheidung weitgehend vergleichbar, da es sich in beiden Fällen um die Entionisierung der Metallionen der Lösung handelt. Nur ist hier die Ausfällung begleitet und bedingt von einer Auflösung des fällenden Metalles. Die Geschwindigkeit eines solchen Vorganges hängt ab,

I. vom Lösungsdruck des Metalles, das sich löst;
II. von der Ausscheidungstendenz des zu fällenden Metalles,
III. von der Ionenkonzentration;
IV. von der Kernbildung, d. h. die Ausfällungsgeschwindigkeit beeinflußt die Kernbildung.

Die Konzentration ist maßgebend für das weitere Schicksal der Kerne oder Keime, d. h. dafür, ob sie sich nach ihrer räumlichen Verteilung zu größeren oder kleineren Gebilden, z. B. Kristallen, auswachsen können. Auch hier kommt bei der Abscheidung außer elektrischen Einflüssen die, durch hydrolytische Spaltung der Salze auftretende Wirkung der Hydroxyde in Betracht; diese meist in kolloidem Zustande auftretenden Hydroxyde müssen die Abscheidung der Metalle entscheidend beeinflussen, so daß das Metall z. B. in einem Zustand höherer Dispersität erhalten wird oder nach Kohlschütter, daß sich zuerst eine Haut oder ein Netz eines Kolloides über die Grenzfläche bildet, in dessen Maschen dann die Abscheidung erfolgt.

Die Beziehungen zwischen Metall und Elektrolyten oder zwischen Leitern I. und II. Klasse sind also folgende:

Die Elektrizität oder die Elektronen stammen von dem Metall, das sich löst. Sie können nur durch das Metall oder den Verbindungsdraht gehen, wenn sie von den im Elektrolyten vorhandenen Ionen aufgenommen werden. (Wasserstoff — oder Metallionen.) Dies kann nur geschehen, wenn I. der Lösungsdruck des einen Metalles größer ist als der des II. Zweitens wenn bei Anwesenheit nur eines Metalles die Konzentration des Elektrolyten verschieden ist (Konzentrationskette).

Viele Vorgänge können in der einen oder anderen Richtung nur in unmeßbarem Betrage vor sich gehen. Cupri-Ion bildet nicht nachweisbar metallisches Kupfer und letzteres nicht nachweisbar Cupri-Ion, wegen der vorhandenen elektrischen Ladungen. Wenn indessen diese Ladungen auf irgendeine Weise beseitigt werden, dann steht dem Vollzuge der Reaktion nichts mehr im Wege. Dies kann geschehen durch Kombination zweier solcher Vorgänge, und zwar auf dem Wege des Elektronenaustausches in zweierlei Weise:

I. Gibt man zu einer Cuprisalzlösung metallisches Zink, so kann der Vorgang der Verwandlung der Cupri-Ionen in Kupfermetall deshalb vor sich gehen, weil durch die mögliche Umwandlung des metallischen Zinks in Zinkionen den Cupri-Ionen die negativen Ladungen oder Elektronen geliefert werden.

II. Man kann aber auch Kupfer in Kupfersulfat und Zink in Zinksulfat kombinieren zu der Anordnung des Daniellelementes, dann werden die Elektronen vom Zink durch den äußeren verbindenden Draht abgeleitet und an anderer Stelle von den Cupri-Ionen aufgenommen, welche dadurch in metallisches Kupfer übergehen.

II. Zwei Metalle und ein, bzw. zwei Elektrolyte.

Anfangs des 19. Jahrhunderts wurden verschiedene Beobachtungen gemacht, welche die Aufmerksamkeit auf die elektromotorische Wirksamkeit zwei verschiedener, sich in einer Metallsalzlösung berührender Metalle lenkten.

Z. B. fand Wollaston (1801), daß durch Eintauchen von Silber, das mit einem elektropositiveren Metall, z. B. Eisen oder Zink, verbunden ist, in eine Kupferlösung, das Silber mit einem festen Kupferüberzug sich bedeckte.

Löst man Zink*) in verdünnter Schwefelsäure, so entwickelt sich Wasserstoff am Zink.

Berührt man aber das Zink unter der Säure mit einem Stück Kupfer oder Silber, so erscheint der Wasserstoff nicht am Zink, sondern an den anderen Metallen.

Diese Tatsache spielte einen entscheidenden Faktor in der Elektrochomie.

Ist nämlich das Zink mit einem anderen Metall verbunden, so nimmt auch dieses die negative Ladung an, d. h. die am Zink frei werdenden Elektronen wandern durch das andere Metall in den Elektrolyten und reduzieren dort die Metallionen zu Metall, bzw. die Wasserstoffionen durch Aufnahme von Elektronen zu Wasserstoffgas. Der vom Zink zu dem anderen Metall fließende elektrische Strom verdankt seine Entstehung dem Auflösungsvorgang des Zinks (Freiwerden von Elektronen).

Wenn der Lösungsdruck eines Metalles nicht groß genug ist, um ein anderes Metall zu fällen, so kann unter Umständen dies bewirkt werden, wenn man das Metall mit einem solchen mit grö-

*) Ganz reines Zink löst sich, wie schon de la Rive gefunden hat, für sich nicht in Säuren; die gleiche Eigenschaft hat gut amalgamiertes Zink. Das Metall hat in diesem Falle nicht etwa eine geringere Tendenz in Lösung zu gehen, als unreines; denn verbindet man es mit Platin, Kupfer oder einem anderen, ähnlich wirkenden Metall, so erfolgt alsbald Lösung. Die Schwierigkeit liegt also offenbar nicht an der Lösung des Zinks, sondern am Entweichen des Wasserstoffs (s. später „Überspannung").

ßerem Lösungsdrucke in Berührung bringt. Bei der Berührung solcher Metalle entsteht dann eine kleine Volta'sche Kette, d. h. nach der unitarischen Theorie der Elektrizität sendet dann das eine Metall, z. B. das Zink, positive Ionen in die Lösung und gibt Elektronen ab, die vom anderen Metall fortgeleitet und dort zur Ausfällung der betreffenden Metallionen verwendet werden.

Hierbei fungiert das eine Metall mit dem höheren Lösungsdruck als Lösungs-, das andere als Ableitungsmetall. Das erstere verhält sich, wie man sagt, anodisch und ist der Lösung, also der Zerstörung preisgegeben.

Wenn zwei verschiedene Metalle in einer Elektrolytlösung sich berühren, so summieren sich ihre Potentialdifferenzen.

Hierauf gründen sich die sog. Verfahren zur Herstellung von Metallüberzügen durch Kontakt (siehe später).

Berührt man z. B. ein in eine verdünnte zyankalische Zyansilberkaliumlösung tauchendes Kupferblech mit einem in die gleiche Lösung tauchenden Zinkstabe, so entsteht ein elektrischer Strom. Dieser scheidet auf dem Kupfer Silber ab, während am Zink Zinkionen in Lösung gehen. Bei diesem Kontaktverfahren kann der Metallniederschlag eine größere Stärke erreichen, als beim bloßen Eintauchverfahren, wenn man Sorge trägt, daß das Berührungsmetall, welches sich auch mit dem Niederschlagsmetall überzieht, von Zeit zu Zeit von letzterem befreit wird, da sonst das auf dem ersteren, z. B. Zink, abgeschiedene Metall die Metallionen hindert, in die Lösung zu treten und so den galvanischen Strom unterbricht.

In diesem Sinne bietet in vielen Fällen das Aluminium gewisse Vorteile vor dem Zink und Eisen, indem sich die angefallene Metallschichte leichter entfernen läßt, z. B. durch Salpetersäure, ohne das Aluminium zu lösen.

Da der durch Kontakt erzeugte Strom von sehr geringer Stärke ist, müssen die entsprechenden Metallsalzlösungen (Elektrolyte) einen geringen Widerstand besitzen, also gut leitend sein und reichlich Bestandteile enthalten, welche das Kontaktmetall lösen, da sonst kein Strom entsteht. Der Strom fließt vom Zink zum Kupfer.

Wenn sich demnach zwei verschiedene Metalle in einer Flüssigkeit berühren, entstehen elektrische Ströme unter gleichzeitiger Lösung des einen Metalles. Wenn in einem aus zwei Metallen, z. B. Zink und Kupfer, in einer Lösung gebildeten Element der Strom vom Zink zum Kupfer fließt, so verhält sich das Zink in der Lösung anodisch gegen das Kupfer. Das Metall, welches sich, wie hier das Zink, in einer Lösung des Salzes eines Metalles — wie hier Kupfer — anodisch gegen Kupfer verhält, muß das Kupfer aus der Lösung fällen. Diese Verhältnisse sind für den Metalltechniker von großer Bedeutung und soll er folgendes beachten:

Überall wo Gebilde aus verschiedenen Metallen — seien es Legierungen, seien es Kombinationen verschiedener sich berührender Metalle seien es Metalle mit mechanisch oder galvanisch hergestellten Metallüberzügen, deren Oberfläche verletzt ist, so daß das unterliegende Metall bloßliegt — dem Einfluß von Flüssigkeiten oder atmosphärischen Niederschlägen unterworfen sind, ist die Gelegenheit zur Entstehung elektrischer Vorgänge oder kurz geschlossener Ketten gegeben. In denselben fungiert ein Metall als Ableitungs-, das andere als Lösungselektrode. Das letztere, sagt man, verhält sich anodisch und ist dadurch der Zerstörung am meisten preisgegeben, während das erstere im gewissen Sinne geschützt ist. Das in dieser Beziehung edlere Metall wird beständiger, das der Spannungsreihe nach sich weniger edel oder angriffsbeständig verhaltende Metall wird unbeständiger. Ein verzinkter Eisendraht wird demnach an den Stellen, an denen die Zinkschicht verletzt ist, nicht so stark rosten als wenn es des Zinküberzuges gänzlich entbehrte. Das Eisen ist dem Zink gegenüber das edlere Metall.

Ganz anders verhält es sich mit einem verzinnten Eisendraht. Eisen und Zinn stehen sich in der Spannungsreihe sehr nahe. In dieser Kombination wird unter den vorher geschilderten Umständen das Eisen zur Lösungselektrode. Verzinntes Eisen, den atmosphärischen Einflüssen ausgesetzt, rostet daher viel schneller als das Eisen an und für sich. Das kann man jederzeit leicht bei dem Weißblech (verzinntes Eisenblech) beobachten, während man die umgekehrte Tatsache des Eisenschutzes beim sogenannten galvanisierten Eisen, dem verzinkten Eisen, wahrnehmen kann. Ganz analog verhalten sich die Vernickelungen. Auch diese stellen nur solange einen Rostschutz dar, solange die Nickelschicht unverletzt ist An beschädigten Stellen, an denen die Kombination Eisen-Nickel freiliegt, rostet Eisen schneller als an und für sich, da wiederum lokale elektrolytische Wirkung stattfindet, bei der das Nickel das edlere Metall ist. Es soll noch bemerkt werden, daß schon in ein und demselben Metalle — je nach seinen Verunreinigungen — Unterschiede in dieser Richtung bestehen, die zu elektrolytischen Vorgängen führen. Z. B. besteht eine Spannungsdifferenz zwischen Flußeisen und Gußeisen von 0,226 Volt, wobei das Gußeisen sich unedler erweist; ferner besteht ein Spannungsunterschied zwischen erhitztem und nicht erhitztem Eisen, wobei das erstere als edleres sich erweist. Das nicht erhitzte Eisen verhält sich dem Zink gegenüber wie das Zink, es wird leichter angegriffen und schützt das überhitzte Eisen vor Rostangriff, wie das Gußeisen einen Schutz gegenüber dem Flußeisen darstellt. Ebenso ist die Oberfläche des Zinks nie eine ganz gleichmäßige. Es befinden sich Stellen darin, die in elektromotorischer Beziehung zum reinen Zink in einem ähnlichen Gegensatze stehen wie zum Kupfer. Es gibt dieses Verfahren eine Erklärung dafür ab, daß an einem Metallblech stellenweise Angriffe stattfinden.

Bei allen diesen Prozessen springen die Elektronen von einem Metall zu den Metallionen direkt oder durch die Vermittlung eines zweiten Metalles.

Dieser Vorgang setzt überall ein, wenn eine Metallkombination mit Elektrolyten in Berührung kommt, also schon dann. wenn ein mit einem anderen Metall verunreinigtes Metall mit einem Elektrolyten, wie z. B. gewöhnliches Wasser, zusammenkommt.

Diese Prozesse können so gestaltet werden, daß die Elektronen nicht direkt von einem Metall zum anderen gleiten, sondern von dem Elektronen abgebenden Metall durch einen Draht zum andern Metall fließen müssen. Dieser Elektronenstrom ist der elektrische (sog. galvanische Strom), den wir in den besonderen Vorrichtungen, den Volta'schen Ketten, den sog. galvanischen Batterien, haben; derselbe kann Arbeit leisten.

Werden zwei verschiedene Metalle in einen oder verschiedene, voneinander getrennte Elektrolyten gebracht und leitend miteinander verbunden, so fließen die Elektronen desjenigen Metalles, welches den höheren Lösungsdruck besitzt und positive Ionen in die Lösung sendet, durch den Leitungsdraht zu dem anderen Metall (elektrischer oder Elektronstrom), wenn diese Elektronen dort aufgenommen werden können (sog. chemische Fernwirkung).

Wenn zwei metallische und ein flüssiger Leiter, oder ein metallischer und zwei flüssige Leiter (Elektrolyte) (s. später) verbunden werden, treten elektrische Wirkungen auf.

Jeder chemische Vorgang, der sich zwischen Ionen abspielt, kann mit Hilfe von Leitern I. Klasse (Metallen) elektromotorisch gestaltet und seine Arbeitsleistung kann berechnet werden.

Von den verschiedenen Vorrichtungen, welche zur Erzeugung des elektrischen Stromes erfunden wurden und die Umwandlung von Wärme (Thermoketten), mechanischer Energie (Dynamomaschinen) oder chemischer Energie (Volta'sche Ketten oder galvanische Elemente) in elektrische Energie ermöglichen, kommen für uns hier nur die letzteren stromliefernden Apparate in Betracht. Ein chemisches System, in dem die Änderungen der Energie, welche mit dem stofflichen Umsatz verknüpft sind, zur elektromotorischen Wirksamkeit gelangen, nennt man eine *elektrische oder Volta'sche Kette* oder ein *galvanisches Element*. Ein galvanisches Element ist ein heterogenes chemisches System, eine Kombination von Elektrolyten mit Leitern I. Klasse (Elektroden aus Metallen oder Kohle). Die Eigentümlichkeit, die die galvanischen Elemente vor sonstigen chemischen Systemen besitzen besteht darin, daß es einer leitenden Verbindung der beiden Metalle bedarf, um die Reaktion dauernd zu ermöglichen; ohne diese Verbindung ist die Reaktionsgeschwindigkeit äußerst klein.

(Elektrische Ströme sind auch vorhanden ohne Leiter I. Klasse, wenn verschiedene elektrolytische Flüssigkeiten übereinander geschichtet werden. Durch die verschiedene Ionenbeweglichkeit entstehen Potentialdifferenzen oder elektromotorische Kräfte (sog. Flüssigkeitsketten).

Da in den Leitern II. Klasse, den Elektrolyten, die Stromleitung mit stofflichen Veränderungen verbunden ist, anderseits nur bei ihnen stoffliche Veränderungen stromerzeugend wirken, so müssen diese Apparate elektrolytisch leitende Stoffe enthalten, also Lösungen oder evtl. geschmolzene Salze.

Ein solcher Mechanismus kann eine Maschine genannt werden, in der chemische Energie in elektrische Energie umgewandelt wird.

Ramsay gibt über den Vorgang einer Kette, bestehend aus Kupfer—Zink, die in verdünnte Salzsäure tauchen, folgende Darstellung. Diese Salzsäure enthält einerseits Wasserstoffionen, die sich vom gewöhnlichen Wasserstoff dadurch unterscheiden, daß sie je ein Elektron verloren haben; anderseits sind Chlorionen vorhanden, die aus dem gewöhnlichen Chloratom durch Aufnahme je eines Elektrons entstanden sind.

Das Zink kann sich nicht anders lösen, als daß seine Atome unter Abgabe von je zwei Elektronen sich in Zinkionen verwandeln. Die Anziehung des Zinks für die Elektronen ist jedoch so stark, daß es sich nicht lösen kann, wenn nicht die Elektronen fortgeschafft werden. Nun sind aber in der Lösung, in welche die durch den Kupferdraht mit dem Zink verbundene Kupferelektrode taucht, Wasserstoffionen vorhanden, welche die Elektronen aufnehmen und damit Wasserstoffgas bilden.

Also das sich lösende Zink sendet Elektronen durch den Leitungsdraht und die Kupferplatte (wobei es positive Ionen in die Lösung schickt) zu den Wasserstoffionen, aus denen dann durch Verbindung mit Elektronen Wasserstoffatome bzw. Wasserstoffmoleküle, also gasförmiger Wasserstoff werden.

Die Chlorionen halten den Zinkionen das Gleichgewicht. Der Strom geht also (der Elektronenstrom) in der, **der üblichen Bezeichnung entgegengesetzten Richtung** vom Zink zum Kupfer; in der Flüssigkeit wandern die negativen Chlorionen zum Zink.

Jeder freiwillig, d. h. von selbst verlaufende chemische Vorgang kann durch Abgabe von Energie Arbeit leisten, und zwar kann, je nachdem der Vorgang geleitet wird, entweder direkt Arbeit durch Abgabe freier Energie geleistet, oder kann Arbeit aus der bei der Reaktion entstandenen Wärme indirekt geliefert werden.

Ein in wirklichem chemischen Gleichgewicht befindliches System ist unfähig, Arbeit zu leisten; dies kann erst geschehen, wenn eine Verschiebung aus der Gleichgewichtslage stattgefunden hat. Für das Gesagte soll nachstehende Ausführung ein Beispiel liefern.

Wenn man Zink in eine Kupferlösung einstellt, so löst sich Zink auf und Kupfer wird abgeschieden. Hierbei entsteht eine Wärmetönung im Betrage von 25 263 g Kalorien, also beim Verbrauch von 32,7 g Zink bei 0 ° C.

Nun kann man eine Vorrichtung treffen, daß diese Reaktion so stattfindet, daß an Stelle der Wärmeenergie elektrische Energie auftritt. Man kann also den Vorgang elektrochemisch oder elektromotorisch leiten. Eine solche Vorrichtung haben wir im Daniell-Element. Diese elektrische Energie kann dann beliebig in mechanische, thermische oder in strahlende Energie transformiert werden. Wegen dieser freien Verfügbarkeit zu allerlei Umwandlungen spricht man eben von freier Energie. Hier wird also chemische Energie direkt in arbeitsfähige Energie übergeführt. Die freie Energie ist ein Maß der chemischen Affinität. Die freie

Energie, welche bei einem chemischen Vorgange erhalten werden kann, oder die maximale Arbeit ist um so größer, je weiter das Reaktionssystem vom Gleichgewichtszustande entfernt ist. Da wir wissen, daß die Fällung des Kupfers durch Zink Arbeit zu leisten vermag, so wissen wir auch, daß die Reaktion von selbst verläuft, daß also die umgekehrte Reaktion, zu der wir Arbeit aufwenden müßten, nicht von selbst verlaufen kann, daß also umgekehrt das Zink durch Kupfer aus einer Zinklösung nicht gefällt werden kann; dieser Vorgang kann nur stattfinden, wenn wir Energie in Form von elektrischer Energie zuführen und so den Prozeß umkehren.

Wenn man Zink in Verbindung mit Kupfer in verdünnte Schwefelsäure taucht, dann löst sich Zink unter Bildung von Zinksulfat und es entwickelt sich Wasserstoff. Derselbe entwickelt sich aber bei dieser Metallkombination am Kupfer und nicht wie bei der Auflösung von Zink allein, am Zink. Diese Wasserstoffentwicklung, welche durch Polarisation eine erhebliche Schwächung des Stromes verursacht, zu vermeiden, gelang Daniell durch Herbeiziehung eines zweiten Elektrolyten, nämlich des Kupfersulfates, wobei sich dann an Stelle des Wasserstoffes, Kupfer abschied. Die erforderliche Trennung, aber nicht vollständige Abschließung der verdünnten Schwefelsäure von der Kupfersulfatlösung, gelang Daniell zuerst durch die Verwendung von Ochsengurgeln, dann durch unglasierten Ton. Es muß nämlich verhindert werden, daß die Kupfersulfatlösung zum Zink kommt, aber es muß möglich sein, daß die Sulfationen zum Zink wandern, wofür die Tonzellen oder eine tierische Membran durchlässig ist.

Ketten mit zwei metallischen und zwei elektrolytischen Leitern nebst einer porösen Zwischenschichte hatten bereits Sylvester 1806, W. O. Fischer 1812, Becquuerel 1829, Döberreiner 1821 verwendet. Z. B. Sylvester: Blei-Bleiazetat: Zink-Salzsäure oder Fischer: Platin-Chlorsilber : Zink-Zinksulfat usw.

Als man gelernt hatte durch geeignete Kombination von Leitern I. Klasse (Metallen) und Leitern II. Klasse (Elektrolyten) größere Elektrizitätsmengen bei niederer Spannung zu erhalten, nannte man diese Vorrichtungen oder Apparate nach Voltas Vorgang galvanische Elemente und hielt längere Zeit die dabei erhaltene auf einfache Weise fortzuleitende sog. strömende Elektrizität, als eine von der durch die Vorrichtungen der Elektrisiermaschine u. a. verschiedene Elektrizität, da sie ja in der Tat davon bemerkenswerte Eigenschaftsabweichungen aufwies, und sprach auch im Gegensatz von der statischen oder Reibungselektrizität von Hydro- oder Kontaktelektrizität (siehe auch Seite 5). Auch war man lange Zeit der Anschauung, daß diese Elektrizität durch den bloßen Kontakt oder die Berührung von Metallen in die Erscheinung trete. Es brauchte ziemlich lange, bis dargetan wurde, daß chemische

Vorgänge das Auftreten des elektrischen Stromes bedingen, daß also die Tätigkeit z. B. der Volta'schen Säule oder der Volta schen Ketten mit chemischen Vorgängen auf das engste verbunden sind; dann dauerte es noch lange Zeit und vieler schwieriger Arbeiten, bis man einigermaßen richtige Vorstellungen über die galvanischen Erscheinungen bilden konnte und erst vor einigen Jahrzehnten ist es gelungen, die wichtigsten Tatsachen in verständlichem Zusammenhang zu bringen.

Als man sich dann bemühte, elektrische Ketten herzustellen von größerer Leistungsfähigkeit als die Volta'schen Ketten, gelang dieses Problem dem Engländer Daniell und dem in Potsdam geborenen in Petersburg lebenden Akademiker Jakobi.

Im Daniell-Element ist die Vorrichtung getroffen, daß sich Zink und Kupfer nicht berühren, sondern in ihren Salzlösungen stehen, welche durch eine Membran oder durch eine poröse Tonzelle oder sogar nur durch Überschichten voneinander getrennt sind. Im Daniell-Element wird das Kupfer nicht unmittelbar durch das in seiner Lösung stehende Zink, sondern nach der Verbindung des Zinks mit dem Kupfer außerhalb der Lösung durch einen Leitungsdraht durch die bei der Lösung des Zinks durch den Draht abfließenden Elektronen gefällt. Hier findet also die Lösung des Zinks und die Fällung des Kupfers an getrennten Stellen statt (sog. chemische Fernwirkung). Die Elektronen (siehe S. 75) springen also nicht direkt vom Zink auf die Kupferionen über, was der Fall ist, wenn Zink direkt in der Kupferlösung steht, sondern müssen durch den Leitungsdraht vom Zink zu den Kupferionen fließen und können in dieser gerichteten oder geordneten Form Arbeit leisten. Hier tritt alle bei der direkten Reaktion als Wärme auftretende Energie als elektrische Energie auf. Im Daniell-Element ist dieser Prozeß umkehrbar, reversibel, er kann durch zugeführte elektrische Energie wieder in seinen Anfangszustand übergeführt werden (siehe Bleiaccumulator). Da beim Umsatz eines Äquivalentes eines Stoffes 96 500 Coulombs Elektrizität teilnehmen, so sind, da die Stoffe des Daniell-Elements zweiwertig sind, zweimal 96 500 Coulombs übergeführt. Beim Durchgang dieser Elektrizitätsmenge werden 65,5 g Zink gelöst und 63,6 g Kupfer niedergeschlagen. Ein Daniell-Element liefert beim Verbrauch von 1 Gramm-Äquivalent Zink = 32,7 g bei 0° elektrische Energie im Betrage von 25 263 Kalorien. Die elektrische Messung ergibt außer diesem Resultat, daß die Arbeitsfähigkeit für 1° Temperaturerhöhung um 7,86 Kal. wächst. Die Wärmetönung berechnet sich zu 25 050, gegenüber dem bei der kalorimetrischen Messung gefundenen Werte von 25 055 Kal. Die Lösung des Zinks entspricht einem Oxydationsvorgange, wenn man nicht nur Verbindung eines Stoffes mit Sauerstoff, sondern auch Abgabe von Elektronen darunter versteht. Die Fällung des Kupfers ist identisch mit einer Reduktion, wobei auch hier unter diesem Begriffe nicht nur eine Entziehung von Sauerstoff, sondern auch eine Aufnahme von Elektronen verstanden wird.

Der Prozeß, z. B. im Daniell-Element, läßt sich wie folgt darstellen:

$$Zn\ Zn\ /\ SO_4\ Zn\ /\ SO_4\ Cu\ /\ Cu\ \text{———}$$
$$Zn\ /\ Zn\ SO_4\ /\ Zn\ SO_4\ /\ Cu\ Cu$$
$$\text{oder}\quad Cu^{\cdot\cdot} + Zn = Cu + Zn^{\cdot\cdot}.$$

An der Anode geht Zink in Lösung, an der Kathode wird Kupfer abgeschieden. Beide Vorgänge sind entgegengesetzt gleich: $Cu - 2\ominus = Cu^{\cdot\cdot}$; $Cu^{\cdot\cdot} + 2\ominus = Cu$. Offenbar wird also die elektromotorische Kraft die an der einen Elektrode aufgewendet wird, an der anderen wieder gewonnen und der Vorgang — das ist das Vorteil dieser Arbeit — bedarf also der elektromotorischen Kraft eigentlich nur zur Überwindung des Widerstandes in der Zelle.

Da diese Reaktion einfacher Natur von grundlegender Bedeutung ist, so sei noch zum elementaren Verständnis derselben folgende experimentelle Darstellung gegeben, woraus sich die ganze Berechnung ergibt.

In ein kleines Gefäß, am genauesten ein Weinhold'sches Gefaß (doppelwendiges Glasgefäß mit evakuiertem Zwischenraum) gibt man 20 cm³ einer normalen Kupfersulfatlösung (124,85 Gramm im Liter) und setzt dazu 100 cm³ Wasser. Mit Hilfe eines in $^1/_{10}$ Grade geteilten Thermometers, wartet man unter öfterem Umrühren mit einem Glasstab mit Gummikappe zu, bis sich die Temperatur nicht mehr merklich ändert und notiert den Stand des Thermometers. Nun gibt man 2 Gramm cr. aufgelockerte Zinkwolle (große Oberfläche) so zu, daß sie möglichst viel von dem Flüssigkeitsraum erfüllt, damit sich an allen Stellen Zink zur Ausfüllung des Kupfers vorfindet. Man rührt nun mit dem Glasstab um, solange die Temperatur noch steigt. Wenn diese zu fallen beginnt, notiert man den höchsten Stand, der beobachtet war, denn die Reaktion ist nun zu Ende. Die Differenz der Maximaltemperatur und der Anfangstemperatur von Einwerfen der Zinkwolle ist die Temperaturerhöhung: da rund 120 cm³ Wasser um diese Differenz erwärmt wurden, so ist die Wärmetönung dieser Reaktion: wenn z. B. 4,18° C. Temperaturzunahme gefunden wurden: $4{,}18 \times 120 = 501{,}6$ Gramm Kalorien.

Erhalten wurde diese Temperaturzunahme durch die Reaktion zwischen 20 cm³ $^1/_1$ normaler Kupfersulfatlösung = 2,497 Gramm Kupfersulfat und eine äquivalente Menge Zink (= 0,653 Gramm). Da 20 cm³ $^1/_1$ normal Kupferlösung $^1/_{50}$ Gramm äquivalent Kupfersulfat enthalten, so ist die Wärmetönung für ein ganzes Grammäquivalent 50 mal so groß wie die gefundene, das ist also $501{,}6 \times 50 = 25\,080$ cal. Setzt man diese Reaktion nun in Beziehung zur elektrischen Energie, die gewonnen wird, wenn man den ausgeführten Vorgang in einem Daniell-Element elektrochemisch vor sich gehen läßt, so erhält man folgendes Bild: *)

4,2 Volt-Coulombs entsprechen = 1 cal.

Dies heißt 4,2 Ampére erzeugen, wenn sie bei einem Volt Spannungsverlust eine Sekunde lang durch ein Leiterstück fließen, im Verlauf dieser einen Sekunde eine cal. d. h. eine Wärmemenge, die im Stande ist 1 Gramm Wasser von 15 ° auf 16 ° C. zu erwärmen (eine Grammcalorie).

96 540 Coulombs entsprechen einem chemischen Äquivalent. Da 4,2 Volt-Coulombs = 1 cal. sind, so entsprechen 96 540 Volt-Coulombs einer Wärmemenge von 23 073 cal. Liefert nun die Reaktion zwischen je einem Grammäquivalent eine Wärmemenge, wie oben gefunden, von 25 080 cal., so ist die elektromotorische Kraft (= E. M. K.) die der Prozeß liefern kann, wenn er sich in Form einer elektrischen Kette (also indirekt) abspielt

$$\frac{25\,080}{23\,073} = 1{,}09 \text{ Volt.}$$

Diese Berechnung ist aber nur giltig für elektrochemische Reaktionen bei denen nahezu alle chemische Energie an elektrische Energie umgeformt wird, wie das eben beim Daniell-Element der Fall ist. Derartige Elemente sind konstant, weil der elektrochemische Vorgang nur die relative Menge, nicht aber die chemische Beschaffenheit der elektromotorischen Stoffe ändert, sie sind auch unpolarisierbar, weil auch ein entgegengesetzter Strom sich ebenso verhält. Ein solcher würde auf der Zinkelektrode Zink abscheiden, also ebenfalls nichts ändern. Solche Elemente sind auch umkehrbar. Das ist immer der Fall, wenn zwei Metalle und ihre Salze mit derselben Säure zu einem Element verbunden sind. Anders z. B. das Grove'sche Element (Platin—Salpetersäure—Zink —Schwefelsäure); dieses ist konstant, aber nicht umkehrbar.

Analog den Vorgängen im Daniell-Element lassen sich alle chemischen Prozesse, wie Oxydationen, Reduktionen, Salzbildungen usw. elektromotorisch gestalten. Wenn man zwei Flüssigkeiten mischt, in denen eine chemische Reaktion stattfinden kann, tritt ohne weiteres in den meisten Fällen Wärme, also eine ungeordnete Energie auf. Werden diese Flüssigkeiten aber nicht gemischt, sondern in einer gewissen Struktur angeordnet, so gestaltet sich der Prozeß elektromotorisch unter der Verwendung Leiter I. Klasse. Hier findet dann der Austausch der Elektronen nicht direkt, wie z. B. zwischen Metallionen und Metall, sondern indirekt statt, indem die Elektronen durch den Metalldraht fließen und hier Arbeit leisten (= elektrischer Strom).

So kann jede Fällung, z. B. zwischen Chlornatrium und Silbernitrat, jede Oxydation, Reduktion, jede Salzbildung, jede Konzentrationsänderung zwischen ein und demselben Metallsalz unter

*) Siehe: Fz. Fischer: Praktikum der Elektrochemie.

Abgabe eines elektrischen Stromes vor sich gehen. Hierbei können die Ionen entweder alle oder nur einen Teil ihrer Ladungen abgeben (bei verschiedener Wertigkeit).

Das Daniell-Element wird in einfachster Form wie folgt hergestellt (s. Fig.). In einen Becher gibt man auf den Boden ein

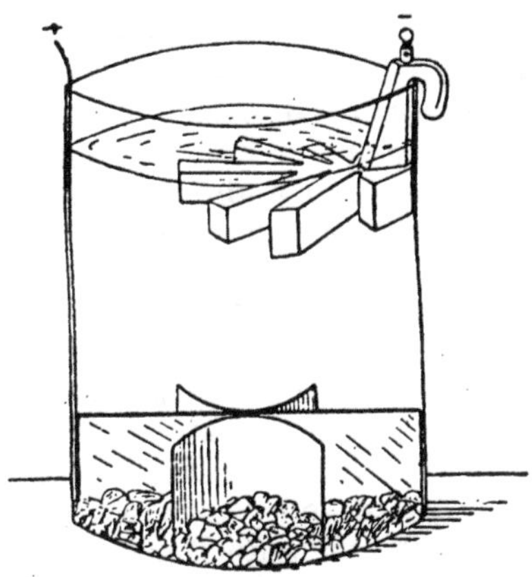

Figur 2.

Kupferblech, an das ein über den Becher hinausragender Kupferdraht angelötet ist. An dem Rand des Bechers hängt ein Zinkblech, das ebenfalls einen Kupferdraht angelötet hat. Beide Metalle berühren sich nicht. Man füllt nun den Becher mit Kochsalzlösung und wirft Kupfervitriol-Kristalle hinein, die am Boden eine gesättigte Lösung von Kupfersulfat bilden. Die Lösung bildet so eine gewisse Struktur, die nicht durch Rühren oder Vermischen gestört werden darf. Hierdurch ist bei dieser Anordnung eine sonst meist gebrauchte Scheidewand aus porösem Ton nicht nötig. Allerdings diffundiert bald das Kupfersulfat nach aufwärts, wenn die Kette nicht arbeitet, wodurch sich Kupfer am Zink abscheiden würde, also eine direkte statt indirekte Kupferfällung stattfände. Wenn aber die Kette geschlossen ist, wandern die Kupferionen vom Zink fort nach dem Kupferpol hin, wodurch der Diffusion entgegengewirkt wird.

Beim D a n i e l l - E l e m e n t steht das Kupfer in konzentrierter Kupfersulfatlösung, das Zink in der Tonzelle in verdünnter (20prozentiger) Schwefelsäure. Elektromotor-Kraft = 1,1 Volt, innerer Widerstand cr. 0,7 Ohm.

Auf derselben Grundlage wie das Daniell-Element, nur in anderer Anordnung, sind das M e i d i n g e r-Element und das K r ü g e r- Element. Das Meidinger-Element hat Kupfer in Kupfersulfatlösung, Zink in Magnesiumsulfatlösung (20prozentig). Die beiden Lösungen werden nur durch ihre verschiedene Schwere getrennt gehalten. Die bekannteste Form ist das Ballonelement. Ein Glaskolben wird mit Kupfersulfatkrystallen gefüllt, so daß sich die Lösung immer wieder anreichern kann. Elektromotorische Kraft 0,95 Volt innerer Widerstand = 3—10 Ohm. *)

Das Krüger-Element, früher Element der deutschen Reichstelegrafie: Eine auf dem Boden des Gefäßes befindliche Bleiplatte, die sich von selbst verkupfert, in Kupfervitriol, Zink in Magnesiumsulfat oder Zinksulfatlösung. Die Kupfersulfatkrystalle befinden sich auf dem Boden des Gefäßes. Elektromotor-Kraft = 1 Volt, äußerer Widerstand 7—8 Ohm. Bei diesen beiden Elementen ist vorausgesezt, daß sich die Kupfersulfatlösung in Ruhe befindet, so daß sie nicht an das Zink gelangen kann, also nicht erschüttert wird, da sonst die direkte Umsetzung zwischen Zink und Kupfersulfat stattfindet. Dieser Wert stimmt mit dem berechneten überein.

Eine Zelle Zink—Wasserstoff (0,77 Volt) arbeitet ebenfalls ohne Scheidewand, wenn das Zink durch Amalgamieren vor der Einwirkung der Säure möglichst geschützt wird. Die elektromotorische Kraft ist aber nicht konstant, weil das als Kathode benutzte Platinblech sich mit Wasserstoffblasen bedeckt, wodurch der innere Widerstand der Zelle stark wächst. Auch die Polarisation verringert die elektromotorische Kraft. Diese Nachteile werden dadurch beseitigt, daß man die Kathode mit einem Oxydationsmittel umgibt, wodurch der Wasserstoff zu Wasser oxydiert wird. Im Bunsenelement besteht die Kathode aus Kohle, die in konzentrierter Salpetersäure steht. In dem Bichromatelement ist die Kohle von Chromsäure umgeben. Die elektromotorische Kraft dieser Elemente beträgt 1,9 Volt. In dem Lechlanché-Element besteht die Kathode aus einer Mischung von Kohle und Mangandioxyd, und der Elektrolyt ist eine Lösung von Chlorammonium, aus der das Zink den Wasserstoff verdrängt. Das feste Mangandioxyd vermag den Wasserstoff nur langsam zu oxydieren, und das Element polarisiert sich schon nach kurzer Zeit. Die elektromotorische Kraft beträgt 1,48 Volt. Die Trockenelement'e sind ähnlich zusammengesetzt, nur wird der Elektrolyt von einem porösen festen Stoff kapillar festgehalten.

Im Daniell-Element geht also das Zink aus dem metallischen Zustand in den Ionenzustand über, das Kupfer aus dem Ionenzustand in die metallische Form. Hierbei gibt das Zink Elektronen ab, welche von den Kupferionen aufgenommen werden. Dadurch geht das Kupferion in metallisches Kupfer über. Hierbei verwandelt sich freie chemische Energie in elektrische Energie.

Dieser Vorgang findet so statt, daß negative Elektronen vom Zink durch den Draht zum Kupfer fließen, dort von den Kupferionen aufgenommen werden. Das entsprechende Sulfation (SO_4'')

---

*) Zur elektrolytischen Fällung von Kupfer benutzt man eine Batterie von 6 Meidinger Elementen, siehe: C. Schlösser, Münztechnik 1884. (Hannover).

setzt die Stromleitung fort, indem es durch die Lösung und durch die Tonzelle zum Zink wandert. Das Zink muß in einer leitenden Flüssigkeit stehen (Zinksulfat); freie Schwefelsäure ist nicht nötig.

Wenn man einen elektrischen Strom im umgekehrten Sinne des natürlichen Stromes durch das Daniell-Element schickt, so verwandelt sich das Kupfer in Kupferionen (geht in Lösung), das Zinkion nimmt Elektronen auf und scheidet sich metallisch ab.

Der Prozeß im Daniell-Element ist ein reversibler (umkehrbarer) Prozeß.

Wenn man die beiden Drähte des Daniell-Elementes, also den vom Zink kommenden und den am Kupfer angebrachten miteinander verbindet, so fließen Elektronen vom Zink zum Kupfer durch den Draht, + Kupferionen und — Sulfationen gegeneinander zu den beiden Metallen.

Bringt man die beiden Drähte, anstatt sie zu verbinden, je mit einer Metallplatte vereinigt, in eine Kupfervitriollösung, so setzt sich Kupfer an den Draht ab, der vom Zink kommt; das Sulfation geht an den Streifen, der vom Kupfer kommt und löst hier Kupfer auf.

Der Strom ist hier durch den Elektrolyten geschlossen.

Das Zink, ein wenig edles Metall, geht leicht unter Abgabe von Elektronen in sein Ion über, wobei Arbeit geleistet wird. Das Kupfer ist ein edleres Metall. Die Arbeit beim Übergang in sein Ion ist viel kleiner. Es wird also das Zink viel stärker negativ, und verbindet man die beiden Metalle durch einen Draht, so fließen die am Zink frei werdenden Elektronen vom Zink zum Kupfer; dieses muß von Kupferionen umgeben sein, da sonst die Elektronen nicht aufgenommen werden können und der Prozeß stillstehen würde.

Durch die Möglichkeit der Loslösung von Elektronen und der Durchlässigkeit der Metalldrähte für dieselben können Stoffe, die nicht in unmittelbarer Berührung sind, aufeinander wirken, also auch am entfernten Orte eine Wirkung aufeinander betätigen (Ostwalds chemische Fernwirkung).

Nach dieser unitarischen Betrachtungsweise der Elektrizität handelt es sich also um ein Strömen von Elektronen im Draht, und zwar in einer der **üblichen Bezeichnungsweise entgegengesetzten** Richtung, und eine Ionenbewegung in der Flüssigkeit.

Das Elektron verbindet sich mit Elementarionen. 96 500 Coulomb verhalten sich wie ein Molekül eines einwertigen Elementes.

Je größer das Bestreben der Metalle ist, Elektronen abzugeben, mit um so größerer Energie werden die Elektronen in Freiheit gesetzt — je größer ist die elektromotorische Kraft der Metall-Metallsalzkombination. Zwischen der Oxydationswärme der Metalle und den Potentialdifferenzen Metall—Metallsalzlösung besteht ein Parallelismus.

Die Wirkungsweise eines galvanischen Elementes ist zu vergleichen mit folgender Maschine:

In einem Reservoir befinde sich flüssige Kohlensäure, in einem zweiten eine dieselbe heftig anziehende oder absorbierende Substanz, z. B. Kalk, und dazwischen eine Zylinder- und Kolbenvorrichtung, um die Druckdifferenz in Arbeit umzusetzen. Die Maschine arbeitet solange, bis alle Kohlensäure sich verflüchtigt hat, gerade wie ein Daniell-Element bis zum Verbrauch des Zinkes wirksam ist (Nernst).

Das Daniell-Element hat eine Spannung von 1,09 Volt d. h. um diesen Spannungsunterschied ist das elektrolytische Lösungsbestreben des Zinks größer, als das des Kupfers, in dem sulfathaltigen Elektrolyten. Die E. M. K. des Daniell ist von der Temperatur fast unabhängig, was bei den meisten anderen galvanischen Elementen nicht der Fall ist. Wenn der Stromkreis eines Daniell-Elementes nicht geschlossen ist, zeigen die Pole desselben die größtmöglichste Spannungsdifferenz, welche man die e l e k t r o m o t o r i s c h e K r a f t des Elementes heißt. Bei geschlossenem Strom besteht zwischen zwei bestimmten Punkten, der Leitung ein Unterschied der elektrischen Spannung, welche man als P o t e n t i a l d i f f e r e n z bezeichnet. Ist in eine Leitung ein Voltameter eingeschaltet, so hängt die chemische Wirkung ab von dem Material, von der Länge und Dicke des Leitungsdrahtes. Die Stromstärke hängt ab vom Gesamtwiderstand, der die Summe ist von dem Widerstand der Batterie und jenem der Leitung.

Die gesamte aufgewandte chemische Arbeit steht zu der wirksam gewordenen chemischen Arbeit in einem gewissen Verhältnis, die Differenz ist in Wärme umgewandelt worden. Beim Daniell-Element wird nahezu alle chemische Energie in elektrische Energie umgewandelt.

Die Stromstärke wird unter allen Umständen durch die chemische Wirkung gemessen (Faraday's Gesetze).

In einer Leitung, in der der Strom irgend welche chemische Wirkung hervorruft, werden in jedem Elemente der Batterie soviele äquivalente Zink gelöst, als Äquivalente irgend welcher Art in einem eingeschalteten elektrolytischen Apparate getrennt werden, wenn diese, sowie die Elemente der Batterie hintereinander geschaltet sind.

Bei allen Konzentrationsverhältnissen der Lösungen bildet das Zink stets den negativen Pol der Daniell-Kette. Wir haben deshalb dem Zink stets eine viel größere Lösungstension zuzuschreiben, als dem Kupfer.

Die elektromotorische Kraft der Daniell-Kette nimmt ab, wenn die Zinklösung konzentrierter, nimmt zu, wenn die Kupferlösung konzentrierter wird.

Wenn man eine Vorrichtung aus zwei Metallen (Polen) und zwei Arten von Metallionen zusammenstellt, so ergeben sich Potentialdifferenzen. Der Anoden- und der Kathodenvorgang arbeiten gegeneinander. Das eine Metall mit dem höheren Lösungsdruck sendet Ionen in die Lösung und Elektronen in den Draht. Die positiven Metallionen erzeugen einen positiven Strom in der Flüssigkeit, die Elektronen einen negativen Strom im Draht. Die anderen Metallionen mit dem geringeren Lösungs- und höherem osmotischen Druck scheiden sich unter Aufnahme der vom anderen Metall durch den Draht kommenden Elektronen metallisch ab. Z. B.:

Zink—Kadmiumionen + 0,49 — (+ 0,14) = + 0,35; Zink negative Elektrode.

Kadmium—Kupferionen + 0,14 — (— 0,61) = + 0,75; Kadmium negative Elektrode.

Zink—Kupferionen + 0,49 — (— 0,61) = + 1,1; Zink negative Elektrode.

Diese Potentialdifferenzen lassen sich im voraus berechnen.

Die bei jeder elektrischen Zelle herrschende Potentialdifferenz ist nichts anders als die elektrische Druckdifferenz, die an den beiden Elektroden herrscht. Diese Größe ist im wesentlichen die Summe der beiden Potentialdifferenzen, die sich zwischen Elektrode und Flüssigkeit, in die sie tauchen, einstellt. Diese Elektrodenpotentiale sind der zahlenmäßige Ausdruck für die Druckgrößen und in den Tabellen Seite 92, 94 und 95 festgelegt.

Die Potentialdifferenzen für Anionen sind folgende:

Sauerstoff	O	— 1,36
Chlor	Cl'	— 1,69
Hydroxyl	O H	— 1,96
1. Sulfation	SO_4	— 2.2
2. Sulfation	SO_4H	— 2.9

Die elektromotorische Kraft (E. M. K.) einer Chlorzinnkette läßt sich hiernach berechnen —0,08 — (— 1,69) = 1,61 Volt; diese E. M. K. ist mindestens erforderlich zur Elektrolyse von Chlorzinn. Chlorwasserstoff — 0,28 — (— 1,69) = 1,41 Volt. Zinksulfat — 0,49 — (— 2,2) = 2,69 Volt.

Abhängigkeit des Potentials vom elektrochemischen Vorgang.

Die Spannungsdifferenz an der Berührungsstelle Metall-Lösung ist von bestimmten Faktoren abhängig. Vor allem handelt es sich um den sog. Lösungsdruck des Metalles d. i. sein Bestreben unter Abgabe von Elektronen, Ionen zu bilden. Dieses ist um so größer, je unedler das Metall ist. Dann, um den osmotischen Druck der Ionen des betreffenden Metalles, d. i. ihr Bestreben unter Aufnahme von Elektronen, metallische Form anzunehmen. Der osmotische Druck ist der Konzentration der Ionen proportional.

Mit sinkender Ionenkonzentration werden die Metallpotentiale negativer, unedler. Die Veredlung der Metallpotentiale mit steigender Ionenkonzentration findet ihre Grenze in der beschränkten Löslichkeit der Metallsalze. Der Grund des Auftretens von einer bestimmten E. K. im Daniell liegt darin, daß die Potential der beiden Metalle Zink und Kupfer verschieden sind, was eben eine Potentialdifferenz bedingt. Sind beide Metalle von den molaren Lösungen ihrer Salze umspült, so haben wir die Potentiale minus 0,76 und plus 0.38 Volt, also = 1,1 Volt. Bei einer bestimmten Konzentration der Ionen hört das Element auf zu arbeiten, weil die Triebkraft der Potentialdifferenz gleich 0 wird, wie das auch bei der direkten Fällung von Kupfer durch Zink der Fall ist.

Die elektromotorische Kraft eines galvanischen Elementes setzt sich zusammen aus zwei Spannungsdifferenzen, welche an den beiden Polen der Berührungsstellen Metall-Lösung auftreten. Beim Daniell-Element z. B. sind diese beiden Spannungsdifferenzen an der Berührungsstelle Kupfer—Kupfersulfat und Zink—Zinksulfat. Eine weitere Spannungsdifferenz, welche bei Elementen mit zwei Flüssigkeiten an der Berührungsstelle dieser auftritt, kann als geringfügig meist vernachlässigt werden. Sind jene Einzelspannungen E 1 und F 2 und E die E. K. des Elementes, so gilt also E = E 1 minus E 2. Die Spannungsdifferenz E an der Berührungsstelle Metall-Lösung kann man nicht messen, sondern man kann nur die Differenz zweier solcher Spannungsdifferenzen bestimmen, ähnlich wie man, streng genommen, auch nur Temperaturdifferenzen bestimmt. Man kann aber die Spannungen der verschiedensten Kombinationen Metall-Lösung miteinander vergleichen, wenn man ihre Differenzen sämtlich gegen eine bestimmte Kombination Metall-Lösung ermittelt. Wie man den Abstand der Temperatur eines Körpers von der eines zweiten, die man willkürlich gleich 0 setzt, schlechthin als seine Temperatur bezeichnet, so benennt man auch die Differenz in dem Spannungsunterschied einer Kombination Metall-Lösung gegen den einer anderen, willkürlich gleich 0 gesetzten, einfach als die Spannung oder das Potential der Kombination oder der Elektrode und versieht dessen Zahlenwert mit dem Vorzeichen der Ladung des Metalles, welches das entgegengesetzte ist, von dem der Lösung. Es ist demnach klar, daß der Potential ein und derselben Elektrode verschieden ist je nach der Bezugs- oder Null-Elektrode. Im großen ganzen werden heute die Potentiale entweder auf die Tropfelektrode oder auf die Wasserstoffelektrode als Null-Marke bezogen. Im ersteren Falle spricht man von absoluten Potentialen, im zweiten Falle von relativen. Zwischen beiden besteht die Beziehung minus 0,277 Volt. Will man z. B. das Potential einer

Elektrode des Daniell-Elementes bestimmen, so kombiniert man sie mit den Wasserstoffelektroden (Platin, gesättigt mit Wasserstoff, tauchend in molare Schwefelsäure) zu einem galvanischen Element. Die E. K. derselben ist dann direkt das relative Potential.

Bleiaccumulator.

Wenn man in ein gitterförmiges Bleigerüst schwammförmiges Blei und in ein zweites derartiges Bleigestell, Bleidioxyd sog. Bleisuperoxyd preßt, und beide Platten in 20prozentige Schwefelsäure einander gegenüber stellt, sodann beide Platten durch einen Draht leitend verbindet, so erhält man einen elektrischen Strom von ungefähr 2 Volt. Der Strom muß nach der unitarischen Auffassung der Elektrizität vom Blei, das sich auflöst, durch den Draht zum Bleisuperoxyd, welches reduziert wird, gehen, so daß als Endresultat auf beiden Platten schwefelsaures Blei gebildet wird.

1.) $Pb + H_2SO_4$ $\qquad$ $PbO_2 + H_2SO_4$

$Pb - 2\ominus = Pb^{\cdot\cdot}$ $\qquad$ $Pb^{\cdot\cdot\cdot\cdot}O''_2 + H^{\cdot}_2SO''_4 + 2\ominus$

$Pb^{\cdot\cdot} + H^{\cdot}_2SO_4'' = Pb^{\cdot\cdot}SO_4 + {}_2H^{\cdot}\ O'' + Pb^{\cdot\cdot}SO''_4 + H_2O.$

Da während dieses Prozesses Schwefelsäure gebunden wird, sinkt das spezifische Gewicht der Flüssigkeit und man kann daraus den Betrag der Umsetzung bemessen. Mit diesem Umsatz wäre nun die Energielieferung dieses galvanischen Elementes beendet. Diese elektrische konstante Kette gehört aber zu den sog. reversiblen Ketten, d. h. es gelingt infolge ihrer ganzen Struktur leicht, die bei der Entladung vor sich gegangenen Prozesse, durch Einführung eines umgekehrt gerichteten elektrischen Stromes rückgängig zu machen, das heißt, die Bleiplatten in den Anfangszustand zurück zu führen. Es wird dann bei diesem sog. L a d u n g s p r o z e ß das Bleisulfat an der einen Bleiplatte wieder zu Blei reduziert, während es an der anderen Bleiplatte wieder in Bleisuperoxyd umgewandelt wird. Infolgedessen wird Schwefelsäure frei, das spez. Gewicht der Flüssigkeit steigt an. Die Bleireduktion findet an der Kathode statt, an der Anode bildet sich Bleisuperoxyd.

2.) $Pb^{\cdot\cdot}SO''_4 + {}_2\ominus = Pb + SO''_4 - Pb^{\cdot\cdot}SO''_4 + SO''_4 + {}_2H_2O$

$- {}_2\oplus = {}_2O$ $\qquad$ $Pb^{\cdot\cdot\cdot\cdot}O''_2 + {}_2SO_4''H_2$

Nun kann man durch Verbindung der beiden Pole wieder die Energielieferung oder sog. E n t l a d u n g nach 1 vor sich gehen lassen.

Bei dem Bleiaccumulator wird also die Möglichkeit benützt, durch die Vorgänge der Elektrolyse die Bedingungen für spätere elektrische Stromerzeugung zu schaffen, mit anderen Worten die elektrische Energie, die z. B. momentan nicht verwendet und als solche nicht aufbewahrt werden kann, in Form von chemischer Energie so aufzusammeln oder zu accumulieren, daß die letztere nach Bedarf in die erstere wieder übergeführt werden kann. Dies geschieht durch Zufuhr von Elektronen, welche von den Bleiionen des Sulfats unter Übergang in Bleimetall aufgenommen werden, um dann bei der Umwandlung des Bleimetalles in Bleiionen, denen Sulfationen gegenüberstehen, wieder in Form des elektrischen Stromes abgegeben zu werden.

Galvanische Ketten, welche nach der Entladung leicht durch den elektrischen Strom regeneriert, d. h. in den ursprünglichen Zustand zurückgeführt werden können, nennt man Sekundärelemente. Das gelingt z. B. auch bei dem Knallgaselement und ist auch beim Daniell-Element möglich; aber der technische Vorteil des Bleiaccumulators liegt vor allem darin, daß dabei 1) ein und dasselbe Metall verwendet wird und 2) daß die entstehenden Verbindungen schwer löslich sind. Die Bleielektrode, welche bei der Ladung des Akkumulators zu Blei reduziert wird, nennt man eine Elektrode zweiter Art, das sind solche Elektroden, welche in Bezug auf das Anion reversibel sind, also welche wie hier z. B. Sulfationen in Lösung schicken und solche wieder aufnehmen.

Da die Ionisierungstendenz des Bleis, also das Streben, Elektronen abzugeben, verhältnismäßig gering ist, so wird die elektrotorische Kraft des Bleiaccumulators vor allem durch das elektrochemische Verhalten des Bleisuperoxydes hervorgerufen. Es muß durch den elektrischen Strom keineswegs, wie z. B. beim Daniell-Element stets das Metall aus dem Ionenzustand erhalten werden; bei den Metallen, die mit verschiedener Valenz auftreten, tritt, wie beim Bleiaccumulator, der Fall ein, daß Ionen nur so viele Elektronen aufnehmen, daß sie in eine niedrigere Valenzstufe übergehen, so daß z. B. aus Cupri-Merkuri-Ferri-Plumbi-Ionen = Cupro-Merkuro-Ferro-Plumbo-Ionen usw. werden.

Diese Möglichkeiten sind auch für Vorgänge bei der elektrolytischen Metallabscheidung von Bedeutung.

Die beim Entladen eines Bleiaccumulators erzielte Elektrizitätsmenge ist nahezu gleich der beim Laden aufgewendeten. Es wird also nicht etwa Energie gewonnen, sondern solche nur aufgespeichert.

Unangenehm ist die im Laufe der Zeit bei unbenützten Accumulatoren eintretende Selbstentladung des Elementes. Das Blei wird nämlich, wenn auch langsam, durch die Schwefelsäure in Bleisulfat übergeführt. Viel schneller geht das jedoch vor sich, wenn fremde Metalle in den Accumulator gelangen, z. B. durch die an den Polen befindlichen Messingklemen, durch unreine Schwefelsäure usw. (s. auch S. 36 u. 124. Es entwikkelt sich dann an dem vom Blei niedergeschlagenen Metall z. B. Kupfer, Wasserstoffgas. Die in Ampére-Stunden auszudrückende und dem Gesamtgewicht der ausfließenden Wassermasse einer Wasserleitung vergleichbare Elektrizitätsmenge, welche ein Accumulator liefern kann, heißt seine Kapazität; sie ist bedingt durch das, auf je ein Kilo der Platten kommende Gewicht der aktiven Masse.

Die Arbeits- oder Energiegröße eines Accumulators wird nach Wattstunden bestimmt. Sie entspricht dem Produkt aus der ausfließenden Wassermenge und der Druckhöhe eines Wasserreservoirs, ist also von dem Verhalten der elektro-motorischen Kraft des Accumulators abhängig.

III. Ein Metall und zwei Elektrolyte.

(Konzentrationsketten.)

Befindet sich in einem Gefäße eine konzentrierte Lösung, z. B. von Zinnchlorür, und überschichtet man dieselbe mit einer verdünnten Lösung desselben Salzes oder mit Wasser, so daß sich die beiden Lösungen nicht mischen, und überläßt das Ganze der Ruhe, so findet man, daß nach einiger Zeit die Konzentration der verdünnten Lösung zunimmt, während diejenige der konzentrierten abnimmt. Es diffundieren die Molekel des gelösten Stoffes gegen die Richtung der Schwere von Orten größerer nach solchen geringer Konzentration, bis die Flüssigkeit in allen Teilen gleichartig geworden ist. Die Kraft, durch welche die Diffusion betrieben wird, entspricht dem Gasdruck, der die Molekel eines Gasvolumens zwingt, einen größeren Raum einzunehmen, wenn ihm derselbe geboten wird.

Schon Buchholz bemerkte, daß beim Verweilen eines Zinnstabes in einer konzentrierten Zinnchlorürlösung, welche mit einer verdünnten Lösung des gleichen Salzes überschichtet war, sich in der konzentrierten Lösung Zinn am Zinnstab ausschied, während in dem verdünnten Abteil sich Zinn vom Zinnstab löste; er erkannte diesen Vorgang als einen elektrochemischen (Konzentrationskette), der später durch Helmholz große Bedeutung erlangte.

Zwei Streifen desselben Metalles, z. B. zwei Zinnstreifen in eine Salzlösung desselben Metalles, also z. B. Zinnchlorür eingetaucht, haben gegeneinander keine Potentialdifferenz; durch einen Draht, der beide Streifen verbindet, fließt demnach kein Strom, die Potentiale an beiden Polen sind entgegengesetzt gleich: —.07 — (—.07) = 0. Wenn aber die Lösung am einen Pol verdünnter ist als diejenige am andern Pol, so herrscht eine Potentialdifferenz, es entsteht ein Strom. Die Verschiedenheit der Konzentration wird hier nicht durch Diffusion, sondern elektrochemisch ausgeglichen. In der verdünnten Lösung löst sich Zinn unter Abgabe von Elektronen auf, geht als positives Ion in Lösung, die Elektronen fließen durch den Draht und verbinden sich mit den Zinnionen der konzentrierten Lösung zu metallischem Zinn, das sich ausscheidet. Der Strom dauert so lange, bis Gleichgewicht der Lösungen, also gleiche Konzentration entstanden ist. Die Chlorionen wandern entgegengesetzt von der konzentrierten

Lösung zu der verdünnten Lösung und halten den in Lösung gehenden Zinnionen das Gleichgewicht, mit anderen Worten, bilden Zinnchlorür.

Dieses schöne, lehrreiche, typische Experiment einer Konzentrationskette kann sehr einfach angestellt werden.

In einen Glaszylinder bringt man konzentrierte Zinnchlorürlösung und schichtet vorsichtig Wasser darüber. Man hängt nun einen Zinnstab, der durch beide Lösungen geht, ein: derselbe wirkt als beide Pole und als Schließungsdraht. In der verdünnten Lösung wird der Zinnstab dünner, in der konzentrierten Lösung schießen Zinnkristalle an.

Die Konzentrationskette ist ein Beweis dafür, daß die Reihenfolge der Metalle in der Spannungsreihe nicht allein durch das Metall, sondern auch durch die Konzentration der Lösung bestimmt wird. Die Reihenfolge ist veränderlich, also relativ.

Aus gewöhnlichen Kupfersalzlösungen verdrängt Zink das Kupfer. Aus Zinklösungen, die das komplexe Ion $Zn\,(C\,N)_2$ enthalten, fällt Kupfer das Zink. Setzt man z. B. in der Daniell-Kette zur Kupferlösung Zyankalium (Bildung von komplexen Zyankupferionen), so wird das Kupfer unedler als das Zink, der Strom nimmt die umgekehrte Richtung an, Kupfer geht in Lösung, Zink wird gefällt.

IV. Einwirkung von statischer Elektrizität (Elektronen) auf Elektrolyte.

Daß eine Einwirkung der Elektrizität auf einen Elektrolyten auch ohne Metallpole stattfinden kann, zeigte Faraday.

Von einer Spitze, welche mit dem negativen Pol einer Elektrisiermaschine in Verbindung war, ließ er negative Elektrizität gegen einen mit Natriumsulfatlösung und schwach geröteter Lackmustinktur getränkten Papierstreifen ausströmen. Der Papierstreifen stand mit dem positiven Pol der Elektrisiermaschine in Verbindung. In kurzer Zeit zeigte die Blaufärbung des Papierstreifens zunächst dem negativen Pole an, daß sich Alkali gebildet hatte, daß also Kaliumionen zum negativen Pol gewandert waren.

Aehnlich verfährt Gubkin.

Unter eine mit dem negativen Pol einer Elektrisiermaschine in Verbindung stehende Metallspitze wurde eine Lösung von Kupfersulfat gestellt, in welche ein mit dem positiven Pol verbundener Draht eingeführt ist. Wenn die negative Elektrizität eine Zeitlang überströmte, bemerkte man, daß sich auf der Oberfläche der Lösung eine dünne Kupferhaut gebildet hatte.

Sehr lehrreich ist auch folgender Versuch O s t w a l d s:

Zwei Gefäße A und B (Fig. 3) seien mit Chlorkaliumlösung gefüllt und isoliert aufgestellt; durch den mit derselben Lösung gefüllten Heber H seien sie zunächst leitend verbunden. Jetzt nähere man dem Gefäße A einen z. B. negativ elektrisch geladenen Körper; durch die Influenzwirkung desselben werden in dem leitenden System A H B die Elektrizitäten getrennt, A wird positiv, B negativ elektrisch. Entfernt man jetzt den Heber H und darauf den Körper K, so behält man A positiv und B negativ geladen. Es ist der alte elementare Influenzversuch, nur an einem Leiter zweiter Klasse ausgeführt.

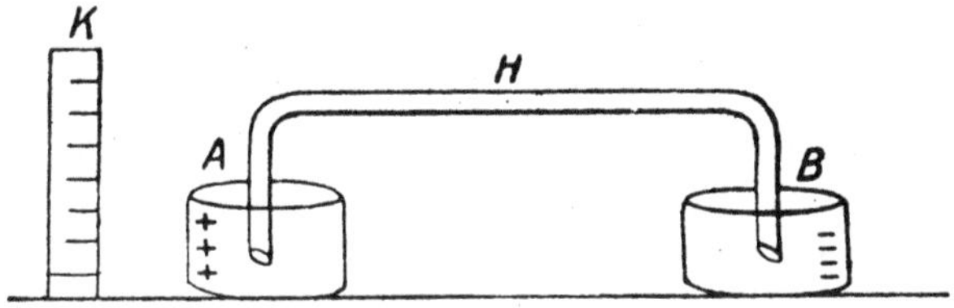

Figur 3.

Nun kann aber in dem Leiter II. Klasse nach dem Gesetz von Faraday die Elektrizität nicht anders, als gleichzeitig mit den Ionen wandern. Daß A positiv elektrisch wird, kann somit nur auf die Weise geschehen, daß positiv elektrische Kaliumatome sich in A versammeln; in B häufen sich negativ elektrische Chloratome an. Die Menge beider hängt von der Intensität der Influenzwirkung ab. Bleibt nach der Trennung A positiv elektrisch, so kann dies nicht anders stattfinden, als indem positiv geladene, unverbundene Kaliumatome in der Flüssigkeit enthalten sind. Entsprechendes gilt für B. Führt man, um A zu entladen, einen mit der Erde verbundenen Platindraht in die Lösung ein, so schwimmen die Kaliumatome zu ihm hin, nehmen Elektronen auf, und wirken alsbald in gewöhnlicher Weise auf das Wasser ein, indem sie Kalium bilden und Wasserstoff entwickeln, welcher, wenn die Elektrizitätsmenge groß genug war, in Bläschen erscheint, in jedem Falle aber den Platindraht polarisiert.

B. Metallabscheidung mit äußerer Stromquelle.

(Galvanische Metallniederschläge, Galvanostegie und Galvanoplastik.)

Die Metallabscheidung durch den elektrischen Strom ist ein von der Elektrizitätsleitung für sich bestehendes Phänomen. Wir stellen uns vor, daß bei Stromschluß eine Zustandsänderung im Elektrolyten derartig eintritt, daß die schon auf der Wanderung in der Richtung der positiven Elektrode befindlichen negativen Bestandteile in derselben Richtung eine Beschleunigung erfahren. Ebenso eilen die in der Richtung der negativen Elektrode in Bewegung befindlichen positiven Ionen beschleunigt ihrem Ziele zu. An den Elektroden tritt eine Anhäufung von Ionen ein.

In einer zylindrischen Flüssigkeitssäule ist die elektrische Kraft überall gleich. Das Potentialgefälle pro cm treibt die geladenen Ionen. Die Wanderungsgeschwindigkeit der Ionen ist verschieden, so legt z. B. das Sulfation nahezu den doppelten Weg in der gleichen Zeit zurück als das Kupferion. Der hierbei auftretende Reibungswiderstand ist der Leitungswiderstand des Elektrolyten und die Ursache der Wärmeentwicklung beim Stromdurchgang. Theoretisch hätte der Strom fast keine Arbeit zu leisten. Tatsächlich aber ist wegen der Verschiedenheit in der Konzentration und anderer Umstände ein größerer oder kleinerer Betrag an Stromarbeit zu leisten, welche in der sog. Polarisation des Bades oder der Badspannung ihren Ausdruck findet.

Die Arbeit des Stromes besteht in folgendem:

Die erste Arbeit leistet der Strom durch die Ueberwindung der Reibungswiderstände, welche die Ionen an den ihnen entgegenstehenden Wassermolekeln erfahren. Die zum Transport der Ionen verbrauchte Arbeit, d. i. die hierzu gebrauchte elektrische Energie, geht in Wärme über (Joule-Wärme).

Die zweite Arbeit des Stromes ist die, den Metallionen die Elektronen zuzuführen, durch deren Aufnahme sie in den metallischen Zustand übergehen, sowie aus dem Metalle der Anoden neue Ionen zu bilden. Die Ionen sind bestrebt, im Ionenzustande zu verharren; um diesem Bestreben entgegenzuwirken, ist eine Potentialdifferenz nötig, welche diejenige der Ionen um ein weniges übertrifft.

Die Abscheidungsspannung der Metalle ist um so kleiner und die Abscheidung geschieht um so leichter, je größer die Konzentration der abzuscheidenden Ionen ist.

Die Geschwindigkeit der Abscheidung wird durch Erwärmen oder Rühren des Elektrolyten erhöht (Schnellelektrolyse).

Unter Polarisation versteht man in der Elektrochemie einen, dem von der Elektrizitätsquelle ausgehenden Strom, entgegengesetzten Strom, welcher infolge elektrolytischer Reaktionen der Elektrodenüberzüge z. B. von Gasen mit Sauerstoff und Wasserstoff auftritt, deren Polarität der ursprünglichen entgegengesetzt ist (Gegenstrom). Solcher Gegenstrom wird verhindert, wenn man in das galvanische Bad Stoffe bringt, welche leicht oxydieren, bzw. reduzieren. Mit andern Worten, wenn man dafür sorgt, daß die an den Elektroden auftretenden Stoffe unwirksam gemacht werden.

Die Polarisation ist nichts anderes als eine einfache, durch Elektrolyse entstandene Kette.

Wenn in einem galvanischen Bade die Leitfähigkeit eine gute ist, wie das z. B. durch Zusatz von Schwefelsäure zum Kupfersulfatbade bewirkt wird, dann ist der Energieverlust in Form von Joulescher Wärme äußerst gering.

Ein Ion kann nur dann aus seiner Lösung austreten, wenn eine Kraft darauf einwirkt, die größer ist als der Lösungsdruck, gerade wie auch elektrisch neutrale Moleküle nicht eher aus ihrer Lösung kristallisieren können, als bis ihr osmotischer Druck größer geworden ist, als derjenige der gesättigten Lösung. Die Ausscheidung eines Ions kann bewirkt werden, wenn man es einer elektrischen Kraft aussetzt. Das ist das Wesen der Elektrolyse. Diese elektromotorische Kraft muß um so größer sein, je größer der Lösungsdruck und je kleiner der osmotische Druck der Ionen ist.

Da die Elektrolyse gleichzeitig an Anode und Kathode erfolgt, so erhält man die Totalkraft, die zur Ausführung einer Elektrolyse nötig ist, d. i. die Zersetzungs- bzw. Abscheidungsspannung, wenn man die Summe der Kräfte bildet, die für die Abscheidung des Kations und des Anions nötig ist. Elektrolyse wird erfolgen, wenn die Abscheidungsspannung groß genug geworden ist, um eine der vorhandenen Kationenarten und eine der vorhandenen Anionenarten abzuscheiden.

Hierdurch ist es möglich, durch Anwendung verschiedener elektromotorischer Kräfte eine elektrolytische Trennung von Metallen zu bewirken. Nicht die Stromdichte ist in erster Linie für den elektrolytischen Prozeß von Wichtigkeit, sondern der Potentialunterschied an den Elektroden. Es gelingt auf diese Weise z. B. leicht, Kupfer von Zink zu trennen. Bei schwachem Strom kann sich aus einer Lösung, die beide Ionen enthält, nur Kupfer abscheiden; verstärkt man den Strom, so fällt auch Zink nieder. In vielen Fällen werden die Ionen des Wassers leichter abgeschieden als die des gelösten Elektrolyten. Bei der Elektrolyse des Kaliumhydroxydes z. B. scheiden sich an der Anode O H Ionen ab, die sich zu Wasser und Sauerstoff umsetzen; an der Kathode jedoch nicht Kaliumionen, sondern trotz ihrer äußerst geringen Konzentration Wasserstoffionen, weil ihr Lösungsdruck viel kleiner ist als der des Kaliums.

Die Abscheidungsspannung wird bei unlöslichen Platinelektroden in der Hauptsache durch eine Polarisationsspannung veranlaßt, indem die beim ersten Stromdurchgang sich bildenden Elektrodenabscheidungen infolge ihrer Lösungstension an den Elektroden entgegengestzte elektromotorische Kräfte erzeugen, welche die Potentialdifferenz des Arbeitsstromes erniedrigen bzw. vernichten, falls sie nicht groß genug ist. Außerdem muß die unter dem Einfluß der Polarisationsspannung verbleibende Klemmspannung noch hinreichen, um den Widerstand des Elektrolyten zu überwinden.

Die Abscheidungsspannungen sind bei normaler Konzentration nach Le Blanc für:

Zinksulfatlösung	$Zn S O_4$	2,35 Volt
Kadmiumsulfatlösung	$Cd S O_4$	2,03 „
Nickelsulfatlösung	$Ni S O_4$	2,09 „

Kupfersulfatlösung	$CuSO_4$	1,57	„
Bleinitratlösung	$Pb(NO_3)_2$	1,52	„
Silbernitratlösung	$AgNO_3$	0,70	„
Schwefelsäure	H_2SO_4	1,67	„
Salzsäure	HCl	1,31	„

Die elektrischen Potentiale ordnen sich hinsichtlich der Metalle nach der elektrochemischen Spannungsreihe. Die folgende Tabelle gibt die wichtigsten Potentiale an, bezogen auf Wasserstoff = 0. (H = — 0,28)

Magnesium	Mg	+	1,482	Volt
Aluminium	Al	+	1,276	„
Mangan	Mn	+	1,075	„
Zink	Zn	+	0,770	„
Kadmium	Cd	+	0,420	„
Eisen	Fe	+	0,344	„
Nickel	Ni	+	0,228	„
Zinn	Sn	+	(>0,192	„)
Blei	Pb	+	0,151	„
Kupfer	Cu	—	0,329	„
Wismut	Bi	—	(<0,393	„)
Antimon	Sb	—	(<0,463	„)
Silber	Ag	—	0,77	„)
Platin	Pt	—	(<0,883	„)
Gold	Au	—	(<1,083	„)
Chlor	Cl	—	1,353	„
Nitration	NO_3	—	1,88	„
Sulfation 1	SO_4	—	1,90	„
„ 2	SO_4H	—	2,60	„
Sauerstoff	O	—	1,12	„
Hydroxyl	OH	—	1,67	„

Ist nun a die erzeugte elektromotorische Kraft an der Kathode und b diejenige an der Anode, so ist die Polarisationsspannung gleich der Summe von a + b; für Kupfersulfat in normaler Lösung nach obiger Tabelle, also —0,329 + 1,9 = + 1,571. Diesen Betrag der Gegenkraft muß die Stromspannung an den Elektroden überschreiten, wenn Elektrolyse vor sich gehen soll. Bei gleichen Anion ist die Abscheidungsspannung um so kleiner, je kleiner das elektrische Potential des Metalles ist, und da diese im Sinne der Spannungsreihe von den Leichtmetallen zu den Edelmetallen abnimmt, um so kleiner, je edler ein Metall ist. Zur Entladung eines Ions an der Elektrode ist dort ein Potential nötig, welches dem Gegenstrom numerisch überlegen ist. Denn bei der Elektrolyse verursachen die an den Elektroden frei werdenden Stoffe einen Gegenstrom, den Polarisationsstrom.

Unterbricht man den elektrolysierenden Strom, dann zeigen die Elektroden eine Spannungsdifferenz gegeneinander, auch wenn sie vor der Elektrolyse keine gehabt haben. An Nickelelektroden kommt dies z. B. von der Wasserstoff- bzw. Sauerstoffbeladung her bzw. durch Bildung von Nickelhydroxyd auf der Anode. (Polarisationsspannung).

Zur Abscheidung eines Metalles aus verdünnter Lösung ist eine höhere Elektrodenspannung nötig als bei größerer Konzentration. Die Änderung macht für jede Zehnerpotenz der Konzentration bei 18° C nur ca. 0,057 Volt aus. Durch Komplexbildung, wobei die Konzentration des Metallions meist sehr klein wird, wird das Entladungpotential in der Regel sehr gesteigert.

Bei mehreren Ionengattungen, die in einem Elektrolyten vorhanden sind, bevorzugt der Strom diejenige, welche zur Entladung die geringste Arbeit erfordert. Erst wenn diese Ionengattung allein nicht mehr ausreicht, um die der Stromdichte entsprechende Strommenge an die Elektrode abzuliefern, beteiligen sich auch andere Ionen an der Entladung (Silber wird z. B. vor Kupfer niedergeschlagen).

Taucht man in eine Salzlösung (Elektrolyten) zwei Elektroden, die mit einer Elektrizitätsquelle in Verbindung sind, so übt die positive Elektrode (Anode) auf die negativen Ionen einen anziehenden, auf die positiven Ionen einen abstoßenden Druck aus. Umgekehrt wirkt die negative Elektrode (Kathode) Mit anderen Worten, die Anionen wandern zur Anode, die Kationen zur Kathode.

An den Elektroden werden die Ionen verändert, indem sie entweder (Kathode) Elektronen aufnehmen oder (Anode) abgeben; sie bleiben dann entweder als Metalle an der Elektrode haften oder gehen weitere Reaktionen ein.

Infolge des von den Elektroden auf sie ausgeübten Zuges wandern die Ionen durch den Elektrolyten und transportieren auf diese Weise, da sie elektrisch geladen sind, Elektrizität durch denselben. 1 Gramm-Äquivalent = 96 500 Coulomb.

Wandert durch eine zwischen den Elektroden senkrecht zur Stromrichtung liegende Ebene in der Sekunde ein Molekül Cl, und ein Molekül K., so sind damit in der Sekunde 2×96 500 Coulomb = 193 000 Ampere hindurchgegangen; denn ob negative Elektrizität in einer Richtung oder positive Elektrizität in entgegengesetzter Richtung fließt, ist gleichbedeutend.

Handelt es sich um ein Schwermetallsalz, z. B. Kupfersulfat, so wandern die Kupferionen zur Kathode, gehen dort unter Aufnahme von Elektronen in metallisches Kupfer über, während die Sulfationen zur Anode wandern, zu denen sich neue Kupferionen von der Kupferanode gesellen.

Wenn man ein Metall-Ion in die metallische Form überführen will, muß man demselben Elektronen aufzwingen oder darbieten. Edelmetallionen nehmen Elektronen leicht auf und geben sie schwer ab, unedle Metallionen nehmen Elektronen schwerer auf, geben dieselben aber d. h. die Metalle leicht ab.

Ob es sich bei der Elektrolyse um Abscheidung und Auflösung eines Metalles oder um andere Vorgänge, z. B. Reduktion von Ferrisalz zu Ferrosalz handelt — immer muß für den Vorgang ein bestimmtes Potential des Geschehens vorhanden sein. Den Metallen gegenüber, welche hier ganz bestimmte Gesetzmäßigkeiten (Nernst'sche Formel) zeigen, nehmen die Gase, insbesondere handelt es sich um W a s s e r s t o f f, eine ganz besondere abweichende Stellung ein. Bei der Abscheidung von Gasen muß man unterscheiden zwischen der Entladung und der Gasbildung. Bei letzterer findet eine Vereinigung von je zwei der entladenen Wasserstoffatome zu molekularem Wasserstoff statt.

$$H^{\cdot} + H^{\cdot} + 2\ominus = H_2$$

Dieser Reaktion setzen nun die verschiedenen Metalle einen verschieden großen Widerstand entgegen; diese Reaktion hat einen großen chemischen Widerstand, der durch die verschiedenen Metalle verschieden leicht katalytisch beseitigt wird. Am leichtesten beseitigen ihn das platinierte Platin; bei diesem tritt die Gasentwicklung bei dem Potential des Wasserstoffes 0 Volt ein. Weniger stark wirken katalytisch das Eisen, und am wenigsten Quecksilber, Blei und Zink. Versucht man z. B. Normalschwefelsäure mit einer Platinanode, aber einer Bleikathode statt einer Platinkathode zu elektrolysieren, so braucht man für dieselbe Stromstärke bei sonst gleichen Verhältnissen erheblich höhere Badspannung; das rührt davon her, daß am Blei die Abscheidung des Wasserstoffes in Gasform erheblich mehr Arbeit erfordert als am Platin. Es besteht ein wesentlicher Einfluß des Elektrodenmaterials auf die Abscheidungsspannung; man nennt die Spannung, um die die Abscheidungsspanung des Wasserstoffes bei einzelnen Metallen größer ist als am platinierten Platin die Ü b e r s p a n n u n g, — und sagt: am Zink entweicht der Wasserstoff bei einer Überspannung von 0,7 Volt (siehe Seite 36).

Diese Tatsache ist von großer Wichtigkeit; sie erklärt viele Befunde, die sich der Theorie nicht hatten fügen wollen.

Säuren sowie Salze solcher Metalle, welche sich schwerer entladen als Wasserstoff, ergeben an der Kathode Wasserstoff, die Salze außerdem die Base des betreffenden Metalles. So wird z. B. in einer Chlornatriumlösung der Strom durch die $Na^{\cdot}$- und Cl'-Ionen transportiert, weil diese in größerer Menge vorhanden sind als die anderen im Wasser stets zu findenden Ionen OH' und $H^{\cdot}$. Die Elektrizitätsübertragung auf die Elektrode aber wird nicht durch die Entladung der Na-Ionen besorgt, sondern durch die $H^{\cdot}$-Ionen, weil diese die geringere Abscheidungsspannung haben. Es verschwinden an der Kathodenseite $H^{\cdot}$ Ionen durch Abscheidung von H_2, zurück bleiben OH'-Ionen, zu denen sich $Na^{\cdot}$-Ionen gesellen, so daß das Resultat ist: $NaOH$ und H_2.

Hierdurch erklärt sich auch die Schädlichkeit fremder Metalle im Bleiakkumulator. Die Redution von $Pb\,S\,O_4$ an der Kathode wäre nicht möglich, wenn das Blei keine Überspannung hätte. In der Tat erhält man auch keine Reduktion des $Pb\,S\,O_4$, sondern Wasserstoffentwicklung, wenn wir $Pb\,S\,O_4$ auf eine Platinelektrode bringen und es kathodisch zu reduzieren suchen.

Ähnliches ereignet sich, wenn ein im Akkumulator vorhandenes Fremdmetall, z. B. Kupfer, sich auf der Blei-Kathode abscheidet. Wir erhalten dann bei der Ladung des Akkumulators nicht mehr Reduktion von $Pb\,S\,O_4$, sondern Wasserstoffentwicklung an den Kupferspuren.

Die Tatsache, daß es möglich ist, im Beisein von Wasserstoffionen, die ja immer vorhanden sind, Zink abzuscheiden, konnte erst durch die Ueberspannung erklärt werden. Wäre diese Überspannung nicht, so würde man Zink ebensowenig wie Aluminium und die anderen unedlen Metalle aus wässeriger Lösung abscheiden können. Aber auch so läßt sich Zink nur aus neutraler oder alkalischer Lösung abscheiden, nicht z. B. aus saurer Lösung von der $H^{\cdot}$-Konzentration 1. Die Abscheidungsspannung des Zinks beträgt 0,77 Volt, die des Wasserstoffs in saurer Lösung wegen der Überspannung nicht 0, sondern, sowie eine noch so dünne Schichte Zink auf der Elektrode erschienen ist, 0,7 Volt. Wasserstoff scheidet sich also in saurer Lösung vor dem Zink ab. In neutraler Lösung aber, wo die Konzentration der H-Ionen etwa 10^{-7} ist, ist die Abscheidungsspannung des H um $0{,}0577 \log 10^{-7} = 0{,}404$ höher als in saurer Lösung und noch viel mehr in alkalischer Lösung. In neutraler Lösung entlädt sich also der Wasserstoff am Zink bei $0{,}4 + 0{,}7 = 1{,}1$ Volt und das Zink scheidet sich hier leichter ab als er.

Eine Kathode kann man auffassen als einen Kondensator, dessen einer Belag das Elektrodenmetall ist, während der andere von den Ionen, die sich ein Stück an der Lösung befinden, gebildet wird. Zwischen beiden muß sich Wasserstoff in bestimmter Schichtendicke ablagern, ehe es zur Ausscheidung von Bläschen kommen kann, und diese Schicht wird durch das elektrische Feld des Kondensators gegen die Elektrode gepreßt und parallel zu ihr ausgedehnt. Nimmt man an, daß eine feinste Gashaut zwischen Metall und Ionenlösung das ideelle Dielektrikum der Doppelschicht vermehrt, so wird nicht nur den Ionen durch sie hindurch die Ladung entzogen, sondern es findet auch an und in ihr die Abscheidung der entladenen Ionen statt. Der entladene Wasserstoff tritt in die Masse der Haut über, vermehrt dadurch zunächst ihre Dicke und treibt die einander anziehenden Körper auseinander, dadurch zugleich den Druck im Innern der Gasschicht vermehrend. Wenn nun gleichzeitig Metall ausgeschieden wird, so schlägt es sich in dieser Schicht nieder, die die Elektrode wie eine Flüssigkeit, und zwar wegen des beträchtlichen Druckes.

unter dem sie steht, wie eine zähe Flüssigkeit, umkleidet. Die Metallausscheidung erfolgt also nicht unter den gleichen Bedingungen wie etwa durch ein gemischtes Reduktionsmittel in wässriger Lösung, sondern gewissermaßen in einem unter Umständen stark viskosem Dispersionsmittel. Erst durch diese Betrachtungen werden die verschiedenen Nickelabscheidungen und die eigentümlichen Kontraktionsverzögerungen in verschiedenen Bädern nach Kohlschütter verständlich.

Als Beispiel dafür, daß bei der Elektrolyse derjenige Vorgang zuerst eintritt, der die kleinste Spannung erfordert, diene folgendes:

Es liege vor eine Lösung von Zinkchlorid, Kupferchlorid und Salzsäure.

Unterhalb eines Voltes findet keine Elektrolyse statt.

Zwischen 1 und 1,4 Volt findet kathodisch nur Kupferabscheidung statt, da die Zersetzungsspannung des Chlorwasserstoffes 1,4 beträgt.

Überschreitet man 1,4 Volt, so können prinzipiell Kupfer und Wasserstoff abgeschieden werden. In Wirklichkeit geschieht der Vorgang, der am leichtesten geschieht; es scheidet sich, solange Kupfer in genügender Menge vorhanden ist, nur dieses aus.

Wendet man starken Strom an, so wird alsbald die Lösung in der Nähe der Kathode an Kupfer verarmen; dadurch wird die Abscheidungsspannung des Kupfers erhöht, und man kann zu einer Stromdichte gelangen, wo der Wasserstoff sich leichter abscheidet als das Kupfer. Kommt man dann über 2,2 Volt E. M. K., so kann sich auch das Zink mit abscheiden, und tut das wirklich, wenn wir eine so große Stromdichte nehmen, daß die Nähe der Elektrode an Kupfer arm wird, d. h. bei hoher Stromdichte wird aus dieser gemischten Lösung Kupfer und Zink, also Messing abgeschieden.

Wenn die Haftintensitäten beider Ionen P und P' sind, so muß der Potentialsprung der die Abscheidung hervorrufenden Stromquelle größer sein als P + P'.

Allen Anionen kommt ebenfalls wie den Kationen ein verschiedener Haftdruck zu; daher oft die großen, zur Abscheidung nötigen Potentiale.

Um die Pole einer Stromquelle zu bestimmen, benützt man Reaktionen, welche die Stromrichtung kennzeichnen, am besten in Form der sog. Polreagenspapiere.

Filtrierpapier wird entweder mit einer Kochsalzlösung, der etwas einer alkoholischen Lösung von Phenolphtalein beigefügt wurde, oder mit einer Stärkelösung (2 : 100), der etwas Jodkalium und Phenolphtalein zugefügt wurde, getränkt und getrocknet.

Beim Anlegen der feuchten Papiere an die Pole gibt sich der negative Pol durch eine Rötung des Papieres (Alkalibildung und dadurch bewirkte Rötung des Phenolphtaleins), der positive Pol durch eine schwarzblaue Färbung (Jodstärke), durch Jodabscheidung zu erkennen.

Bei der elektrolytischen Abscheidung der Metalle aus ihren wässerigen Salzlösungen verlangen die vorhandenen Wasserstoffionen meist eine besondere Berücksichtigung insofern, als ε für Wasserstoff kleinere Beträge ergeben kann als für das Metall. Auf diese Weise können an Stelle von Metallionen ausschließlich Wasserstoffionen zur Entladung kommen; bei gleichzeitiger Entladung erscheinen aber die Metalle oft nicht als festhaftende, dichte Elektrodenüberzüge, sondern in Form eines lockeren, bröckeligen Metallschwamms. Die Gasentwicklung läßt eine ruhige, gleichmäßige kristallinische Ausscheidung in dichter, zusammenhängender Form nicht zustande kommen. Für die Metallfällung wirkt aber der Umstand günstig, daß eine Wasserstoffentwicklung häufig erst bei einem höheren Kathodenpotential eintritt. Der Betrag der **Überspannung** ist hauptsächlich von dem Metall an der Kathode abhängig, in geringem Maße auch von der Stromdichte, indem mit der Stromdichte etwas ansteigt. Die Überspannung ist am kleinsten an sog. platinierten Platinelektroden (+ 0) und beträgt demgegenüber an:

Gold	0,01 Volt	Palladium	0,46 Volt
Eisen	0,08 „	Zinn	0,53 „
Platin (poliert)	0,09 „	Blei	0,64 „
Silber	0,15 „	Zink	0,70 „
Nickel	0,21 „	Quecksilber	0,78 „
Kupfer	0,23 „		

(In ähnlicher Weise, jedoch mit anderen Werten und in anderer Reihenfolge erfordert die anodische Sauerstoffentladung an vielen Metallen Überspannungen.)

Durch die Überspannung wird die vollständige Abscheidung von Metallen, welche elektropositiver als Wasserstoff sind, überhaupt erst möglich. Zur kathodischen Abscheidung eines Metalls aus wässerigen Lösungen ergibt sich nämlich als notwendige Bedingung, daß sein Entladungspotential kleiner sein muß als das Entladungspotential des Wasserstoffions, unter Berücksichtigung der vorhandenen Konzentrationen und der Überspannung.

Ist die Überspannung größer, so tritt bei der Elektrolyse an Stelle der Metallabscheidung Wasserstoffentwicklung ein, weil die hierzu erforderliche Stromarbeit kleiner ist.

Für die in der Spannungsreihe rechts von H stehenden Metalle Cu, Bi, As, Sb, Hg, Ag, Pd, Pt, Au sowie für die Schwermetalle mit großen Werten ergeben sich bei Vermeidung größerer Säurekonzentrationen leicht kleinere Werte, und man kann fast jede Wasserstoffentwicklung verhüten, indem man das Kathodenpotential während der Elektrolyse dauernd unterhalb des Wertes hält. Arbeitet man aber mit höherer Spannung, so läßt sich eine Wasserstoffentwicklung nur zurückhalten, wenn man eine geringe Stromdichte anwendet und für hinreichende Konzentration der Metallionen an der Kathode sorgt. Bei eintretender Konzentrationsverarmung an Metallionen während der Elektrolyse wird an der Kathode sofort Wasserstoff entwickelt. Diejenigen Metalllösungen, für welche das Entladungspotential gleich dem des Wasserstoffes ist, lassen sich nicht ohne Wasserstoffentwicklung elektrolysieren. Man kann jedoch die letztere sehr klein machen, indem man durch Hydroxylionen oder sehr schwache Anionen merkliche Wasserstoffkonzentrationen während der Elektrolyse ausschließt. Die sich bildenden Wasserstoffionen werden dann zu Wasser bzw. wenig dissoziierten Säuren gebunden, wobei das gemeinsame Anion des überschüssigen Salzes den Dissoziationsgrad der schwachen Säure noch vermindert. Sofern Bildungen schwerlöslicher Verbindungen die Anwendung basischer Lösungen nicht erlauben, sind die Alkalikomplexsalze schwacher Säuren wie Alkalimetalloxalate bzw. -pyrophosphate geeignete Elektrolyte für die Abscheidung der elektropositiveren Metalle. Die Metalle der Alkalien und alkalischer Erden sowie Chrom lassen sich aus wässerigen Lösungen nur auf Quecksilberkathoden. und zwar in Form von Amalgamen abscheiden.

Die Stellung des Wasserstoffs in der Spannungsreihe ist für die elektroanalytische Scheidung der Metalle insofern von größter Bedeutung, als es mit ihrer Hilfe vielfach eingerichtet werden kann, daß bei der Elektrolyse nur die Abscheidung edlerer Metalle erfolgt, während die Abscheidung unedlerer Metalle durch Wasserstoffion-Entladung auf Grund seines kleineren Entladungspotential verhindert wird. Wo dieser Zwischenwert des Entladungspotentials $\varepsilon H^{\cdot}$ nicht von vornherein vorhanden ist, da kann man ihn vielfach durch Änderung der Konzentration von $H^{\cdot}$ bzw. der Metallionkonzentrationen künstlich herstellen. Ersteres geschieht durch eine derartige Bemessung der Konzentration der freien Säure, daß das Entladungspotential des Wasserstoffions unter den Wert der Entladungspotentiale der nicht abzuscheidenden Metalle mit Berücksichtigung ihrer Konzentrationen sinkt. Das andere Verfahren besteht darin, daß man durch Komplexbildner die vorhandenen Konzentrationen der nicht abzuscheidenden Metallionen so klein macht, daß ihre Entladungspotentiale größer werden als dasjenige der vorhandenen Wasserstoffionkonzentration. Komplexbildner dieser Art sind beispielsweise Alkalizyanide, welche die Konzentrationen der meisten Schwermetallionen durch Bildung wenig dissoziierter Metallzyanidanionen, wie z. B. $Ag\,Cy_2'$, auf einen außerordentlich kleinen Wert herabsetzen und die Entladungspotentiale stark erhöhen. Hierbei tritt infolge der Änderung der Ionenkonzentrationen zuweilen eine Verschiebung der Entladungspotentialwerte gegeneinander ein, indem z. B. bei gleichen Konzentrationen aus komplexen Zyanidlösungen Zink durch kleinere Kathodenpotentiale abgeschieden wird als Silber, während für die nichtkomplexen Lösungen von Silber und Zink entsprechend der Spannungsreihe das Umgekehrte der Fall ist.

Diejenigen Metalle, welche in der Spannungsreihe links vom Wasserstoff stehen und keine Überspannung für Wasserstoffentladung zeigen, werden aus wässerigen Lösungen durch kleine Stromdichten überhaupt nicht abgeschieden und so leicht von edleren Elementen elektrolytisch getrennt.

Für solche Metalle, welche zu anodischer Abscheidung als Oxyde befähigt sind, ergibt sich ein Verfahren ihrer Scheidung von anderen Metallen bei Verhinderung kathodischer Abscheidung durch Depolarisatoren ohne weiteres. So z. B. für Blei durch Salpetersäure. Anionen werden im allgemeinen durch Wanderung zur Anode und Unfähigkeit zu kathodischer Abscheidung von Kationen getrennt.

Vorausgesetzt, daß Metalle von niederem Potential nicht vorhanden sind, läßt sich die alleinige Abscheidung eines Metalles aus der Lösung mit anderen Kationen dadurch bewirken, daß man die Elektrodenspannung an der Kathode unterhalb des Betrages der Entladungspotentiale der übrigen Kationen hält.

Erhöhung der Stromstärke vermehrt gemäß dem Faradayschen Gesetz die in gleichen Zeiten sich abscheidenden Mengen und vermag so die Dauer der Elektrolyse abzukürzen. Angesichts der geringen Wanderungsgeschwindigkeiten der Ionen tritt aber in verdünnten Lösungen bei größerer Stromdichte sehr schnell eine große Konzentrationsverarmung der sich entladenden Ionengattungen an den Fällungselektroden ein, so daß auch andere Ionen sich an der Entladung beteiligen und die Bildung reiner, festhaftender Elektrodenabscheidungen beeinträchtigen. Sofern daher nicht für Anwesenheit größerer Konzentrationen des zu entladenden Ions an der Fällungselektrode gesorgt wird, arbeitet man in der Elektroanalyse zweckmäßig nur mit kleinen Stromdichten von 0,01 bis 0,02 Amp. pro 1 qcm Elektrodenfläche. Bei Bewegung des Elektrolyten kann man größere Stromdichten anwenden, jedoch gehört eine starke Bewegung dazu, um eine erhebliche Erhöhung der Stromdichte und somit eine wesentliche Beschleunigung der Elektrolyse zuzulassen.

Auch durch Erwärmen des Elektrolyten kann man die Elektrolyse etwas beschleunigen, besonders wenn durch Erwärmung von unten infolge von Wärmeströmungen eine gleichzeitige Bewegung der Flüssigkeit verursacht wird. Wärme erhöht die Wanderungsgeschwindigkeiten der Ionen, vermindert die innere Reibung der Flüssigkeiten und beschleunigt vielfach den Zerfall der Komplexionen und undissoziierten Moleküle. Durch kleine Volumina und geringe Elektrodenabstände kann man die Ionenwege ebenfalls sehr verkleinern und so zur Abkürzung der Elektrolysendauer beitragen.

Als geeignete Salze für die Elektrolyse der Schwermetalle aus wässerigen Lösungen kommen vor allem die Sulfate in Betracht. Salze organischer Säuren sind wegen geringer Ionisation oft unzweckmäßig. Die Chloride bilden in sauren Elektrolyten, abgesehen von geringer Auflösung von Anodenplatin, durch Einwirkung von anodisch entladenem Chlor auf Wasser unterchlorige Säure, welche zur Kathode diffundiert und dort als Depolarisator Entladungen verhindern kann. In stark basischen Lösungen entsteht aber nur Chloration, welches derart nachteilige Eigenschaften nicht zeigt, da es bei Abwesenheit von freier Säure nicht oxydierend wirkt. Auch Nitrationen wirken auf Kathodenpotentiale depolarisierend. Man setzt sie indes in kleinen Konzentrationen zuweilen hinzu, um dadurch kathodische Bildung von Metallhydriden zu verhüten.

Behufs Herstellung von Säurekonzentrationen im Elektrolyten macht man Zusätze von Schwefelsäure, für geringe Aziditäten auch von Essigsäure und anderen organischen Säuren. Zur Verringerung der Azidität setzt man Alkalisalze schwacher Anionen wie Azetate hinzu. Die Elektrolyse nichtsaurer Schwermetalllösungen kann meist nicht ohne Gegenwart von Komplexionbildnern ausgeführt werden, weil andernfalls viele Schwermetalle teils wegen Hydrolyse, teils wegen Bildung schwerlöslicher Salze in Lösungen nicht beständig sind. Ammoniak, Oxalat-, Zyan-, Tartrationen finden als Komplexbildner für Schwermetalle Verwendung. Bei Elektrolyse von Antimon und Zinn benutzt man in den Thioantimonit- und Thiostannatlösungen auch Komplexbildung durch Sulfid- bzw. Polysulfidion. Durch Komplexionbildung werden die Entladungspotentiale der Schwermetalle infolge Verringerung ihrer einfachen Ionenkonzentrationen erhöht, bei den komplexen Zyanionen von Nickel, Eisen, Kobalt soweit, daß ihre Metallabscheidung unterbleibt. Die verschieden starke Änderung der Entladungspotentiale von Schwermetallen durch ein und denselben Komplexionbildner infolge verschieden starker Dissoziationen ihrer Komplexionen ist ein wichtiges Hilfsmittel zur Trennung von Schwermetallen (Wölbling).

Primäre und sekundäre Metallausfällung.

Hierüber führt Arrhenius in seiner „Elektrochemie" folgendes aus:

Schon vor ungefähr 40 Jahren machte Bunsen die Beobachtung, daß Metalle, welche sekundär ausgefällt wurden, eine gleichmäßigere und schönere Oberfläche besitzen, als solche, welche primär abgeschieden waren. Auch hat man beobachtet, daß primär entwickelter Wasserstoff in großen Gasblasen die Lösung verläßt, während sich bei der sekundären Abscheidung, z. B. bei der Elektrolyse einer Alkalisalzlösung gegen eine Quecksilberkathode, ein feiner Nebel von äußerst kleinen Bläschen bildet. Diese Eigentümlichkeit beruht wahrscheinlich darauf, daß ein Stoff, welcher ausgefällt wird, wegen der Arbeitsleistung bei der Oberflächenbildung leichter auf schon vorher vorhandenen Partien desselben Stoffes als auf fremder Substanz sich abscheidet. Man kann ja auch ein Salz, wie etwa Glaubersalz, leicht in übersättigter Lösung halten, sofern nicht Kristalle dieses Salzes anwesend sind, in welchem Fall das ausfallende Salz sich stets an den bereits vorhandenen Kristallen abscheidet, sobald der Sättigungsgrad der Lösung etwas überschritten ist. Fällt man deswegen beispielsweise Silber primär aus Silbernitratlösung aus, so scheidet sich dasselbe körnig, kristallinich ab, da es mit Vorliebe zu den bereits ausgefällten Silberkristallen geht. Wird hingegen das Silber sekundär aus Silberzyankalium elektrolysiert, so scheidet sich primär das positive Ion dieses Salzes, Kalium, ab, welches dann sekundär das Silber ausfällt. Dieses Silber setzt sich natürlich an den Stellen ab, wo sich vorher das primär ausgefällte Kalium befand. Letzteres hat aber keinen Grund an den Stellen auszufallen, wo sich schon das Silber befindet; folglich geschieht die Abscheidung des Silbers gleichförmiger, und es entsteht ein glatter, schöner Überzug der Elektrode. In diesen Fällen braucht man die Stromdichten nicht groß zu machen, sondern es sind oft gerade kleinere vorteilhafter. So arbeitet man bei der Versilberung mit Kaliumsilberzyanid mit 0,15—0,5 Amp/dm^2, bei der Vergoldung mit Kaliumgoldzyanid mit 0,2—0,25 Amp/dm^2.

Aus den erwähnten Gründen bedient man sich beinahe immer in der Galvanostegie, wo es auf eine gleichmäßige Oberfläche des Überzugs ankommt, der sekundären Elektrolyse, wobei man mit Vorliebe, besonders bei der Abscheidung von Silber, Gold und Kupfer, Doppelzyanide anwendet, oft auch, wie bei der Ausfällung von Nickel oder Eisen, das Ammoniumsulfatdoppelsalz des betreffenden Metalles. Diese Arbeiten führt man oft, wie z. B. die Vergoldung, bei ziemlich hoher Temperatur aus, wodurch die sekundären Ausfällungen erleichtert werden (siehe auch Seite 129 und 131.

Verschiedenheit des Temperatureinflusses bei primären und sekundären Prozessen.

Im allgemeinen nimmt die Reaktionsgeschwindigkeit chemischer Prozesse sehr erheblich mit der Temperatur zu. Die sekundären Prozesse sind nun rein chemischer Natur, und eine Temperaturerhöhung vergrößert deshalb ihren Einfluß in hohem Grade. Zwar kennt man eine Ausnahme, nämlich die Wasserstoffentwicklung aus einer Säure in sehr verdünnter (0,1 normaler und schwächerer) Lösung durch Zink, besonders bei hohen Temperaturen. Indessen werden in der Praxis so verdünnte Lösungen wohl sehr selten angewandt, und wir können deshalb im großen und ganzen von dieser Abweichung absehen.

Im Gegensatz zu den sekundären Vorgängen hängen die primären elektrolytischen Abscheidungen nur von der Stromstärke ab, welche ja mit der Temperatur insofern etwas variiert, als der Leitungswiderstand im elektrischen Trog bei Erwärmung geringer wird. Wird also ein primärer Prozeß von einem sekundären Prozeß gestört, so kann man allgemein diese Störung steigern oder erniedrigen, indem man die Temperatur erhöht oder senkt. Bei der Elektrolyse von Kaliumsulfat mit einer Quecksilberkathode wird primär in das Quecksilber Kalium, unter Bildung von Kaliumamalgam, abgeschieden, welches nachher sekundär Wasserstoff entwickelt. Je höher die Temperatur ist, desto früher tritt letzterer Vorgang ein. Unter Anwendung von 0,053 Ampère und einer kreisrunden Quecksilberkathode von 3,7 mm Durchmesser verflossen z. B. bei einer Elektrolyse einer 1 - norm. K_2SO_4-Lösung 25 Sekunden bei 20 °, aber nur 7,6 Sekunden bei 83 °, bis Wasserstoff entwickelt wurde.

Diese Verhältnisse sind nicht ohne Bedeutung für die Praxis. Bei der Abscheidung von Bronze, also von Kupfer und Zinn, wo durch einen sekundären Prozeß das Zinn sich zu lösen und Kupfer niederzuschlagen sucht, darf nach Fontaine die Temperatur 36 ° nicht überschreiten.

In anderen Fällen will man einen sekundären Prozeß begünstigen, und dann ist es gewöhnlich vorteilhaft, nicht zu tiefe Temperaturen zu wählen. So wird vorgeschrieben, daß bei der galvanischen Vergoldung (mit Kaliumgoldzyanür) das Bad auf 70—75 ° gehalten wird, und bei der Abscheidung von Nickel aus Ammoniumnickelsulfat muß die Temperatur, je nach Umständen, 50—90 ° betragen.

Blenden und Schirmelektroden.

Bei manchen Gegenständen ist es erforderlich, daß gewisse Teile, die der Abnutzung stärker unterworfen sind, z. B. bei Versilberung von Bestecken, einen stärkeren Metallbelag erhalten als benachbarte Stellen. Man kann das bewerkstelligen, indem man z. B. die Bestecke, nachdem sie eine gewisse Versilberung erhalten haben, aus dem Bade nimmt, trocknet und an den Stellen, welche nicht verstärkt werden sollen, mit Decklack überzieht, dann wieder ins Bad bringt.

Einfacher geschieht dies (D. R. P, 126053 Buck) indem man z. B. die Löffel derart einhängt, daß je zwei Löffel mit ihren Innenseiten gegeneinander gewendet und nur an den Außenseiten Anoden angeordnet sind, oder daß man (D. R. P. 76 975 Württembergische Metallwarenfabrik) im Bade zwischen Ware und Anode freihängende Platten aus isolierendem Material (Glas, Ebonit usw.) mit entsprechenden Ausschnitten hängt (sog. Blenden). Bei anodischen elektrolytischen Reaktionen, wie man solche bei der Metallfärbung ausführt,*) benutzt man zur Erzielung gleichmäßiger Wirkung bei Gegenständen mit größeren Unebenheiten nach Rudholzner sog. Schirmelektroden.

Die Gegenstände werden als Anode in das Bad gebracht, dieselben müssen vor der Kathode eingetaucht werden; die Kathode (Platin-, Nickel-, Kupfer- usw. Draht oder Blech) wird mit der Hand in entsprechendem Abstand über die Gegenstände geführt; die Schirmelektrode besteht aus einem beiderseits offenen Glasrohr (Länge und Weite nach Bedarf), in welchem die Draht- oder Blechkathode verschiebbar, z. B. in Kork, so befestigt wird, daß der Elektrolyt ohne Verzögerung ein- und austreten kann.

Durch Zurückziehen oder Vorschieben der Kathode innerhalb des Glasrohres läßt sich der Wirkungskreis nach Bedarf verringern oder vergrößern. Es gelingt auf diese Weise, die Tiefen zuerst zu decken.

Ausfällung von Metallen aus der Lösung zweier Metallsalze.

Enthält eine Lösung zwei Metalle von verschiedener Lösungstension, wie etwa Silber und Kupfer als Nitrate, so können bei der Elektrolyse einer solchen Lösung zwei Fälle eintreten. Entweder es ist die elektromotorische Kraft, welche zur Ausfällung angewandt wird, so groß (über 1,14 Volt), daß sie sowohl die Lösungstension des Silbers, als auch diejenige des Kupfers zu überwinden imstande ist, oder aber sie vermag zwar erstere, aber nicht letztere zu überwinden, nämlich dann, wenn sie zwischen 0,7 und 1,14 Volt liegt. Dies gibt eine Methode, welche von Freudenberg vorgeschlagen und angewandt wurde, um Metalle voneinander analytisch zu trennen. Liegen die Lösungstensionen der beiden Metalle einander nahe, so liefert indessen die Methode nicht immer gute Resultate. Auch in der Praxis hat diese Methode große Anwendung gefunden, beispielsweise zur Trennung des Goldes von den Platinmetallen, wobei Gold (aus salzsaurer Lösung) am leichtesten ausgefällt wird, oder zur Scheidung des Silbers vom Kupfer u. a. Metallen (aus salpetersaurer Lösung). Hierher gehört auch der äußerst wichtige Prozeß der Raffination des Rohkupfers.

Reicht die elektromotorische Kraft hin, um die beiden in Lösung befindlichen Metalle auszufällen, so findet im allgemeinen eine gleichzeitige Abscheidung der beiden statt. Sehr oft tritt aber nach der primären Ausscheidung ein sekundärer Prozeß zwischen dem Metall von der höheren Lösungstension und dem Salz des anderen Metalls ein.

Wird z. B. eine Lösung, welche Kupfer- und Zinksulfat enthält, der Elektrolyse unterworfen, so wird, nach der einfachsten

*) Siehe Georg Buchner: „Die Metallfärbung". 6. Auflage. M. Krayn, Berlin. 1920

Annahme, zunächst sowohl Zink als Kupfer ausgefällt; aber in einer sekundären Reaktion wird das Zink gelöst und eine äquivalente Menge Kupfer niedergeschlagen. Dies tritt besonders dann ein, wenn die Abscheidung langsam vor sich geht, d. h. wenn die Stromdichte klein ist. Enthält die Lösung viel Zink und wenig Kupfer, so kann der Fall eintreten, daß sich nicht alles Zink lösen kann, da die Kupferionen nur langsam durch Diffusion zur Kathode gelangen, und man erhält dann eine Abscheidung von Zink neben Kupfer. Auf diese Weise läßt sich Messing elektrolytisch gewinnen. Noch besser gelingt dies, wenn man die Zyanverbindungen der beiden Metalle anwendet, da deren elektromotorische Stellung nicht sehr verschieden ist. Man muß indessen eine hinreichend hohe Stromdichte anwenden (ungefähr 0,6 Am/dm^2), um nicht einen allzu starken Kupfergehalt in der Fällung zu erhalten, wenn gleiche Teile von Zink und Kupfer im Bade gelöst sind. Als Anode wird ein Messingstück angewandt, das aufgelöst wird und so die ausgefällten Metalle im Bad ersetzt (siehe auch später bei Messingniederschlägen).

II.

Spezieller Teil.

Spezielle Angaben über elektrolytische Metallniederschläge ohne äußere Stromquellen

s. a. Seite 91 u. 95.

(Tauch-, Sud- und Kontaktverfahren).

Wenn bei den Vorschriften „Zinkkontakt" vorgeschrieben ist, so geschieht dies einfach dadurch, daß man ein Zinkstäbchen oder einen dünnen Zinkblechstreifen, Eisen- oder Aluminiumdraht so weit in die Flüssigkeit taucht, daß der zu überziehende Gegenstand sicher davon berührt wird.

Diese Art der Erzeugung eines dünnen Metallniederschlages ist leicht zu bewerkstelligen; es ist jedoch dabei notwendig, sich genau an die nachstehend angegebenen Vorschriften und Mengenverhältnisse der einzelnen Stoffe zu halten, da sonst wohl eine Metallabscheidung vor sich geht, aber nicht in der gewünschten Form eines dünnen, zusammenhängenden, festhaftenden Überzuges, sondern z. B. bei konzentrierteren Lösungen, infolge der zu raschen Ausscheidung des Metalles als nicht zusammenhängendes Pulver oder groß kristallinischer Belag).

Einzelne größere Gegenstände taucht man, entsprechend an Drähten aus gleichem Metall, bei Kontaktverfahren an Zink- oder Eisendrähten befestigt, in die Lösungen. Bei Massenartikeln, z. B. Knöpfen, Federn, Nadeln, Nägeln, Plättchen, verwendet man verschiedene Vorrichtungen. So reiht man z. B. kleinere Gegenstände beim Nickelsud auf Zinkdraht auf oder bringt sie, gemischt mit feindrahtigen, blanken Zinkspiralen, in denselben. Beim Silbersud verwendet man, ebenso beim Goldsud, Steinzeugkörbe, siebartig durchlöchert. In diesen werden die Waren einem kürzeren oder längeren schüttelnden Eintauchen unterworfen. Auch schüttelt man die mit der Lösung übergossenen Waren zweckmäßig in Holzkübeln, die an einem Strick aufgehängt sind. Oft ist es von Vorteil, Sand, Sägespäne, Kleie mit den entsprechenden Lösungen zu befeuchten und damit oder mit der Lösung allein die Metallwaren, z. B. Schließen, Haken usw., mit oder ohne Kontaktmetallblechen in hölzernen Drehtrommeln oder Rollfässern rascher Bewegung auch mit maschineller Einrichtung auszusetzen. Es geschieht das z. B. beim Verzinnen und Verkupfern kleiner Eisenwaren.

Da die Siebe aus Kontaktmetall sich mit dem niederzuschlagenden Metall bedecken, so stellen die Langbein-Pfannhauser Werke, Leipzig, Siebe her, aus Kontaktmetall, die auf der Außenseite mit nichtleitenden Stoffen (Hartgummi, Zelluloid) oder dem niederzuschlagenden Metall selbst bedeckt sind.

An Stelle des Zinks oder Eisens ist Aluminium als Kontaktmetall sehr vorteilhaft. Das gleichzeitig auf dem Aluminium abgelagerte Metall läßt sich leicht ablösen mit Hilfe von Salpetersäure, ohne Aluminium zu lösen.

Kleine Gegenstände, wie Ringe, Plättchen, Nägel, Schrauben, Knöpfe u. a. werden bei diesem Verfahren, wie auch bei den elektrolytischen Metallüberzügen, an Drähten aufgereiht ins Bad gebracht, ev. bei flachen Gegenständen, deren Flächen sich berühren würden, durch Glasperlen getrennt; dabei hat stetige Bewegung stattzufinden; auch bringt man die Gegenstände in Sieben in die Lösungen unter beständigem Schütteln. Viele Vorrichtungen besonders für Massengalvanisierungen sind angegeben und patentiert, z. B. rotierende Trommeln mit äußerer Anodenanordnung usw., (siehe hierüber Schlötter Galvanostegie Bd. II. S. 25.)

Verkupferung.

1. Kupferammonverfahren.

Zinkgegenstände lassen sich durch bloßes Eintauchen in eine Lösung von 1 Teil Kupfervitriol in 19 Teilen Wasser und 1 Teil Salmiakgeist (0,91 sp. Gew.) schön und gleichmäßig, dabei auch festhaltend und dauerhaft verkupfern. Diese Lösung eignet sich gut zum Verkupfern von Zinkbedachungen, Dachrinnen u. dergl.

Besonders schöne Resultate erhält man nach meinen Erfahrungen, wenn man zu dieser Lösung pro Liter 80 g Weinsäure zusetzt und dann Salmiakgeist, bis sie eben schwach alkalisch geworden. Die Lösung enthält die komplexen Kupferammoniakionen.

2. Kupfertartratverfahren.

Eine weitere sehr brauchbare Verkupferung auf Zink erhält man nach nachstehenden Vorschriften durch Anwendung einer Lösung von weinsaurem Kupfer in weinsaurem Kalium.

a) Nach der von Lüdersdorff angegebenen, von Langbein modifizierten Vorschrift werden in · 10 l Wasser, welches auf ca. 60 ° C. erwärmt wurde, 1 kg gereinigter, gepulverter Weinstein (Kaliumbitartrat) und 300 g käufliches kohlensaures Kupfer eingetragen und so lange auf der oben angegebenen Temperatur erhalten, bis die von der Zersetzung des kohlensauren Kupfers herrührende Kohlensäureentwicklung aufgehört hat; nun fügt man solange in kleinen Anteilen und unter beständigem Umrühren reinen, kohlensauren Kalk hinzu, bis auf weiteren Zusatz kein Aufbrausen mehr stattfindet. Man hat jetzt eine ca. 1,8% Kupfer enthaltende Flüssigkeit von weinsaurem Kupferkalium · und einen Bodensatz von weinsaurem Kalk. Man filtriert nun ab; die ca. 10 l betragende Flüssigkeit dient zum Verkupfern von Zink durch bloßes Eintauchen. Man legt die gereinigten Gegenstände einfach in die Flüssigkeit, so daß dieselben ganz damit bedeckt sind. Der Niederschlag erfolgt sogleich und nimmt im Verlaufe von einigen Minuten mehr und mehr an Farbe zu, bis endlich das Maximum erreicht ist, d. h. bis die Kupferfarbe am schönsten ist. Vor Eintritt dieses Punktes soll man den Gegenstand nicht herausnehmen.

b) J. Heß gibt an Stelle der vorstehenden Lösung folgende Verkupferungsflüssigkeit für Zink an:

227 g gepulverter Weinstein werden mit 286 g kristallisierter Soda in 1 l Wasser gelöst und zu dieser Lösung nach und nach eine solche von 126 g Kupfervitriol in 1 l Wasser zugegeben. Man läßt den nun entstandenen hellbläulichgrünen Niederschlag absetzen, gießt soviel als möglich die überstehende Flüssigkeit ab und fügt zu dem den Niederschlag bildenden weinsauren Kupfer $^1/_2$ l Ätznatronlösung von 16 ° Bé zu. Die lasurblaue Flüssigkeit dient als Verkupferung.

c) Weil gibt für Tauch- (Zink) und Kontaktverkupferung (andere Metalle) folgende Lösung an:

Man löst 150 g Kaliumnatriumtartrat (Seignettesalz) und 80 g 60%iges Ätznatron in 400 g Wasser, gießt in diese Lösung eine solche von 30 g Kupfervitriol in 400 g Wasser und verdünnt sodann zu 1 l. Diese Lösungen enthalten die komplexen Kupfertartrationen.

3. Zyanverfahren.

Sehr schöne Verkupferungen erhält man mit den zyanhaltigen Zusammensetzungen, deren starke Giftigkeit zu beachten ist.

Diese Lösungen enthalten das komplexe Kupfersalz: Kuprokaliumzyanid, in welchem die Konzentration der Metallionen gering ist.

Im allgemeinen kann jede stark alkalische Zyankupferlösung zur Verkupferung, sei es direkt (Zink) oder mit Zink- oder Aluminiumkontakt (Messing, Eisen) angewandt werden, sofern sie geringe Mengen freies Zyankalium enthält und auf ca. 90 ° C. erwärmt wird. Empfehlenswert sind folgende Lösungen:

Man löst einerseits: 200 g Kupfervitriol in 800 g Wasser und setzt 200 g Salmiakgeist hinzu.

Anderseits löst man: 160 g Zyankalium, 200 g Natriumsulfit in 640 g Wasser und setzt 300 g Natronlauge zu. Beide Lösungen werden gemischt. Ohne Salmiakgeist verkupfert die Lösung nicht. Das Bad wird auf ca. 90 ° C. erwärmt. In dem Maße, als sich Zink löst, wird nach einigem Gebrauche die Verkupferung gelblich, aus dem Kupferbad wird ein Messingbad.

Die Verkupferung nach dem Patente Darlays bietet nach Langbein keine Vorteile vor diesem Verfahren. Sicher kann dasselbe unter Verwendung von Aluminiumkontakt nach dem erloschenen Patente Bosse und Selve zur Kontaktverkupferung verwendet werden, ohne mit Darlays Patent zu kollidieren.

Will man Zink nur stellenweise durch Kupfer färben, so kann man durch Anreiben verkupfern.

Man bedient sich mit Vorteil nachstehender Zusammensetzung:

10 Teile Kupfervitriol, gelöst in 50 Teilen Wasser, gemischt mit 13 Teilen Zyankalium in 50 Teilen Wasser, verdickt mit 100 Teilen weißem Ton.

Mit der Verkupferungsflüssigkeit 2a kann man auch durch Anreiben verkupfern, man braucht sie dann nur mit Schlemmkreide zu mischen, so daß ein flüssiger Brei entsteht. Neuerdings setzt Langbein dieser Zusammensetzung für 10 l zu: 50 g Ätznatron und 30 g reines Zyankalium.

(Durch Zusammenschmelzen von Kupfervitriol, Zyankalium, Ätznatron zu gleichen Teilen mit etwas Wasserzusatz erhält man nach dem Erkalten eine feste Masse, mit der sich durch Anreiben auf dem befeuchteten Zink eine schöne Verkupferung herstellen läßt.)

Kleinere Stahl- und Eisenwaren, auch Stahldraht, sollen oft mit einem hauchdünnen Kupferüberzug versehen werden, um ihnen ein gefälligeres Aussehen zu erteilen, ohne daß Ansprüche an die Solidität der Verkupferung gemacht werden. Man kann sich hierzu einer Lösung aus 1 l Wasser, 50 g Kupfervitriol und 50 g reiner konzentrierter Schwefelsäure, evtl. unter Zusatz von Weinstein, bedienen, in welche die fett- und oxydfreien Eisen- oder Stahlartikel eingetaucht und sogleich mit viel Wasser abgespült und getrocknet werden. Taucht man zu lange ein, so scheidet sich Kupfer pulverig ab und haftet nicht. Für Massenartikel, z. B. Nadeln, Hefte, Ösen, Knöpfe, Schließen, Stahlfedern usw., wird hierbei das sog. Rollfaßverfahren angewandt. Man beschickt ein hölzernes Faß mit obiger, zwei- bis dreifach verdünnter Lösung, bringt dann die Eisengegenstände ein und läßt sofort längere Zeit rotieren. Die Flüssigkeit muß so bemessen sein, daß der Kupfergehalt durch die Waren verbraucht wird. Hierdurch wird ein festes Haften und gleichzeitig Politur erzielt.

Eisen- und Stahlgegenstände, dünner Kupferüberzug:

Am einfachsten und raschesten läßt sich auf Gußeisen, Stahl und Schmiedeeisen eine festhaftende Kupferschichte erzeugen, wenn man nach Stölzel die blanken Gegenstände unter Anwendung einer Bürste mit harten Borsten mit Weinsteinpulver, welches mit Kupfervitriollösung durchtränkt ist, scharf bürstet.

Schöne festhaftende Verkupferung erhält man auf Eisen, wenn man die entfetteten blanken Eisengegenstände etwa 10 Sekunden in folgende Lösung taucht, dann schnell abspült und trocken reibt:

Man löst 10 Gramm Kupfersulfat in 250 cc Wasser, fügt dazu eine Lösung von 15 Gramm Zinnchlorür (sog. Zinnsalz) in 20 Gramm reiner Salzsäure und 100 cc Wasser, und verdünnt dann mit Wasser je 1 Liter.

Diese Verkupferung eignet sich sehr gut zu nachheriger Färbung des Kupferniederschlages z. B. mit einer konzentrierten angesäuerten Lösung von Natriumthiosulfat. (Schwarzfärbung durch Bildung von Schwefelkupfer).

Nach Elsner erhält man auf Gußeisen einen schönen, polierbaren Kupferüberzug, wenn man einen feuchten Niederschlag von Kupferoxydhydrat (Erhalten durch Fällen einer Kupfervitriollösung mittels Ätznatronlauge und Sammeln des Niederschlages auf einem Filter) in einer konzentrierten Lösung von schwefligsaurem Natrium löst.

Nach Gräger bestreicht man mittels eines Pinsels den blanken Gegenstand mit einer Lösung von 2 Teilen Salzsäure, 2 Teilen Wasser, 1 Teil Zinnchlorür (Zinnsalz) und unmittelbar darauf mittels eines Pinsels mit einer Kupferlösung, welche man durch Lösen von 1 Teil Kupfervitriol in 16 Teilen Wasser und Hinzufügen von so viel Salmiakgeist, daß sich der anfangs entstandene hellblaue Niederschlag zu einer klaren lasurblauen Flüssigkeit gelöst hat, erhält.

Noch erwähne ich die empfohlene Pinselverkupferung für Eisen und Stahl, die sich besonders für sehr große, sonst schwer zu handhabende Gegenstände empfehlen dürfte. Der Kupferüberzug kann aber auch naturgemäß nur sehr dünn ausfallen und daher dem Grundmetalle wenig Schutz gegen atmosphärische Einflüsse bieten.

Bei Anwendung dieses Verfahrens hat man sich zunächst zwei entsprechende große Gefäße zu halten, jedes mit einem Pinsel, welcher bei nicht zu großen Gegenständen zweckmäßig so breit zu nehmen ist, daß man mit nur einmaligem Überziehen die ganze Fläche des Arbeitsstückes trifft. In dem ersten Gefäß hält man sich eine Lösung von Ätznatron, welche stark gesättigt sein kann, in dem zweiten Gefäß eine ebenfalls stark gesättigte Lösung von schwefelsaurem Kupfer.

Zur Ausführung der Verkupferung nimmt man einen Pinsel voll von der ersten Lösung und überzieht damit den vorher wohlgereinigten Gegenstand sehr gleichmäßig. Sodann nimmt man einen Pinsel voll von der Kupferlösung und überzieht ebenfalls recht gleichmäßig. Dadurch setzt sich sofort eine Kupferhaut auf dem Gegenstande fest an. Man hat dabei hauptsächlich darauf zu achten, daß der Pinsel nicht zu voll genommen wird und daß man die einmal getroffenen Stellen nicht nochmals trifft, da sonst die Kupferschichte nicht so gut hält.

Zur Ausführung dieser Verkupferung gehört etwas Übung, doch läßt sich diese bald aneignen, so daß man auch größere Gegenstände in dieser Weise behandeln kann.

Zur Verkupferung von Eisen oder Stahl dienen ferner die Seite 138 angegebenen Lösungen, wobei Kontakt angewandt werden muß.

1. Lösung 1, Seite 138, mit Weinsteinsäurezusatz.

2. Lösung 2a und b, Seite 139, erwärmt 85—95° C., mit Aluminiumkontakt.

3. Löung 2 c, Seite 139, erwärmt 85—95 ° C., mit Aluminiumkontakt.

4. Lösungen 3, Seite 139, mit Zink bezw. Aluminiumkontakt.

Messing verkupfert man, indem man die Gegenstände in eine 3—4%ige Kupfervitriollösung, die mit Schwefelsäure angesäuert ist, legt und dieselben mit Eisen oder Zink in Berührung bringt. Nach erfolgter Verkupferung spült man mit Wasser tüchtig ab und trocknet sorgfältigst mit Sägespänen.

Ferner kann man die Lösung 1, Seite 138, mit Zinkkontakt benutzen.

Zinn verkupfert man am besten mit den Kupfertartrat-Lösungen, Seite 139, unter Anwendung von Zinkkontakt.

Aluminium. Wie bei den Überzügen auf Aluminium mit Hilfe des elektrischen Stromes ist hierbei das erste Erfordernis, eine metallisch vollständig reine, von den dünnsten Oxydschichten freie Oberfläche zu erzielen.

Nach dem Verfahren der „Deutsch-Oesterr. Mannesmannröhrenwerke" wird auf Aluminium durch Ansieden ein Kupferniederschlag auf folgende Art erzeugt:

a) Man löst 1 Teil Kupferchlorid in 8—12 Teilen Wasser und bringt den gereinigten, noch feuchten Aluminiumgegenstand in die auf ca. 50 ° C. erhitzte Lösung. Er überzieht sich rasch mit Kupfer. Ein Zusatz von 2 Teilen Chlorkalium erweist sich zweckdienlich.

b) Man versetzt eine konzentrierte Kupfersulfatlösung mit einer 0,5—2%igen Kaliumchloratlösung und legt die Gegenstände in die siedende, mit gleichem bis doppeltem Volumen Wasser verdünnte Lösung. Man erhält so eine dünne Kupferschichte.

c) Aluminium erhält nach Coehn einen festen, selbst durch Zirkularbürsten bearbeitbaren Kupferüberzug, wenn man das gebeizte Aluminium in eine alkoholische Kupferchloridlösung eintaucht.

d) Nach Göttig verreibt man Kupfersulfatlösung mit Zinnpulver oder Schlemmkreide auf dem frisch gebeizten Aluminium.

e) Nach Neesen werden die mit heißer Salpetersäure gereinigten Aluminiumobjekte in nicht zu konzentrierte Kalilauge bei 15—25 ° C. getaucht, bis Wasserstoffgasentwicklung auftritt.

Die abgeschleuderten, nicht abgespülten Gegenstände werden im zyankalischen Kupferbad verkupfert.

f) Nach Schlick wird Aluminium gut verkupfert durch Kochen mit einer schwach sauren Lösung von Kupferlaktat. Die Lösung soll ein spez. Gewicht von 36 ° Bé haben, auch soll nicht zu lange gekocht werden.

Hauptbedingung Reinigung nach e.

Messingüberzug ohne äußere Stromquelle

(Tauch- und Anreibeverfahren.)

Die Herstellung eines Messingüberzuges ohne äußere Stromquelle ist wegen der Ausfällungsverhältnisse der beiden Metalle Kupfer und Zink (s. S. 133) eine kaum ausführbare Sache.

Man benutzt deshalb besser die Bäder mit elektrischem Strom.

Zinnüberzug.

1. Zum Verzinnen von Zink durch Eintauchen oder Anreiben bedient man sich nach Lüdersdorff folgender Vorschrift:

Man erhitzt ein Gemisch von 20 Teilen gepulvertem Weinstein, 10 Teilen Zinnchlorid und 50 Teilen Wasser einige Zeit, d. h. bis zur vollständigen Lösung, auf ca. 60 ° C. Legt man die Zinkgegenstände in diese Lösung, so nehmen sie nach wenigen Sekunden ein graues, mißfarbiges Aussehen an, und dies ist der Zeitpunkt, die Operation zu beendigen. Man nimmt heraus und reibt oder bürstet die Gegenstände, ohne vorher abzuspülen, so lange, bis dieselben vollkommen weiß und glänzend erscheinen. Es ist dies in wenigen Minuten geschehen, und die Gegenstände erscheinen dann mit einem fast silberweißen Überzuge versehen.

2. Nach Wegeler verfährt man behufs eines Zinnüberzuges auf Zink wie folgt:

Man stellt sich eine Lösung her von 1 Teil konzentrierter Zinnchlorürlösung und 10 Teilen Wasser. In diese Lösung bringt man die blanken Objekte 10—15 Minuten bei gewöhnlicher Temperatur. Ist der Gegenstand auf diese Weise verzinnt, so wird er nach dem Abspülen mit Wasser und Abbürsten mit der Stahlbürste getrocknet und evtl. noch mit Schlemmkreide geputzt.

Man kann auch gleich durch Anreiben einen Zinnüberzug herstellen, indem man die Zinnlösung mit so viel reinem Sande versetzt, daß sie einen flüssigen Brei bildet und mit diesem die Gegenstände abreibt oder bürstet. Auch hier erfolgt der erste Anfall des Zinns mit grauer Farbe, die jedoch unter dem Reiben gleich wieder verschwindet.

3. Eisen: nach 1. mit Kontakt; bei Anreibeverfahren setzt man der breiigen Masse Zinkstaub zu.

4. Eiserne Massenartikel, Schließen usw., werden zweckmäßig nach dem Rollfaßverfahren verzinnt. Man beschickt das Faß mit Wasser und Zinnsalz (Zinnchlorür pro Liter 5 g), gibt dann Eisenwaren und kleine Zinkblechstreifen dazu und läßt einige Zeit rotieren.

5. Roseleur empfiehlt als Kontaktverzinnung eine Lösung von 8 g Zinnchlorür geschmolzen, 2 g Zinnchlorür kristallisiert, 20 g pyrophosphorsaurem Natrium in 1 l Wasser.

Zinnbad mit Aluminiumkontakt (Patent Darlay):

1 l Wasser, 3 g Zinnchlorür, 4 g Zyankalium, 5 g Ätznatron. Temperatur 40—50° C.

6. Ein sehr empfehlenswertes, leicht auszuführendes Verfahren ist das von Stolba angegebene.

Hierzu ist nötig Zinkpulver, am besten der sog. Zinkstaub des Handels und eine Lösung von 10 g Weinstein, 50 g Zinnsalz in 1 l Wasser.

Man taucht dann einen Schwamm oder ein Läppchen in die Zinnlösung, überstreicht damit das zu verzinnende Objekt, so daß es überall benetzt wird. Unterdessen hat man einige Messerspitzen Zinkpulver auf einer Glasplatte oder einem Teller ausgebreitet. Man nimmt nun etwas Zinkpulver mit demselben Lappen auf und streicht dasselbe durch kräftiges Reiben auf den zu verzinnenden Gegenstand. Die Verzinnung erscheint augenblicklich, und man hat, um eine gleichmäßige Zinnoberfläche zu erhalten, nichts weiter zu tun, als das Läppchen abwechselnd in die Zinnlösung zu tauchen und etwas frisches Zinkpulver zu fassen, auf den Gegenstand zu streichen usw.. Das Zinnsalz wird hier durch das Zink zersetzt unter Abscheidung von Zinn, welch letzteres sich auf den zu verzinnenden Gegenstand bei vorstehender Behandlung ablagert. Nach der Verzinnung wird mit Wasser gespült und mit Kreide geputzt.

7. Vorzügliche Verzinnung erhält man auf Eisen nach G. Buchner wie folgt:

400 g Zinnchlorür werden in 6 l Wasser gelöst. Diese Lösung gießt man (nicht umgekehrt) langsam unter Umrühren in eine Mischung aus 6 l Wasser und 4 l Natronlauge (evtl. auch Kalilauge) vom spez. Gew. 1,33 = 30,0% Ätznatrongehalt und löst darin 60 g reines Zyankalium. In diese Lösung bringt man die Eisenteile und dann Zinkblechschnitzel. Das Verfahren eignet sich gut zur Rollfaßverzinnung von Massenartikeln und gibt eine weiße, silberähnliche Verzinnung.

Die Struktur und damit das äußere Ansehen, Farbe, Dichte, Glanz, Haltbarkeit usw. des aus verschiedenen Lösungen gefällten Zinnes (ebenso auch der anderen Metalle) ist nicht gleich, sondern sehr verschieden; so verhält sich z. B. das aus saurer Zinnlösung gefällte Zinnpulver ganz anders als das aus alkalischer Lösung erhaltene*).

8. Verzinnung durch Ansieden (Weißsud). Eine vielfach angewandte Methode ist das Verzinnen, sog. Weißsieden von Eisen oder Stahlteilen, z. B. von Haken, Oesen, Stecknadeln usw. Am einfachsten wird dies ausgeführt, daß man 1 l Wasser unter Zugabe von ca. 20 g Weinstein und fettfreier Zinngranalien oder Zinnabfälle in möglichst feiner Form (Stanniol u. dgl.) zum Kochen erhitzt. Nach etwa halbstündiger Kochdauer, wobei das verdampfende Wasser stets ersetzt wird, bringt man die reinen Gegenstände in den Sud. Dieselben, auch Kupfer oder Messing, berührt man mit einem Zinkstreifen. Nach R. Kayser soll ein Zusatz von Nickeloxyd die weiße Farbe und den Glanz der Verzinnung erhöhen.

An Stelle des metallischen Zinns kann man den Sud mit Zinnsalz (Zinnchlorür) bereiten: Man löst 3—5 g Weinstein in 1 l Wasser und setzt dann 2 g Zinnchlorür zu. Beschleunigt wird die Verzinnung durch Zinkkontakt.

9. Gegenstände von Messing, Bronze oder Kupfer verzinnt man durch folgenden Sud:

16 Teile Ammoniakalaun, 1 Teil Zinnsalz (Zinnchlorür) löst man in 300 Teilen Wasser auf und erhitzt zum Kochen. Alsdann legt man die zu verzinnenden Gegenstände in das Bad ein. Ist das Bad durch den Gebrauch erschöpft, so gibt man wieder etwas Zinnsalz zu, doch nicht mehr als auf obige Menge, höchstens 1 Teil.

Hiller hat einen alkalischen Zinnsud aus 30 g krist. Zinnchlorür, 60 g Ätznatron und 1 l Wasser hergestellt, den Stockmeier mit Vorteil zum Verzinnen von Messingbrokat benutzte.

Man löst das Ätznatron in $^1/_2$ l Wasser, das Zinnchlorür ebenfalls und gießt die letztere Lösung in die erstere. Man verfährt in der Weise, daß man in den erhitzten Sud zunächst Zinnstückchen und das Messingbrokat einträgt und dann mit einem Zinnstabe umrührt. Das Messingbrokat verzinnt sich alsdann momentan schön weiß; man gießt oder hebert den überstehenden Sud ab, wäscht zunächst mit reinem, dann mit schwefelsäurehaltigem und schließlich wieder mit reinem Wasser. Gröbere Messingbronzepulver lassen sich auf gleiche Weise verzinnen, während die feinen Sorten leicht eine Einbuße an ihrem Glanze erleiden, zusammenbacken und einer erneuten Politur bedürfen.

Kupfer und Messing werden ferner nach 1., 2., 4, und 5. mittels Zinkkontakt verzinnt.

Aluminium erhält nach dem fr. P. 347 239, Creswick und Shaw, einen Überzug von Zinn durch Eintauchen in eine Lösung von 5 Teilen Zinnchlorid und 200 Teilen Ammoniakalaun.

---

*) Siehe Georg Buchner: „Über das verschiedene Verhalten und die Struktur des aus verschiedenen Lösungen gefällten Zinns" — Chemiker-Zeitung Cöthen 1894, S. 1904.

Wismutüberzug.

15 g Wismutsubnitrat versetzt man mit 100 g Wasser, fügt dann soviel Salpetersäure zu, bis eben Lösung erfolgt. Dann setzt man 30 g Weinstein zu und verdünnt zu 1 l.

Gibt man zu diesem träge arbeitenden Sud 100—200 g gesättigte Kochsalzlösung (G. Buchner), so erhält man einen tadellos funktionierenden Sud, besonders für Messing.

In der Spannungsreihe hat Wismut seinen Platz zwischen dem unedleren Kupfer und dem edleren Antimon. Wegen dieses nur geringen Unterschiedes im elektrolytischen Potential können Wismutlösungen nur unvollständig durch Kupfer gefällt werden.

Arsenüberzug ohne äußere Stromquelle.

Kupfer, Messing, Silber, Eisen, Nickel.

Man taucht die blanken Metalle am besten in eine Lösung von 20 g Arsensäure, 40 g Salzsäure, in 800 g Wasser, welche man auf ca. 50—60 ° C. erwärmt hat. Man erhält so einen schwarzen Überzug von Arsen, der nach dem Abspülen und Trocknen ziemlich fest haftet. Durch Berührung mit Zink erfolgt der Niederschlag in kürzerer Zeit und haftet noch fester.

Antimonüberzug ohne äußere Stromquelle.

Kupfer, Messing, Eisen, Silber.

Hierzu bedient man sich der im Handel käuflichen Antimonchlorürlösung. Durch Eintauchen erhalten besonders Messinggegenstände eine schöne, stahlgraue, ins Bläuliche spielende Färbung durch metallisches Antimon.

Eventuell kann die Lösung mit verdünnter Salzsäure verdünnt werden.

Zu gleichem Zwecke verwendet Pfannhauser eine Lösung von 50 g Schlippschem Salz (Natriumsulfantimoniat) in 1 l Wasser, wodurch auf Kupfer und Kupferlegierungen ein schön dunkelgrauer Antimonüberzug erzeugt wird, am besten beim Erwärmen auf ca. 70 ° C.

Nickelüberzug.

Ansiedeverfahren (Kontaktverfahren).

Auf Eisen und Stahl.

1. Ansiedeverfahren nach Stolba: Man bringt zu einer 10%igen Auflösung von reinem Chlorzink soviel schwefelsaures Nickel, daß die Lösung stark grün gefärbt wird, und erhitzt, am besten in einem Porzellangefäß, zum Kochen; sodann trägt man, unbekümmert um die sich einstellende Trübung durch Ausscheidung von basischem Zinksalz, die vollkommen entfetteten Gegenstände derart ein, daß sie sich möglichst wenig berühren und erhält unter

Zusatz des verdampfenden Wassers 30—60 Minuten im Kochen. Die Nachbehandlung ist die gleiche, wie beim Kontaktverfahren angegeben; die Nickelschicht fällt natürlich sehr dünn aus.

Stahlobjekte, besonders aus gehärtetem Stahl, wiederstehen dem Vernickeln durch Ansieden und zeigen sich selbst nach mehrstündigem Kochen noch nicht vernickelt. Verwendet man aber statt der 10 %igen Chlorzinklösung eine konzentrierte Lösung von Chlorzink, so soll die Vernicklung in einer halben Stunde erfolgt sein.

Es ist erforderlich, die nach diesem Verfahren angesotteten Eisen- und Stahlwaren mehrere Stunden in Kalkwasser zu legen, um die Chlorzinklauge zu entfernen und ihrer späteren, rosterzeugenden Wirkung vorzubeugen. Die Vernicklung ist so dünn, daß sie dem Putzen mit kräftigem Druck nicht widersteht.

2. Nach G. Buchner kann man an die Stelle der lästigen, zu Anrostungen Anlaß gebenden Chloride, essigsaures Ammonium anwenden und erhält mit folgender Lösung beim Ansieden (etwa eine Viertelstunde) einen vorzüglichen Nickelüberzug:

1 l gesättigte Nickelsulfatammoniumlösung,
100,0 g Ammoniumsulfat,
100,0 g Ammoniumazetat.

Auf Kupfer und Messing.

1. Hierzu kann das von Stolba zur Kontaktansiedevernicklung beschriebene Verfahren angewendet werden, welches in folgendem besteht:

In einen blanken, kupfernen Kessel bringt man eine konzentrierte Chlorzinklösung nebst dem gleichen bis doppelten Volum Wasser, erhitzt zum Kochen und setzt tropfenweise soviel reine Salzsäure zu, bis der durch Verdünnen der Chlorzinklösung mit Wasser entstandene Niederschlag verschwunden ist, worauf man eine Messerspitze Zinkpulver hinzubringt; dieser Zusatz bewirkt im Verlauf weniger Minuten, daß das Kupfer des Kessels, soweit es mit der Lösung in Berührung ist, sich verzinkt. Man bringt nun soviel Nickelsalz, am besten schwefelsaures Nickeloxydul, in den Kessel, daß die Flüssigkeit deutlich grün gefärbt erscheint, legt die zu vernickelnden Gegenstände und mit diesen kleine Zinkblechschnitzeln oder Zinkdrahtstücke derart ein, daß recht viele Berührungspunkte geboten werden, und setzt das Kochen weiter fort. Bei richtigem Verlauf des Prozesses sollen die Gegenstände sich nach 15 Minuten überall vernickelt zeigen; ist dies nicht der Fall, so muß man das Kochen fortsetzen, eventuell Zinkstückchen oder, wenn die Lösung nicht grün genug erscheint, neues Nickelsalz zusetzen. Damit der Prozeß gelinge, sind verschiedene Bedingungen zu erfüllen. Die Metallgegenstände müssen ganz sauber entfettet sein, andernfalls setzt sich an den fettigen Stellen kein Nickel an. Die Lösung darf beim Kochen weder durch Ausscheidung von basischem Zinksalz trübe, noch durch freie Salzsäure sauer werden, sonst wird die Vernicklung matt und schwärzlich; es muß daher eine eintretende Trübung sofort durch tropfenweisen Zusatz von Salzsäure, eine zu große Acidität durch vorsichtigen Zusatz einer Lösung von kohlensaurem Natron beseitigt werden. Die auf diese Weise vernickelten Gegenstände müssen gut mit Wasser gewaschen, getrocknet und mit Schlemmkreide geputzt werden.

2. Buchners Verfahren: Kocht man eine Lösung von 250 g Nickelammoniumsulfat und 250 g Chlorammonium (Salmiak) in 1 l Wasser mit reinen, fettfreien Eisendrehspänen und bringt Gegenstände aus Messing oder Kupfer hinzu, so überziehen sich diese mit einer dünnen Nickelschicht, welche ein leichtes Polieren ganz gut verträgt. Die Nickellösung ist öfters zu erneuern.

Man kann auch Zinkblechkontakt oder besser Aluminiumsiebe anwenden. Macht man das Bad mit Ammoniak alkalisch, so vernickeln sich auch eiserne Gegenstände im Aluminiumsieb.

Pfannhauser gibt folgende Vorchrift für die Sudvernicklung mit Zinkkontakt: 1 l Wasser, 60 g Nickelsalz, 30 g. Kochsalz. 10 g Soda.

Ähnlich ist das Verfahren von Bosse u. Selve (D. R. P 84 298).

Patente: D. R. P. 128 863. D. R. P. 127 464 und 172 921. D. R. P. 130 605.

Kobaltüberzug.

Kupfer, Messing.

Während das Vernickeln durch Berührung mit Zink nur unvollkommene Resultate ergibt, gelingt die Kontaktverkobaltung von Kupfer- und Messingwaren leicht, wenn man sich nachfolgenden Bades bedient (Langbein):

10 g Schwefelsaures Kobalt,
20 g Chlorammonium.
1 l Wasser.

Das Bad ist auf 40—50 ° C zu erwärmen; die gut entfetteten und dekapierten Waren aus den genannten Metallen sind in Berührung mit einer nicht zu kleinen, blanken Zinkfläche in das Bad einzutauchen; für kleine Artikel kann man sich hierzu eines Siebes aus Zink bedienen. Nach 3—4 Minuten ist der Ueberzug stark genug, um ein kräftiges Putzen zu vertragen.

Aluminiumkontakt gibt keine guten Resultate.

Silberüberzug.

1a. Kupfer, Messing usw. werden durch einfaches Auftragen nachstehender Zusammensetzung versilbert:

Man löst 10 g salpetersaures Silber in 50 g destilliertem Wasser auf, setzt eine Lösung von 25 g Zyankalium in 50 g destilliertem Wasser hinzu, rührt das Gemisch um und filtriert. Sodann mischt man 100 g Schlemmkreide mit 10 g Weinsteinpulver und benetzt dieses Gemisch mit soviel obiger Lösung, als zur Erzielung einer breiigen Masse erforderlich ist, welche mit dem Pinsel aufgetragen werden kann. Nach dem Auftrocknen spült man ab und trocknet. Die Einhaltung der Verhältnisse zwischen Silbersalz und Zyankalium ist notwendig. Würde man weniger Zyankalium nehmen, würde sich das Silber zu schnell niederschlagen und der Niederschlag eine grauschwarze Farbe annehmen und nur schwach anhaften; bei Anwendung von mehr Zyankalium könnte sich der zuerst entstehende dünne Ueberzug von Silber wieder lösen.

Die Lösung enthält das komplexe Zyansilberkalium, das zu einem geringen Betrage ionisiert ist.

Die Lösung ist auch für Kupfer ohne Zusatz von Weinstein und Kreide anwendbar. Polierte Kupferplatten, die mit Benzin entfettet, mit Zyankaliumlösung von Oxyd- und Oxydulschichten befreit wurden, können damit sehr schön versilbert werden.

Versilberungsflüssigkeit zum Tauchen und Anreiben, mit Natriumthiosulfat (G. Buchner).

1b. 2,8 g Chlorsilber und 10 g unterschwefligsaures Natrium verreibt man mit 100 g Wasser, bis Lösung eingetreten ist. Mit dieser Lösung kann man durch Tauchen oder Einreiben sehr schön versilbern. Blankes, glänzendes Messing z. B. wird beim Einlegen in die Lösung in Bruchteilen einer Minute glänzend versilbert. Auch kann man die Lösung durch anreiben anwenden. Ebenfalls könnte man das Chlorsilber und das Natriumsalz trocken zusammenreiben, beim Gebrauch mit Wasser anfeuchten und anreiben. Die Lösung gibt beim Eintauchen bei gewöhnlicher Temperatur glänzende, beim Erwärmen matte Versilberung. Nach der Versilberung soll gut gespült und getrocknet werden. Die Lösungen sollen vor Licht geschützt aufbewahrt werden. Es empfiehlt sich nicht, größere Vorräte der Lösung, also mehr als man eben braucht herzustellen, da die Lösung einer, wenn auch langsamen Zersetzung unter Abscheiden von Schwefelsilber anheimfällt.

2. Zur Sudversilberung der verkupferten oder vermessingten Waren, sofern sie nicht schon aus Kupfer, Messing oder einer anderen Kupferlegierung bestehen, eignet sich nach Langbein eine heiße Lösung von:

10 g salpetersaurem Silber,
35 g Zyankalium 98%,
1 l Wasser.

Zur Bereitung dieses Silbersudes löst man das Silbersalz in ½ l destillierten Wasser auf, das Zyankalium in dem andern ½ l Wassers und vermischt beide Lösungen unter Umrühren, wobei sich das zuerst ausscheidende Zyansilber sehr rasch löst.

Der Silbersud ist auf ungefähr 80—90 ° C in einer Porzellanschale oder in einem emaillierten eisernen Gefäße zu erwärmen, worauf man die gut entfetteten und dekapierten Gegenstände eintaucht, bis sie gleichmäßig versilbert sind. Ein vorheriges Verquicken ist nicht erforderlich. Der Niederschlag ist glänzend, wenn man nur ganz kurze Zeit eintaucht, und wird bei längerem Verweilen matt, er ist im ersten Falle hauchdünn, im zweiten etwas stärker. Es nimmt die Stärke des Niederschlages durch längere Einwirkung auch nicht mehr zu.

Dieser Sud gab mir noch bessere Resultate bei Verwendung von 20 g reinem Zyankalium und einer Temperatur zwischen 50 bis 90 ° C. Der Silberniederschlag fällt weißer und glänzender aus als bei Anwendung von mehr Zyankalium; man erhält bei mehr Zyankalium oft eine gelbliche, matte, milchig-weiße, auch bläuliche Versilberung. Ein Sud, der etwas matte Versilberung gab, arbeitet nach Zugabe von etwas Ammonkarbonat sofort glänzend. Ebenso erweist sich ein Kochsalzzusatz in Hinsicht auf den Glanz der Versilberung sehr günstig.

Es ist sehr verschieden, ob kleinere oder größere Mengen von Ware versilbert werden. Derselbe Sud gibt oft bei kleineren Mengen tadellose Versilberung, während bei größeren Mengen Fleckenbildung auftritt.

Sehr gleichmäßig erweist sich hier das kalte Tauchverfahren.

Allmählich arbeitet der Silbersud träger und versilbert schließlich gar nicht mehr; man kann dann versuchen, ob durch Zusatz von 5—10 g Zyankalium auf 1 l Sud die Wirkung wieder hergestellt wird; wenn nicht, ist der Silbergehalt fast erschöpft.

Dieser Sud arbeitet auch kalt, wenn man das Zyankalium auf 50 g erhöht.

Ansiedesilberbad für Kupfer, Messing, Neusilber, vermessingte oder verkupferte Eisen-, Zink-, Britannia- und Edelzinnobjekte. 200 g Silbertrisalyt (Chem. Fabrik auf Aktien vorm. Schering, Berlin), 10 l destilliertes Wasser, 15—25 g Zyankalium, 98—100%iges. Temperatur 50—90 ° C.

Bei der Anreibeversilberung wird ein silberhaltiger Teig von einer der nachstehenden Zusammensetzungen mittels eines weichen Leders oder Läppchens auf die entfettete Metallfläche (Kupfer, Messing oder andere Kupferlegierungen) so lange angerieben, bis sie sich überall versilbert zeigt.

Eine der besten Mischungen zur Anreibeversilberung ist nach Langbein folgende:

10 g Chlorsilber,
20 g Weinsteinpulver,
20 g Kochsalz,
Wasser bis zur Teigkonsistenz.

Anstatt trockenes Chlorsilber zu verwenden, nimmt man besser frisch gefälltes Chlorsilber; Stockmeier gibt hierzu folgende Vorschrift:

15 g salpetersaures Silber, gelöst in ¼ l Wasser, versetzt man mit einer Lösung von 7 g Kochsalz in wenig Wasser und rührt anhaltend bis zum Zusammenballen des ausgeschiedenen Chlorsilbers. Das abfiltrierte Chlorsilber verreibt man sodann im nassen Zustande mit 20 g Weinsteinpulver und 40 g Kochsalz; evtl. kann mit Wasser verdünnt werden.

Anreibeversilberung und Verzinnung. (Langer, Duisburg-Meiderich D. R. P. 189879.)

Man verwendet eine Paste aus: 5% Zinkstaub, 0,4% Chlorsilber, 12% Kochsalz, 0,9% Zinnsalz, 20% Weinstein, 51,7% Schlemmkreide.

In dem Hauptpatent Nr. 118922, wobei durch Zusatz von Chlor abgebenden Substanzen, wie Eisenchlorid, Kupferchlorid, Zinnchlorid oder deren Verbindungen, welche das Chlorsilber unverändert erhalten, mit und ohne Beimengung von Putzmitteln (Schlemmkreide, Ton, Ammoniak usw.) relativ sehr wirksame und haltbare Versilberungsgemische hergestellt werden sollen, ist ein Verfahren zur Erzeugung eines Silberüberzuges auf metallischen Gegenständen beschrieben, bei welchem eine Mischung von Chlorsilber mit Alkalisalzen und reduzierbaren Metallchloriden verwendet wird. Es hat sich gezeigt, daß in diesen Mischungen die Alkalisalze ganz oder teilweise durch die Halogenverbindungen, besonders die Chloride der Erdalkalimetalle, der Metalle der Magnesium- bezw. Aluminiumgruppe, mit Vorteil ersetzt werden können. Durch diesen vollständigen oder teilweisen Ersatz wird eine Erhöhung der versilbernden Wirkung des Gemisches erreicht. (D. R. P. 122908 vom 8. Mai 1900; Zus. zum Patent 118922. Chr. Göttig, Wilmersdorf bei Berlin).

Zink versilbert man am besten nach Vorschrift 1.

3. Nach Roseleur ist zur Eintauchversilberung und Silbersud (Glanzversilberung) für Kupfer, Kupferlegierungen eine Lösung von salpetersaurem Silber in schweflig-saurem Natrium (von Roseleur fälschlich als doppelt-schweflig-saures Natrium bezeichnet) gut geeignet; man stellt diese her, indem man in eine mäßig konzentrierte Lösung von schweflig-saurem Natrium unter Umrühren solange von einer Silbersalzlösung gießt, als sich der entstehende Niederschlag von schweflig-saurem Silber löst. Sobald die Lösung des Niederschlages langsam und schwierig erfolgt, hört man mit dem Zusetzen von Silberlösung auf. Dieser Sud kann kalt oder warm angewendet werden, und man gibt neue Silberlösung zu, wenn der Sud anfängt, in seiner Wirkung nachzulassen; zeigt aber hierbei der Sud kein Auflösungsvermögen für das sich bildende schweflig-saure Silberoxyd, so muß

man eine konzentrierte Lösung von schwefligsaurem Natrium zufügen.

Die zur Bereitung des Silbersudes dienende Sulfitlösung soll 22—26 ° Bé zeigen.

Nach Langbein stellt man sich durch Auflösen von käuflichem, neutralem, schwefligsaurem Natrium eine gesättigte Lösung dieses Salzes her, welche alkalisch reagieren wird, da das Salz häufig etwas kohlensaures Natron enthält.

Zu dieser Lösung gibt man unter Umrühren von einer bei 50 ° C gesättigten Lösung von doppelt-schwefligsaurem Natrium solange zu, bis schwache Rötung des eingetauchten Lackmuspapieres eintritt und auch nach öfterem Umrühren dasselbe schwach gerötet wird. Zu dieser Sulfitlösung gibt man nun von einer konzentrierten Lösung von salpetersaurem Silber, bis die sich ausscheidenden Flocken von schwefligsaurem Silber nur noch träge wieder in Lösung gehen. Kayser gibt an: 1 kg Mononatriumsulfit in 11 l Wasser; dazu eine Lösung von 60 kg Silbernitrat in 200 g Wasser.

4. Will man mittels Zinkkontakt versilbern, so kann man eine verdünnte Zyansilber-Zyankaliumlösung anwenden, am besten von folgender Zusammensetzung:

17 g salpetersaures Silber löst man in 500 g Wasser auf und gibt die Lösung zu einer Lösung von 25 g reinem Zyankalium in 500 g Wasser. Anwendung in der Wärme.

5. Einen schönen Silberüberzug liefert auch folgende Lösung mit Zinkkontakt:

10 g salpetersaures Silber werden in Wasser gelöst und mit Salzsäure Chlorsilber ausgefällt; man wäscht aus, gießt dann das über dem Chlorsilber befindliche Wasser ab, löst in 70 g Salmiakgeist, setzt dann 40 g reines Zyankalium, 40 g kristallisierte Soda, 15 g Kochsalz zu und so viel destilliertes Wasser, daß das ganze 1 l beträgt.

Man wendet am besten das Bad warm an, damit der Niederschlag nicht zu langsam erfolgt.

Das nach der einen oder anderen Methode dargestellte Tauchbad arbeitet gut und hat den Vorteil, daß es eine schöne Glanzversilberung erzeugt. Läßt man die Waren längere Zeit in diesem Bade, so geht der glänzende Silberüberzug durch Verstärkung in Matt über; zur Erzielung der Glanzversilberung empfiehlt es sich, das Bad nur kalt zu gebrauchen. Es muß möglichst gegen die Einwirkung des Lichtes geschützt werden, da hierdurch allmählich eine Zersetzung stattfindet.

E i s e n und S t a h l erhalten einen dünnen Silberüberzug nach folgendem Verfahren:

1. Verfahren von Roseleur (3).

2. Verfahren 4, mit Zusatz von 8—10 g Ätzkali pro. L. Aluminium-Kontakt.

Versilberung von Eisen und Stahl (Patent Darlay 128318) im heißen Bade: 1 l Wasser, 1,25 g Silbernitrat, 12,5 g Zyankalium, 25 g Natriumphosphat.

Für Kontaktversilberung werden Eisenteile vorher verkupfert oder vermessingt.

Das unter dem Namen Weißsieden bekannte Verfahren, kleine Artikel, wie Haken, Oesen, Nadeln im Silberweißsude hauchdünn mit Silber zu überziehen oder, besser gesagt, zu färben, unterscheidet sich von den vorgenannten Eintauchverfahren, die die Versilberung in wenig Sekunden bewirken, dadurch, daß es ein längeres Sieden erfordert. Das Verfahren ist folgendes:

Man bereitet einen Teig aus Chlorsilber (gefällt aus 25 g salpetersaurem Silber), Weinsteinpulver 1250 g, Kochsalz 1250 g, indem man die Silbersalzlösung mit Salzsäure fällt, das Chlorsilber auswäscht und mit den angegebenen Mengen Weinsteinpulver, Kochsalz und Wasser zu einem Brei mischt, den man in einem dunklen Glase zur Vermeidung der Zersetzung des Chlorsilbers durch das Licht aufbewahren muß. Sollen kleine Artikel aus Kupfer oder Messing, die vorher zu entfetten und durch Gelbbrennen zu dekapieren sind, weißgesotten werden, so erhitzt man in einem emaillierten Kesselchen von 3 bis 5 l Inhalt destilliertes Wasser zum Sieden, gibt 2 bis 3 gehäufte Eßlöffel voll Teig hinzu, der sich ziemlich auflöst, und bringt nun das die Metallobjekte enthaltende Steinzeugsieb in den Weißsud, wobei man die Objekte mit einem Glas- oder Holzstabe fleißig umrührt. Ehe man eine neue Menge Waren in den Sud bringt, muß der Silberteigzusatz erneuert werden. Nimmt das Weißsudbad schließlich eine grünliche, vom aufgelösten Kupfer herrührende Farbe an, so ist es für diesen Zweck unbrauchbar geworden und wird zu den Silberrückständen gegeben.

Eisendraht-Versilberung.

Will man Eisendraht matt versilbern, so legt man denselben zunächst zur Vorbereitung in verdünnte Schwefelsäure (10 Teile auf 100 Teile Wasser) als Beize, zieht denselben darauf durch konzentrierte Salpetersäure, in der sich etwas Kienruß befindet, Darauf bringt man den Draht in eine Kupferlösung, bestehend aus 1,6 kg Aetznatron, 1,5 kg Weinstein, 0,350 kg Kupfervitriol, 10 l Wasser, und verbindet denselben mit Blei- oder Zinkstreifen.

Zur Versilberung nimmt man folgenden Sud, bestehend aus: 100 g salpetersaurem Silber, gelöst in 10 l Wasser, sodann 350 g Zyankalium hinzugesetzt.

(Siehe auch bei Verzinnung als Vorbereitung für Versilberung).

Aluminium wird nach Neesen versilbert, indem man die mit heißer Salpetersäure gereinigten Objekte in nicht zu konzentrierte Kalilauge bei 15—25 ° C taucht, bis Wasserstoffentwicklung eintritt. Die dann abgeschleuderten aber nicht abgespülten Gegenstände werden durch Eintauchen im zyankalischen Silberbad versilbert.

Als einfachste Tauch- bezw. auch Anreibeversilberung gibt bereits Kobell (1840) folgendes an:

Man setzt zu einer konzentrierten Lösung von Kochsalz eine kleine Menge einer Lösung von salpetersaurem Silber, schüttelt den entstandenen Niederschlag von Chlorsilber mit der Flüssigkeit und filtriert. Legt man ein blankes Kupferblech in diese Flüssigkeit, so wird dasselbe in 10—15 Minuten versilbert; nach dem Abspülen wird durch Reiben glänzend gemacht.

Goldüberzug.

Zink, Zinn, Eisen, Stahl, Kupfer, Messing, Silber.

1. Gegenstände aus Zink werden mit nachstehender Mischung vergoldet, indem man dieselbe mit einem Pinsel aufträgt oder anreibt. Den so überzogenen Gegenstand braucht man alsdann nur zu waschen und zu bürsten.

20 g Goldchlorid löst man in 20 g destilliertem Wasser und fügt eine Lösung von 60 g Zyankalium in 80 g Wasser zu, rührt einige Male um und filtriert, dann mengt man die klare Lösung mit 100 g feiner Kreide und 5 g Weinstein, und zwar setzt man die Flüssigkeit langsam der Kreidemischung und nur so viel zu, bis ein Brei entstanden ist, der sich mit einem Pinsel auftragen läßt.

2. Eiserne oder stählerne polierte Gegenstände werden zuerst durch Eintauchen in eine Lösung von 5 kg Kupfervitriol und 2 g Schwefelsäure in 1 l Wasser verkupfert, dann in eine heiße Goldlösung getaucht, bestehend aus:

6,0 g Goldchlorid,
75,0 g Wasser,
22,5 g kristallisierte Soda.

Der Goldüberzug läßt sich polieren.

Auf Eisen oder Stahl erhält man durch Auftragen einer Lösung von Goldchlorid in Aether nach Verdunstung des Aethers einen Goldüberzug, der durch Reiben Goldglanz erhält. Durch Zeichnen mit einer in die Lösung getauchten Gänsefeder lassen sich so auf Eisen oder Stahl aus Gold bestehende Ornamente usw. leicht hervorbringen.

3. Durch bloßes Eintauchen kann man leicht vergolden mit einer Lösung von 5 g Goldchlorid und 400 g pyrophosphorsaurem Natrium in 5 l Wasser.

Diese Lösung gibt auf Messing, sowohl kalt als auch warm, sehr schöne Resultate, doch ist dabei Zinkkontakt nötig.

Eisen, Stahl, Zink und Zinn werden am besten vorher verkupfert oder vermessingt. Alle mit Pyrophosphaten hergestellten Bäder vergolden leicht und schön, so lange sie neu sind, zersetzen sich aber bald.

Eine Rotvergoldung ist durch Eintauchverfahren nicht erreichbar; man kann die Goldfarbe bei dem Tauchverfahren nuancieren durch die Verwendung einer röteren Metallunterlage, z. B. Tombak.

4. Rötliche Anreibevergoldung erhält man, wenn man der Goldlösung etwas salpetersaures Kupfer zusetzt.

Folgende Lösung gab mir zur Anreibevergoldung für Kupfer, Zink und Messing (Silber geht nicht) gute Resultate: 20 g Goldchlorid, 40—60 g Zyankalium, 5 g Weinstein, 100 g Wasser, 100 g Schlemmkreide. Wird mit wollenen Lappen aufgerieben.

5. Zum Vergolden mittels Zinkkontakt ist nachstehende Lösung sehr brauchbar:

2 g Goldchlorid, 10 g schwefligsaures Natrium, 5—10 g Zyankalium, 60 g phosphorsaures Natrium werden in 1 l Wasser gelöst und das Bad erwärmt angewendet.

Auch folgende Lösung, welche kalt angewendet wird, leistet die besten Dienste:

10 g Goldchlorid,
30 g Zyankalium,
20 g Kochsalz,
20 g kohlensaures Natrium,
1½ l Wasser.

Will man das Zyankalium vermeiden, so kann man folgende Lösung an die Stelle der vorhergehenden Vorschrift setzen:

7 g Goldchlorid,
30 g gelbes Blutlaugensalz,
30 g kohlensaures Natrium,
30 g Kochsalz,
1 l Wasser.

6. Als Eintauchvergoldung ohne Zinkkontakt (Goldsud) leistet folgende Zusammensetzung von Langbein gute Dienste. Diese Lösung vergoldet Kupfer und Messing; Eisen, Stahl, Zink und Zinn werden vorher gut verkupfert.

5 g phosphorsaures Natrium, 3 g Aetzkali, 1 g Goldchlorid. 16 g Zyankalium löst man in 1 l Wasser.

Man löst in ¾ l Wasser das phosphorsaure Natrium und Aetzkali kalt auf, in ¼ l Wasser das Zyankalium nebst dem Goldchlorid und vermischt beide Lösungen. Der Sud ist auf Kochhitze zu bringen, sein Goldgehalt läßt sich fast gänzlich ausnutzen, ohne daß eine Zersetzung beim Aufbewahren des Sudes eintritt. Werden die Gegenstände rot — setzt man etwas Zyankalium —, werden dieselben grau oder mißfarbig, oder bleiben sie unvergoldet — etwas Goldlösung zu. Will der Sud nicht mehr gut angreifen, so setzt man ein wenig Zyankalium, ca. 5 g, zu und benutzt ihn zum Vorsieden so lange, bis überhaupt keine Goldabscheidung in demselben mehr erzielt werden kann. Die vorgesottenen Gegenstände taucht man dann noch einige Sekunden in einen frisch bereiteten Sud gleicher Zusammensetzung, um den Ueberzug zu vollenden bezw. zu verstärken:

Stockmeier empfiehlt folgenden Goldsud:

0,6 g Chlorgold,
6 g Natriumphosphat,
1 g Natriumhydroxyd,
3 g Natriumsulfit,
10 g Zyankalium (99%),
1 l Wasser.

Die durch Eintauchen erzielte Goldschicht ist in allen Fällen nur sehr dünn, da sich nur soviel Gold niederschlägt, als der gelösten Menge des Grundmetalles entspricht; will man im Goldsud stärker vergolden, so muß die Wirkung des Zinkkontaktes zu Hilfe genommen werden.

Den Uebelständen, welche sich bei dieser Vergoldung durch Anpinselung oder andere Verfahren ergeben, will Christian Göttig abhelfen durch Goldlösungen (D. R. P. Nr. 134428), mittels welcher man durch bloßes Aufpinseln auf Silber, Stahl, Nickel, Alfenide usw. infolge selbsttätiger Reduktion eine gute und hinlänglich dauerhafte Vergoldung erhält, ohne daß die bisher bei einschlägigen Versuchen eingetretenen Hindernisse und Schwierigkeiten durch schnelle Zersetzung der Goldlösung oder mißfarbige Beschaffenheit des reduzierten Goldüberzuges hervortreten.

Zur Herstellung der Vergoldungsflüssigkeit wird in der Regel das Goldchlorid verwendet. Dieses wird in wässeriger Lösung mittels Lösungen von geeigneten Schwefelverbindungen, wie z. B. Natriumsulfid, Natriumarsenpersulfid, Rhodanalkalien usw. zersetzt, wodurch man gewöhnlich unter Zusatz von Oxalsäure mit Alkohol und evtl. anderen organischen Lösungsmitteln für gewisse Goldsalze, wie Rhodankaliumlösung, verschieden gefärbte Ueberzüge erhalten kann. So ergeben sich z. B. aus Goldchloridlösung mit Natriumsulfidlösung, Alkohol und Putzmitteln meistens bräunliche, aus Goldchloridlösung, Alkohol und Natriumarsenpersulfidlösung unter Bildung von Goldarsenpersulfid $2\,Au_2\,S_3, As_2\,S_5$ mitunter rötliche Beläge, aus Goldchloridlösung mit überschüssiger Rhodanammoniumlösung, Alkohol und Oxalsäurelösung oder Weinsäurelösung meist gelbe Ueberzüge. Die Färbung der Vergoldungsschicht hängt selbstverständlich auch wesentlich von der Natur des zu vergoldenden Metalles ab. Die Konzentration der

Vergoldungsflüssigkeit ist je nach der angestrebten Schnelligkeit des Erfolges verschieden und muß erheblich höher sein, wenn die Vergoldung durch Einpinseln, als wenn sie durch Eintauchen geschehen soll.

Für Kontaktvergoldung werden Eisenteile vorher verkupfert oder vermessingt. Gegenstände, die vergoldet werden, sollen nie eine weiße Metallunterlage haben, wegen des Farbtons an sich und wegen der Abnützung.

Aluminium erhält vor der Vergoldung zweckmäßig einen Zinnüberzug (s. bei Verzinnung).

Platinüberzug.

Kupfer, Messing, Neusilber, Stahl und Eisen.

1. Hierzu dient die Vorschrift Fehlings, die sich für leichtere Platinierung von Bijouterieartikeln ganz gut eignet. Der genannte Autor empfiehlt eine Lösung von 10 g Platinchlorid, 200 g Kochsalz in 1 l Wasser, die man durch Zusatz von etwas Natronlauge alkalisch macht und zum Gebrauche auf Siedetemperatur erhitzt (Zinkkontakt).

Sollen größere Gegenstände durch Kontakt verplatiniert werden, so umwickelt man sie, nachdem gründlich entfettet und dekapiert, eventuell verkupfert wurde, mit Zinkdraht oder legt sie auf ein blankes Zinkblech und führt sie in das erwärmte Bad ein. Alle übrigen Manipulationen sind dieselben wie bei anderen Kontaktverfahren.

2. Nach Böttger setzt man einer Lösung von 10 g Platinchlorid in 200 g Wasser solange in kleinen Portionen kohlensaures Natrium zu, als noch Aufbrausen erfolgt; dann löst man in der Flüssigkeit 2 g Stärkezucker auf und fügt schließlich soviel Kochsalz dazu, bis das beim Platinieren sich ausscheidende Platin nicht mehr schwärzlich, sondern rein weiß erscheint. Die Lösung wird angewendet, indem man dieselbe auf 60 ° C erwärmt und dann die Gegenstände aus Kupfer, Messing, Neusilber u. a. in einem siebartig durchlöcherten Zinkgefäß einige Augenblicke eintaucht. Man spült dann ab und trocknet zwischen Sägespänen.

3. Kupfer- und Messinggegenstände werden in einer Lösung von nachstehender Zusammensetzung verplatiniert:

1 Teil Platinsalmiak,
8 Teile Chlorammonium,
32—40 Teile Wasser.

Diese Lösung wird in eine Porzellanschale zum Sieden erhitzt, die reinen Gegenstände eingelegt, worauf sie in kurzer Zeit einen Platinüberzug bekommen, welcher, gewaschen und getrocknet, mit Kreide geputzt wird.

4. Stahl ung Eisen lassen sich gut mit einer Lösung von Platinchlorid in Aether oder einer Lösung von Elaylplatinchlorid (durch länger fortgesetztes Kochen einer alkoholischen Lösung von Platinchlorid erhalten) platinieren.

5. Platinieren durch Anreiben gelingt, wenn man die blanken Metallgegenstände mit einem Gemenge von gleichen Teilen Platinsalmiak und gereinigtem Weinstein einreibt.

Als einfachste Verplatinierung gibt bereits Kobell (1840) folgendes an:

Man setzt zu einer konzentrierten Kochsalzlösung einige Tropfen Platinchloridlösung, so daß die Flüssigkeit blaßweingelb erscheint. Legt man in diese Flüssigkeit ein blankes Kupferblech, dann erhält man nach einer Stunde eine schöne, festhaftende Verplatinierung.

Galvanit.

Unter diesem Namen werden von A. Rosenberger, London, „J. Sc. Arts.“ Bd. 58, S. 298, U. S. P. 970755, 970852, verschiedene trockene Pulver eingeführt, welche beim Gebrauch mit Wasser angerührt und dann schnell auf den Gegenstand aufgerieben werden, welcher vorher nicht sorgfältig von alten Metallresten befreit zu werden braucht. Das Verfahren soll namentlich für Zinn, Zink, Nickel, Silber sehr bequem sein. Die Pulver bestehen aus Metallsalz, einem positiven Metall (dasselbe Metall, aber gewöhnlich Magnesium, auch Zink, Aluminium und einem Verdünnungsmittel, Kreide, Kieselgur, Dextrin. Die Nickelmischung besteht aus 60 Nickel-Ammoniumsulfat, 3 Magnesium, 30 Kreide, 7 Talk, alles trocken und gepulvert; das Magnesium wird zuvor in Wachs getaucht. Das Metall mit dem höheren Lösungsdruck soll das andere Metall reduzieren. Rosenberg will auch verhältnismäßig dicke und mechanisch feste Ueberzüge gewinnen.

Spezielle Ausführungen zur Praxis der galvanischen Metallniederschläge.

Schon in der Einleitung zu diesem Buche (siehe Seite 21 u. 29) habe ich hervorgehoben, daß es sich bei der Galvanostegie und Galvanoplastik um die Erzielung dichter, zusammenhängender, glatter und biegsamer Metallniederschläge handelt.

Wenn auch über die hierzu für die verschiedenen Metalle erforderlichen Bedingungen noch manches unerforscht und unbekannt ist, so sind doch in den letzten Jahrzehnten, den früheren, ganz auf die Empirie angewiesenen Zeiten gegenüber, durch die Entwicklung der Elektrochemie ganz bedeutende Fortschritte gemacht worden.

Die Verhältnisse liegen hier durchaus nicht einfach, da meist mehrere Ursachen zusammenwirken, die in den gegenseitigen Beziehungen zwischen der Beschaffenheit des Elektrolyten (sog. Galvanisches Bad) und den Stromverhältnissen liegen und Aenderungen des einen Faktors eine solche des anderen Faktors bedingen.

Theoretisch stellt das galvanische Bad ein stationäres System dar, also einen Zustand, der trotz fortwährender Aenderung durch Selbstregulierung anscheinend gleich bleibt.

Praktisch aber erleidet diese Selbstregulierung oft beträchtliche Verschiebungen, welche dann Störungen mancherlei Art hervorbringen, die behoben werden müssen.

Bei den einzelnen Metallen ist das Nötige ausgeführt und schicke ich hier über die Hauptfaktoren folgende Zusammenfassung voraus:

1. Natur und Konzentration des Elektrolyten, Mengenverhältnisse der einzelnen Bestandteile, durchgängige oder stellenweise Verarmung oder Anreicherung von Kationen oder Anionen, Anhäufung von Zersetzungsprodukten usw.

2. Leitfähigkeit des Elektrolyten, Viskosität, Oberflächenspannung, Adhäsion am Metall.

3. Beschaffenheit der Kathodenoberfläche, Leitfähigkeit der Kathode, sekundäre Prozesse, die durch die Wirkung der an der Kathode sich ansammelnden Ionen auf die Elektrolytflüssigkeit zustande kommen, Wasserstoffentwicklung, Oxydbildung usw.

4. Polarisationserscheinungen (gegenseitige Anziehung der Ionen entgegengesetzter Ladung oder das Bestreben der an den Elektroden abgeschiedenen Stoffe in den Ionenzustand überzugehen und dadurch erzeugter Widerstand im Elektrolyten).

5. Beschaffenheit der löslichen Anoden, Dichte, Kohärenz, Oberflächenstruktur, Passivitätserscheinungen, Verunreinigungen.

6. Stromdichte an den Elektroden.

7. Temperatur des Elektrolyten.

8. Bewegung des Elektrolyten evtl. der Kathode (Ware).

Bei **Störungen** handelt es sich vor allem um:

1. Kontrolle der Stromverhältnisse.
2. Kontrolle der Elektrolytzusammensetzung.

bezüglich der normalen Beschaffenheit und etwaiger zufälliger Verunreinigungen. (Siehe auch Seite 30 u. f.)

Für die Metallabscheidung ist es wichtig, daß die abgeschiedenen Metalle möglichst glatt und zusammenhängend auftreten. Man erreicht dies auf mechanischem Wege, indem man die Oberfläche, welche den Niederschlag aufnimmt, möglichst eben und glatt herstellt, wohl auch während der Fällung mechanisch bearbeitet, um die Bildung von Unebenheiten zu verhindern.

Unebenheiten entstehen, wenn unebene Flächen vorliegen oder wenn durch ungleiche Stromverteilung bestimmte Punkte zunächst bvorzugt werden, wenn die daselbst herrschenden Badwiderstände am geringsten sind.

Durch Elektrolytbewegung wird man immer dem ersten Entstehen von Unebenheiten entgegentreten können.

Die Struktur der elektrolytisch erhaltenen Metallniederschläge ist unter normalen Verhältnissen dicht, kleinkristallinisch — unter anormalen Bedingungen entweder großkristallinisch, flitterig, warzig, drüsig oder schwammförmig, pulverig.

Unter Flittern versteht man die bei ungestörter aber zu rascher Abscheidung sich ausbildenden langen Kristallnadeln.

Mit Schwammbildung bezeichnet man die äußerst zarten, losen Gebilde, die bei der Störung der Kristallisation durch Abscheidung von Gasen, zumeist Wasserstoffgas, entstehen.

Bei dieser Metallabscheidung legen sich die kleinsten Metallkriställchen dicht in verschiedenster Weise aneinander und bilden auf diese Weise, wie ein Filz, eine stark zusammenhängende Masse von großer Festigkeit und Widerstandsfähigkeit. Die einzelnen Metallteilchen sind oft voneinander getrennt, woher auch das matte Aussehen solcher galvanischen Niederschläge kommt; durch Polieren wird eine größere Homogenität erzielt. Je größer die Zwischenräume zwischen den einzelnen Metallteilchen sind, desto schlechter, d. h. weniger zusammenhängend, ja sogar oft brüchig ist der Niederschlag. Dies ist der Fall, wenn das Metall zu langsam ausfällt (bei zu schwachem Strome), so daß größere Kristalle sich bilden können. Fällt umgekehrt das Metall bei zu starkem Strom zu schnell aus, so daß die Metallteilchen gar keine Zeit finden, sich genügend regelmäßig auszubilden und sich aneinander zu lagern, so entsteht nur ein pulverförmiger, schwammartig zusammenhängender Niederschlag ohne festeren Zusammenhang.

Die Struktur des Niederschlages (locker, fest) hängt sehr ab von dem Verhältnis der Strommenge (Ampére) zur Größe der Oberfläche des Niederschlages. Dieses Verhältnis, bezogen auf 100 Quadratzentimeter (100 cm^2) nennt man Stromdichte oder ND_{100}.

Ist also ND_{100} mit beispielsweise 2 Ampére angegeben und beträgt die Niederschlagfläche (der zu vergoldende usw. Gegenstand oder die Modelloberfläche des galvanoplastisch herzustellenden Gegenstandes) aber 200 Quadratzentimeter (200 cm^2), so ist die doppelte Strommenge = 4 Ampére zu nehmen. Ist die Oberfläche nur 10 cm^2, so ist also nur der zehnte Teil von (ND_{100} = 2 Ampère) = 0,2 Ampère erforderlich.

Auf das Haften an der Unterlage, welches von größter Bedeutung ist, hat vor allem die Reinheit der Oberfläche entscheidenden Einfluß. Fetthäutchen, Luftblasen, hauchdünne, für das Auge kaum sichtbare Oxydschichten, eingeschlossene Badflüssigkeit spielen hier eine große Rolle. Hier hilft oft ein Behandeln der Gegenstände eben vor dem Eintauchen ins Bad mit sauren, oxydlösenden Flüssigkeiten (siehe auch Seite 167).

Das feste Haften der elektrolytischen Metallniederschläge beruht wahrscheinlich auf der lokalen Entstehung von Legierungen. Das Haften des Metalles auf der Unterlage ist um so größer, je größer und gleichmäßiger die Berührungsfläche der beiden Metalle ist.

Von Bedeutung bei der Elektrolyse ist die Bewegung der Elektroden gegen den Elektrolyten. Nicht nur weil hierdurch den Konzentrationsänderungen entgegengearbeitet wird, sondern weil auch aus nicht näher bekannten Gründen ein günstiger Einfluß auf die Struktur des Metallniederschlages ausgeübt wird. Zur Gewinnung von Kupferplatten z. B. läuft aus einem hochstehenden Behälter beständig das Bad in die terrassenförmig aufgestellten Bottiche mit Ueberlauf; die abgelaufene Lösung wird in das Reservoir, das auch zur Erwärmung dienen kann, zurückgepumpt.

Bei der Herstellung nahtloser Kupferrohre läßt man die Kathode rotieren und gleichzeitig mit einem Achatstein mechanisch bearbeiten, wodurch der Niederschlag eine große Festigkeit erhält.

Von großer Bedeutung für die Struktur des Metallniederschlages ist die Konzentration der Metallsalzlösung und die Form, in welcher das Metall vorhanden ist, ob z. B. in einfachen oder komplexen Ionen (siehe Seite 32).

Einen der wichtigsten Faktoren bei der Galvanostegie und Galvanoplastik bildet die gleichartige Beschaffenheit der Badflüssigkeit, welche durch Bewegung erhalten wird und verhindert, daß sich metallärmere und metallreichere Schichten in dem Bade bilden (siehe auch Seite 32).

Wichtig ist auch die Verhinderung des Mitausfallens pulveriger Körper, wie z. B. Kupferoxydul, basischer Salze, Oxyde usw. Es müssen im Bade stets die Stoffe vorhanden sein in genügender Menge, welche diese störenden Substanzen in Lösung erhalten.

Schwammbildung tritt ein im Momente der gleichzeitigen Abscheidung von Metall und Wasserstoff; einmal verkleinert der Wasserstoff die nutzbare Metalloberfläche, dann bilden sich instabile Hydrüre der Metalle, die dann sekundär unter Wasserstoffentwicklung zerfallen und dabei lockeres Metall geben.

Insbesondere ist hier zu hohe Stromdichte Ursache.

Gegenwirkung: geringere Stromdichte, Zusatz von Oxydationsmitteln (Wasserstoffdepolarisatoren), z. B. Salpetersäure, Ammonpersulfat, auch Erwärmen (siehe auch Seite 37).

Die Erfahrung hat gelehrt, daß geringe Zusätze von Kolloiden, wie z. B. Gelatine usw., einen bemerkbaren Einfluß auf die Metallniederschläge, besonders auf deren Glanz, Farbe, Dichte und Geschmeidigkeit ausüben, während ein größerer Zusatz dieser Stoffe den Niederschlag unbrauchbar machen.

Theoretisch hat man diese Einflüsse noch nicht sicher aufzuklären vermocht. Vielleicht hängen diese Verhältnisse mit Oberflächenerscheinungen zusammen; es ist möglich, daß die Kolloide in geringerer Menge in den Niederschlag wandern oder als Schutzkolloide die Struktur des Metalles beeinflussen. (Näheres siehe bei den einzelnen Metallen und Seite 33.)

Nach allgmeiner Auffassung wird die besondere Wirkung der Kolloide, denen sich auch kristallinische Stoffe von hohem Molekulargewicht, also besonders leicht adsorbierbare Stoffe anschließen, durch die an der Grenzschichte zwischen Elektrode und Lösung bestehenden Adsorptionsschichten teilweise verursacht.

Gehen ja auch, nach R. Marc, bei Kristallisation von Salzen aus wässerigen Lösungen Kolloide durch Adsorption an den Grenzflächen in die sich abscheidenden Kristalle über (s. auch S. 33 u. f.).

In größerer Menge können diese Stoffe, ins Bad gelangt (z. B. durch die Leimformen bei der Galvanoplastik), bedeutende Störungen und einen brüchigen Niederschlag veranlassen.

Auch andere organische Stoffe, wie z. B. Zucker, Alkohol, Dimethylsulfat, milchsaure Salze usw. wirken auf den Metallniederschlag ein.

Ebenso gelingt es, dichte glänzende Niederschläge zu erhalten, wenn man unter Anwendung großer Stromdichte die Kathode rotieren läßt. Es scheint im Momente des Fällens infolge der Reibung der Oberflächen eine polierende Wirkung stattzufinden, wenn nicht in der Zeiteinheit mehr Metall niedergeschlagen wird, als Metall poliert werden kann; in diesem Falle erhält man matten Metallniederschlag.

Metallüberzüge, glänzende,

werden nach dem Patente von Classen-Aachen (D. R. P. 183972) erhalten, wenn man den Lösungen Glucoside, Phloroglucoside, Phloroglucide und deren Abkömmlinge usw. zusetzt.

Um galvanischen Niederschlägen ein glänzendes Aussehen zu geben, hat Spitalsky-Moskau (D. R. P. 225873) Beobachtungen verwertet, die bei wissenschaftlichen Arbeiten schon lange gemacht wurden. Wenn man nämlich Gegenstände kathodisch mit Metallniederschlägen bedeckt, sie alsdann zur Anode macht und durch allmähliche Ausschaltung des Widerstandes die Stromstärke ändert, so wird bei einer bestimmten Stromdichte die Oberfläche des Metallgegenstandes glänzend. Wenn die Verhältnisse richtig getroffen sind, benötigt die erhaltene glänzende Oberfläche gar keine oder nur eine oberflächliche Politur.

Glänzendmachen von auf elektrolytischem Wege hergestellten Metallüberzügen.

Um auf elektrolytischen Wege hergestellte Metallüberzüge glänzend zu machen, verfährt W. Pfannhauser, Leipzig (D. R. P.

243228) in der Weise, daß er die aus dem Bade gekommenen matt erscheinenden Gegenstände, wie Bleche, Bänder, Drähte, durch Glätt- oder Bürstvorrichtungen unter Einhaltung einer bestimmten Temperatur gehen läßt, bei welcher das Ueberzugsmetall weich wird und sich während des Glättungsprozesses in Vertiefungen eindrückt. Es nimmt dabei auch den gewünschten Glanz an. Voraussetzung ist natürlich, daß die Metallauflage einen tiefer liegenden Schmelzpunkt als das überzogene Metall aufweist. Man kann z. B. auf diese Weise Weißblech herstellen, wenn man die elektrolytisch verzinnten Bleche in heißem Zustand durch polierte Stahlwalzen laufen läßt oder sie in heißem Palmöl und dergl. einer Druckwirkung aussetzt. Auch Legierungen lassen sich auf diese Art erzeugen, wenn man z. B. Blei oder Zinn und hierauf Antimon in bestimmten Gewichtsverhältnissen niederschlägt und diese nachher unter Wärmezufuhr einem Drucke unterwirft.

Von größter Wichtigkeit für den galvanischen Betrieb ist es, die verschiedenen Arbeiten nicht etwa in *einem* Raum, sondern in getrennten Lokalen vorzunehmen. Als absolut nötig halten wir:

1. den Reinigungsraum mit Abbrenneinrichtung,
2. die chemische Küche mit Abzug,
3. den Bäderraum mit Arbeitstischen und Kratzbank,
4. die Fertigstellräume.

Die Vorbereitungsarbeiten, welche für die mit Metallniederschlägen zu überziehenden Metalle oder auch nichtmetallischen Gegenstände nötig auszuführen sind, sind einerseits die unangenehmsten, zeitraubendsten, aber anderseits die wichtigsten Arbeiten. Von diesen, wobei die persönliche Verlässigkeit der Arbeiter eine große Rolle spielt, ist oft der ganze Erfolg, ja man könnte sagen, die ganze Prosperität einer Anstalt abhängig.

So ist z. B. nach dem Schleifen und Polieren der Metallgegenstände ein Abwaschen in Benzin und Abtrocknen in Tannensägemehl nötig.

Für Putz- und Entfettungszwecke wird gut an Stelle von Benzin das nicht feuergefährliche T r i c h l o r ä t h y l e n benutzt Es erfolgt dies am besten in geschlossenen Gefäßen, wo die Metallgegenstände vom Trichloräthylen bespült werden, worauf durch einfaches Abdestillieren mittelst geschlossener Dampfschlange das „Tri“ wieder gewonnen wird, um zum nächsten Arbeitsgang wieder zur Verfügung zu sein.

Eiserne und stählerne Waren werden dann mit heißer Natronlauge ca. 20 Minuten behandelt, mit Wasser gespült, sodann mit Bürsten und am besten einer Mischung von ca. 20% Wienerkalk und ca. 80% Bimsteinpulver bearbeitet.

Gegenstände aus Kupfer oder Messing werden zur Schonung der Politur 5—10 Minuten in warmer Lauge behandelt, mit Borsten- oder eisernen Bürsten und Seifenwurzel oder Panamarindenabsud durchgearbeitet.

Ein Anlaufen dieser Gegenstände wird durch Einlegen in Weinsteinlösung oder einer 10%igen Zyankaliumlösung verhindert evtl. beseitigt.

An Stelle der gewöhnlichen Entfettung hat man für glatte Gegenstände und besonders für Massenartikel die elektrolytische Entfettung eingeführt. Die zu entfettenden Gegenstände werden als Kathode in ein Bad eingehängt, welches in 1 l Wasser ungefähr 15 g Ätzkali oder Ätznatron und 30 g Potasche oder Soda enthält. Des öfteren wird auch etwas Zyankalium, auch Kochsalz zugefügt, ev. auch schäumende Mittel, z. B. eine Abkochung von Seifenwurzel usw. Das Bad wird zumeist warm angewandt und die Spannung so geregelt, daß an den Waren eine kräftige Gasentwicklung auftritt. Als Anoden dienen Eisenbleche ev. der aus solchen hergestellte Badbehälter. Unter der Einwirkung des Stromes bildet sich an der als Kathode eingehängten Ware Alkali, welches das, an den Waren befindliche Fett emulsioniert und verseift. Ein Teil des Fettes wird aber auch durch den, an der Kathode entwickelten Wasserstoff mechanisch abgestoßen, so daß auch Mineralöle, welche durch die Alkaliwirkung an sich nicht beeinflußt werden, mit Hilfe dieser Maßnahme entfernt werden können.

Da bei der elektrolytischen Entfettung ein großer Teil des Fettes nicht verseift wird, und auf der Oberfläche des Bades schwimmt, ist es wichtig zu verhindern, daß die Waren sich beim Herausnehmen wieder mit Fett behaften. Dies geschieht bei der Einrichtung von Dr. Barth (Emil Brescius G. m. b. H., Neu-Isenburg) durch vorsichtiges Absaugen der Lauge von der Oberfläche und Reinigung dieser Lauge zunächst durch Trennung von Fett auf Grund des verschiedenen spezifischen Gewichts, sodann durch Filterpressen, bei anderen Apparaten dadurch, daß die Waren an Trommeln gehängt werden, die sie langsam durch das Bad, dessen Oberfläche durch eine Scheidewand getrennt ist, bewegen derart, daß die Entfettung in dem ersten Abteil geschieht, das Herausnehmen in dem zweiten Abteil, dessen Oberfläche fettfrei ist.

Die elektrolytische Entfettung eignet sich namentlich für kleinere Massenartikel mit gleichmäßiger Oberfläche, eine Nachbehandlung durch Abbürsten mit einem Kalk-Schlemmkreidebrei wird meist notwendig sein; diese Nachbehandlung wird auch bei der Entfettung mit Benzin meist angewandt.

Eine unvollkommene derartige Vorbereitung (Entfettung) ist oft Schuld des nachherigen Abblätterns des Metallniederschlages.

Diese Technik erfordert eine persönliche Sorgfalt und Sauberkeit.

Je reiner die Metalle und die Bäder — desto tadellosere Arbeit und seltene Störungen oder mißlungene Ware.

Nicht leicht stellt eine Technik derart hohe Anforderung an die Persönlichkeit des Arbeiters, insbesondere an seine Sauberkeit, Gewissenhaftigkeit, Arbeitsfreudigkeit, welche unterstützt werden soll durch wissenschaftliches Denken, das ihm die Gründe aller seiner oft sehr lästigen Bemühungen erschließt.

Es ist Gewicht zu legen auf eine fettfreie Haut der arbeitenden Hände, denn wir haben die Ware entfettet und das Bürsten soll nur etwa in Vertiefungen zurückgebliebene Fettseifenpartien entfernen, oder. gröbere chemische Verunreinigungen, Grünspanflecke usw.

Eine fettfreie Haut ist aber durchaus nicht so einfach herzustellen und noch schwieriger zu erhalten. Selbstredend darf von einem Drucke der Finger beim Anfassen der Gegenstände keine Rede mehr sein, weil man sonst aus den Fettdrüsen der Haut das Fett heraus auf die Oberfläche der Gegenstände preßt.

Wir müssen hier unterscheiden zwischen Reinigen der Hand, um das zu erreichen, was man im gewöhnlichen Leben eine reine Hand nennt, und dem weiteren Reinigen für unsere vorliegenden Zwecke.

Von Harzen, Fetten reinigt man die Hand, wenn dieselbe gröblich beschmutzt ist, durch Übergießen mit Terpentinöl, Benzin und Abreiben mit Sägespänen bis zur Trockenheit. Darauf Waschen in einer Quantität herausgeschöpfter Auskochlauge und Abspülen. Sind die Hände nicht so stark verunreinigt, so genügt letzteres Abwaschen oder Abseifen und starkes Spülen.

Nunmehr nehme man eine kleine Menge stets vorrätig gehaltenen, zu Pulver zerfallenen Kalkes (durch vorsichtiges Ablöschen zu erhalten) und wasche damit wiederholt die Hände innen und außen, bis man das Gefühl vollständiger Fettfreiheit erhält. Diese Abreibungen mit Kalk sind oft während der Arbeit zu wiederholen und alles Augenmerk darauf zu richten, daß man eine fettfreie Haut zur Gewohnheit macht.

Herstellung von Metalüberzügen mit gleichzeitiger Reinigung der Metalloberfläche in der gleichen Badflüssigkeit.

In dem Bestreben die Arbeit in der Galvanotechnik möglichst zu vereinfachen, z. B. mehrere Verrichtungen, die bisher getrennt vorgenommen werden mußten, zu einer einzigen Behandlung zusammen zu fassen, gibt Proctor ein Verfahren an, welches die Herstellung von Kupfer-, Bronce- oder Messingüberzügen auf elektrolytischem Weg mit gleichzeitiger Reinigung besonders der Entfettung der Metalloberfläche in derselben Badflüssigkeit ermöglicht. Der Erfinder empfiehlt zu diesem Zweck ein Bad, welches beim Elektroplattieren die günstigsten Resultate auf Eisen, Stahl und anderen Metallen mit Ausnahme von Aluminium ergibt und welches folgendermaßen zusammengesetzt ist: Wasser 3,8 l. käufliches Ätznatron 170 g, käufliche kalzinierte Soda 170 g, käufliches kieselsaures Natrium (Wasserglas) 28 g, kieselsaures Aluminium 7 g, Natriumzyanid 28 g, Kupferzyanür (70% Metall. 30% Zyan) 28 g.

In dem auf diese Weise hergestellten Bad bilden das kieselsaure Natron und das kieselsaure Aluminium wichtige Faktoren bei der Reinigung der Oberfläche und bei der Herstellung des Ueberzuges, wenn sie in Verbindung mit dem kohlensauren Natron und dem Aetznatron Verwendung finden. Beim Weglassen der Zyanide und Metallzyanide kann die betreffende Lösung als Reinigungsmittel dienen.

Die Temperatur der Badflüssigkeit soll 80° C und die Spannung beim Plattieren von Eisen und Stahl 6 Volt, bei anderen Metallen 4—5 Volt betragen. Als Stromstärke bei Ueberzügen, die schnell hergestellt werden, können 25 Ampere pro Quadratfuß (engl.) Oberfläche oder mehr gewählt werden.

Die Badflüssigkeit wird in einem eisernen Bottich hergestellt. Zur Verwendung kommt Gleichstrom; der Bottich wird direkt mit dem positiven Strom verbunden. Die Anoden bestehend aus dem Metall, das niedergeschlagen werden soll, sind direkt mit dem Elektrolysierbottich in leitende Verbindung zu bringen. Der negative Pol muß vom Bottich isoliert werden, und der negative Strom kann direkt oder über einen Widerstand, der einen Strom von großer Stromdichte und geringem Widerstand hindurchgehen läßt. zugeführt werden.

Die Natriumsalze sind in der Reihenfolge, wie sie vorstehend angeführt worden sind, aufzulösen, worauf das Natriumsilikat und das Aluminiumsilikat folgen. Das Natriumzyanid darf nur in einer geringen Menge heißen Wassers mit einer Temperatur von 66° C aufgelöst werden; in dieser wird dann das Kupferzyanür aufgelöst und diese Flüssigkeit mit der alkalischen Lösung zusammengetan, falls ein Kupferüberzug hergestellt werden soll.

Proctor teilt mit, daß sein Verfahren bereits das Versuchsstadium überschritten habe, und daß dasselbe in verschiedenen Werkstätten in Amerika erprobt worden sei. Es seien bei ihm schon eine größere Anzahl Anerkennungsschreiben von verschiedenen Seiten über die günstigen Resultate, die man mit dem neuen Verfahren erzielt habe, eingegangen. So hat eine Fabrik Stahlartikel für Automobile nach diesem Verfahren verkupfert, um vor dem Vernickeln einen Ueberzug mit Hochglanz zu erhalten; die Behandlung hat nur 3 bis 4 Minuten gedauert, während die Arbeit früher beim Eintauchen der Gegenstände in Zyanidlösung 10 Minuten und das Eintauchen in das saure Kupferbad 45 Minuten erforderte.

Bei Behandlung in heißem Bad gibt die angeführte Lösung außerordentlich günstige Resultate, da man unter diesen Verhältnissen in wenigen Minuten festanhaftende Kupferüberzüge erhalten kann, die früher bei Verwendung der üblichen Badflüssigkeit eine Zeitdauer von rd. 45 Minuten beanspruchten.

Gelbbrenne.

Zweckmäßig läßt man die Gegenstände zuerst die sog. Vorbrenne passieren, ein Säuregemisch, das man erhält, indem man 200 Gewichtsteile Salpetersäure 1,33 (36 ° Bé = 52% HNO_3) mit 1—2 Teilen Kochsalz oder 10% konzentrierter Salzsäure mischt. Zweckmäßig setzt man 1—2 Teile Glanzruß zu.

Die Gelbbrenne erhält man, indem man 100 Gewichtsteile konzentrierte Schwefelsäure (1,84 spez. Gew. 66 ° Bé) und 75 Gewichtsteile konzentrierte Salpetersäure von 40 ° Bé mischt, und zwar in der Weise, daß man die Schwefelsäure langsam unter beständigem Umrühren **in** die Salpetersäure gießt.

Nach dem Mischen der beiden Säuren setzt man dieselbe beiseite und läßt. da starke Wärmeentwicklung stattgefunden, erkalten.

Beim Gebrauche des erkalteten Gemisches setzt man zweckmäßig für 1 kg Gemisch ca. 5,0 g Kochsalz zu, wodurch in der Mischung Chlor und Nitrosylchlorid entsteht, welche die Wirkung der Beize verstärken.

Um den Zerfall der Salpetersäure und damit die Wirkung der Beize zu erhöhen, setzen einige auch noch Ruß zu, was jedoch nicht unbedingt notwendig ist.

Die Gelbbrenne kann man ev. auch mit Bimssteinpulver zu einem Brei anrühren und dann auf den Gegenständen aufbürsten.

Man taucht nun die Gegenstände rasch ein, bewegt dieselben 1—2 Sekunden und sieht zu, daß nirgends Luft zurückgehalten wird. Dann nimmt man heraus, läßt möglichst rasch die überschüssige Säure abtropfen und spült gehörig in einem nebenstehenden Gefäß, welches viel reines Wasser enthält. Man darf hierbei die Gegenstände nicht so lange in der Brenne lassen, daß dieselben außerhalb braune Dämpfe entwickeln. Je nach Abänderung der oben angeführten Gelbbrenne kann man der Metalloberfläche, besonders schön bei Messing, entweder eine sehr glänzende oder matte Oberfläche geben.

Zur Erzielung einer glänzenden Oberfläche verwendet man die sog. Glanzbrenne, das ist eine erkaltete Mischung aus:

1,5 kg Salpetersäure von 40 ° Bé (sp. G. 1,38 = 61% HNO_3),
2 kg konzentrierte Schwefelsäure, 66 ° Bé,
10 g Kochsalz.
(Warm oder bei längerer Einwirkung mattbrennend).

Die Gegenstände, welche man in die Gelbbrenne bringt, sollen vollständig trocken sein; auch ist zu beachten, daß das Säuregemisch möglichst wasserfrei bleibt.

Sind Gegenstände durch eine Vorbehandlung mit Salpetersäure matt geworden oder sind dieselben oberflächlich angegriffen, so können sie wieder glänzend gemacht werden durch eine Mischung aus 6 Teilen Salzsäure, 1 Teil Salpetersäure und 2 Teilen Wasser.

Nachdem die Gegenstände gehörig im Wasser abgespült worden sind, bringt man sie zweckmäßig, um die metallisch blanke Oberfläche zu erhalten und ein Anlaufen zu verhindern, in eine Lösung von 5,0 g Weinstein in 1 l Wasser.

Zum Mattieren benutzt man eine Mischung aus:

3 kg Salpetersäure von 36 ° Bé,
2 kg konzentrierter Schwefelsäure, 66 ° Bé,
10—20 g Kochsalz, nach dem Erkalten beizufügen,
10 g schwefelsaurem Zink, gelöst in 50 g Wasser.

Je länger die Gegenstände in dieser Beize bleiben, desto matter wird die Oberfläche. Man spült dann ab und läßt nochmals schnell die Glanzbrenne passieren, wobei die Gegenstände matt bleiben. Vorhandene Lötstellen werden beim Gelbbrennen schwarz und müssen durch Putzen oder Bürsten mit Bimsstein wieder gereinigt werden (blank).

Dieses Mattieren oder Mattbrennen beruht auf einer ungleichmäßigen Einwirkung der Beizflüssigkeit auf die Oberfläche der Metallegierung, indem der eine Bestandteil bedeutend stärker als der andere angegriffen wird, wodurch die Oberfläche ihre Glätte verliert.

Abbrenneinrichtung. Die Abbrenngefäße stehen der sich entwickelnden schädlichen Dämpfe wegen am besten im Freien oder unter einem gut funktionierenden Abzug. Dieselben bestehen aus glasierten Tongefäßen, über die am besten ein Holzrahmen gelegt wird, auf den eine starke Glasplatte als Deckel kommt. Die Glasplatte muß nach rückwärts aufgestellt werden können.

Will man dieselbe weiter schützen, so tut man dies durch einen nach der Seite aufschlagenden Holzdeckel. Das Ganze stellt man der Sicherheit halber in ein größeres Holzgefäß und füllt, um im Winter die Kälte abzuhalten, die Zwischenräume mit Sägespänen aus.

Für die Gesundheit der Arbeiter halten wir es für dringend geboten, einen Abzug, wie Fig. 4 zeigt, zu schaffen. Siehe auch Anhang am Schluß des Buches.

Auch elektrolytisches Beizen mit verdünnten Säuren ist vorgeschlagen worden.

Zum Beizen von eisernen Gegenständen wird besonders für gußeiserne Gegenstände an Stelle der verdünnten Schwefelsäure eine 1—1,5%ige Fluorwasserstoffsäure, sog. Flußsäure verwendet, welche besonders leicht auch die Reste des Formsandes entfernt. Diese Säure kann nur in Holzbottichen, welche event. einen Asphaltüberzug erhalten, oder mit Bleiblech ausgekleidet sind, verwendet werden. Da diese Beize die Haut stark angreift, haben sich die Arbeiter davor zu schützen durch Gummihandschuhe, Respiratoren und Abzüge. Auch eine Lösung von Bisulfat (20%ig) oder eine solche von 24 Teilen Natriumbisulfat, 12 Teilen Kochsalz und 100 Teilen Wasser wird empfohlen und zweckmäßig auf 50° C erwärmt.

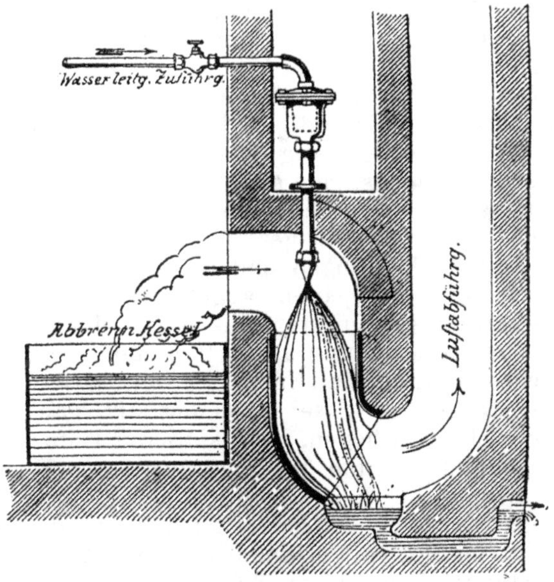

Fig. 4.

Neuerdings kommt unter der Bezeichnung Vogels Sparbeize zum Beizen von Eisen und Stahl eine Lösung in den Handel, welche bei besonderer Beizkraft das metallische Eisen kaum angreifen soll. Versuche, welche mit dieser Beize im Materialprüfungsamt in Berlin angestellt wurden, ergaben gute Resultate. Die günstige Wirkung im Vergleiche zu der bisher angewandten verdünnten Schwefelsäure soll darauf beruhen, daß diese Beize aus einer Natriumbisulfatlösung besteht, welche daneben noch Kolloide enthält, die den günstigen Einfluß bewirken sollen. Nach mir gemachten Mitteilungen soll man mit einer Natriumbisulfatlösung gleicher Konzentration, welcher man etwas Ruß beimischt, gleichgünstige Ergebnisse erhalten, wie mit Vogels Sparbeize.

Feinkörnige Mattierung von Messing.

Man legt die Messinggegenstände ca. 10 Minuten in eine Lösung, welche im Liter 100 g doppeltchromsaures Kali und 100 g Schwefelsäure enthält. Man erhält ein schönes, feines, körniges Matt.

Benutzt man eine Lösung, die im Liter 150 g doppeltchromsaures Kali und 100 g Schwefelsäure enthält, so erhält man ein noch feinkörnigeres Matt mit schwachem Glanze von brillantem Aussehen. Die Gegenstände bleiben ca. 10 Minuten in der Lösung unter öfterem Bewegen.

Sollen die Messinggegenstände auf der Oberfläche ein körniges Aussehen zeigen, so werden dieselben nach Stölzl vor dem Gelbbrennen einer Vorbeize unterworfen, indem man sie 12 Stunden oder mehr in ein Gemisch, bestehend aus 1 Volumteil konzentrierter Salpetersäure, 1 Volumteil englischer Schwefelsäure und 8 Volumteilen Wasser, legt, wobei die Flüssigkeit die Gegenstände vollständig bedecken muß. Nach dieser Zeit wird der grauschwarze Ueberzug durch Abspülen mit Wasser entfernt, wodurch die Gegenstände ein moiréartiges Aussehen bekommen. Nun kommen sie in die schon oben beschriebene Glanzbrenne, werden dann in reinem Wasser gespült, durch eine schwache Sodalösung oder Kalkmilch gezogen und nach nochmaligem Abspülen mit Wasser mittels Sägespänen abgetrocknet. Zur Erzeugung einer matt gekörnten (grainierten) Fläche durch Beizen verwendet man ferner folgende Mischung aus 1 Raumteil gesättigter Lösung von doppeltchromsaurem Kali in Wasser und 2 Raumteilen konzentrierter Salzsäure. In dieser Mischung läßt man die Messingwaren mehrere Stunden liegen, zieht sie schnell durch die Glanzbrenne und spült in viel und öfters gewechseltem Wasser ab. Wesentlich beschleunigt wird der Prozeß durch gleichzeitige Anwendung einer galvanischen Batterie, indem man die Gegenstände, mit dem positiven Pol in Verbindung, entweder in die oben angegebene verdünnte Lösung von Schwefelsäure und Salpetersäure oder von chromsaurem Kali und Salzsäure bringt, während man am negativen Pol eine Messing- oder sonstige Metallplatte eintaucht.

Mattieren kann man auch auf galvanischem Wege durch einen Kupferniederschlag bei kleiner Stromdichte. Pfannhauser empfiehlt hierzu ein Bad, das im Liter 150 g Kupfervitriol und 30 g Schwefelsäure enthält bei 0,5—0,8 Ampère auf 19 dm, was man bei mittlerer Elektrodenentfernung bei einer Badspannung von 0,75—5 Volt erreicht.

Teilweises Decken mit Lack.

Zum Decken derjenigen Stellen eines Gegenstandes, welche von dem metallischen Ueberzug frei bleiben sollen, hat sich folgender, von Hch. Vogel angegebener Decklack, welcher auch für warme alkalische Bäder geeignet ist, gut bewährt:

1. Man löst 300 g Dammar in 900 g Terpentinöl und rührt mit dieser Lösung 200 g Ruß an.

2. Man schmilzt in einem kupfernen Kessel auf dem Gaskocher 1 kg reinen Mastix Ist der Mastix vollständig geschmolzen, so dreht man das Gas aus und setzt unter schnellem Umrühren 900 g vorher etwas angewärmtes französisches Terpentinöl allmählich zu, in dem sich dann der Mastix vollständig löst. Man gießt die Lösung noch heiß durch Gaze, setzt ½ kg besten syrischen Asphaltlack zu und mischt noch heiß durch kräftiges Umschütteln. Auf diese Weise ist bei der Bereitung auch einer Entzündung des Lackes und jeder Feuersgefahr vorgebeugt. Der Lack muß gut dick sein und darf als Tropfen nicht ablaufen.

Aus den **Erfahrungen von H. Steinach** möge noch folgendes mitgeteilt werden:

Badeeinrichtung. Entweder führen die Leitungen direkt oder vom Umschalter zu den Bädern. Da nun der Raum oberhalb der Bäder möglichst frei sein soll, um so freier, je größere Stücke eingebracht werden müssen, so geschieht die Zuleitung am besten vom Boden; dies ist aber selten ausführbar, und so ist zu empfehlen, die Leitungen so hoch zu führen, daß man rings um die Bäder gehen kann. Die direkten Zuleitungen zu den einzelnen Bädern können dann in der Mitte der am wenigsten gebrauchten Seite erfolgen (siehe Fig. 5); selbstredend können kleinere Bäder, die man leicht übergreift. die Zuleitung ohne solche Umstände erhalten.

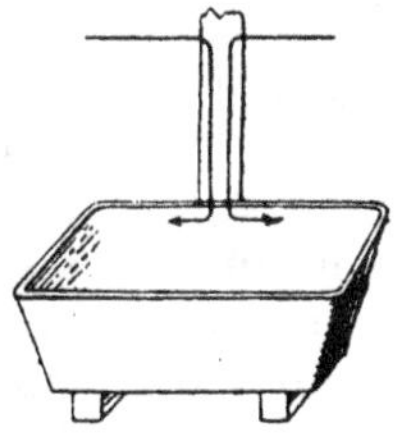

Figur 5.

Die Leitungen endigen nun in über die Bäder gelegte Stangen, welche einerseits die Anoden, anderseits die Waren aufzunehmen haben.

Diese Stangen müssen nun für alle die verschiedenen vorkommenden Warengrößen leichtest verschiebbar sein und ist deshalb folgende Einrichtung zu empfehlen:

Man läßt die Anoden und Warenstangen auf zwei Paar Längsstangen gleiten, wie Fig. 6 und 7; wir erhalten dadurch zwei gleiche Systeme, so nahe als tunlich übereinander.

An je eine der beiden Längsstangenpaare werden nun die Enden der Leitungen mit leicht lösbaren Verbindungen befestigt. Man kann auch die Zuleitung in festen Metallbügeln oder Auflagern enden lassen, in welche die Stangen einzulegen sind. Was die einzelnen Warenstangen betrifft, so fügen wir gleich bei, daß aus später zu erörternden Gründen für die Waren in Silberbädern noch eine mittlere Längsstange angewendet wird und demnach halb so lange Warenstangen. Die Waren- und Anodenstangen sind an den Enden dachförmig eingefeilt, um sicher aufzuliegen. Sie bestehen wie die Längsstangen aus entsprechend starken Messingröhren, evtl. massiven Stangen und werden z. B. für Gewichtsversilberung stets leicht versilbert gehalten.

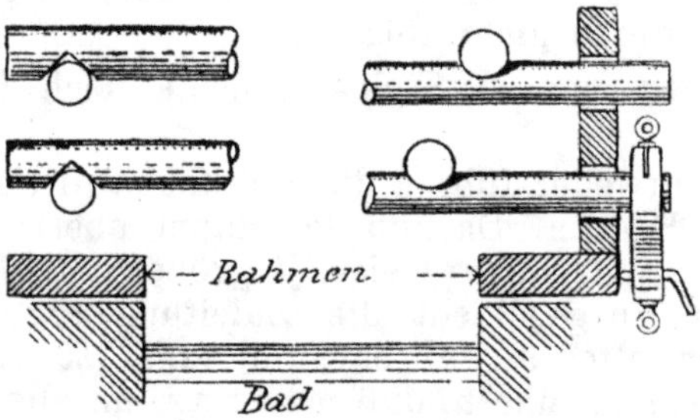

Figur 6.

Figur 7.

Dieses System von Längs- und Gleitstangen oder Röhren schmiegt sich nun jedem Einzelbedürfnis gut an. Dasselbe ist aber der Verunreinigung eher ausgesetzt und muß wegen der dadurch entstehenden Kontaktfehler oft geputzt werden, es muß also leicht entfernbar sein. Man legt deshalb auf die Ränder des Bades einen sauberen Holzrahmen, wie schraffiert in Fig. 5. Derselbe liegt nur an 4 Punkten auf, um keinen Anlaß zum Aufsaugen und Festhalten von Feuchtigkeit zu geben, und ist an den Seiten für die Längsstangen erhöht, um je ein paar Löcher für die Aufnahme dieser zu erhalten. Für sehr lange Bäder wird man die Stangen in einzelnen Böcken, wie Fig. 6, lagern. Immer soll man Sorge tragen, die Gleitstangen tunlichst aller Bäder gleich lang zu bekommen.

Obwohl durch den nun fast überall leicht zu habenden elektrischen Strom und die Accumulatoren, welche den Strom aufzuspeichern gestatten, kaum mehr die galvanischen Elemente bezw. Batterien verwendet werden, so soll doch für vorkommende Fälle eine erprobte Ausführung der Bunsen-Elemente angegeben werden, die H. Steinach beschrieb.

Vor allem müssen infolge der geringen nötigen Spannung sämtliche Kontakte mit der größten Vorsicht hergestellt werden; die am meisten gefährdeten sind natürlich die den Säuredämpfen ausgesetzten an den Elementen selbst.

Klemmkontakte können durch die an dem kalten Metall kondensierten Säuredämpfe den Kontakt bald unterbrechen und fressen die Schraube bald auf, daher sind solche ganz zu vermeiden. Es geht dies sehr einfach dadurch, daß man in der Batteriekammer für jedes Element 2 Quecksilberkontakte anbringt (Glasnäpfchen, die in Holz eingefügt sind), in welche die Drähte von Zink und Kohle eintauchen. Der Draht des Zinkes ist direkt an dasselbe angelötet. (Erwärmen des Zinkes ist vor dem Löten notwendig). Der Draht für die Kohle kann in folgender eigentümlicher Weise angebracht werden (s. auch Fig. 8): An das, in eine cylindrische Ausbohrung der Kohle zu steckende Ende des Drahtes ist hart ein

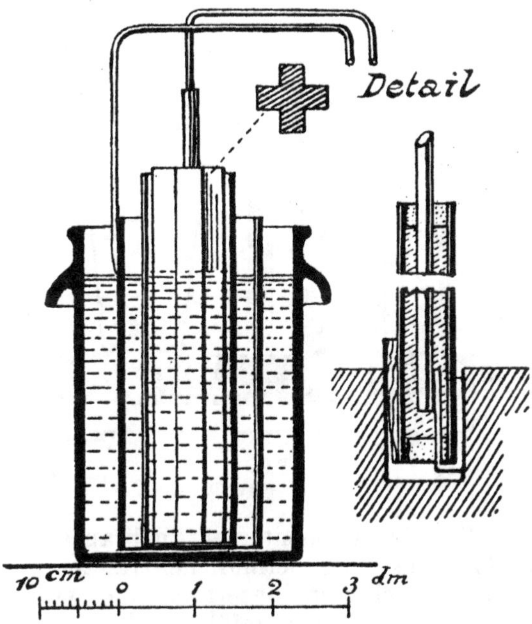

Figur 8.

Platinstreifen gelötet. Das Ganze wird dann in ein Stück Ebonitrohr gesteckt und zwar so, daß der Platinstreifen ca. 1½ cm. hervorsieht. Durch Korke wird der Draht in dem Rohr festgehalten und letzteres mit Parafin ausgegossen. Dann legt man das vortretende Platinende um, an die äußere Rohrwand an und steckt das System in das genau ausgebohrte Loch der Kohle. Das andere Ende des Drahtes wird in geeigneter Weise gebogen, um in den betr. Quecksilbernapf einzutauchen.

Eine ähnliche Einrichtung für mehrere Elemente, die gemeinsam auf Spannung verbunden werden sollen, wie solche für Nebenarbeiten, Verkupfern von Blei etc., Vergolden notwendig sind, soll nachfolgend beschrieben werden. Der leitende Gedanke, wie überhaupt bei allen Einrichtungen für den praktischen Betrieb, ist immer der, daß stets alles mit wenigen Handgriffen bereit ist und nicht unnötig sich selbst verbraucht.

Wir sehen, daß in einem langen Holzkasten, dessen Schnitt die Figur 9 bringt, eine Reihe Gefäße Aufstellung gefunden haben, in denen die Kohlencylinder und die Salpetersäure sich befinden. Durch Platinstreifen, die in cylindrischen Löchern durch Kohlenstopfen festgehalten sind, ist die Verbindung mit derselben hergestellt. Die Vorderseite des Kastens hat für jedes Element 2 mit Quecksilber gefüllte Glasnäpfe (Stücke von Reagenscylindern) eingefügt, in deren einem der Kohlenplatinstreifen eingeführt ist. In einem gemeinsamen Deckelbrett sind die Tonzellen für die Zinke

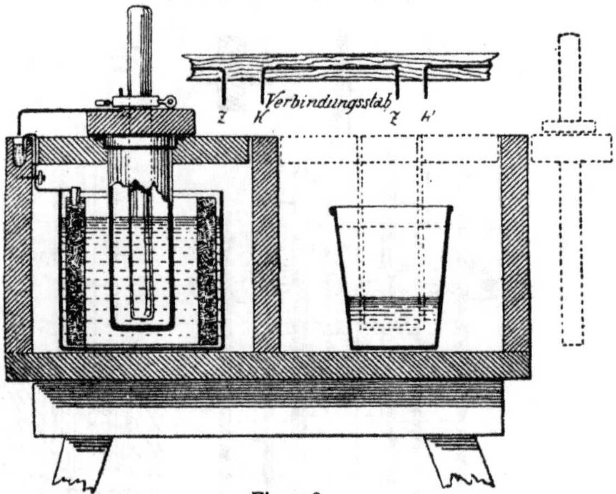

Figur 9.

eingehängt. Wird das Element nicht gebraucht, so wird dieser Deckel auf den rückwärts befindlichen Kasten (rechts) gebracht und hängen die Tonzellen in Gläsern ein, die, wie die Zellen selbst, mit verdünnter Schwefelsäure gefüllt sind. Dadurch entsteht bei noch so langem Nichtgebrauch kein Verlust an der Füllung. Die oberen Ränder der Diaphragmen sind mit Parafin getränkt, so daß ein Aufsaugen vermieden ist. Ein weiterer, schmälerer Deckel enthält dann die Zinkstäbe mit Klemmschrauben und Eintauchdrähten für die entsprechenden Quecksilbernäpfe. Bei Nichtgebrauch hängt dieser Zinkträger hinter dem Kasten, während der eigentliche Batteriekasten mit den Elementen durch einen gutschließenden Deckel geschützt ist. Der ganze Apparat erleidet also beim Nichtgebrauch keine Abnützung und ist stets durch wenige Handgriffe in die Arbeitsstellung zu bringen. Die Weiterleitung des Stromes erfolgt durch Stangen, die über die Vorderkante des Kastens in geeigneter Führung gelegt werden und Eintauchstifte für jeden Quecksilbernapf haben. Je nach Verbindung dieser Eintauchstifte erhält man dann die Elemente zu zweien, dreien etc. auf

Spannung verbunden. Was die Füllung und Arbeitsweise der Elemente überhaupt betrifft, so mag Folgendes erwähnt werden:

Das große, für Versilberung zu verwendende Element besteht aus einem cylindrischen Steinguttopf, welcher einen gegossenen Zinkcylinder von 45 cm Höhe und 16 cm innerem Durchmesser mit angelötetem 5 mm starkem Kupferdraht und geteerter Außenseite enthält; in demselben befindet sich das Diaphragma mit einem prismatischen Kohlenstab von kreuzförmigem Querschnitt von 50 cm Höhe und 9 cm größtem Durchmesser. Die Füllung besteht für Kohle in 36° Salpetersäure, mit $\frac{1}{3}$ Volumen concentrierter englischer Schwefelsäure, für Zink in Wasser mit 2—3% Schwefelsäure und etwas Quecksilbersulphat versetzt.

Es ist vorteilhaft, die verquickenden Enden der Kupferdrähte erst gut zu versilbern, indem das gebildete Silberamalgam sich viel weniger oxidiert, wenn das Element auseinandergenommen ist. Uebrigens genügt vor dem Zusammensetzen ein Abwischen der Kontaktenden mit einem Tuch, um dieselben blank zu machen.

Auf das Diaphragma kann noch eine durchbohrte Glasplatte, durch welche die Ebonitröhre geht, gelegt werden. Beim Auseinandernehmen des Elementes, was jeden Abend zu geschehen hat, wird die Kohle mit dem Diaphragma und der Säure in ein geeignetes Steingutgefäß und der Zinkcylinder auf einen Holzrost gestellt. Das Ebonitrohr mit dem Kontakt bleibt für immer in der Kohle.

Ein derartiges Element gibt nach seiner Zusammensetzung eine anfängliche Stromstärke von 6 Ampères bei 1,8 Volt Spannung, nach vierwöchentlichem Gebrauch bei täglich 10 Stunden ununterbrochener Arbeitsdauer arbeitet das Element noch mit 2 Ampères. Das Sinken der Stromstärke geht langsam vor sich und macht sich nun von Tag zu Tag bemerklich. Zur Gewichtsversilberung angewendet, gibt ein solches Element bei normalen Badeverhältnissen eine stündliche Niederschlagsmenge von durchschnittlich 12– 16 gr Silber, nach vierwöchentlichem Gebrauch noch 5 gr per Stunde.

W i d e r s t ä n d e und M e ß a p p a r a t e. Damit hätten wir die Leitungen erledigt, wenn der durch dieselben nunmehr gelieferte Strom immer ganz im Bade zur Verwendung kommen könnte. Sehr oft haben wir aber z. B. nicht Ware genug im Bade und wir müssen das Zuviel an Strom anderweitig verbrauchen, um es nicht ins Bad zu bekommen.

Haben wir es mit einer Anordnung zu tun, wo zwischen Hin- und Rückleitung nur immer ein Bad eingeschaltet, also Parallelschaltung angewendet ist, so legen wir in die Badzuleitung einen Apparat, den wir Widerstand heißen. Man muß sich nun stets von den Stromverhältnissen und den dadurch bedingten Niederschlagsmengen überzeugen können, und deshalb müssen neben den Bädern auch die entsprechenden Meßapparate angebracht sein.

Wir haben zwei Meßinstrumente nötig, Voltmeter und Ampèremeter. Selbstverständlich sind diese Instrumente an jedem Bade notwendig, nur das Ampèremeter kann für eine Badgruppe hintereinandergeschalteter Bäder in einem Exemplar genügen.

Mit dem Voltmeter messen wir die Spannung, welche für die das Bad durchfließende Strommenge notwendig ist.

Eine Aenderung in derselben zeigt uns eine Vermehrung oder Verminderung des Widerstandes in dem Bade an. Eine solche Aenderung wird hervorgerufen durch die stärkere oder geringere Beschickung des Bades mit Ware, also durch die Aenderung der Niederschlagsoberfläche oder auch durch die Aenderung der chemischen Zusammensetzung, der Temperatur des Bades usw.

Letztere Verhältnisse müssen gleich erhalten werden, die Aenderung der andern Verhältnisse wird durch den Nebenschluß — man könnte eigentlich sagen Ergänzungs-Widerstand — ausgeglichen.

Haben wir den Nebenschlußwiderstand als Zweigleitung zwischen den Badpolen angebracht, so muß dies auch beim Voltmeter geschehen, denn wir wollen nach der Angabe des Voltmeters bezw. nach dessen vom normalen abweichenden Stand mit Hilfe des Nebenschlußwiderstandes den normalen Stand herbeiführen.

Wir führen demnach von den gemeinschaftlichen Polen des Bades und des Widerstandes dünne Verbindungsdrähte zu den Polen des Voltmeters; während das Voltmeter zwischen den Leitungsenden des zu messenden Bades eingeschaltet wird, wird das Ampèremeter selbstverständlich in die Leitung gelegt, und zwar nach der Abzweigung des Nebenschlußwiderstandes, wenn wir aus der angezeigten Zahl der durch das Bad gehenden Ampère das entstehende Niederschlagsgewicht kontrollieren wollen. Bei dem hohen Preise des Goldes empfiehlt sich diese Anbringung. Sonst bringt man ein Ampèremeter in jeder Leitungsabzweigung an, wenn parallel geschaltet, und nur eines, wenn hintereinander geschaltet ist, da wir durch den Nebenschluß immer dieselbe Stromdichte aufrecht erhalten, also auch mit den Angaben Zeit und Oberfläche der Ware die Niederschlagsmenge annähernd bestimmen. Stärkere Niederschläge werden ohnehin, wie Silber und Kupfer, direkt durch Wägung bestimmt.

Um nun nicht für jedes Bad ein eigenes Voltmeter haben zu müssen, kann man ein gemeinschaftliches an einem geeigneten Platze anbringen und die Voltmeterleitung mit Abzweigungen nach jedem Bade versehen.

Wir müssen nun hier noch die Bemerkung anfügen, daß diese Meßinstrumente leider nicht immer unbedingt zuverlässig sind und sich in ihren Angaben auch mit der Zeit ändern. Es ist also notwendig, dieselben von Zeit zu Zeit z. B. in einer Versuchsstation nachaichen zu lassen.

Es mögen manchem diese Einrichtungen viel zu kompliziert und unnötig erscheinen, allein es ist zu bedenken, daß man in jeder anderen Technik gewohnt ist, sich z. B. über Maß- und Gewichtsverhältnisse, über Maße aller Art entsprechend genaue Rechenschaft zu geben, und daß es doch kaum mit einer guten Arbeit verträglich ist, über die in einer bestimmten Zeit erzielten Niederschläge vollständig im Unklaren zu sein. Um aber einen bestimmten Anhalt zu bekommen, ist es notwendig, stets über die Verhältnisse unterrichtet zu bleiben, man muß in der Lage sein, stets gleiche Verhältnisse, auch bei verschiedenem Bedarf, verschieden gefüllten Bädern herbeizuführen. Sonst wird man z. B. heute eine dünne, morgen eine unverhältnismäßig starke Versilberung usw. erhalten.

Kontrolle des Strom- und damit auch des Metallverbrauches in Betrieben für Galvanostegis und Galvanoplastik durch den Stiazähler.

Der von der Firma Schott & Genossen, Glaswerk, Jena, hergestellte Elektrizitätszähler (Stiazähler) der für Zwecke der Elektrotechnik seit längerer Zeit gut eingeführt ist, eignet sich ganz besonders auch für den Betrieb galvanischer Anstalten. Der Stiazähler bietet hier den großen Vorteil, daß z. B. durch einfache Ablesung desselben im Kontor der Stromverbrauch, damit auch der Verbrauch an Edelmetall, jederzeit mit hinreichender Genauigkeit kontrolliert werden kann. Der Stiazähler ist bekanntlich weiter nichts als ein technisch ausgebildetes Quecksilbervoltameter und als solcher ein Instrument von der größten überhaupt erreichbaren Genauigkeit für Meßzwecke. Der Stiazähler wird in zwei Formen hergestellt. In der Form HN besitzt er ein einfaches, gerades Meßrohr, an welchem der Verbrauch nach der Menge des abgeschiedenen Quecksilbers abgelesen wird, in der Form FN ein Heberrohr, welches sich jedesmal, sobald es voll ist, in ein weiteres Glasrohr entleert.

Beide Formen werden für Gleichstrom-Zweileiteranlagen und für Höchststromstärken von 10 bis 2000 Amp. hergestellt und können nach Ampèrestunden oder unter Zugrundelegung einer auf der Skala angegebenen Betriebsspannung nach Kilowattstunden geeicht sein.

Der Elektrolyt wird aus einer wässerigen Lösung von Quecksilberjodid in Jodkalium gebildet. Die Lösung enthält auf 1 Liter 225 Gramm $Hg\,J_2$ und 750 Gramm K J. Starker Kälte ausgesetzt, scheidet sie bei —21, 5° C Kristalle ab, die sich bei Erwärmung von selbst, ohne Schaden zu tun, wieder auflösen. Die H N - Zähler enthalten etwa 15 ccm, die F N - Zähler 50 ccm dieser Lösung. Der elektrische Widerstand der Zelle liegt zwischen 1,5 und 3,5 Ohm.

Der Zähler muß entsprechend angeschlossen werden: Der positive Strom muß durch die rechte Anschlußklemme in den Zähler treten, durch den Quecksilberpol in die Lösung gehen und durch das Iridiumblech austreten. Bei umgekehrter Einschaltung tritt Jod am Iridiumblech auf und färbt die Lösung rot. Bei Ueberlastung des Zählers scheidet sich über dem Quecksilberspiegel festes Jodquecksilber aus und erhöht den Widerstand der Zelle. Durch Schütteln wird in beiden Fällen der regelrechte Zustand wieder hergestellt. — Das Kippen zur Entleerung des Meßrohres ist langsam vorzunehmen, damit das Quecksilber vollständig abfließt, auch ist der Zähler während des Kippens durch Klopfen zu erschüttern, damit kein Quecksilber zwischen dem Iridiumblech und der Glaswandung hängen bleibt. Fällt trotzdem etwas Quecksilber nach dem Senken des Meßrohres in dieses zurück, so ist das Kippen langsam zu wiederholen.

Bei der Anwendung zur Messung elektrischer Metallniederschläge ist es natürlich notwendig, die nach dem Aequivalentgewichte des Quecksilbers geteilte Skala (Amp. Stia-Skala) auf das jeweilige Aequivalentgewicht der betreffenden Metalle z. B. Silber, Gold, Kupfer umzurechnen. Ein besonderer Vorteil dieses Zählers ist auch der, daß Reparaturen direkt ausgeschlossen sind und daß der Zähler immer korrekt funktioniert. Die Einführung solcher Zähler in galvanischen Anstalten wird zweifellos eine lohnende Maßnahme sein.

Deckeinrichtung. Wir wissen, daß eine elektro-motorische Gegenkraft durch die eingehängte Ware hervorgerufen wird, daß also besonders der Anfangsstrom, bis die Ware mit dem betreffenden Metall überzogen ist, ein stärkerer zu sein hat. Auch ist es fast in allen Fällen besser und oft notwendig, die Ware möglichst rasch mit einem gleichmäßigen Ueberzug des betreffenden Metalls zu versehen, wir sagen: möglichst rasch zu decken. Bedenkt man nun, daß ein Bad nicht auf einmal mit Waren gefüllt und nicht auf einmal entleert wird, so sieht man, daß das Bedürfnis eines stärkeren Anfangsstromes für das eben zum Einhängen gelangende Stück oder den an einer Stange zum Einhängen gelangenden Stücken vorhanden ist. Zweckmäßig müssen wir nun in der Lage sein, dies für eine Stange zu erreichen, d. h. wir müssen durch eine beliebige Warenstange zeitweise einen stärkeren Strom zur Verfügung haben, als für die anderen, und zwar wird sich das stärkere auf die Stromdichte oder auf die Spannung beziehen. Man hilft sich nun damit, daß man sämtliche andere Warenstangen durch Unterlegen mit isolierendem Material, Papier, Gummi, für die Zeit des Deckens außer Arbeit setzt, besser aber ist es immer für die betreffende, vorübergehend mit Deckstange zu bezeichnende Warenstange, einen eigenen Strom von entsprechenden Abmessungen zur Verfügung zu haben. Einen solchen Strom kann man durch Abzweigung von der Hauptleitung erhalten, man kann aber auch eine eigene Quelle dafür beschaffen.

Bewegen des Bades. Wenn man den Vorgang im Bade verfolgt, so findet man, daß an der Warenoberfläche das Bad metallärmer, also spezifisch leichter werden muß. Dadurch, daß die leichter gewordenen Badteile nach oben streben, entstehen besonders an Kanten regelmäßige Strömungen, welche sich im Niederschlag als vertiefte Rinnen ausdrücken. Auf die Badoberfläche fallende Staubteilchen sinken nach und nach unter, legen sich auf die Warenoberfläche fest und bilden den Anlaß zu Knoten- und Perlenbildung beim Niederschlag.

Die Badflüssigkeit selbst ist in den tieferen Teilen immer konzentrierter als in den oberen. Alle die Gründe verursachen besonders bei stärkeren Niederschlägen Unregelmäßigkeiten und Schäden, denen man nur durch fortwährendes Bewegen der Flüssigkeit steuern kann, durch welche Bewegung das Bad stets gemischt und das Ablagern der Staubteilchen verhindert wird. Solche Bewegungsvorrichtungen sind in mannigfacher Weise zu bewerkstelligen.

Einhängen, Niederschlagen.

Niederschlagen. Haben wir nun eine Wägung vorausgehen lassen oder nicht, immer muß vor dem unmittelbaren Einhängen eine Spülung in saurem Wasser oder in anderem vorausgehen, dann wird noch in reinem Wasser gespült und an der Deckleitung eingehängt, wobei Sorge zu tragen ist, daß keine Luft in Hohlräumen usw. zurückbleibt.

Wir haben, wenn die Ware gedeckt und mit dem allgemeinen Strom weiter läuft, dieselbe in der ersten Zeit aufmerksam zu beobachten, aus diesem Grunde brauchen wir eine gute Beleuchtung der Bäder. Schon beim Decken müssen wir sehen, daß dies rasch und unbedingt gleichmäßig geschieht, auch bei den Matrizen der Galvanoplastik. Ist dies nicht der Fall, bleiben Stellen aus, so kann dieses seinen Grund haben in zu kleinem Abstand von der Anode, derselbe ist zu vergrößern, die Ware aber vorher abzuspülen, durch das saure Wasser zu ziehen usw.

Sehr tiefe Hohlräume aber, wie z. B. Innenräume von Kannen, werden sich überhaupt nicht bis zum Boden decken, und um dies zu erreichen, kann man Anoden anwenden, welche in das Innere reichen und die an Drähte angelötet sind, oder man verzichtet vorläufig darauf und nimmt die Metallisierung der Innenräume besonders vor.

Zu diesem Behufe haben wir bei der Einrichtung den Arbeitstisch mit besonderer Stromzuführung angegeben. Ist die Ware außen fertig — bei Gewichtsmetallisierung wird das Metallgewicht für Innen dann zuerst abgezogen —, so werden die Gegenstände gut mit Bims ausgebürstet, eventuell verquickt und mit dem Bade gefüllt aufgestellt. Das für die Innenmetallisierung aufzuwendende Metallgewicht richtet sich natürlich nach der Abnutzung, die dem Innenraum durch Gebrauch usw. zuteil wird.

Das Ausbleiben von Oberflächenteilen beim Decken kann aber auch seinen Grund in einem zu dicht Nebeneinanderhängen der Ware haben. Um ein Beispiel zu wählen, nehmen wir Löffel an, die wir wie in der Fig. 10 bei i gehängt annehmen, dann werden sich die eigentlichen Flächen schwer decken und gerade die dem Gebrauche ausgesetzten Teile schwach ausfallen. Die richtige Lage ist eben Fig. 7 bei k. Dadurch werden die der Anode zunächst liegenden Teile einen entsprechend stärkeren Niederschlag erhalten. Da die Löffel hier am meisten der Abnutzung unterliegen, so ist diese Ver-

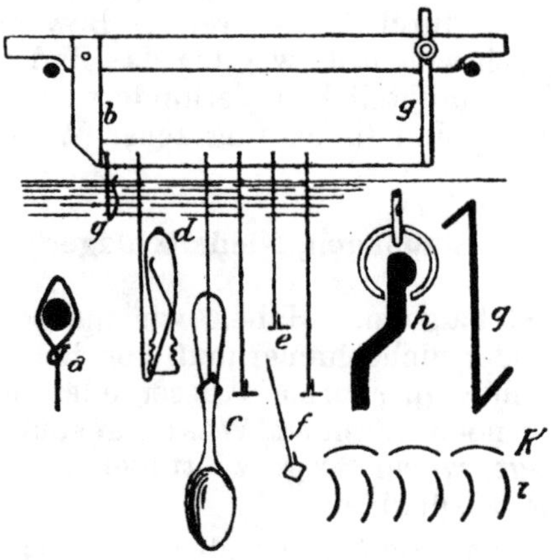

Figur 10.

stärkung von Vorteil. Einige Firmen verwenden besondere Vorrichtungen, um an solchen Stellen einen stärkeren Niederschlag zu erzielen, z. B. Glasplatten mit entsprechenden, den zu verstärkenden Stellen gegenüberliegenden Löchern (D. R. P.); siehe auch Seite 132; außer der angegebenen Art sind aber solche Vorrichtungen überflüssig. Dasselbe ist aber der Fall bei allen Körpern, und müssen wir deren gegenseitige Entfernung nach diesen Erfahrungen regeln. Die Erscheinungen beim Decken geben uns dann auch Aufschluß, wie der Gesamtmetallüberzug sich auf die Oberfläche verteilen wird. Alle Stellen, die im Decken zurückblieben, werden auch bei der fertigen Ware eine entsprechend dünne Metallschicht erhalten haben, und werden wir die Waren so hängen, daß die der Abnutzung am meisten ausgesetzten Stellen den stärksten Niederschlag erhalten. Je gleichmäßiger wir aber den Ueberzug erreichen, desto weiter muß die Ware von der Anode entfernt sein, desto gleichmäßiger müssen die Anoden um den Gegenstand verteilt sein.

Aus diesem Grunde werden wir in besonderen Fällen dazu greifen, horizontal über und unter der Ware Anoden einzubringen. Bei der Anode über der Ware haben wir der abfallenden Teile wegen wieder die Vorsicht zu gebrauchen, dieselbe in ein Stück Leinwand einzubinden. Die Anode unter der Ware kann man nur, wie bei sauren Kupferbädern angegeben, auf den Holzrost legen.

Bleiben aber ohne die erwähnten Umstände Stellen aus, so haben dieselben ihren Grund in ungenügender Reinigung, und zwar zumeist ungenügender Entfettung oder Wiederbefettung durch die Hände des Arbeiters. Wenn nicht gar zu oberflächlich zu Werke gegangen wird, so genügt ein Abbürsten dieser Stellen, und wenn eine Verquickung angewendet wurde, eine Wiederverquickung. Auch ohne Schuld des Arbeiters treten beim Decken und auch noch später Erscheinungen auf, die einer Nacharbeit bedürfen. Aus engen Hohlräumen, schlecht ausgeflossenen Lötstellen bilden sich im Bade aufsteigende Schmutzströme, meist aus nunmehr zur Lösung gelangenden Fettseifen, welche sich an die Oberfläche des Gegenstandes anlegen und hier den Niederschlag hindern oder nicht haftend machen. Man hilft sich hier durch öfteres Herausnehmen, Bürsten und Einhängen in anderer Lage. Vermutet man derartiges bei der noch unvorbereiteten Ware, so ist es gut, vorzubeugen, z. B. durch entsprechendes Erhitzen der Stellen oder besonderes Behandeln nach dem Auskochen durch Einlegen in Lösemittel wie Benzin. Besonders in der Gewichtsversilberung können weichgelötete Sachen dadurch sehr unangenehm werden.

Man liest nun oft, daß die eingehängte Ware von Zeit zu Zeit dem Bade entnommen und gekratzt werden muß. Das ist unserer Erfahrung nur für stärkere Niederschläge zutreffend. Wird der Niederschlag rauh, so ist der Strom zu stark oder das Bad nicht in Ordnung. In diesem Falle ist der Strom zu ändern, das Bad in Ordnung zu bringen.

Wenn wegen Unreinheit Mißstände entstehen, kann das Kratzen das Übel durch Verteilung der Unreinheit auf der Oberfläche nur vergrößern, dazu kommt, daß die Kratzbürste bei starker Verquickung in die auf der Verquickung noch dünn metallisierte Oberfläche einritzt und einritzen muß, was besonders bei der Gewichtsversilberung der Fall ist.

Dagegen wird mit übergebürstetem Bims am besten die Unreinigkeit entfernt — selbstredend hat man hier sich vor festem Anfassen sehr zu hüten. Ist aber die Ware gedeckt und verläuft die Metallisierung in den richtigen Grenzen, so ist gar kein Grund vorhanden, dieselbe vor Beendigung derselben herauszunehmen, außer um dieselbe behufs gleichmäßiger Verteilung der Metallisierung umzuhängen oder um dieselbe zu wägen.

Ein solches Umhängen wird bei starker Metallisierung auch deshalb notwendig, damit die Stellen, an welchen der Anhängedraht anliegt, keine auffallenden Vertiefungen geben.

E i n h ä n g e v o r r i c h t u n g e n. Es erübrigt uns, nun die Einhängevorrichtungen selbst zu besprechen.

Die Ware selbst wird entweder an Drähten eingehängt, deren oberes Ende man um die Laufstange schlägt. Damit insbesondere bei leichten Gegenständen ein guter Kontakt erzielt wird, ist es gut, das Drahtende hakenförmig zu biegen und sattelförmig auf die Stange zu geben (Fig. 10), man erhält damit einen besseren Kontakt, als wenn der Draht rund um die Stange gebogen wird und keine Stelle bei der geringen Belastung des Drahtes fest aufliegt. Man hat eben zu bedenken, daß die Güte des Kontaktes auch von dem Drucke abhängig ist, mit dem die Teile aufeinander ruhen. Die zur Verwendung gelangenden Drähte müssen sauber sein, damit das sich auch auf dieselben niederschlagende Metall festhaftet und z. B. bei Silber nicht durch Abbröckeln verloren geht oder bei späterer Wiederbenutzung auch mit dem innen befindlichen Draht Kontakt hat. Drähte, die zur Versilberung gedient, werden zweimal (oben und unten) gebraucht, dann abgesilbert, ausgeglüht, mittels zweier Flachzangen gestreckt und nach der Reinigung durch Abbrennen wieder in Gebrauch genommen. Am besten wird man die Drähte in einigen bestimmten Längen in genügender Anzahl vorrätig haben. Bei der Herstellung von Artikeln, die dutzendweise zu fertigen sind, empfiehlt es sich, besondere Gestelle zum Anhängen zu haben, und führen wir in folgendem solche für Versilberung von Bestecken usw. vor.

An einem Rahmen aus Messingblechstreifen, der fast bis zur Badoberfläche reicht, sind z. B. innen 6 Drähte aus hartem Messingdraht in Löcher gesteckt, umgebogen und angelötet. Das untere Ende ist dann zur Aufnahme der betreffenden Gegenstände passend gebogen, sowie in der Figur 10 für Löffel c, Hefte d, Kaffeelöffel e, perspektivisch f, Ketten g usw. Sind die Drähte auf vielleicht 2 mm Durchmesser gewachsen, so werden dieselben abgeschnitten und eingeschmolzen und dafür neue eingefügt. Die Herstellung dieser Anhängedrähte muß natürlich sehr gleichmäßig erfolgen, und empfiehlt es sich, sich dazu passender Lehren zu bedienen. Der Apparat kann fest aus Blechstreifen zusammengesetzt oder der untere Teil mittels Schrauben und senkrechtem Runddraht zum Verschieben eingerichtet sein: g.

Es mag hier erwähnt werden, daß wir speziell für Versilberung es sehr empfehlenswert gefunden haben, sämtliche Stangen von Zeit zu Zeit leicht zu versilbern, um stets eines guten Kontaktes sicher zu sein. Es ist ja damit allein noch nicht abgetan, daß man jedes Dutzend Löffel z. B. wiegt, um das betr. Silbergewicht zu haben; bei mangelhaftem Kontakt kann das eine halbe Dutzend leicht $^1/_3$ mehr, also zuviel Metall erhalten, und das andere weniger, wenn auch durch Anwendung des erwähnten Rahmens die Gleichmäßigkeit innerhalb eines halben Dutzend gesichert ist.

Haben wir hauptsächlich der schnellen und sicheren Arbeit wegen für Dutzendware eigene Gestelle angefertigt, so ist außerdem zu empfehlen, die gewöhnlichen Bindedrähte (die stets Kupfer sein müssen, da dünne Messingdrähte beim Verquicken brüchig werden) zu vermeiden, einmal bei schweren Gegenständen, sowohl des Reißens wegen, als auch, weil es schwer ist, den Gegenstand des Drehens wegen in eine bestimmte Lage zu bekommen und zu erhalten. Dann aber ist bei den dünnen Drähten Verlust an Silber unvermeidbar, das Wiedergewinnen des Silbers anderseits aber um so lohnender, je dicker der Draht damit bedeckt ist: deshalb ist es zu empfehlen, sich eine Reihe von Doppelhaken, Fig. 10 g, zu machen, deren Haken entweder gegeneinander in derselben Ebene oder auch um 90 Grad verdreht sind. An diesen Haken lassen sich Gegenstände mit Henkel direkt oder mittels angebrachter Sprengringe bei Platten, oder angebrachter kleiner Drahtschleifen bequem und sicher einhängen. Daß das hier Gefür andere Metallbäder auch Geltung hat, ist einleuctend.

Für besondere Massenware ergeben sich im Einzelfalle besondere Kunstgriffe für richtiges Einhängen, wir werden z. B. die Gegenstände auf Draht reihen und durch Glasperlen auseinanderhalten, oder in Porzellansieben einhängen und öfters umrühren usw. Wir erwähnen, daß man besonders zum Anstecken oder Einhängen der Waren an die Gestelle für letztere passende Aufhängevorrichtungen, z. B. über der Verquickung, anbringt.

So gut wie die Ware müssen die Anoden an Drähten eingehängt werden. Da aber dieselben im allgemeinen in dem Bade gleich den Anoden aufgelöst werden, so muß das Aufhängematerial, soweit es in das Bad reicht, entweder aus dem Metall der Anode bestehen oder muß aus unlöslichem Material hergestellt sein.

In diesem Falle gibt man den Anoden in der Mitte zwei Löcher und sichert dieselben gegen Umkippen durch Schieber aus dünnerem Platindrahte, welche auf den Platinhaken laufen. Endlich kann man auch nur den in das Bad tauchenden Teil aus Platin fertigen oder gar nur das unterste, Kontakt gebende Ende, indem man den übrigen Teil entsprechend isoliert.

Um ein ganz gleichmäßiges Verzehren der Anoden zu erzielen, ist es gut, dieselben von Zeit zu Zeit umzudrehen. Abends nimmt man alle Anoden heraus, damit dieselben sich nicht weiter lösen und das Bad metallreicher machen. Ebenso nimmt man halbfertige Ware heraus und hängt diese über Nacht in laufendes Wasser. Vor dem Wiedereinhängen genügt ein Spülen mit saurem Wasser und Abspülen.

E n t n a h m e a u s d e m B a d. Ist die Ware fertig, so wird gut gespült, besonders aus alkalischen Bädern kommende Sachen gut zuerst in saurem Wasser gespült und gekratzt. Das Kratzen auf der Kratzbank gibt den Gegenständen Glätte und Glanz, der in vielen Fällen ausreicht oder die weitere Polierung usw. erleichtert. Um die Ware dann schnell trocken zu bekommen, ist es gut, wenn man über heißes Wasser verfügt, in welchem man zum Schluß abspülen kann. Hohlräume usw. werden dann ausgeschleudert und die Sachen in Sägespänen eingebettet, von wo man dieselben dann zu weiterer Verarbeitung entnimmt. Hat man jedoch Flüssigkeit in Hohlräumen, die schwer oder nicht zu entfernen ist, so hängt man die Sachen noch über Nacht in reines Wasser, um alle Lösung zu entfernen, und trocknet dann in einem Trockenschrank über dem Herd.

Gewichtskontrolle des Niederschlages

siehe auch Seite 177 u. 185

Ehe Gegenstände, die z. B. nach Gewicht zu versilbern sind, eingehängt werden, muß man deren Gewicht feststellen. Man bedient sich dazu einer gewöhnlichen Tafelwage, welche ½ g noch bei einer Belastung von 3 kg anzeigt.

Man legt zu dieser Prüfung auf beide Schalen 3 kg, gibt auf einer Seite ½ g zu und sieht, ob noch ein genügend merklicher Ausschlag entsteht. Ist dies nicht der Fall, so läßt sich dies bei den guten, im Handel befindlichen Wagen durch ein Abziehen der Schneiden von einem Mechaniker erreichen.

Um bequem und sicher die natürlich stets nasse Ware wiegen zu können, ersetzt man die Warenschale durch eine schiefe Ebonitplatte mit Rändern und Ablauf rückwärts. (Fig. 11). Wischt man diese Platte stets mit einem Schwamm ab und läßt damit die

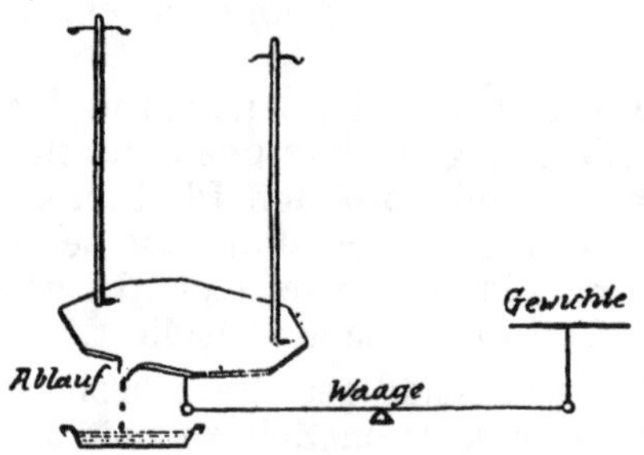

Figur 11.

gleiche Menge Feuchtigkeit auf derselben, und gewöhnt man sich daran, die Ware unmittelbar vor dem Wiegen durch Wasser zu ziehen und stets gleich lang abzutropfen, stets gleich abzuschütteln, so erzielt man in den einfachen Fällen Gewichte, die auf ein Gramm genau sind. Sehr große Flächen, wie Platten, oder kleine, das Wasser festhaltende Teile, wie Ketten, erfordern einige Uebung. Die in der Figur angegebenen senkrechten Stangen dienen zum Anlegen von Platten oder zum Einhängen von Ware mit den Einhängevorrichtungen, von denen später die Rede sein wird.

Hervorzuheben ist, daß die Form der gebräuchlichen Gewichte für die immer nassen Hände unpraktisch ist, besonders die Stücke von 1 g. Dafür macht man sich eine Reihe von Grammgewichten aus Draht, indem man z. B. einen Kupferdraht von 20 g abwiegt, in 20 Teile teilt und die einzelnen, nunmehr recht genauen Grammstücke in passende Form (Fig. 12) bringt. Diese Gewichte sind in genügender Anzahl immer vorrätig zu halten.

Figur 12.

Als Kontrolle oder das Wägen ersetzend haben wir das Ampèremeter bezw. dessen Angaben, wie viel Gramme in der Stunde niedergeschlagen werden. Für leichte Metallisierungen und bei teuren Metallen wie Gold bildet letzteres den einzigen Anhalt. Die Wage aber sollte auch für geringwertige Metalle, besonders für Probestücke, zur Kontrolle angewendet werden. Ueber alle diese Angaben muß natürlich Buch geführt werden. So lautet ein Buch der Gewichtsversilberung:

wie viel	mit	was	soll	Zeit	roh	Zeit	wiegt	Zeit	wiegt
1 Dtzd.	50	Löffel	450	10 h	400	11 h	415		

Ueber:

1. Vorrichtungen für Entfettungsbäder,
2. Bewegungs- und Heizungsvorrichtungen für galvanische Bäder,
3. Vorrichtungen zum Erwärmen des Elektrolyten,
4. Vorrichtungen zum Plattieren von Massenartikeln,
5. Plattierung von Blechen,
6. Plattierung von Röhren,
7. Plattieren von Drähten, Bändern in endlosen Längen,
8. Plattierung leonischer Drähte und Gespinste,
9. Plattierung mittels Wanderanode

finden sich ausführliche Mitteilungen für Großbetriebsanlagen in M. Schlötters Galvanostegie, II. Teil (W. Knapp, Halle 1911), worauf wir Interessenten verweisen.

Photographische und mikrophotographische Wiedergabe elektrolytischer Metallniederschläge.

Ueber dieses interessante, im weiteren Verfolge auch für die Praxis wichtige, Thema finden wir ausführliche Arbeiten von Dr.-Ing. Bruno Wäser und Dipl.-Ing. E. H. Schulz in der Elektrochemischen Zeitschrift 1911, 6 und 8 und 1912, Heft 2, S. 36 u. f.

Störungen bei galvanischen Bädern.

(siehe auch bei Nickelbad).

Wenn in einem galvanischen Bade nach Einschaltung des Stromes kein Metallniederschlag zu bemerken ist, dann hat man vor allem zweierlei zu beachten:

1. Die Temperatur des Bades kann zu nieder sein, also erheblich unter 15 ° C, in einem solchen Falle erhitzt man einen Teil des Bades in einem emaillierten Gefäß und gießt die heiße Lösung dem Bade zu, bis dessen Temperatur auf mindestens 15 ° gestiegen ist.

2. Ist es möglich, daß irgend eine Stromunterbrechung oder eine ungenügende Strommenge vorliegt, also daß z. B. das Voltmeter zwischen Waren und Anodenleitung unter 2 Volt beträgt. In diesem Falle verfolgt man die Leitung unter Prüfung der Kontaktstellen bis zur Stromquelle. Unsaubere Kontaktstellen sind blank zu machen, oder die Stromquelle ist in Ordnung zu bringen. Falls letztere zu schwach ist, kann man vorübergehend kleinere Warenflächen ins Bad einhängen.

Es kommt auch vor, daß einmal die Zuleitungsdrähte zu den Waren- und Anodenstangen verkehrt angeschlossen werden, um dies zu prüfen hält man die Enden der beiden Zuleitungsdrähte bei Stromdurchgang ungefähr ½—1 cm voneinander entfernt, auf mit Kochsalzlösung befeuchtetes rotes Lakmuspapier.

Der Draht dessen Ende auf dem Lakmuspapier einen blauen Kreis erzeugt, ist mit der Warenleitung zu verbinden, der Draht der einen roten Kreis bildet, wird an die Anodenleitung angeschlossen.

Weiteres siehe bei den verschiedenen Metallen.

Fleckenbildung auf galvanischen Ueberzügen.

(siehe bei Silber und Nickel).

Die Bewegung des Elektrolyten, also des galvanischen Bades, ist, wie schon früher erwähnt, in verschiedener Richtung äußerst vorteilhaft. Hierbei wird entweder die Badflüssigkeit in Bewegung versetzt oder durch Bewegung der Waren oder Anoden für eine beständige Durchmischung der Flüssigkeit gesorgt. Bezüglich der hierzu verwendeten vielfach patentierten Appraturen verweisen wir auf das bereits genannte Werk „Galvanostegie II. Teil von Schlötter". Da es durch Vorrichtungen, welche die Bewegung des Bades bewirken, unvermeidlich ist, daß am Boden der Bäder sich mehr oder weniger große Mengen Schlamm absetzen, so empfiehlt Krause folgende Methode; welche eine beständige Bewegung der Badflüssigkeit ermöglicht:

Man stellt mehrere, das gleiche Bad enthaltende Wannen so auf, daß jede folgende etwas niedriger steht als die vorhergehende, und verhindert sie untereinander durch Heber. Die Badflüssigkeit fließt dann aus der einen Wanne in die andere. Aus der untersten niedrigsten Wanne wird das Bad dann durch eine Pumpe abgesaugt und der oberen Wanne wieder zugeführt. Hierbei kann man ein Filter zwischenschalten, welches den Schlamm, der, wie oben gesagt wurde, bei bewegten Bädern besonders schädlich wirkt, zurückhält. Die Pumpe muß natürlich aus einem Material bestehen, welches von der Badflüssigkeit nicht angegriffen wird (Blei, Steinzeug).

Elektrolytische Metallüberzüge auf Massenartikeln.

Wenn es sich darum handelt, kleine Massenwaren mit galvanischen Metallüberzügen zu versehen, so kommen die sog. Massengalvanisierapparate zur Verwendung, welche das Einzeleinhängen der Gegenstände ins galvanische Bad unnötig machen und durch die fortwährende Bewegung des Bades auch die Anwendung höherer Stromdichten ermöglichen. Vor allem handelt es sich um die sog. Trommelapparate.

Sie bestehen aus einer Trommel aus Holz, Hartgummi, Zelluloid oder dergleichen nichtleitendem Material, deren Mantel durchlocht ist, und die im Innern geeignete Kontaktschienen oder andere Stromzuleitungen hat, durch welche die in der Trommel befindlichen Waren mit dem Kathoden Pol der Stromquelle in Verbindung gesetzt werden. Hierzu ist natürlich notwendig, daß der Apparat ausreichend gefüllt wird, so daß die Waren bei der Drehung der Trommel ständig mit den Kontakten in Berührung bleiben; denn wenn die Waren zeitweise außer Kontakt kommen, so wirkt dies nicht nur nachteilig auf den galvanischen Niegerschlag, sondern es kann auch das Bad durch Auflösung von Warenmetall verdorben werden. Diese Trommel rotiert in der Wanne, sie ist mit einem entsprechenden Antrieb, Stromzuführungen und einer Einrichtung, sie zum Zwecke der Entleerung aus dem Bade zu heben, eventuell die Ware auch vor der Entleerung spülen zu können, versehen, die bei den Ausführungen der einzelnen Firmen, auch bei verschiedenen Größen mancherlei Abweichungen zeigt. Die Anoden, manchmal der Form der Trommel entsprechend gebogen, werden in der Regel zu beiden Seiten der Trommel eingehängt, doch hat man auch Ausführungen mit Innenanoden, bei denen die den Badwiderstand erhöhende Trommelwand nicht zwischen Waren und Anoden zu liegen kommt. Die letztere Ausführung bietet aber größere Schwierigkeit, und der höhere Widerstand der ersteren läßt sich durch Anwendung gut leitender Räder oder höherer Badspannungen leicht ausgleichen.

Bei diesen Trommelapparaten besteht der Nachteil, daß man den elektrolytischen Prozeß nicht beobachten, also auch durch Herausnahme von Proben keine Feststellungen über den Ausfall der Waren machen kann. Um diesen Nachteil zu beheben, wurden die sog. Glockengalvanisierapparate konstruiert. (Vereinigten Elektrochemischen Fabriken Dr. Oskar Hahn in Leipzig-Markranstädt). Diese namentlich auch für die kleinsten Objekte, wie Nadeln, Stifte, Nägel usw., geeigneten Apparate haben einen Badbehälter in Form einer um eine schräge Achse drehbaren Glocke. Die Anode befindet sich im Innern der Glocke und ist an einer besonderen Säule befestigt. Die Glocke faßt etwa 50 L Badflüssigkeit und besteht aus säurefestem Steinzeug, unterliegt somit keinerlei Abnutzung, auch setzt sich kein unnützes Metall an den Glocken an wie bei den Zelluloidtrommeln. Die Langbein-Pfannhauser-Werke liefern einen ähnlich konstruierten Massengalvanisierapparat mit einem butterfaßähnlichem Holzkübel, der 100 L Bad faßt.

Den Vorteilen, die diese kippbaren Massengalvaniserapparate bieten, steht der Nachteil gegenüber, daß die Anode verhältnismäßig klein ist und mit den Waren jedesmal das Bad ausgekippt werden muß, was natürlich zu Verlusten von Badflüssigkeit führt.

Über die weiteren Einzelheiten dieser vielgestaltigen und vielfach patentierten Apparate sei verwiesen auf die „Galvanostegie, II. Teil von Schlötter". Einige Ausführungen entnehmen wir noch der „Galvanotechnik" von Krause.

Bei allen Massengalvanisierapparaten wird der Strom zunächst den mit den Kontakten in Berührung befindlichen Waren zugeführt; andere Waren stehen erst wieder durch diese mit der Stromzuführung in Verbindung, der Strom wandert von einem Teil zum anderen, wobei die Stromzuführung um so besser ist, je inniger sich die Teile berühren. Wenn nun auch bei der Drehung der Trommeln, Schaukeln oder Glocken die Kontaktstellen fortgesetzt wechseln, so stehen doch immer die Waren zum großen Teil nur indirekt mit der Stromzuführung in Verbindung, woraus sich ergibt, daß die Spannung höher sein muß, als bei einem ruhenden Bade, bei dem jedes Stück einzeln an Drähten eingehängt ist. Der Bewegung des Bades wegen kann man die Stromdichte höher als bei ruhenden Bädern nehmen, was abermals eine Erhöhung der Spannung bedingt. Den Bädern wird man deshalb einen möglichst hohen Metallgehalt geben und ihre Leitfähigkeit durch Zusatz von Leitsalzen, z. B. freiem Cyankalium bei cyankalischen Bädern erhöhen.

Jedenfalls muß, wenn man einen Massengalvanisierapparat anwenden will, genügend Ware vorliegen, so daß diese bei der Drehung der Trommel nicht außer Berührung mit den Kontakten kommt. Stromstärke und Spannung werden sich aber nach der Form der Ware ihrer Oberfläche und der durch ihre Gestalt bedingten mehr oder weniger innigen Berührung richten, so daß man nur ungefähre Werte angeben kann, die günstigsten Verhältnisse aber in jedem Falle ausprobieren muß.

Bei der verhältnismäßig hohen Stromdichte wird sich das Bad auch schneller verändern als ein ruhendes, man wird also sorgfältiger auf diese Veränderungen achten und durch rechtzeitige Korrektur für Konstanthaltung der Badzusammensetzung sorgen müssen.

Auch die Umdrehungszahl der Trommel ist bis zu einem gewissen Grade von Einfluß auf den Ausfall der Galvanisierung. Bei der Vermessingung liefert z. B. höhere Umdrehungszahl hellere, geringere Umdrehungszahl rötere Farbe des Niederschlags.

Während man bei ruhenden Bädern den Strom vor dem Einhängen der Waren einschalten und erst nach dem Herausnehmen ausschalten soll, darf er bei Trommelapparaten erst, nachdem die Trommel in Umdrehung versetzt worden ist, eingeschaltet werden, und man muß ihn ausschalten, ehe man die Trommel in Ruhe setzt, weil sich sonst die Perforierung der Trommel auf der Ware abzeichnet. Dabei darf man natürlich die Ware nicht länger stromlos im Bade lassen, als unbedingt notwendig ist, damit nicht das Bad durch sich auflösendes Warenmetall verdorben wird. Auch darf die Trommel nicht so tief ins Bad gesenkt werden, daß metallische Teile des Antriebs von der Badflüssigkeit aufgelöst werden können.

Die Stromzuführungen müssen ausreichend stark bemessen werden (etwa 1 qmm pro Ampère Stromstärke), die Kontaktschrauben sind fest anzuziehen und öfters darauf zu prüfen, daß sie sich nicht gelockert haben, auch die Kontaktflächen metallisch rein sind. Das gilt auch für die Kontakte im Innern der Trommel, namentlich, wenn der Apparat längere Zeit außer Betrieb gewesen ist. Hat sich an diesen Kontakten zu viel Metall angesetzt, so wird dies entfernt.

Die galvanischen Niederschläge sind kristallinisch und bilden sich nach Art der Bienenwaben. Deshalb müssen stärkere Niederschläge öfters aus dem Bade genommen und nach gründlichem Spülen im Wasser mit weichen Metalldrahtbürsten behandelt, so genannt gekratzt werden, damit sich die senkrechten Wände umlegen und in die Poren eindrücken. Selbstverständlich dürfen die Gegenstände dabei nicht mit den fettigen Fingern berührt werden. Die Niederschläge werden nicht trocken, sondern stets feucht gekratzt. Die fertigen Waren sind stets gründlich mit Wasser zu spülen, damit in den Poren keine Badflüssigkeit zurück bleibt, welche später entweder auswittert oder zur Fleckenbildung Veranlassung gibt.

Vorrichtung zur Beseitigung von Wasserstoffbläschen bei der Elektrolyse von Metallsalzlösungen mittels mechanisch bewegter nachgiebiger Reiber.

Nach D. R. P. 330746, Klasse 40c Marcel Perreur-Lloyd, Frankreich. — Entlang der umlaufenden Kathode wirken mechanisch bewegte nachgiebige Reiber auf den Metallniederschlag ein. Die Reiber bestehen aus weichen und geschmeidigen, organischen Massen, wie pergamentartigen und unlöslich gemachten Häuten, Blasen oder Därmen. Die Vorrichtung kann außer zum Niederschlagen von Zink auch zum Niederschlagen sonstiger Metalle auf elektrolytischem Wege, insbesondere zur Bildung von Kupferfolien dienen.

Die Bäder.

Silber.

(s. a. Steinach-Buchner die galvanischen Metallniederschläge).

Von allen zur gewerblichen oder industriellen galvanischen Versilberung in Vorschlag gebrachten Silberverbindungen [1]) ist erfahrungsgemäß eine Lösung von Silberkaliumzyanid, das sog. Zyansilberbad (von Napier zuerst angewandt), am geeignetsten und ausschließlich in Verwendung.

Das in schönen Kristallen zu erhaltende Silberkaliumzyanid bildet sich beim Auflösen von Zyansilber in Zyankaliumlösung. Dasselbe ist ein komplexes Salz [2]). Man kann dieses Salz seinem Verhalten nach auffassen als das Kaliumsalz der Silberzyanwasserstoffsäure.

Diese Verbindung ist nicht so fest wie z. B. die Ferrozyanwasserstoffsäure, indem das Silber schon bei geringfügigen Anlässen aus der Verbindung austritt, z. B. beim Einwirken des elektrischen Stromes. Auch erhält man beim Behandeln mit verdünnten Säuren nicht etwa die Silberzyanwasserstoffsäure, sondern diese zerfällt sofort in Zyansilber und Zyanwasserstoff.

$$NC - Ag \mid NC - K + HCl =$$
$$NC - Ag \mid NC - H + KCl$$
$$NC - Ag \mid NC - H = NCAg + NCH.$$

Das Silberkaliumzyanid ist in wässeriger Lösung in Ionen (bis zu einem gewissen Betrage) zerfallen.

Mit Hilfe von Ueberführungsmessungen können wir sehen, welches die Arten der Ionen sind, in die ein Salz zerfällt. Wenn man z. B. auf den Boden eines U-Rohres eine Silberkaliumzyanidlösung bringt und in die beiden Schenkel des U-Rohres Wasser darüber schichtet, so wandert, wenn wir den Strom hindurchleiten, das Kation zur Kathode, das Anion zur Anode. Untersucht man nun nach einiger Zeit die in den Schenkeln stehende Flüssigkeit, so findet man, daß zur Kathode kein Silber gewandert ist, wohl

---

[1]) Jodsilber in Jodkalium, Chlorsilber oder Silberoxyd in Ammoniak (Eltington); Lösung von Silberoxyd oder Chlorsilber in unterschwefligsaurem oder saurem schwefligsaurem Ammonium, milchsaures Silber u. a.

[2]) Wenn bei der Einwirkung von zwei Salzen aufeinander ein neues Salz entsteht, das in verdünnter, wässeriger Lösung andere Ionen hat als die beiden Salze für sich, so nennt man das ein komplexes Salz.

aber zur Anode. Daraus folgt, daß das Silber sich im Anion befindet, daß also die Dissoziation so vor sich geht:

$$K\,Ag\,(CN)_2 \;—\; K^{\cdot} + Ag\,(CN)_2'$$

Damit ist nicht gesagt, daß eine weitere Dissoziation nicht stattfindet. Nur ist z. B. beim $K\,Ag\,(CN)_2$ die Dissoziationskonstante sehr groß, während sie beim $Ag\,(CN)_2'$ sehr klein ist. Es wird also auch die Dissoziation

$$Ag\,(CN)_2 = Ag^{\cdot} \;—\; (CN')_2$$

in einem minimalen Betrage stattfinden, während die Dissoziation $K^{\cdot}$ — $Ag\,(CN)_2$ ziemlich vollständig ist.

In der Lösung sind also sehr viele Kaliumionen vorhanden und komplexe Silberzyanionen, aber nur wenig Silberionen und freie Zyanionen. Indessen wird der Stromtransport hauptsächlich durch die Kaliumionen und Komplexionen besorgt, während die andern ihrer geringen Menge wegen sich nicht beteiligen. Deshalb finden wir auch im Kathodenraum kein Silber.

Die günstige Beschaffenheit des Zyansilberbades für galvanische Silberüberzüge beruht darauf, daß hier eben das Silber Bestandteil eines komplexen Salzes ist, in dem das Silber ein Bestandteil des Anions ist.

Der Vorgang bei der Elektrolyse des Zyansilberbades ist nach Hittorf ein sekundärer: Aus der Verbindung Kaliumsilberzyanid $K\,Ag\,(CN)_2$ verdrängt das bei der Elektrolyse an die Kathode wandernde Kalium das Silber.

$$K\,Ag\,(CN)_2 = K^{\cdot} + Ag\,(CN)_2'.$$
$$K + K\,Ag\,(CN)_2 = Ag + 2\,K\,CN.$$

Das sich zur Anode bewegende Anion $Ag\,(CN)_2'$ löst von der Silberanode ein Atom Silber und ergänzt sich wieder zu dem komplexen Zyanid.

$$Ag\,(CN)_2 + Ag = 2\,Ag\,CN.$$
$$2\,K\,CN + 2Ag\,CN = 2\,K\,Ag\,(CN)_2.$$

Nach Hittorf ermöglicht die sekundäre Silberfällung durch Kalium die Abscheidung von Silber als kohärenter, gleichförmiger Ueberzug, wie es die Technik erfordert, denn primär aus Silberlösung gefälltes Silber hat die Gestalt kristallinischer Dendriten.

Anderseits wird angenommen, daß im Silberbad bei der Silberfällung die zu einem sehr kleinen Betrage stattfindende Dissoziation $Ag\,(CN)_2 = Ag^{\cdot} + 2\,(CN)'$ in Betracht käme.

Trotz der ungemein geringen Konzentration des Silberions in dieser Lösung scheidet sich an der Kathode ein schöner Silberüberzug auch bei ziemlich starkem Strom ab; denn in dem Maße, als das wenige Silberion entladen wird, bildet sich neues: die Flüssigkeit verhält sich praktisch so, als wäre alles Silber in Ionenform vorhanden.

Ostwald und Le Blanc denken sich den Prozeß so verlaufend:

$$Ag + - = Ag.$$

Anderseits nimmt Haber an, daß sich die Silberfällung wie folgt vollziehe:

$$Ag(CN)_2'' + - = Ag + 2\,(CN)'.$$

Unter Umständen kann sich diesem Vorgange eine Wasserstoffentwicklung beigesellen, die, wenn sie in nennenswertem Betrage eintritt, den Silberniederschlag porös und schwammig macht.

Das freie Zyankalium im Bade ist in dieser wässerigen Lösung weitgehend dissoziiert und in geringerem Betrage hydrolytisch gespalten.

$$KCN = K^{\cdot} + CN'.$$

Die Zyanwasserstoffsäure ist eine schwache Säure und kaum dissoziiert; aus diesem Grunde vereinigt sich das bei der Dissoziation frei werdende Zyanion mit dem Wasserstoffion des Wassers, das weiter in $H^{\cdot}$ und OH' dissoziiert.

$$K^{\cdot} - CN' + H^{\cdot} - OH' = CNH + OH' - K.$$

Die Lösung reagiert durch diese Hydroxylionen stark alkalisch; die Hydroxylionen bestimmen die Konzentration der Wasserstoffionen; das Anwachsen jener erschwert die kathodische Abscheidung von Wasserstoff. In der Tat drückt eine Erhöhung der Alkalinität die Wasserstoffentwicklung herab und erhöht die Stromausbeute.

Die Zyansilberbäder werden zum Teil durch Lösen von Chlorsilber in Zyankalium an Stelle des Zyansilbers hergestellt. Dadurch kommt eine äquivalente Menge Chlorkalium (durch Umsetzung $AgCl + KCN = AgCN + KCl$) ins Bad.

Ueber die Nützlichkeit oder Schädlichkeit dieses Salzes sind die Meinungen verschieden, sowohl die der Praktiker, als auch die der Theoretiker.

Da reine Zyansilberkaliumbäder tadellos arbeiten, liegt kein Grund vor, das Bad mit Chlorkalium, das im übrigen die Hydrolyse des Zyankaliums zurückdrängt, zu beschweren.

Silberbäder:

SalpetersauresSilber	1700 (= 1080 Silber)		3400 (= 2160 Silber)		4250 (= 2700 Silber)	
Zyankalium 100 % zum Fällen von Zyensilber	650 (250 CN)	1950 (780 CN)	1300 (520CN)	3900 (1560CN)	1625 (650 CN)	4875 (1950 CN)
Zyankalium zum Lösen des Zyansilbers und als Ueberschuß (freies Zyankalium)	1300 (520 CN)		2600 (1040CN)		3250 (1300CN)	
	gewöhnl. leichte Sersilberung		schwere Versiiberunff mit Batterie		schwere Versilberung mit Maschine	
Ein Liter enthält Silber:	10,8		21,6		27,0	

(100 Zyankalium entsprechen = 40 Zyan,
100 Zyannatrium entsprechen = 53 Zyan).

Silberbad. Herstellung mit Scherings Silbertrisalyt 7,5prozentige Lösung, bei 15 cm Anodenentfernung 1,5—2 Volt.

Bad für Silbergalvanoplastik nach Langbein:

50 g Silber (als Zyansilber),
120 g Zyankalium (98—100%),
1 l Wasser.

Stromdichte höchstens 0,3 Amp./qdm.

Badspannung bei 10 cm Elektrodenentfernung ist 0,5 Volt.

Ueber den Einfluß der Stromdichte, des Zyankalium- und des Metallgehaltes des Silberbades auf die Stromausbeute liegen ausführliche Arbeiten von Brunner (Beiträge zur Kenntnis der elektrolytischen Abscheidung der Metalle, Dresden, Dissertation 1907) vor.

Aus diesen Untersuchungen folgt, daß die in der Galvanotechnik empirisch gefundenen und benutzten Verhältnisse (auf 1 Gewichtsteil Zyansilber 2—3 Gewichtsteile Zyankalium) bei Stromdichten von 0,003 Amp./qcm die günstigsten sind; hierbei wird die beste Stromausbeute bei schönen dichten Niederschlägen erhalten, und anodische Störungen werden vermieden.

Man verwende nur chemisch reines Zyankalium. Manche Zyankaliumsorten des Handels enthalten einen hohen Prozentsatz von Zyannatrium. Dieser Umstand ist beachtenswert, weil bei einer einfachen Bestimmung des Zyangehaltes und Umrechnung auf Zyankalium bei einem erheblichen Gehalte an Zyannatrium sehr leicht ein Handelszyankalium mit 15% Verunreinigungen als 100% Zyankalium begutachtet werden kann. (Siehe auch bei Goldbad).

Neue, frisch zusammengesetzte Bäder arbeiten erfahrungsgemäß nicht sofort schön und gleichmäßig, wie etwas ältere, eingearbeitete Bäder. Es rührt dies zweifellos daher, daß zum Gelingen eines schönen Silberniederschlages, gleichviel aus welchen Gründen, eine kleine Menge ameisensaures Kalium und Ammoniak, Körper, welche wir als Zersetzungsprodukte des Zyankaliums kennen lernen werden, im Bade notwendig ist. Die Praktiker helfen nun neuen Bädern dadurch, daß sie ihnen entweder etwas altes Bad zufügen oder daß sie das Silberbad längere Zeit, ein paar Stunden, kochen, oder etwas Ammoniak zusetzen, mit anderen Worten, daß sie in jedem Fall kleine Mengen der Zersetzungsprodukte des Zyankaliums ins neue Bad bringen. Denn solche sind in alten Bädern, solche entstehen durch Kochen der Lösung. Die Zersetzungsprodukte sind aber vor allem Ammoniak und ameisensaures Kalium. Man wird ein sofort gut arbeitendes Bad erhalten, wenn man zu 100 Liter neuem Silberbad eine Lösung setzt von:

40 g Ammoniak von 0,96 spez. Gewicht,
200 g ameisensaurem Kalium,
1000 g destilliertem Wasser.

Veränderungen des Silberbades. Die Ursache der Veränderungen des Silberbades besteht in erster Linie in der leichten Veränderung des Zyankaliums.

1. Das Zyankalium wird fortwährend durch die Kohlensäure der Luft in kohlensaures Kalium und Blausäure zersetzt.

$$2\,KCN + H_2O + CO_2 = K_2CO_3 + 2\,CNH.$$

100 g Zyankalium geben bei vollständiger Zersetzung 106,1 g kohlensaures Kalium.

2. Die wässerige Lösung des Zyankaliums zersetzt sich nach und nach in Ammoniak und ameisensaures Kalium. Das ameisensaure Kalium wird dann durch den Strom weiter in kohlensaures Kalium verwandelt.

$$KaCN + 2\,H_2O = HCO_2K + NH_3.$$

100 Teile Zyankalium geben bei vollständiger Zersetzung 130 Teile ameisensaures Kalium und 26 Teile Ammoniak unter Aufnahme der Elemente des Wassers.

3. Durch den Strom wird ein Teil des in wässeriger Lösung befindlichen Zyankaliums (besonders bei starkem oder zu starkem Strom) in Aetzkali und freies Zyan zersetzt, bei welchem Vorgang auch Wasserstoffgas entsteht. Das Aetzkali nimmt Kohlensäure auf und verwandelt sich ebenfalls in kohlensaures Kali. Das Zyan liefert dann noch Polymerisationsprodukte (Parazyan usw.), welche Gelb- bis Braunfärbung des Bades bewirken.

Da nun die Blausäure, das Ammoniak (Zyanammonium) und das Zyan einen nachweisbaren Schaden im Silberbad nicht verursachen, das Aetzkali durch die Kohlensäure der Luft und auch das ameisensaure Kalium durch den Strom sich in kohlensaures Kali umwandeln, so können wir als schädliches Hauptprodukt der Zyankaliumzersetzung das kohlensaure Kali betrachten, und es hat die Erfahrung auch gezeigt, daß bei einem vermehrten Gehalt des Silberbades an kohlensaurem Kalium (wenn die Menge des kohlensauren Kalis 5 g per Liter übersteigt) bei dickeren Niederschlägen gewisse Störungen eintreten (siehe Seite 195), die nach der Entfernung des kohlensauren Kaliums aus dem Bad sofort wieder verschwinden. An dem kohlensauren Kalium haben wir daher einen Maßstab für die im Bade vor sich gehenden Zersetzungen, zugleich einen Wertmesser für die Güte eines Bades. Je weniger von diesem Salze im Bade enthalten ist, desto besser wird das Bad funktionieren.

Außer den erwähnten Veränderungen des Silberbades infolge der Zyankaliumzersetzung findet eine Veränderung der ursprünglichen Zusammensetzung noch dadurch statt, daß

4. durch Wasserverdunstung die Konzentration des Bades eine größere wird;

5. nicht ganz genau eben so viel Silber von der Anode gelöst wird als sich Silber an der Kathode ausscheidet;

6. durch die zu versilbernden Gegenstände Verunreinigungen (z. B. andere Metalle, wie Kupfer, Zink usw.) in das Bad gelangen.

Diesen Veränderungen läßt sich in der später beschriebenen Weise abhelfen, und die letzteren Verunreinigungen sind zumeist so unbedeutend, daß dadurch kein bemerkenswerter Nachteil für das Bad oder die Arbeit entsteht.

Um das Gesagte deutlicher zu machen, führen wir ein Beispiel an, an dem deutlich die Veränderungen des Bades sichtbar sind:

Ein Bad hatte folgende Zusammensetzung:

25 g Silber als Zyansilber ,50 g Zyankalium (davon 15 g gebundenes und 25 g freies Zyankalium) im Liter.

Nachdem zwei Monate damit gearbeitet worden, enthielt dasselbe Bad im Liter:

32 g Silber als Zyansilber, 25,62 g Zyankalium (davon 19,4 g gebunden und 6,2 g frei), 13 g kohlensaures Kalium, außerdem ameisensaures Kalium und Ammoniak.

Wir sehen, daß der Silbergehalt durch Wasserverdunstung, also Konzentration des Bades, zugenommen, der Zyankaliumgehalt durch Zersetzung bedeutend abgenommen hat und daß dafür eine bedeutende Menge kohlensaures und ameisensaures Kalium, daneben eine entsprechende Menge Ammoniak ins Bad gekommen ist.

Ein Silberbad, welches im Liter 21,6 g Silber und 42 g Zyan (gebunden an Silber und Kalium), berechnet als Zyankalium, enthielt, hatte nach einhalbjähriger Arbeit im Liter: 9,72 g Silber, 22,1 g Zyan, berechnet als Zyankalium, und 11,7 g kohlensaures Kalium. Da 11,7 g kohlensaures Kalium 10,4 g zersetztem Zyankalium entsprechen, so wären ohne diese Zersetzung noch 32,5 g Zyankalium vorhanden gewesen; es muß also der Fehlbetrag von 9,5 g Zyankalium sich in andere Produkte (Ammoniak, ameisensaures Kalium usw.) umgesetzt haben.

Durch Zugabe von 708 g Silber, 4,4 Kilo 20 % Zyanbaryum, 600 g 100 % Zyankalium für 60 Liter wurde das Bad wieder auf die ursprüngliche Zuammensetzung gebracht.

Die Gegenwart von mehr als 5 g kohlensaurem Kalium im Liter Silberbad bewirkt, daß der Silber-Niederschlag rauh und warzig wird, insbesondere auf Alpaka, und daß er beim Polieren aufsteht, welche Erscheinung besonders an scharfen Kanten beginnt. Bei zu starkem Strom werden die am positiven Pol befestigten Anoden grau, und es entwickeln sich daran Gasblasen. Auch wird dann das Bad gelb bis braun gefärbt, indem sich hierbei die Zersetzung nicht nur auf das Zyansilber-Zyankalium, sondern auch auf das freie Zyankalium erstreckt und dieses unter Bildung von Wasserstoffgas in Aetzkali und Zyan zersetzt wird. Letzteres bildet dann die dunkel gefärbten Produkte (Parazyan usw.).

Aehnliche Produkte (Zyansilber, Silbersuperoxyd usw.) sind auch die Ursache, daß die versilberten Gegenstände nach dem Herausnehmen aus dem Bade oft gelb bis braun werden. Dies macht man leicht dadurch wieder gut, daß man die Gegenstände kurze Zeit in eine Zyankaliumlösung hängt oder in ein Silberbad ohne Strom. Das Zyankalium löst dann diese Zyansilberverbindungen usw., deren nähere Natur übrigens gar nicht bekannt ist, leicht von den versilberten Waren ab. Die Versilberung ist um so gleichmäßiger, je gleichmäßiger und schwächer der Strom ist.

Die Störungen in der Arbeit des Silberbades ergeben sich aus dem hier Erörterten. Außer der fehlerhaften Zusammensetzung (zu wenig oder zu viel Zyankalium, zu viel kohlensaures Kalium usw.) ist es auch manchmal zu niedere Temperatur (im Winter z. B.), die zu Abweichungen Anlaß gibt.

Nicht zu vergessen sind bei Störungen mangelhafte Vorbereitung der Waren und zufällige Verunreinigungen des Bades durch Fett u. dergl.

Ueber das öftere gelbliche Aussehen der Versilberung herrscht wenig Klarheit. Jordis denkt an das Auftreten von Silbersubzyaniden. Eintauchen derartiger Gegenstände in Zyankaliumlösung oder Verweilen derselben im stromlosen Bad beseitigt erfahrungsgemäß den Uebelstand.

Da sich das Silber bei Gegenwart von Luftsauerstoff in Zyankaliumlösung löst

$$2\,Ag + 4\,KCN + 2\,H_2O + O_2 = 2\,KAg(CN)_2 + 2\,KOH + H_2O_2$$

so nimmt man die Silberanoden, wenn nicht gearbeitet wird, aus dem Bade. Bei zu geringem Zyankaliumgehalt überzieht sich die Anode mit einem weißen, schlecht leitenden Ueberzug von Zyansilber. Bei zu hohem Zyankaliumgehalt werden die Gegenstände rauh (grobkristallinisch) und dunkel an Farbe.

Es handelt sich darum, das kohlensaure Kalium aus dem Bade zu entfernen, ohne dabei andere Stoffe ins Bad zu bringen und ohne die Zusammensetzung des Bades zu verändern.

Die früher benutzte Blausäure ist ganz wirkungslos, da sie das kohlensaure Kalium nicht zersetzt.

Man hat früher das Silberbad durch Zusatz von Kalkhydrat (gelöschter Kalk) und auch durch Zusatz von Barythydrat regeneriert. Aber abgesehen davon, daß das Kalkhydrat sich sehr schwer löst (1 Teil braucht 800 Teile Wasser) und man infolgedessen genötigt ist, breiförmiges Kalkhydrat zuzugeben, kommt hier, wie für die Behandlung mit Aetzbaryt der Umstand in Betracht, daß dabei stets eine dem kohlensauren Kalium entsprechende Menge Aetzkali ins Bad kommt, was für das Bad nicht viel besser ist, als das kohlensaure Kalium. Man muß dann dieses Aetzkali mittels Blausäure in Zyankalium verwandeln, was, da man mit konzentrierter Blausäure zu arbeiten genötigt ist, eine mißliche Sache ist. Auch hat man zwei Manipulationen, während man bei der folgende Zyanbaryumregeneration einfach die Lösung und damit die entsprechende Menge Zyankalium zusetzt.

Als geeignetstes Mittel erweist sich hier das „Zyanbaryum“, das sich mit dem kohlensauren Kalium glatt in Zyankalium und unlösliches kohlensaures Baryum umsetzt. Das Zyanbaryum wurde zuerst von H. Steinach in die Praxis der Silberbäder eingeführt.

Setzt man also zu dem Bade die dem vorhandenen kohlensauren Kalium entsprechende Menge Zyanbaryum (auf 100 Teile kohlensaures Kali braucht man 137 Teile Zyanbaryum und erhält dadurch wieder 94,2 Teile Zyankalium ins Bad, während sich 142 Teile kohlensaures Baryum als weißer unlöslicher Niederschlag abscheiden), so scheidet sich kohlensaures Baryum ab, während man eine, dem vorhanden gewesenen kohlensauren Kalium entsprechende Menge Zyankalium ins Bad bekommt.

Würde sich alles Zyankalium direkt in kohlensaures Kalium zersetzen, so würde man, wie man leicht sieht, durch Zugabe der entsprechenden Menge Zyanbaryum, mit anderen Worten, durch Umwandlung des gebildeten kohlensauren Kaliums in Zyankalium, auf diese Weise die ursprünglich im Bade befindliche Menge Zyankaliums wieder bekommen. Da nun das kohlensaure Kalium nur das Endprodukt der Zyankaliumzersetzung ist, außerdem aber besonders ameisensaures Kalium als Zwischenzersetzungsprodukt auftritt, so müßte man, wollte man stets die ursprüngliche Zusammensetzung und damit den ursprünglichen Zyankaliumgehalt im Bade haben, auch noch etwas freies Zyankalium zufügen. Nach unseren Untersuchungen beträgt im Zyanbade die Menge der Zwischenzersetzungsprodukte des Zyankaliums ungefähr die Hälfte von der dem gebildeten kohlensauren Kalium entsprechenden Menge. Wenn also in einem Bade sich z. B. 15 g kohlensaures Kalium im Liter befinden, welche durch Zersetzung von 12,24 g Zyankalium entstanden sind, so darf man nach unseren Untersuchungen annehmen, daß ebensoviel Zyankalium (also 12,24 g) anderweitig zersetzt wurde, welches in Form von zirka 3 g Ammoniak und 15 g ameisensaurem Kalium im Bade befindlich ist und durch die Regeneration mit Zyanbaryum n i c h t in Zyankalium umgewandelt werden kann, daß also im ganzen nicht die dem gefundenen kohlensauren Kalium entsprechende Menge Zyankalium, sondern die doppelte Menge, also $2 \times 12{,}24 = 24{,}48$ Zyankalium zersetzt wurde, von der aber nur die Hälfte in Form von kohlensaurem Kalium im Bade sich befindet und durch Zyanbaryum in Zyankalium rückverwandelt werden kann. Da man aber nicht die ursprüngliche Zusammensetzung des Bades herstellen, sondern das Bad auf der Zusammensetzung des gut eingearbeiteten Bades, in dem sich auf Kosten eines Teiles Zyankalium ameisensaures Kalium gebildet hat, halten will, so genügt die Entfernung des kohlensauren Kaliums mit Zyanbaryum, an dessen Stelle eine entsprechende Menge Zyankaliums tritt, vollständig. Das ameisensaure Kalium scheint sogar in gewisser Beziehung das Zyankalium vertreten zu können.

Gesetzt den Fall, ein Silberbad hätte ursprünglich 50 g Gesamtzyankalium per Liter enthalten und nach zwei Monaten Arbeit findet die Analyse 25,62 g Zyankalium und 13 g kohlensaures Kalium per Liter Bad, außerdem 15 g ameisensaures Kalium. Geben wir dann zu dem Liter Bad 17,7 g Zyanbaryum (oder 87,1 g 20,5% Zyanbaryumlösung), so erhalten wir durch Umsetzung 12,35 g Zyankalium ins Bad, haben also dann 37,97 Gesamtzyankalium neben 15 g ameisensaurem Kalium.

Man bedient sich zur Regeneration des Silberbades zweckmäßig einer Zyanbaryumlösung, welche in 1 kg 205,4 g Zyanbaryum enthält. 1 kg dieser Lösung fällt genau 150 g kohlensaures Kalium aus, wodurch dann 141,3 g Zyankalium gebildet werden u. 214 g kohlensaures Baryum unlöslich niederfallen. Man wird nun bei rationeller Arbeit nicht warten, bis das Bad nicht mehr geht, also z. B. 10—20 g per Liter kohlensaures Kalium enthält, sondern man wird alle 8—14 Tage seinem Bade die nötige Menge Zyanbaryum zusetzen, damit sich im Bade keine größeren Mengen von kohlensaurem Kalium anhäufen. Mit anderen Worten, man wird suchen, die gebildete Menge kohlensauren Kaliums gleich wieder auf die rationellste Weise zu entfernen.

Wir geben eine kleine Tabelle zum Gebrauche des Zyanbaryums, wobei wir die Anwendung obiger 20,5% Zyanbaryum-

Im Liter Bad sind kohlensaures Kali	Für das Liter Silberbad müssen zugesetzt werden	
	20,5 % Zyanbarium-Lösung	Dadurch kommer per Liter ins Bad Zyankalium
1	6,7	0,95
2	13,4	1,90
3	20,1	2,85
4	26,8	3,80
5	33,5	4,70
6	40,2	5,70
7	46,9	6,65
8	53,6	7,60
9	60,3	8,55
10	67,0	9,50
11	73,7	10,40
12	80,4	11,4
13	87,1	12,35
14	93,9	13,5
15	100.5	14,2
16	107,2	15,2
17	113,9	16,15
18	120,6	17,1
19	127,3	18,0
20	134,0	19,0

lösung voraussetzen. Wenn man, wie dargelegt, verfährt, also zuerst das kohlensaure Kalium bestimmt, dann nach vorstehendem Verfahren das Bad regeneriert, wird man wohl keinerlei Störungen von seiten der Badflüssigkeit erwarten dürfen.

An Stelle des Zyanbaryums kann man auch ganz zweckmäßig eine Lösung von essigsaurem Baryum verwenden. Es kommt dann eine entsprechende Menge essigsaures Kalium ins Bad, die in keiner Weise schädlich ist und sich im Laufe der Zeit in kohlensaures Kalium umwandelt. Natürlich muß man dann eine entsprechende Menge reines Zyankalium zufügen.

Analyse und Kontrolle der Silberbäder. Die Prüfung der Zusammensetzung der Silberbäder, die zeitweise Untersuchung auf die darin enthaltenen Mengen von Silber, gebundenem und freiem Zyankalium und kohlensaurem Kalium, ist bei einem rationellen Betriebe unumgänglich notwendig. Die Kosten der Untersuchung sind so gering im Verhältnis zum Gewinn dadurch, daß man eine Menge Störungen vermeidet, daß sie nicht ins Gewicht fallen.

Außerdem geben wir nachstehend Methoden an, welche bei einiger Geschicklichkeit und einigen chemischen Kenntnissen leicht ausgeführt werden können und dabei in kurzer Zeit genügend genaue Ergebnisse liefern, sofern man sich genau an die von uns gegebenen Ausführungen hält.

1. Silberbestimmung. Man mißt mit einem Meßzylinderchen 10 ccm Silberbad in ein Becherglas, setzt 20 ccm destilliertes Wasser zu und 10 ccm Schwefelammonium. Man schüttelt um, läßt dann ein wenig stehen, bis sich das gebildete Schwefelsilber gesetzt hat, und läßt dann, um zu sehen, ob alles Silber ausgefällt ist, einige Tropfen Schwefelammonium an der Wandung des Glases in die Flüssigkeit laufen. Es darf dann keine schwarze Färbung oder Fällung mehr entstehen; wäre dies der Fall, so müßte man noch etwas Schwefelammonium zufügen. Im übrigen wird die oben angegebene Menge Schwefelammonium selbst bei sehr silberreichen Silberbädern zur vollständigen Fällung ausreichen. Man bestreicht nun den äußeren Rand des Becherglases mit etwas Talg, um zu verhüten, daß die Flüssigkeit beim Aufgießen auf das Filter an der Außenseite herabläuft, und bringt das Ganze auf ein Filter, mit der Vorsicht, daß man alle, auch die kleinsten Teilchen des schwarzen Schwefelsilbers auf das Filter bringt. Man spült mit destilliertem Wasser solange nach und entfernt mit einem Glasstab, an dessen unteren Teil man ein kleines Stück Gummischlauch geschoben hat, die an den Wandungen des Glases haftenden Schwefelsilberteilchen, bis das Glas ganz rein und man sicher ist, daß alles Schwefelsilber auf dem Filter ist. Schließlich gießt man dann solange Wasser auf, bis der Niederschlag, das Schwefelsilber, vollkommen rein, von dem Zyankalium, Schwefel-Ammonium usw. befreit ist, was man dadurch feststellt, daß man einen abrinnenden Tropfen auf

rotes Lackmuspapier[1]) fallen läßt; es darf dann nicht gebläut werden, sondern muß rot bleiben. Man hat nun alles in den 10 ccm vorhanden gewesene Silber als Schwefelsilber auf dem Filter, nimmt nun das ganze Filter samt Inhalt, legt es in ein Becherglas und gießt 20 ccm reine Salpetersäure (spez. Gew. 1,36) darauf, setzt das Ganze auf ein Wasserbad und erwärmt, bis vollständige Lösung stattgefunden hat und keine roten Dämpfe mehr entweichen. Die vollständige Lösung des Schwefelsilbers erkennt man daran, daß in der Flüssigkeit, in welcher das Filter zerteilt herumschwimmt, keine schwarzen Schwefelsilberteilchen mehr bemerkbar sind; die Filterteile stören die übrigen Operationen nicht. Man läßt nun erkalten, gibt zirka 50 ccm Wasser zu und 5 ccm Eisenalaunlösung (1 : 5) und läßt unter beständigem Umschütteln aus einer Bürette solange titrierte[2]) Rhodanammonlösung[3]) einfließen (tropfenweise), bis (es ist dies der Moment, wo alles Silber als unlösliches Silberrhodanid ausgefällt ist) ein Tropfen die Flüssigkeit infolge der Bildung von Eisenrhodanid dauernd schwach rötlich färbt. Die verbrauchte Anzahl der Kubikzentimeter Rhodanlösung mit 1,08 multipliziert gibt die Menge Silber in Gramm an, welche im Liter Silberbad enthalten ist.

Es hätten z. B. 10 ccm Bad nach vorhergehender Ausfällung des Silbers mit Schwefelammonium, Lösen und Titrieren, 17,7 ccm Rhodanlösung bis zum Eintritt der roten Färbung erfordert. Dann hat dieses Silberbad 1,08×17,7 = 19,116 g Silber im Liter enthalten. Multipliziert man die verbrauchten Kubikzentimeter Rhodanlösung mit 1,34, so erhält man die im Liter Silberbade in der Verbindung Zyansilber—Zyankalium enthaltene Menge Zyansilber; im obigen Beispiel waren es also 17,7×1,34 = 23,71 g Zyansilber im Liter Bad.

Elektrolytische Silberbestimmung. Man kann hierzu das Silberbad direkt verwenden. Bei stärkeren Bädern mißt man 10, bei schwächeren 20 ccm mit einem Meßzylinderchen in die Platinschale, fügt je nach dem im Bade schon vorhandenen Zyankaliumüberschuß eine Lösung von 0,5—1 g reinstem Zyankalium zu und verdünnt entsprechend. Man erwärmt jetzt auf etwa 60° C und elektrolysiert bei dieser Temperatur mit einer Stromdichte von höchstens 0,1 Amp./qdm., bis eine Probe der Flüssigkeit mit Schwefelammonium keine Dunkelfärbung (Schwefelsilber) mehr zeigt. Das Gewicht des Niederschlages ist bei Verwendung einer Probe von 10 ccm mit 100, bei Verwendung einer Probe von 20 ccm mit 50 zu multiplizieren, wenn man den Silbergehalt pro Liter Bad finden will.

---

[1]) Lackmuspapier: blaues Lackmuspapier wird von Säuren gerötet, rotes Lackmuspapier von Basen gebläut.

[2]) titriert = titrieren (von Titre = Gehalt) also titrieren = messen mit einer Lösung von bestimmtem Gehalt.

[3]) Diese Lösung muß so gestellt sein, daß dann 1 ccm gleich 0,0108 Silber ausfällt

2. Gebundenes (in der Verbindung Zyansilber-Zyankalium enthaltenes) Zyankalium. Dieses Zyankalium findet man durch Berechnung. Da 134 g Zyansilber 65 g Zyankalium zur Lösung bezw. Bildung der Verbindung Zyansilber-Zyankalium erfordern, so läßt sich aus der oben gefundenen Silbermenge leicht das gebundene Zyankalium berechnen. Am einfachsten multipliziert man die Anzahl der für 10 ccm Bad gebrauchten Kubikzentimeter Rhodanlösung mit 0,65, um die im Liter befindliche Menge gebundenen Zyankaliums zu erhalten. Im obigen Beispiel sind dies also $17{,}7 \times 0{,}65 = 11{,}5$ gebundenes Zyankalium.

3. Freies Zyankalium. Man mißt mit einem genauen Meßzylinderchen 1 ccm Silberbad in ein Becherglas, verdünnt mit ca. 200 ccm Wasser, setzt ein Paar Tropfen konzentrierte Kochsalzlösung zu und läßt nun solange tropfenweise unter beständigem Umschütteln aus einer Bürette $^1/_{10}$ Normal-Silberlösung[1]) zufließen, bis die nach jedesmaligem Einfallen eines Tropfen Silberlösung entstehende weiße Trübung beim Umschütteln nicht mehr, wie zuerst, verschwindet, sondern auch beim Umschütteln bestehen bleibt, so daß die Flüssigkeit nicht mehr vollständig klar, sondern weißlich opaleszierend erscheint. Die verbrauchten Kubikzentimeter Silberlösung, mit 13 multipliziert, geben die im Liter Bad befindliche Menge freien Zyankaliums, also des Zyankaliums, welches notwendigerweise außer der Verbindung Zyansilber—Zyankalium im Silberbade vorhanden sein muß. Wir hätten z. B. für 1 ccm Bad bis zu eintretender Opaleszierung von der Silberlösung 1,3 ccm gebraucht, so hätten wir $1{,}3 \times 13 = 16{,}9$ g freies Zyankalium im Liter Silberbad.

Bestimmung des freien Zyankaliums durch elektrometrische Maßanalyse.

Siehe Dr. Müller, Th. Steinkopff 1921).

Diese Methode gründet sich darauf, daß nach Beendigung einer Reaktion z. B. bei der Neutralisation einer starken Säure mit einer starken Base beim Neutralisationspunkt ein starker Sprung in der Potentialkurve eintritt.

Neutralisationsreaktion:

$$_2H^{\cdot} + 2\,O\,H' = 2\,H\,_2O$$

Die elektrometrische Titration des Freien Zyankaliums ist dadurch ermöglicht, daß beim Ende der Titration nach der oben angegebenen Methode (nach Liebig) mit Silberlösung, wenn alles Cyankalium in das Cyansilberdoppelsalz umgewandelt ist, nach weiterem Zusatz von Silbernitrat des Potential der Indikatorelektrode eine sprunghafte Änderung erfährt.

---

[1]) Eine Lösung, welhe im Liter genau 10,8 g Silber oder 17 g Silbernitrat enthält.

Bestimmung von freiem Zyankalium im Silberbad nach dem Verfahren von G. E. F. Lundell (Zeitschrift für angewandte Chemie 1915.).

Dieses Verfahren gründet sich auf die Titration der ammoniakalisch gemachten Lösung mit Nickelammonsulfat bei Gegenwart von Dimethylglyoxim. Die scharlachrote Nickelglyoximverbindung fällt erst aus, wenn das Zyan als Nickeldoppelsalz gebunden ist. Die Nickellösung soll 15,3 g Nickelammoniumsulfat und 2 ccm konzentrierte Schwefelsäure in 1 l enthalten. 50 ccm dieser Lösung = 1 g Zyankalium. Von dem Dimethylglyoxim löst man 8,9 g in 1 l 95prozentigem Alkohol; für jede Titration = 0,5 ccm. Die Reaktion wird außer von Kaliumzinkzyanid von keinem der in galvanischen Bädern üblichen Doppelzyaniden gestört.

Der Gehalt an freiem Zyankalium im Silberbad soll normaler Weise 10—12 g pro Liter nicht übersteigen. Ein großer Überschuß macht sich durch Gasentwicklung an den Waren und großkristallinische Abscheidung des Silbers bemerkbar. Eine den Praktikern beliebte Prüfung in dieser Richtung ist folgende: Man setzt zu ungefähr 100 cc Bad eine Lösung von 1 g Silbernitrat in 25 cc Wasser. Der auftretende Niederschlag muß sich bei normalem Gehalt an freiem Zyankalium langsam, aber vollständig lösen. Löst er sich nicht vollständig, so fehlt es an Zyankalium, löst er sich schnell, dann ist zuviel freies Zyankalium vorhanden.

4. G e s a m t - Z y a n k a l i u m. Die Menge des gesamten Zyankaliums, das in einem Silberbade vorhanden ist, ergibt sich durch Addition des nach 2 gefundenen gebundenen und des nach 3 bestimmten freien Zyankaliums.

Da das Zyan nicht nur als Zyankalium, sondern bei Verwendung von natriumhaltigen Zyankaliumsorten auch in Form von Zyannatrium vorhanden sein kann (auch als Zyanammonium), so ist es besser, das Zyan in Form von Zyan zu berechnen und anzugeben. Anstatt mit 0,65 multipliziert man dann mit 0,26; 26 g Zyan entsprechen 65 g Zyankalium oder 49 g Zyannatrium.

Ein gewöhnliches Silberbad enthält auf 10,8 g Silber pro Liter 7,8 g Zyan.

5. K o h l e n s a u r e s K a l i u m. Dies bestimmt man am besten und genauesten nach folgender, von uns stets angewandten Methode.

Genau 10 ccm Silberbad werden in einem Becherglas mit 40 ccm destilliertem Wasser verdünnt und dann mit 20 ccm Baryumnitratlösung (1:20) versetzt. Man schüttelt um, sieht zu, ob in der nach kurzem Absetzen über dem entstandenen kohlensauren Baryum befindlichen klaren Flüssigkeit auf weiteren Zusatz der Barytlösung noch eine weiße Trübung entsteht, in welchem Falle man noch Barytlösung zur vollständigen Ausfällung zugeben muß.

und gießt nun mit der bei 1. angegebenen Vorsicht die trübe Flüssigkeit auf ein kleines Filter, wäscht mit destilliertem Wasser so lange nach, bis ein abfallender Tropfen rotes Lackmuspapier nicht mehr blau färbt, sondern unverändert läßt.

Man läßt nun abtropfen und hat dann die dem in 10 ccm Bad befindlichen kohlensauren Kalium entsprechende Menge unlösliches kohlensaures Baryum auf dem Filter. Man gibt das Filter samt Inhalt in ein Becherglas, fügt 20 ccm Normal-Salpetersäure, mit einer Pipette genau gemessen, hinzu und erwärmt ein wenig auf dem Wasserbad. Dann fügt man fünf Tropfen Methylorangelösung[1]) zu und setzt zu der nunmehr schwach geröteten Flüssigkeit so lange aus einer Bürette unter beständigem Umschütteln Normal-Natronlösung, bis ein einfallender Tropfen die rote Farbe der Flüssigkeit in gelb verwandelt.

Die verbrauchte Anzahl der Kubikzentimeter Normal-Natron von den zuerst angewandten 20 ccm Normal-Salpetersäure abgezogen, gibt die Anzahl Kubikzentimeter Normal-Salpetersäure an, welche zur Sättigung des kohlensauren Baryums notwendig waren. Diese Anzahl Kubikzentimeter verbrauchter Normal-Salpetersäure mit 6,9 multipliziert, gibt die im Liter Bad enthaltene Menge kohlensauren Kaliums in Grammen an.

Es wären z. B. 20 ccm Salpetersäure zugesetzt, dann 18,9 ccm Normal-Natron gebraucht worden. Dann waren zur Lösung des aus 10 ccm Bad erhaltenen kohlensauren Baryums 20—18,8 = 1,1 ccm Normal-Salpetersäure erforderlich, also 1,1 × 6,9 = 7,5 g kohlensaures Kalium im Liter Silberbad.

Ueber schnelle annähernde Bestimmung des kohlensauren Kaliums im Silberbad siehe Steinach-Buchner „Die galv. Metallniederschläge".

Wiedergewinnung des Silbers oder Verwertung alter Bäder oder Waschwasser. Wenn man nach den vorhergehenden Ausführungen arbeitet, so wird man wohl selten in die Lage kommen, ein altes oder unbrauchbares Bad zu bekommen, aus dem man das Silber ausscheiden müßte. Wäre aus irgendeiner Ursache aber das Bad z. B. verunreinigt oder ein anderes aus Versehen zugeschüttet worden, so wird man am besten das Silber mit verdünnter Schwefelsäure als Zyansilber ausfällen. Es muß aber dabei sehr vorsichtig verfahren werden, da bei dieser Arbeit die so giftige Blausäure entweicht. Man muß im Freien diese Fällung vornehmen und verfährt am besten wie folgt:

Man gibt das Silberbad in ein passendes Gefäß, einen Hafen oder Bottich, und setzt darüber einen großen Trichter, in welchen man einen dicken Glasstab legt, so daß die Oeffnung desselben nahezu geschlossen ist.

[1]) Methylorange (Dimethylanilin-Azobenzolsulfosäure Orange III von Poirrier), wässerige Lösung.

Nun gibt man in den Trichter konzentrierte Schwefelsäure (man kann hierzu gute alte Säuren, alte Gelbbrenne, benutzen), welche dann ganz langsam ins Bad tropft. Man rührt fleißig um und setzt das Eintröpfeln von Schwefelsäure so lange fort, bis in einer abfiltrierten Probe der Flüssigkeit auf weiteren Zusatz verdünnter Schwefelsäure keine Trübung mehr entsteht, also alles Silber als Zyansilber ausgeschieden ist. Man läßt dann absetzen, zieht die überstehende Flüssigkeit mit einem Heber ab (den man man Wasser gefüllt und so in Tätigkeit gesetzt hat, aber nicht durch Ansaugen der blausäurehaltigen Flüssigkeit), gießt Wasser auf, rührt gut durch, zieht wieder ab, und so fort, bis das Zyansilber genügend ausgewaschen ist, was der Fall ist, wenn blaues Lackmuspapier nicht mehr von der Flüssigkeit gerötet wird. Das Zyansilber kann man dann auf einem Filter sammeln und in Zyankaliumlösung wieder lösen.

Für verdünnte zyankaliumhaltige Silberlösungen, wie z. B. silberhaltige Waschwasser, empfehlen wir nachstehendes Verfahren:

Man setzt zu den Lösungen, die Zyansilber—Zyankalium enthalten, käufliches Schwefelammon oder Schwefelleberlösung, so lange eben noch ein schwarzer Niederschlag von Schwefelsilber entsteht. Das letztere sammelt man und verkauft es an chemische Laboratorien. Silberhaltige Flüssigkeiten, welche kein Zyankalium enthalten, fällt man mit Salzsäure aus, so lange diese noch eine Färbung hervorruft. Der Niederschlag ist Chlorsilber.

Auch kann das Silber aus Zyansilberbädern durch Zinkblech oder Zinkstaub in Form von metallischem Silber ausgefällt werden. Verwendet man nach Stockmeier und Fleischmann Zinkblech in Verbindung mit Eisenblech, so scheidet sich das Silber nicht so fest am Zink, sondern pulverförmig aus. Das gefällte Silber wird gewaschen. Ist das Silber kupferhaltig, so behandelt man dasselbe mit heißer konzentrierter Schwefelsäure, welche nur das Silber löst.

Man kann auch wie folgt verfahren:

In ein Glasgefäß von ca, 5 Liter Inhalt setze man einen hohlen Tonzylinder ein, in diesen eine Eisenplatte oder Röhre (z. B. Gasrohr). An diese Eisenplatte befestige man einen aus dem Zylinder herausragenden Kupferdraht. Ein etwa 5 cm breites Silberblech hänge man an die Glaswandung des Gefäßes, bis an den Boden herabreichend und diesen zum Teil bedeckend, die Tonzelle in der Mitte umkreisend, an der Glaswand des anderen Gefäßes entlang.

Das aus der Zelle herausragende Ende des Silberbleches verbinde man durch eine Klemme mit dem Kupferdraht, der an die Eisenplatte im Innern der Zelle führt. Nun fülle man das gewonnene Chlorsilber ein und dann zehnprozentige Schwefelsäure auf, so daß die im Innern der Tonzelle befindliche Eisenplatte nicht ganz bedeckt ist. Es fließt dann ein elektrischer Strom zwischen dem Silber und dem Eisen, der zur Abscheidung des Silbers an dem Silberblech führt.

Für die direkte Versilberung von Britannia, wobei oft Schwierigkeiten auftreten, können folgende Erfahrungen mitgeteilt werden:

1. Erforderlich ist, daß wirkliche Britannialegierung (Zinn—Antimon—Kupfer) vorliegt, und zwar möglichst bleifrei.

2. Die Gegenstände sollen durch Kochen mit Laugen und Bürsten mit Bims gereinigt, und, ehe sie ins Silberbad kommen, in warme Zyankaliumlösung eingelegt werden.

3. Peinliche Sauberkeit ist Bedingung, Verwendung eigener Bürsten.

4. Es sollen keine zu starken Silberbäder Verwendung finden und ein genügender Überschuß an reinem Zyankalium vorhanden sein.

5. Es soll nicht zu stark versilbert werden.

Hartversilberung. Man hat verschieden versucht, an Stelle des weichen Silbers härtere Silberlegierungen niederzuschlagen. Kupfersilberniederschläge haben sich unseres Wissens nicht bewährt. In England soll eine Legierung von Silber mit 10 % Zink niedergeschlagen werden.

Um die Versilberung härter und gegen Abnützung widerstandsfähiger zu machen, auch um Silber zu sparen, verwendet man Kadmiumsilberniederschläge.

Die sog. Arcas-Versilberung der Londoner Metallurgical & Co. soll durch Elektrolyse eines Zyanbades, welches 70 % Silber und 30 % Kadmium enthält, bei Anwendung einer Legierung aus Silber—Kadmium als Anode erfolgen. Hierbei soll die doppelte Stromdichte angewendet werden wie bei der gewöhnlichen Versilberung. Der Niederschlag soll glänzend erhalten werden, daß das Polieren wegfällt. Die Härte soll sein: Nickel 10, Arcas 5, Platin 4,5, Silber 4.

Über Kadmiumsilberlegierungen s. Elektrochem. Zeitschrift 1894/95 und „Metall“ 1914, Heft 8.

Langbein teilt mit, daß sich Silber und Kadmium aus zyankalischer Lösung bei 0,75 Volt gleichzeitig niederschlagen lassen. Siehe auch A. Brunner, Beiträge zur Kenntnis der elektrolyt. Abscheidung der Metalle, Dresden 1907, und M. Schlötter, Galvanostegie, 1910.

Für die empfehlenswerte Verquickung vor der Versilberung ist folgende Lösung sehr geeignet: 1 Liter Wasser, 20 g Zyanquecksilberkalium, 25 g Zyankalium.

Gegenstände aus Eisen, Nickel, Zink, Zinn, Blei müssen vorher verkupfert werden.

Entsilbern. Man kann das Silber von dem Grundmetall entfernen, indem man die Waren als Anode in eine 5% Zyankaliumlösung bringt und den Strom schließt; hierbei lagert sich das Silber auf der Kathode (Silberblech oder mit Oel schwach eingeriebenes Stahlblech) ab.

Ebenso kann man vorteilhaft anodisch entsilbern in konzentrierter Schwefelsäure; man bedarf dazu aber 15—20 Volt und 100 und mehr Ampère. Dabei entwickelt sich auch schwefelige Säure.

Kupferwaren entsilbert man zweckmäßig in einem Gemisch von konzentrierter Schwefelsäure, der man Salpeter oder einen gleichen Gewichtsteil Salpetersäure zufügt. Das Gemisch soll vor Wasseraufnahme geschützt werden, da es sonst auch auf das Kupfer wirkt.

Zum Abkupfern des Silbers (Galvanoplastik), wenn noch hauchdünne Schichten Kupfer dasselbe bedecken, haben wir uns mit Nutzen einer Lösung bedient, welche man erhält, wenn man eine kochend heiße Lösung von 30 g chlorsaurem Kalium in 300 ccm Wasser in 300 g Salzsäure (25 %) eingießt.

Schwach versilberte Kupfer- oder Messingwaren färben sich nach dem Zaponieren meist grünlich, indem das Zapon durch die dünne Silberschichte nicht verhindert wird, auf das Kupfer einzuwirken.

Ueber das Fleckigwerden galvanischer Silberüberzüge.

Hierüber haben C. F. Burgeß und L. F. Richardson Untersuchungen ausgeführt, über deren Ergebnisse sie wie folgt berichteten:

Die Ursachen für das Fleckigwerden (spotting-out), das sich übrigens ebensowohl bei allen anderen galvanischen Metallüberzügen beobachten läßt, sind in den technischen Zeitschriften wiederholt besprochen worden. Nach einer Ansicht beruht es auf Unvollkommenheiten der versilberten Oberfläche, insbesondere auf Grubenbildung durch Gasblasen an der Kathode infolge zu hoher Stromdichte oder eines zu großen Gehalts des Bades von freiem Zyanid oder Säure. Andere führen es auf die Porosität des Metalles zurück, von dem das Zyanid absorbiert wird, woraus es sich auch erklären läßt, daß der Fehler im Sommer stärker als im Winter auftritt. Wieder andere geben die Schuld der Bildung von Blasen bei Plattierlösungen mit zu großem Zyanidgehalt. Im allgemeinen herrscht die Ansicht, daß die Flecke durch Fehler entweder in dem überzogenen Metall oder in dem Ueberzuge verursacht werden, durch welche die Einschließung kleiner Elektrolytmengen veranlaßt wird. Als Abhilfe dagegen wird daher auch zumeist die Entfernung der eingeschlossenen Lösung durch Abspülen und längeres Kochen in Wasser empfohlen. Eine andere Empfehlung geht dahin, statt Kalium, Natriumsalze zu verwenden wegen der angeblich geringeren hyproskopischen Natur der letzteren, eine Ansicht, die sich bei der vorliegenden Untersuchung als irrig herausgestellt hat.

Bei sorgfältiger Prüfung erkennt man verschiedene Arten von Flecken, die wahrscheinlich auch verschiedenen Ursachen zuzuschreiben sind. Manche haben deutlich abgegrenzte Umrisse, andere bilden winzige Flecke von wolkigem Aussehen oder größere Massen, deren Verfärbung nach und nach in glänzendes, poliertes Silber übergeht. Manche Flecke erreichen ihre Maximalgröße und -intensität innerhalb einiger Stunden oder Tage, während andere wiederum unaufhörlich zu wachsen scheinen. Die Verfärbung ist in der Regel weißlich, kann aber auch grau oder schwarz sein, doch läßt sich stets ein deutlicher Unterschied zwischen diesen Flecken und dem durch aus der Luft aufgenommenen Schwefel verursachten Schwarzwerden erkennen.

Bei dem größten Teil der untersuchten Flecke ist ein mittlerer Punkt oder ein Kern beobachtet worden, der das Aussehen von einer Durchlochung des Silberüberzuges hatte. Manche dieser Kerne sind für das bloße Auge erkennbar, andere erforderten das Mikroskop. Gewöhnlich sind die Flecke von einer schwarzen oder grünlichen Masse durchwachsen, die bisweilen in wurmartiger Form, sich von der Kernöffnung aus über eine erhebliche Fläche verbreitet. Diese ist hyproskopisch, so daß sich an den Rändern der Flecke unter dem Vergrößerungsglas Wassertropfen deutlich erkennen lassen. An den Stellen dieser Wasserkondensation tritt die Verfärbung ein, und so läßt sich auch leicht verstehen, weshalb bei warmem Wetter und dem damit verbundenen größeren Wassergehalt der Luft die Flecke stärker auftreten als im Winter. Leider ist die bei den Untersuchungen erhaltene Menge von der aus den Durchlochungen herauswachsenden Masse nicht groß genug gewesen, um ihre genaue Analysierung zu gestatten. Dem Aussehen nach zu urteilen, enthielt sie Kupfer- und Zinkverbindungen, auch ließ sich mit Hilfe eines zubereiteten Filtrierpapieres in verschiedenen Fällen die Anwesenheit von Zyanid deutlich nachweisen. Bringt man einen Tropfen einer Zyanidlösung auf eine Silberplatte, so tritt eine sehr ähnliche weißliche Verfärbung ein wie bei den hier untersuchten Flecken. Diese Tatsache in Verbindung mit dem chemischen Nachweis von Zyanid bestätigt die allgemeine Ansicht, daß die Fleckenbildung in galvanischen Silberüberzügen größtenteils durch Zyanidverbindungen verursacht wird.

Theoretisch läßt sich die Fleckenbildung leicht erklären, sie stellt einen elektrochemischen Vorgang dar, ähnlich dem Rosten von Eisen; Messing und Silber. bilden ein elektrochemisches Paar und der in Gruben oder Aushöhlungen eingeschlossene Elektrolyt liefert den weiteren Bestandteil einer elektrolytischen Zelle. Die elektrochemische Reaktion kann eintreten, ob durch den Silberüberzug hindurch eine Verbindung mit der Luft besteht oder nicht. Das Vorhandensein eines solchen Verbindungskanals beschleunigt die korrodierende Wirkung aber sehr, da die Luft den Depolarisator liefert. Da das in dem Messing enthaltene Kupfer und das Zink elektropositiv gegen Silber sind, so werden diese Metalle in Verbindungen übergeführt, welche die oben erwähnte wurmartige Masse bilden. Wird durch sorgfältiges Trocknen alles Wasser aus den Gruben abgetrieben, so kann infolge des Mangels eines Elektrolyts keine chemische Wirkung eintreten, indessen wird diesem Mangel durch die hygroskopische Natur des in den Gruben eingeschlossenen Materials rasch abgeholfen. Da der Elektrolyt einfach als Leiter dienen kann, ohne bei der Korrosion des darunter liegenden Metalls notwendigerweise aufgebraucht zu werden, so ist es möglich, daß etwa eine sehr geringe Menge von eingeschlossenem chemischen Stoff die Entstehung einer großen Menge von Korrosionsmasse verursachen kann.

Wenngleich dieser chemische Stoff, der aus den Ätz- oder Dekapierlösungen oder dem Bade stammen kann, ursprünglich von dem galvanischen Überzug vollkommen bedeckt sein mag, so kann doch bei dem Polieren oder dadurch, daß die Korrosion sich durchfrißt, eine Verbindung mit der Luft hergestellt werden. Die Aushöhlungen, welche die Lösung einschließen, können außerordentlich klein sein. Versuche, künstliche Aushöhlungen mit der Spitze der feinsten Nadel zu erzeugen, sind fehlgeschlagen. Messing kann porös sein, ohne daß man dies unter dem Mikroskop wahrzunehmen vermag. Bringt man einen kleinen Tropfen Salzsäure auf eine Messingplatte, so löst sich das Zink auf, und es bildet sich ein kupferfarbiger Fleck, der einen hohen Grad von Porosität besitzt. Es sind verschiedene Fälle beobachtet worden, in denen derartige Kupferflecke eine Fleckenbildung in dem Silberüberzug verursacht haben. Auf vollkommen polierten Messingflächen können Aushöhlungen durch daran haftende Gasblasen erzeugt werden.

In Hinsicht auf die große Wahrscheinlichkeit, daß die Fleckenbildung größtenteils der Einschließung von Zyanidlösung zuzuschreiben ist, sind die Eigenschaften verschiedener Zyanide untersucht worden. Die hygroskopische Natur des Kaliumzyanids einerseits, des Natriumzyanids anderseits ist sehr verschieden, und es hat sich ergeben, daß chemisch reines Zyankalium Wasser nur halb so rasch aufnimmt als Zyannatrium, und daß eine früher ergangene Empfehlung, zur Beseitigung der Fleckenebildung statt Zyankalium, Zyannatrium zu gebrauchen, in dieser Beziehung auf einer falschen Voraussetzung beruht. Da in den galvanischen Bädern neben den Zyaniden noch andere Salze vorhanden sind, so wurden die Versuche auch auf ev. Doppelsalze ausgedehnt und es zeigte sich, daß das Doppelsalz Natriumzyanid—Natriumchlorid doppelt soviel aufnimmt als das entsprechende Kaliumdoppelsalz. Es werden also die nach der Trocknung des versilberten Gegenstandes verbleibenden Rückstände aus der Luft doppelt soviel Feuchtigkeit aufnehmen im Falle von Anwendung von Natriumzyanid und daher auch viel mehr zur Fleckenbildung geeignet sein, als wenn Kaliumzyanid zur Verwendung kommt. Es ist natürlich zu beachten, daß neben den Zyaniden auch die aus denselben entstehenden Karbonate sich wirksam erweisen und hier das umgekehrte Verhältnis eintritt, indem das Kaliumkarbonat hygroskopisch ist, das Natriumkarbonat aber nicht.

Diese Verhältnisse sind deshalb wichtig, weil nach dem Vorgange der galvanischen Anstalten in den Vereinigten Staaten von Amerika jetzt an Stelle des früher fast ausschließlich verwendeten Zyankaliums ziemlich allgemein Zyannatrium verwendet wird, welches billiger ist als das Kaliumsalz. Infolge des Unterschieds im Atomgewicht von Natrium und Kalium läßt sich Natriumzyanid mit einem erheblich größeren prozentualen Gehalt des Zyaniradikals herstellen als Kaliumzyanid, so daß, wenn man früher die Stärke von einem Zyankalium mit 100% bezeichnet hat, die entsprechende Stärke von reinem Zyannatrium mit 133% ausgedrückt werden müßte. Hierdurch ist die Möglichkeit gegeben, Zyannatrium mit anderen Stoffen zu vermischen, ohne seine Stärke unter diejenige von reinem Zyankalium zu bringen. Tatsächlich enthält eine von den amerikanischen Galvanisäuren sehr allgemein benutzte Sorte Zyannatrium ungefähr 80% Zyanid und 20% Chlorid, wahrscheinlich in Form von gewöhnlichem Salz.

Reinigung von angelaufenen Silbergegenständen.

Silber- oder versilberte Gegenstände überziehen sich durch den Gehalt der Luft an Schwefelwasserstoff, mit einem je nach der Dicke der Schicht gelb, braun, bis schwarzen Anflug von Schwefelsilber. Diese unansehnlich gewordenen Silbergegenstände erhält man metallisch blank durch Eintauchen in eine verdünnte Zyankaliumlösung (Vorsicht sehr giftig) oder durch folgendes elektrochemisches Verfahren.

Man legt die Gegenstände in ein siebartig durchlöchertes Zink- oder Aluminiumgefäß und stellt dieses in eine Soda- oder Boraxlösung. Infolge hierbei stattfindenden elektro-chemischen Vorganges (das Zink löst sich und gibt seine Elektronen an die Silberverbindungen ab, welche dadurch zu metallischem Silber reduziert werden) erhält man blanke Silberfläche.

Verfahren und Mittel zur O b e r f l ä c h e n r e i n i g u n g von Gegenständen aus Silber und anderen Metallen. D. R. P. Nr. 267017 vom 19. Oktober 1912, Klasse 48, Patentansprüche: **1.** Verfahren zur Oberflächenreinigung von Gegenständen aus Silber und anderen Metallen, die dem Anlaufen ausgesetzt sind, durch Wasserstoff, der in alkalischer Lösung beim Zusammenbringen von Silber und dergl. in einem sich positiv elektrisch verhaltenden Metall frei wird, dadurch gekennzeichnet, daß der zu reinigende Gegenstand in eine wässerige, alkalische Lösung getaucht wird, die das positiv elektrische Metall oder Metalle oder Metallegierungen in körniger oder gepulverter Form enthält.

2. Reinigungsmittel für Gegenstände aus Silber und anderen Metallen, die dem Anlaufen ausgesetzt sind, bestehend aus einem Metall oder Metallen oder Metallegierungen, die sich positiv elektrisch zu der zu reinigenden Oberfläche verhalten, und einem alkalischen Körper beide in körniger oder gepulverter Form, wobei sehr stark hygroskopische Alkalien wie Aetzkali und Aetznatron, mit einer neutralen Substanz, wie Paraffin, Kolophonium und dergl., überzogen sind. Als elektropositiveres Metall empfiehlt Erfinder namentlich das Aluminium. Anspruch **3** betrifft ein Reinigungsmittel, in welchem die Teilchen des elektropositiven Metalls, (z. B. Zink) mit einem anderen, weniger positiven Metall (z. B. Kupfer) überzogen sind, Anspruch 4 eine Reinigungspaste durch Anrühren der Pulver mit Glyzerin.

Gold

(s. a. Steinach-Buchner, Die galvanischen Metallniederschläge.)

Für das Goldbad gilt im allgemeinen alles, was beim Silberbad ausgeführt ist.

Das Goldbad bezw. das in ihm enthaltene Kaliumgoldzyanid $K\,Au\,(CN)_2$ verhält sich bei der Elektrolyse ganz analog dem Kaliumsilberzyanid (siehe bei Silberbad S. 190).

Gold bildet mit Zyankalium ein komplexes Salz, das Kaliumsalz des Aurozyanions. In den Lösungen dieses Salzes ist Gold fast ausschließlich im Zustand des komplexen Anions $Au\,(CN)_2$ vorhanden. Die Konzentration des Goldions ist minimal.

Zur Herstellung des Goldbades [1]) muß ein Zyankalium verwendet werden, das frei von Zyannatrium ist, da das Kaliumaurozyanid leicht, das Natriumaurozyanid schwer löslich ist und sich an der Anode abscheidet (Passivierung des Goldes).

Hierüber liegen ausführliche Arbeiten vor von Coehn und Jacobsen.

Bei der Verwendung von Goldoxydammoniak (Knallgold), das beim Fällen der Goldchloridlösung mit Ammoniak entsteht,

$$AuCl_4H + 6\,NH_3 + 3\,H_2O =$$
$$4\,NH_4Cl + Au\left.\begin{matrix}(NH_3)_2\\(OH)_2\end{matrix}\right\}OH$$

findet folgender Vorgang statt:

$$4\,Au(NH_3)_2(OH)_3 + 3\,KCN =$$
$$K\,Au(CN)_2 + CNOK + KOH + H_2O + 2\,NH_3.$$

Beim Lösen von Goldchlorid in Zyankaliumlösung unter Zusatz von Ammoniak spielt sich folgender Vorgang ab:

$$AuCl_4H + 5\,KCN + NH_3 =$$
$$K\,Au\,(CN)_4 + 4\,KCl + CNNH_4.$$

---

[1]) Über die ferrozyankalischen Goldbäder s. Dr. Beutel, Zeitschrift f. angewandte Chemie 1912. S. 995.

Das Aurisalz geht hierbei in das Aurosalz über.

Das gleiche Salz bildet sich, wenn sich das Gold bei Gegenwart von Luftsauerstoff in Zyankaliumlösung löst.

Infolge dieses Vorganges sollen Goldanoden, wenn das Bad nicht arbeitet, aus demselben entfernt werden.

$$2\,Au + 4\,KCN + H_2O + O =$$
$$2\,KAu(CN)_2 + 2\,KOH.$$

Diese Verbindung verhält sich bei der Elektrolyse ganz analog dem Kaliumsilberzyanid im Silberbad.

Ueber die näheren Vorgänge bei der Elektrolyse von Goldlösungen liegen ausführliche Untersuchungen vor von A. Coehn und C. L. Jacobsen (Zeitschrift f. anorgan. Chemie, 55, S. 321 bis 355).

Herstellung von Goldchlorid. 50 g Feingold zerschneidet man in kleine Stückchen, gibt dasselbe in einen Glaskolben von ungefähr 500 ccm Inhalt, gießt dazu 40 ccm reine Salpetersäure 1,36 spez. Gew. und 350 ccm reine Salzsäure 1,124 spez. Gew.

Man stellt nun den Kolben, in dessen Halsmündung man zweckmäßig ein kleines Trichterchen aus Glas steckt, in eine größere Porzellanschale (um beim evtl. Zerbrechen des Kolbens Verluste zu vermeiden) und das Ganze dann unter einen Abzug auf das kochende Wasserbad, bis alles Gold gelöst ist. Die Goldlösung gießt man dann aus dem Kolben in die Porzellanschale aus und dampft auf dem Wasserbad ein, bis die Flüsigkeit eine dunkle, braungelbe Farbe angenommen hat und ein herausgenommener Tropfen zu einer gelben bezw. braunen festen Kristallmasse erstarrt. Man erhält so je nach dem Grade des Abdampfens entweder das gelbe Goldchlorid $AuCl_4H + 5\,H_2O$ mit 45,78% Goldgehalt, oder das braune Goldchlorid $AuCl_4H + 4\,H_2O$ mit 47,63% Goldgehalt. — Das käufliche Goldchlorid (dunkelbraun) enthält ca. 50% Gold. — Eine Lösung des Goldchlorides in wässeriger Zyankaliumlösung bildet das Goldbad.

Goldbad aus Goldchlorid. 60 g Goldchlorid (zirka 30 g Gold) löst man in 200 ccm destilliertem Wasser, setzt ca. 20 ccm Salmiakgeist 0,96 spez. Gew. zu und fügt nun eine Lösung von 130 g reinem Zyankalium in 800 ccm Wasser zu. Die farblose Flüssigkeit erhitzt man ca. ½ Stunde auf dem Wasserbad. Dann läßt man abkühlen und filtriert; das Filtrat wird mit soviel destilliertem Wasser versetzt, daß das Ganze 10 Liter beträgt.

Goldbad. Herstellung mit Scherings Goldtrisalyt, 3% Goldtrisolytlösung, 2,5% Phosphorsaures Natrium. 50—60° C.

Bad für Goldgalvanoplastik:

30 g Feingold (als Goldchlorid).

100 g Zyankalium (98—100%),
1 l Wasser.

Stromdichte 0,1 Amp. bei 0,4 Volt.

Den warmen Goldbädern, insbesondere den Phosphatbädern, wird eine große Ergiebigkeit und Brillanz der Farbe nachgerühmt, auch können sie fast ganz aufgearbeitet werden.

An Stelle der Goldanoden nimmt man besonders bei warmen Bädern unlösliche Platinanoden. In diesem Falle muß der Goldverlust, der sich durch das Niederschlagen ergibt, durch Zusatz einer entsprechenden Goldmenge in Form einer Goldlösung (z. B. Goldchlorid 1 g, Zyankalium 2 g, Wasser 10 g) ersetzt werden.

Bei Anwendung von Platinanoden kann man die Farbe des Goldes nuancieren; dieselbe wird blaß, wenn das Platinblech kaum in das Bad eintaucht, gelb bei tieferem Einhängen, rot bei völligem Untertauchen. Es rührt das von der verschiedenen Anordnung der kleinsten Goldteilchen bei stärkerem oder schwächerem Strome her, natürlich aber auch von der dünneren oder dickeren Schicht des erzeugten Goldniederschlages.

Stockmeier empfiehlt an Stelle der Platinanoden Ferrosiliziumanoden. Die Goldniederschläge sind glänzend. Um matte Vergoldungen zu erzielen, gibt man den Gegenständen vor dem Einbringen ins Bad eine matte Oberfläche durch Dekapieren, oder durch eine matte Versilberung oder Verkupferung.

Der Goldniederschlag aus den gewöhnlichen Goldbädern ist rein gelb. Die Goldfarbe kann man nuancieren durch Schwächung oder Verstärkung des Stromes, oder durch Zugabe von Silber oder Kupfer.

Auch wird die Farbe der Goldniederschläge von derjenigen des Grundmetalles stark beeinflußt. Bei Verwendung des gleichen Goldbades ist die Farbe der Innen- und Außenvergoldung z. B. eine verschiedene. Wird die Außenseite jedoch zuvor verkupfert, so kann man eine gleiche Färbung außen und innen erhalten.

Die hellere, gelbgrüne Farbe, sog. G r ü n e V e r g o l d u n g, erhält man, wenn man dem Goldbade etwas Silberbad, also eine Lösung von Silberkaliumzyanid zugibt. Auf 3 Teile Gold soll ca. 1 Teil Silber im Bade sein. Bedingung ist richtige Anodengröße und erhöhte Spannung, 6—8 Volt, da sonst zu viel Silber ausfällt, und Weißfärbung verursacht.

Die Ueberzüge sind im Gegensatz zu den Vergoldungen matt und können poliert werden.

Zur Erzielung d u n k e l g r ü n e r Ueberzüge gibt man dem Bade nach M. Schlötter (Galvanostegie 1910) etwas Arsenik in Form von Kaliumarsenit zu. Auf 4,5 Liter Goldbad sollen etwa 14 g einer Kaliumarsenitlösung zugefügt werden, die etwa 0,3% Arsenige Säure enthält 450 g Wasser, 2,3 g Kaliumhydroxyd, 1,4 g Arsenige Säure heiß gelöst).

Ein größerer Zusatz bewirkt Schwarzfärbung. Auf mattierten Unterlagen (Sandstrahlgebläse oder chemischer Mattierung) gelingt diese dunkelgrüne Vergoldung am besten.

Will man die Vergoldung von wärmerer, mehr roter Farbe, so gibt man etwas alkalisches Kupferbad zu.

Für dunklere Vergoldung werden die Gegenstände zuerst zweckmäßig schwach verkupfert.

Eine Zusammensetzung, welche sog. Rosavergoldung oder Neugold gibt, ist folgende:

1 Teil Silberbad,
15 Teile Kupferbad,
25 Teile Goldbad;

oder:

250 g Goldbad,
1 g Kupron,
3 g Zyankalium,
3 g Natriumsulfit.

Für Rosavergoldung wird folgendes Bad empfohlen (M. Schlötter, Galvanostegie): Man löst in 4,5 Liter warmem Wasser 57 g gelbes Blutlaugensalz auf, setzt dann 57 g kristallisiertes Natriumkarbonat zu, zuletzt 7,1 g Goldchlorid. Man filtriert und benutzt das Bad bei ca. 80 ° C und 5—6 Volt Spannung. Evtl. verstärkt man durch Zugabe von Kupferbad. Der Ueberzug ist matt. Am schönsten fällt derselbe aus auf einem im sauren Kupferbad erzeugten Kupferniederschlag. Richtige Stromverhältnisse sind zum Gelingen Bedingung. Bei zu schwachem Strome setzt sich nur Gold ab, bei zu starkem fällt zu viel Kupfer aus.

Es ist hier zu bemerken, daß bei solchen Mischungen die Metalle in einem ganz anderen Verhältnisse ausfallen, als sie im Bade enthalten sind. So besteht der gelbgrüne Goldniederschlag aus $^4/_6$ Gold und $^2/_6$ Silber, fällt aber aus einem Bade nieder, welches umgekehrt $^2/_6$ Gold und $^4/_6$ Silber enthält (s. auch S.

Zur Vergoldung von Drähten benutzt man ein Goldbad mit Platinanode, und zwar so, daß mit einer gewissen Menge Draht (z. B. 1 kg) der Goldgehalt des Bades gerade erschöpft wird (z. B. 10—20 g Gold).

Aus Goldbädern, die mit Silber oder Quecksilber aus irgendeinem Grunde verunreinigt sind, kann man durch Behandlung mit Schwefelammonium diese Metalle entfernen.

Kupfer- und Kupferlegierungen werden direkt, die anderen Metalle nach vorher gehender Verkupferung vergoldet. Ebenso wird Silber vor der Vergoldung zweckmäßig verkupfert.

Veränderung und Wiederherstellung des Goldbades. Durch die Veränderung des Zyankaliums erleidet das Goldbad einen Verlust an Zyankalium, das ersetzt werden muß. Hier gilt alles das, was wir beim Silberbad ausgeführt haben. Ein schädlicher Einfluß des kohlensauren Kaliums macht sich beim Goldbade, meines Wissens wenigstens, nicht geltend. Das rührt jedenfalls daher, daß die Goldniederschläge nur in sehr dünner Schichte erzeugt werden und die Störungen auch beim Versilbern erst bei stärkerer Versilberung auftreten.

Ein zu geringer Goldgehalt im Goldbad macht sich durch langsame Arbeit des Bades und auftretende Gasentwicklung bemerkbar, ein zu geringer Zyankaliumgehalt macht sich durch dunkle Färbung und Streifen an den Anoden, träge Arbeit und Fehlen der Gasentwicklung bemerkbar. (Siehe auch Seite 212 Platinanoden). Starke Gasentwicklung und hohe Stromdichte bei normaler Spannung, zeigen einen zu hohen Zyankaliumgehalt an. Die Gasentwicklung beeinflußt die Dichte und Struktur des Goldniederschlages. Die Stromdichte hat einen starken Einfluß auf die Farbe der Vergoldung. Hohe Stromdichten geben dunkle, niedrige Stromdichten blasse Goldtöne. Zur **Hartvergoldung** werden die im Zyandoldbad vergoldeten Waren in einer sauren Chlorgoldlösung nachvergoldet.

Hartgoldniederschläge.

(D. R. P. 298687 vom 4. August 1916). Hierbei wird aus sauren Goldsalzlösungen Gold niedergeschlagen, nachdem die Metallunterlage vorher in einem zyankalischen Bad schwach vergoldet worden ist. Als Goldsalzlösungen kommen in erster Linie saure Chlorgoldlösungen in Betracht. Durch die Verwendung der sauren Goldsalzlösungen soll erreicht werden, daß der Niederschlag infolge der mikrokristallinischen Form von besonderer Härte ist, sodaß dünne und sehr widerstandsfähige Plattierungen auf Metallformen niedergeschlagen werden können. In der Zahntechnik sollen sich Brücken und Kronen aus Silber nach vollendeter Formgebung nahtlos und stark plattieren lassen. Die Bäder erlauben bei Zimmertemperatur die Anwendung einer Stromdichte bis 1 Amp. und benötigen keine besondere Wartung, da die Niederschläge während des Arbeitsganges nicht gekratzt zu werden brauchen.

Analyse des Goldbades. Die zur Bäderkontrolle von Zeit zu Zeit notwendigen analytischen Bestimmungen bestehen in der Bestimmung des Goldgehaltes, des Gehaltes an freiem Zyankalium, an kohlensaurem Kalium und in der Berechnung des gebundenen Zyankaliums.

1. Bestimmung des Goldes im Zyangold-Zyankaliumbad.

Zur Ausführung dieser Bestimmung sind verschiedene mehr oder weniger umständliche Methoden angegeben worden. Wir beschreiben diejenige Methode, welche wir seit einiger Zeit ausschließlich, und wie Kontrollversuche ergeben, mit großer Genauigkeit anwenden. Diese Methode gründet sich auf die Zersetzung des Zyangoldes durch konzentrierte Schwefelsäure. Man verfährt wie folgt:

20 ccm Goldbad werden in einer kleinen Porzellanschale mit 5 ccm reiner konzentrierter Schwefelsäure übergossen, dann unter einem Abzuge auf einem mit Asbest bedeckten Drahtnetze mittels einer Spiritus- oder Gasflamme abgedampft, bis die Schwefelsäure in starken, dichten, weißen Dämpfen zu verdampfen beginnt. Ein Spritzen findet bei kleiner Flamme und Asbestdrahtnetz nicht statt. Alles in der Probe befindliche Gold hat sich nun als braunes Pulver metallisch abgeschieden; man läßt erkalten, verdünnt mit Wasser, bringt das feine Pulver auf ein Filter, wäscht aus, bis die ablaufende Flüssigkeit nicht mehr sauer reagiert und mit Chlorbaryumlösung keine Trübung mehr gibt, trocknet, glüht in einem gewogenen kleinen Porzellantiegelchen und wägt. Das Gewicht des leeren Porzellantiegels, abgezogen vom jetzigen Gesamtgewicht, ergibt die in 20 ccm Bad enthaltene Goldmenge. Diese mit 50 multipliziert, gibt die im Liter Bad enthaltene Menge Gold. Seien z. B. in 20 ccm Bad 0,061 Gold gefunden worden, so enthält dasselbe per Liter 0,061 $\times$ 50 = 3,05 g Gold.

Noch einfacher benutzt man zur Bestimmung des Goldgehaltes die Tatsache, daß Gold aus Zyanlösungen nur unvollständig durch Zinkblech, wohl aber durch Zinkstaub vollständig gefällt wird.

Man versetzt 20 ccm Goldbad mit Zinkstaub im Ueberschuß (ca. 5,0 g) und läßt 2—3 Tage stehen. Dann sammelt man den Niederschlag, wäscht aus, behandelt mit reiner Salpetersäure zur Entfernung anderer Metalle, wie Kupfer, Silber, wäscht aus, trocknet und glüht. Das Gewicht ist Gold.

Elektrolytische Goldbestimmung. Man benutzt je nach dem Goldgehalt des zu prüfenden Bades eine Probe von 25 oder 50 ccm und elektrolysiert in der vorher verkupferten oder versilberten und hierauf gewogenen Schale mit einer Stromdichte von 0,05 Amp./qdm, bis ein über den Rand der Schale gehängter Platindraht nach 15 Minuten keinen Goldniederschlag mehr zeigt. Bei Verwendung einer Badprobe von 25 ccm hat man dann das Gewicht des Niederschlages mit 40, bei Verwendung einer Probe von 50 ccm mit 20 zu multiplizieren, um den Goldgehalt im Liter Bad zu ermitteln.

Andere elektrolytische Bestimmungen kommen für den Praktiker kaum in Frage, ausführlichere Auskunft über solche gibt: Classen, Quantitative Analyse durch Elektrolyse.

2. Das gebundene Zyankalium ergibt sich aus der gefundenen Goldmenge, indem dasselbe $^1/_3$ des gefundenen Goldgehaltes beträgt. Im obigen Falle, in dem im Liter Bad 3 g Gold im Liter enthalten sind, beträgt die Menge Zyankalium, welche mit Zyangold zu Zyangold—Zyankalium verbunden ist, 1 g.

3. Das freie Zyankalium wird auf gleiche Weise bestimmt wie im Silberbade.

4. Das kohlensaure Kalium bestimmt man auf dieselbe Weise wie beim Silberbad.

Entgolden. Dies geschieht in der gleichen Weise wie bei Silber angegeben. Nach Harbeck benutzt man ein Säuregemisch aus:

1 kg rauchender Schwefelsäure,
150 g konzentrierte Salzsäure,
75 g Salpetersäure 40 ° Bé.

Die Waren werden in das erwähnte Bad getaucht (siehe auch das „Entgolden", Elektrochemische Zeitschrift, 1912, Heft 10 u. f.).

Wiedergewinnung des Goldes aus alten Bädern. Man kann aus unbrauchbar gewordenen Goldbädern das Gold fast vollständig durch den galvanischen Strom niederschlagen. Zu dem Zwecke hängt man eine große, etwa 40—50 cm lange und 8—10 cm breite Kupferplatte als Kathode in das Bad, wobei die Platte ganz untertauchen muß. Man reinigt die Kupferplatte öfters von ausgeschiedenem Gold (dieses ist meist von brauner oder gelber Farbe) und setzt die Platte so oft wieder ein, bis keine Goldausscheidung mehr wahrnehmbar ist.

Ausfällung des Goldes mit Zinkstaub siehe: Die galvanischen Metallniederschläge von Steinach-Buchner. M. Krayn.

Kadmium

(s. a. Steinach-Buchner. Die galvanischen Metallniederschläge).

Kadmiumüberzüge haben eine schöne silberweiße Farbe, sie finden Anwendung als Nickelersatz; man kann Kadmium in geeigneter Form sowohl aus schwefelsaurer und kieselfluorwasserstoffsaurer, als auch aus zyankalischer Lösung abscheiden. In ersterem Falle ist das elektrochemische Verhalten ähnlich dem Zink, im zweiten Falle nähert es sich dem Silber (siehe auch Silberkadmiumniederschläge, S. 205).

Nach Fischer (Chem. Ztg. 1904, S. 1209) erhält man ein gut funktionierendes Kadmiumbad wie folgt:

Man löst 32 g Kadmiumchlorid in ½ Liter Wasser und fällt mit überschüssiger Sodalösung Kadmiumkarbonat aus. Der ausgewaschene, noch feuchte Niederschlag wird in einer Lösung von 50 g Zyankalium in 1 Liter Wasser gelöst. Temp. 40 ° C. Kadmiumanoden. Badspannung 4—5 Volt. Der Niederschlag läßt sich schön kratzen und auf der gefetteten Barchentscheibe glänzend machen. Hat zinnweiße Farbe. Verwendung besonders für Dekoration von Eisen-, Messing- oder Kupfergegenständen.

Kupfer

(s. a. Steinach-Buchner. Die galvanischen Metallniederschläge).

1. **Kupferbad, alkalisches** (zyankalisches).

Zur Verkupferung von Metallen, welche, wie z. B. Eisen oder Zink, von dem sauren, schwefelsäurehaltigen Kupferbad angegriffen werden, bedient man sich des zyankalischen Kupferbades, welches eine Lösung von Kaliumkupferzyanür darstellt. Versetzt man eine Kupfersulfatlösung mit einer Zyankaliumlösung, so erhält man zuerst eine Fällung von Kupferzyanid, welches gleich in Kupferzyanür und Zyan zerfällt.

$$2\,CuSO_4 + 4\,KCN = 2\,K_2SO_4 + Cu_2(CN)_2 + (CN)_2.$$

Dieses Kupferzyanür löst sich leicht in überschüssigem Zyankalium auf, wobei wesentlich das gelbe Salz $2\,KCN.\ Cu_2(CN)_2$ entsteht, in dem der äußerst wenig ionisierte Komplex $Cu_2(CN)''_4$ enthalten ist.

Beim Lösen von Kupferoxydul in Zyankalium bilden sich zwei Salze, sowohl $Cu_2(CN)_2 . 2\,KCN$, als auch $Cu_2(CN)_2 . 6\,KCN$; denn es sind zur Lösung von 1 Teil Kupferoxydul 3 Teile Zyankalium nötig, während zur Bildung des ersteren Salzes nur 1,8 Teile Zyankalium nötig wären, zur Bildung des letzteren Salzes aber 3,6 Teile.

Das erstere Salz ist in Wasser unlöslich, aber löslich in einer Lösung des zweiten Salzes.

Um das bei diesem Vorgange auftretende freie Zyan zu binden, setzt man der Kupferlösung vor der Zugabe des Zyankaliums schwefligsaures Natrium zu.

Das reine Kupferoxydul, unter dem Namen K u p r o n im Handel, ermöglicht eine leichte Herstellung von Kupferbädern ohne Zyanverlust. Bei Verwendung von Kupron (enthält 88,8% Kupfer) nimmt man 1 kg Kupron, 3 kg Zyankalium rein, 150 Liter Wasser, 3 kg Natriumbisulfit. Das Bad enthält 0,6 % Kupfer.

Es kommt durch Umsetzung mit dem Zyankalium eine äquivalente Menge Kaliumhydroxyd ins Bad, welche durch das Natriumbisulfit gebunden wird.

Pfannhauser empfiehlt folgendes K u p f e r b a d:

1000 g Wasser,
80 g Zyankupferkalium,
2 g Zyankalium rein,
2 g Salmiak,
10 g kohlensaures Ammonium.

Erforderliche Stromspannung 2 Volt, Stromdichte — 0,5 Amp.

Die Chem. Fabrik auf Aktien (vorm. E. Schering), Berlin, bringt fertige Salze für Herstellung galvanischer Bäder unter dem Namen T r i s a l y t - S a l z e in den Handel. Diese Salze werden kalt aufgelöst und sind dann sofort gebrauchsfertig. Die Fabrik liefert die Gebrauchsanweisung.

Kupferbad. Herstellung mit Scherings Kupfer-Trisalyt 5% Lösung. Badspannung bei 15 cm Anodenentfernung von der Ware 3 Volt.

Langbein verwendet zu Kupferbädern nach einem Patente das schwefligsaure Kupferoxyduloxyd (Kuprokuprisulfit $SO_3Cu_2 \cdot SO_3Cu + 2H_2O$). Dieses Salz ist unlöslich in Wasser, löslich in Zyankalium, ohne Zyanentwicklung.

Der Vorgang bei der Elektrolyse des alkalischen Kupferbades ist ganz ähnlich demjenigen beim Silber- und Goldbad. An der Kathode scheidet sich das Kupfer ab, während an der Anode Kupfer aufgelöst wird. Es ist aber auch hier die ausfallende Menge Kupfer nicht, wie theoretisch verlangt, gleich der an der Anode zur Lösung gelangenden, indem Zyanverluste stattfinden und so nicht alles Zyan zur Lösung von Kupfer dient.

Wenn bei richtigen Stromverhältnissen die Verkupferung sich träge vollzieht, das Bad sich bläulich färbt, so fehlt Zyankalium. Zeigt sich eine Wasserstoffentwicklung an den Waren, und eine Neigung des Niederschlages abzublättern, so ist der Strom zu stark oder der Zyankaliumgehalt zu hoch.

Auf Zinkgußwaren muß stark verkupfert werden, da bei leichter Verkupferung der Kupferniederschlag durch Eindringen in das Grundmetall bezw. Legierung verschwindet.

Veränderung und Wiederherstellung des Kupferbades. Die Veränderungen des alkalischen Kupferbades sind denen der anderen zyankalischen Bäder (s. Silber- und Goldbad) ähnlich. (Siehe auch „Die galvanischen Metallniederschläge" von Steinach-Buchner, 1922. M. Krayn.)

Bei den im alkalischen Kupferbad verkupferten Waren treten oft nach einiger Zeit schwarze Flecken auf. Es zeigt sich dies besonders bei gegossenen Gegenständen. Die Ursache scheint darin zu liegen, daß in den Poren des Gusses Badflüssigkeit verbleibt, die später ausschwitzt und aus den Kupferniederschlag wirkt.

Nach Langbein soll diese Fleckenbildung vermieden werden, wenn man die Waren nach der Verkupferung und dem Abspülen in eine 2% Essigsäurelösung legt, wodurch die Reste der in Poren sitzenden Badflüssigkeit unschädlich gemacht werden (s. a. Patent Weber D. R. P. 143575).

Analyse des alkalischen Kupferbades. 1. Bestimmung des Kupfers. 10 ccm des Bades gibt man in ein Porzellanschälchen, fügt 10 ccm reine Salzsäure (1,124) zu und dampft unter einem Abzug unter Vermeidung eines Verlustes durch Spritzen usw. bis fast zur Trockene. Dem grünbraunen Rückstand fügt man nach dem Erkalten einige Tropfen Salzsäure zu, löst in wenig destilliertem Wasser, bringt in einem 100 ccm Kölbchen mit destilliertem Wasser auf 100 ccm und verfährt weiter wie bei der Analyse des **sauren** Kupferbades angegeben ist, oder elektrolytisch wie folgt:

Elektrolytische Kupferbestimmung. 100 ccm Bad bringt man in eine Porzellanschale, die etwa so groß wie die Platinschale ist, und erhitzt mit 10 ccm starker reiner Salzsäure auf dem Wasserbade. Man bedeckt dabei die Schale mit einem Uhrglase, damit durch die entweichenden Gase nicht Flüssigkeitsteilchen herausgeschleudert werden. Ist die Gasentwicklung zu Ende, so spült man die am Uhrglas haftenden Tropfen in die Schale zurück, verdampft auf dem Wasserbade bis fast zur Trockne, benetzt den Rückstand mit konzentrierter Salpetersäure, erhitzt noch kurze Zeit und fügt 30 ccm verdünnte Schwefelsäure (1 Teil Schwefelsäure, 3 Teile Wasser) zu. Man erwärmt dann, bis der Geruch nach Salz- und Salpetersäure verschwunden ist, und behandelt die so gewonnene Kupfersulfatlösung wie das saure Kupferbad, d. h. man setzt 2 ccm Salpetersäure zu, elektrolysiert mit einer Stromdichte von 0,5 bis 1 Amp./qdm. Um die Beendigung der Kupferausfällung zu erkennen, kann man folgende Prüfung anwenden:

Man nimmt einige Tropfen der Flüssigkeit heraus und setzt Schwefelwasserstoffwasser zu. Bei Abwesenheit von Kupfer darf keine Färbung auftreten.

Das gefundene Kupfergewicht ist natürlich, da 10 ccm Bad verwendet wurden, mit 100 zu multiplizieren, wenn man den Kupfergehalt pro Liter Bad haben will.

2. Bestimmung des gebundenen Zyankaliums. Das gebundene Zyankalium, d. h. dasjenige, welches mit Zyankupfer zu Zyankupfer—Zyankalium verbunden ist, ermittelt man aus der gefundenen Menge Kupfer, indem man auf 100 Teile Kupfer 102 Teile Zyankalium in Rechnung bringt.

3. Bestimmung des freien Zyankaliums wie beim Silberbad.

Allgemeines über die Herstellung von Legierungen auf elektrolytischem Wege.

Befinden sich in einem Elektrolyten die Ionen verschiedener Metalle, z. B. Kupfer und Zink, so werden durch den Strom die Metalle nacheinander in umgekehrter Reihenfolge ihrer Haftintensitäten abgeschieden, wenn die Potentialdifferenz an den Elektroden der Zelle die betreffenden Werte inne hält. Mit anderen Worten, es wird das Metall zuerst abgeschieden, dessen Abscheidung die geringste Arbeit erfordert, dasjenige, welches den kleineren elektrolytischen Lösungsdruck ausübt. In Lösungen von Zyankalium kann man nun dünne Schichten von einer ziemlich konstant zusammengesetzten Legierung von Kupfer—Zink (Messing) niederschlagen. Zuerst fällt zwar auch Kupfer heraus, aber sehr bald scheiden sich Kupfer und Zink gleichzeitig ab. Die hierzu nötige Bedingung kann einfach durch eine Formel ausgedrückt werden. Sei die Lösungstendenz des Zinks und des Kupfers P u. P', der osmotische Druck beider Ionen p u. p', so braucht nur $\frac{P}{p} = \frac{P'}{p'}$ zu sein, und beide Stoffe fallen in äquivalenten Mengen aus, da die Potentiale nur von der Verhältnisgröße $\frac{P'}{P}$ abhängig sind. Von der Stromdichte hängt es ab, ob die Metalle in geeigneter, zusammenhängender Form ausfallen und nicht etwa schwamm- oder pulverförmig. Die Metalle im Niederschlag erscheinen nicht in dem gleichen Mengenverhältnis, in welchem sie in dem Elektrolyten zugegen sind.

Um ein Metall an der Kathode zur Abscheidung zu bringen, muß man der Kathode zum mindesten d i e Spannung aufzwingen, die dem Gleichgewichtszustand bezw. Potential Metall—Elektrolyt entspricht. Ist die Spannung kleiner, dann tritt in Folge der entgegengesetzten Polarisationsspannung kein Stromdurchgang ein. Es muß also zuerst die Polarisationsspannung überwunden sein.

Wenn man durch Erhöhung der Spannung die Stromdichte vermehrt, (Stromdichte = Stromstärke auf Flächeneinheit bezogen) wird in der Zeiteinheit eine größere Ionenzahl abgeschieden. Dadurch tritt Ionenverarmung zunächst der Elektrode ein, daher ist mit steigender Stromdichte ein höheres Kathodenpotential nötig. Wenn man eine Lösung von d r e i Metallen hat, so fällt bei kleinster Stromdichte zuerst das edelste Metall aus. Erst wenn dieses gefällt ist, kommt das nächst edlere Metall daran. Das enfernter liegende Metall, das höhere Stromdichte erfordert, bleibt unberührt. Um z w e i oder m e h r e r e M e t a l l e g l e i c h z e i t i g abzuscheiden, also um L e g i e r u n g e n zu erhalten, müssen die Stromdichtepotentialkurven genügend nahe beisammen liegen. Bei den meisten Metallen liegen diese ziemlich weit auseinander. Man kann aber eine Näherung herbeiführen. Man kann ein Metall gegen die Lösung seiner Ionen unedler machen, wenn man den osmotischen Druck kleiner macht. Dies kann geschehen, durch Zusätze, welche komplexe Ionen bilden, wodurch also die Konzentration der Ionen und ihr osmotischer Druck herabgesetzt wird, in Lösungen von Zyankupfer beträgt das Kupferpotential = 0,6 Volt, ist also dem Zink genähert. Aber in zyankalischer Lösung erleidet auch das Zink durch Komplexbildung eine Verschiebung nach der unedleren Seite im Betrage von — 1,03 Volt. Man kann bei fünfundzwanzigfachem Ueberschuß von Zyankalium die Gleichgewichtspotentiale von Kupfer und Zink gleichmachen. Ja man kann darüber hinaus, sogar das Kupfer unedler machen als das Zink. Dann tritt aber (bei — 1,3 Volt keine Metallabscheidung mehr ein, sondern Wasserstoffentwicklung.

Bilden aber die Metalle Verbindungen bezw. feste Lösungen, so wird das edlere Metall die Abscheidung des unedleren erleichtern, oder depolarisieren. Der Grund liegt darin, daß in der Verbindung und festen Lösung das unedlere Metall eine geringere Lösungstension hat als in reinem Zustande, sein Abscheidungspotential, also nach der edleren Seite verschoben wird. Daher erfolgt die Abscheidung leichter, d. h. bei niedrigerem Potential in Form einer Legierung, als in Gestalt des reinen Metalles. So bildet Kupfer mit Zink eine Verbindung: Kupfer—Zink (Cu_3Zn) die mit Kupfer isomorphe Mischungen bildet, welche Gefügebestandteile des Messings sind. Für Messingniederschläge sind also Lösungen nötig, die auf ein Mol Metallzyanid zirka zwei Mol Zyankalium enthalten. Hier ist das Kupfer zirka 0,4 Volt edler als das Zink. Es erfolgt gleichzeitige Abscheidung. Kupfer depolarisiert die Zinkabscheidung um mindestens 0,2 Volt, ebenso Nickel die des Zinks, so daß aus den Sulfatlösungen beide in Form einer Legierung abgeschieden werden. Wie es eine Wasserstoffüberspannung gibt, gibt es auch eine Metallüberspannung bes. beim Eisen. Abscheidungen, die sonst nicht erfolgen, kann man bewirken, wenn feste Lösungen entstehen, z. B. eine Blei- oder Zinkkathode oder eine Quecksilberkathode bei der Natriumabscheidung.

Messing und Tombakniederschläge erhält man aus gemischten Zyanbädern, ebenso Arkas Niederschläge (Silber—Kadmium), dagegen werden Kupfer—Zinnlegierungen (Bronze) aus weinsauren Bädern erhalten. Die Niederschläge von derartigen Legierungen gelingen leicht, solange dünne Ueberzüge hergestellt werden, bei dickeren Ueberzügen treten bedeutende Schwierigkeiten auf.

Messingbad (s. a. Steinach-Buchner). Einen besonderen Fall der eben allgemein geschilderten Verhältnisse bildet das Messingbad*). Setzt man zu dem alkalischen Kupferbad entsprechende Mengen von Zyanzink—Zyankalium, so gelingt es je nach dem Verhältnisse des im Bade vorhandenen Kupfers und Zink, und je nach den Stromverhältnissen verschiedene Kupfer-Zinklegierungen (Messing) niederzuschlagen. Die Schwierigkeit liegt hier darin, die Zusammensetzung der Bäder gleich, und damit die Gleichmäßigkeit der Farbe und des Messingüberzuges zu erhalten. Als Anode benutzt man Platten aus Gußmessing, evtl. auch solche aus Kupfer und Zink.

Herstellung des Messingbades. Von den vielen Angaben hierzu teilen wir folgende erprobte Vorschriften mit:

Pfannhauser empfiehlt als ein für alle Metalle passendes Messingbad folgende Kombination:

1000 g Wasser,
40 g Zyankupferkalium,

*) Schon 1844 (Bayer. Kunst- und Gewerbeblatt) teilt Jacobi ein Verfahren zur Herstellung galvanischer Messingniederschläge mit und bemerkt, daß in Cyanlösungen die Metalle ein ihrem gewöhnlichen Verhalten entgegengesetztes Verhalten aufweisen. Gleichzeitig arbeiteten auch Ruolz und Becquerell in dieser Richtung.

40 g Zyanzinkkalium,
2 g Zyankalium rein,
2 g Salmiak,
10 g kohlensaures Ammon.

Temperatur des Bades 20—25 ° C. Erforderliche Stromspannung für Zink 2½ Volt, für Eisen 3 Volt, für Ketten 3—3,5 Volt., für kleine Massenartikel 4 Volt. Stromdichte 0,5 Amp. Dieses Bad enthält 12 g Kupfer und 10 g Zink (= ca. 22 g Messing) im Liter.

Messingbad. Herstellung mit Scherings Trisalyt. 2,5% Kupfer- und 2,5% Zinktrisalytlösung. Badspannung bei 15 cm Anodenentfernung von der Ware 3 Volt.

Vielfach wird der Zusatz einer kleinen Menge arseniger Säure zu den Messingbädern empfohlen, wodurch der Messingüberzug besonders Feuer und Glanz erhält. Ein Zusatz von Aluminiumsalzen, 2—3 g per Liter, soll der Kupferzinklegierung schöne goldähnliche Farbe erteilen.

Durch Aenderung in den Mengenverhältnissen von Kupfer und Zink können verschiedene Farbenabstufungen der Legierung erzielt werden. Auch kann durch einen Badstromregulator durch stärkere oder schwächere Stromspannung ein grünlicher oder rötlicher Farbenton erzeugt werden.

Bei Waren, deren einzelne Teile sehr verschiedenen Abstand von der Anode haben, bekommen die näheren Teile andere Farbe als die weiter entfernteren. Deshalb ist zum Ausgleich ein größerer Anodenabstand, 25—30 cm, zu wählen.

Beim Vermessingen von Eisen empfiehlt sich ein geringer Zyankalium-, aber ein größerer Natriumkarbonat-Ueberschuß. Zinkguß und Zinkblech wird am besten stets stark verkupfert, da sonst der Niederschlag durch Eindringen in's Zink (Legierung) verschwindet. Eventuell werden eiserne Gegenstände vorher vernickelt oder verzinnt.

Kleine Eisenartikel kommen unangehängt in Sieben bei fortwährender Bewegung ins Bad.

Veränderungen und Wiederherstellung des Messingbades. Was die Veränderungen betrifft, denen das Messingbad im Laufe der Arbeit unterworfen ist, so bestehen diese erstens in der Zersetzung des Zyankaliums, und es gilt hier alles bei den Zyanbädern, besonders beim Silber- und Kupferbad bereits Gesagte. Zweitens ändern diese Bäder fortwährend ihren Metallgehalt, besonders wird das wechselseitige Verhältnis zwischen Kupfer- und Zinkgehalt beständig verändert, worin ja, wie schon betont, hauptsächlich die Schwierigkeit in der Behandlung dieser Bäder besteht.

Analyse des Messingbades. Für die rationelle Behandlung des Messingbades ist eine öftere analytische Bestimmung von Kupfer, Zink und Zyankalium ebenso von Bedeutung, wie für alle anderen Bäder. Die Bestimmung des freien Zyankaliums kann hier ebenso ausgeführt werden, wie beim Silberbad beschrieben. Das gebundene Zyankalium findet man durch Berechnung, indem man für 100 Teile der gefundenen Kupfermenge 102 Teile Zyankalium, für 100 Teile gefundenen Zinkes 200 Teile Zyankalium in Rechnung bringt. Das Kupfer kann man in der beim alkalischen Kupferbad angegebenen Weise bestimmen; das kohlensaure Kalium in der beim Silberbad angegebenen Art, doch wird letztere Bestimmung kaum nötig sein.

Bestimmung des Zinkes im Messingbad. Falls das Kupfer nicht vorher elektrolytisch ausgefällt wurde, behandelt man die Probe von 10 ccm Bad genau, wie bei der Bestimmung des Kupfers im zyankalischen Kupferbade beschrieben wurde, versetzt also mit Salzsäure, verdampft zur Trockne, benetzt mit Salpetersäure, löst in etwa 200 ccm Wasser und vertreibt Salz- und Salpetersäure durch Abdampfen mit Schwefelsäure.

Sind durch diese Behandlung der Probe die Zyanverbindungen zerstört worden, so fällt man durch eine Lösung von 2,5 g unterschwefligsaurem Natron das Kupfer in der Siedehitze als Schwefelkupfer aus. Man filtriert nun die Lösung vom Schwefelkupfer ab, verdampft sie bis auf etwa 150 ccm und titriert mit einer Lösung von gelbem Blutlaugensalz (Ferrozyankalium), bis auf einem mit essigsaurem Uran getränkter Streifen Fließpapier beim Betupfen mit einem Tropfen der Lösung ein brauner Fleck entsteht.

Man verwendet hier keine Normallösung, sondern eine Lösung, die im Liter 32.45 g Ferrozyankalium enthält. 1 ccm dieser Lösung entspricht 0,01 g Zink.

Glänzende Messingüberzüge.

Um den Messingüberzügen ohne weiteres ein glänzendes Aussehen zu verleihen, wird empfohlen, auf 100 L Messingbad 20 g arsenige Säure zuzusetzen. Diese Menge darf nicht überschritten werden, wenn man nicht das Gegenteil erreichen will, da man gestreifte oder matte Ueberzüge erhält. An Stelle der arsenigen Säure soll zweckmäßiger das kohlensaure Nickel verwendet werden und zwar in folgender Weise, wobei das kohlensaure Nickel nicht in trockener Form, sondern in der breiigen Zustandsform verwendet wird. Man stellt sich dasselbe am besten selbst dar, auf folgende Weise:

Man löse 50 g eines Nickelsalzes in 1 L Wasser auf und erhitze fast bis zum Siedepunkt. Dann füge man eine konzentrierte Lösung von kohlensaurem Natrium hinzu, bis keine Fällung oder kein Niederschlagen mehr stattfindet. Die Lösung muß während des Fällens umgerührt werden. Es hat sich ein grüner Niederschlag gebildet, welcher aus kohlensaurem Nickel besteht. Man läßt das so erhaltene kohlensaure Nickel sich absetzen und gießt die darüber stehende klare Flüssigkeit ab. Es wird sodann frisches, heißes Wasser hinzugefügt und das Ganze umgerührt, worauf man den Niederschlag wieder am Boden sich absetzen läßt und darauf nochmals die klare Flüssigkeit abgießt. Nun bringt man das kohlensaure Nickel auf ein Filter und läßt die Flüssigkeit ablaufen. Hierauf wäscht man mehrmals mit reinem, heißem Wasser aus, und das kohlensaure Nickel ist fertig zum Gebrauch.

Die Zugabe des kohlensauren Nickels zur Messingbadflüssigkeit läßt sich ohne jede Schwierigkeit ausführen. Man nimmt auf 225 l Badflüssigkeit zirka 0,25 l breiiges kohlensaures Nickel. Genügt dies nicht, so kann mehr kohlensaures Nickel hinzu getan werden und zwar so lange, bis die Farbe des Ueberzugs unverändert ist. Eine allzugroße Menge wird, wie bereits erwähnt, bewirken, daß der Ueberzug einen rötlichen Anflug erhält.

Durch Zusatz von Aluminiumsalzen 2—3 g auf einen Liter zu Messingbädern, soll man Messingüberzüge von besonders schöner Farbe erhalten. Es handelt sich aber hier nicht etwa um eine Aluminiumabscheidung, sondern um eine Kolloidwirkung. Zu ähnlichen Zwecken werden auch dem Messingbad ungefähr für 10 Liter 5 g Salmiakgeist zugesetzt.

Ueber galvanische Vermessingung.

Ausführungen hierüber von A. Höing, Zeitschrift für Elektrochemie 1916, entnehmen wir folgendes:

In den mit Bisulfit angesetzten schwachsauren Messingbädern kann durch Verminderung der Konzentration der freien Zyanionen das $K_2 Cu Cy_3$ in $K Cu Cy_2$ übergeführt werden. Von Lösungen dieses Salzes und von Mischungen mit $K_2 Zn Cy_4$ wurden die Abscheidungspotentiale des Kupfers bezw. des Messings ermittelt. Bei niedrigen Stromdichten zeigt das Kathodenpotential bei $K Cu Cy_2$ nur eine sehr geringe Steigerung. Mit wachsendem Zusatz von Zyankalium ist ein starkes Ansteigen der Polarisation zu beobachten, bevor noch die Umwandlung in die Verbindung $K_2 Cu Cy_3$ vollständig erreicht wird. Ebenso erfährt die Kupferabscheidung eine beträchtliche Polarisierung durch das Vorhandensein von $K_2 Zn Cy_4$. Das Abscheidungspotential des Messings kommt dabei nahe dem aus den Lösungen von $K_2 Cu Cy_3$ und $K_2 Zn Cy_4$. Man erhält schon bei sehr niedrigen Stromdichten Messingniederschläge von rein gelber Farbe. Durch Stehenlassen oder Aufkochen der Bäder werden gleichfalls die Abscheidungspotentiale des Kupfers aus den Zyanidlösungen erhöht; es dürften hierbei Aenderungen in kleinen Mengen von Kolloidstoffen vorliegen. In einem weiteren Teil der Arbeit wurde noch der Einfluß der die Konzentration der Cy' — und O H' — Ionen ändernden Badzusätze auf das Aussehen der kathodischen Messingabscheidungen untersucht.

Ueber die elektrolytische Messingabscheidung lieferte Fr. Spitzer beachtenswerte Beiträge (Zeitschrift für Elektrochemie Bd. 11. Hieraus geht der für die Praxis wichtige Umstand hervor, daß bei den zyankalischen Kupfer- und Zinklösungen die Stromausbeute außerordentlich stark durch verhältnismäßig geringe Aenderungen in der Stromdichte oder dem Zyankaliumgehalt beeinflußt wird. Je höher der letztere, so geringer die Stromausbeute, d. h. desto schwerer die Metallabscheidung im Vergleich zur Wasserstoffentwicklung.

Demgegenüber steht die unangebrachte Uebung vieler Galvaniseure, bei eintretenden Störungen derartiger Bäder sofort Zyankalium zuzusetzen, wodurch dann oft ein Bad ganz unbrauchbar wird. Ferner 1. Die Stromausbeute sinkt, sobald die Stromdichte (Dk) größer als 0,003 Amp./qcm ist.

2. Die Farbe des Beschlags wechselt mit der Stromdichte, und zwar ging sie von 0,001 bis 0,01 Amp./qcm von Gelbrot über Gelb nach Grüngelb über; weitere Erhöhung der Stromdichte gab wieder rötliche Niederschläge.

3. Die Zusammensetzung der Niederschläge steht mit der Farbe in keinem direkten Zusammenhang. Der Zinkgehalt erreichte im gelben Niederschlag (Dk 0,003 Amp./qcm) ein Maximum und erfährt bei weiterer Steigerung der Stromdichte mäßige Abnahme.

Die Angabe der galvanotechnischen Handbücher, daß der Zinkgehalt mit steigender Stromdichte zunehme, ist nur für das Intervall 0,001—0,003 Amp./qcm richtig; nimmt man aber, was ja für die Praxis das Ausschlaggebende ist, die Farbe als Kriterium an, so gilt der Satz, daß mit steigender Stromdichte die Farbe immer mehr gegen Gelbgrün neigt, bis zu 0,01 Amp./qcm.

4. Erhöhung des Zyankaliumgehalts bezw. Ueberschusses bewirkt Herabsinken der Stromausbeute in bedeutendem Betrag.

Aus den Untersuchungen Spitzers ergibt sich, daß in den zyankalischen Kupfer-Zinklösungen das Zink bei niedrigerem Potential ausgeschieden wird, als aus der Zyanzinklösung allein, ohne Kupfergehalt. Eine derartige Erscheinung ist aber, wie Spitzer ausführt, nicht möglich, wenn neben Kupferteilchen einfach Zinkteilchen niedergeschlagen werden, durch deren enge Nebeneinanderlegung dann der Eindruck einer Mischfarbe hervorgerufen wird, wie das Bancroft annimmt. Kunschart („Zeitschrift für anorgan. Chemie" 41,374) folgert aus seinen Versuchen, daß sich bei sehr niederer Stromdichte nur Kupfer wegen seiner niederen Entladungsspannung abscheiden wird, und daß erst bei höherer Stromdichte es zur Abscheidung von Messing kommt; die letztere würde dadurch begünstigt, daß dabei die Entladungsspannung des Zinks erniedrigt ist und daß dieses sich mit Kupfer unter Bildung einer festen Lösung verbindet. Nach Spitzer kann es sich nur um die Abscheidung einer wirklichen Legierung handeln, bei der den Komponenten ein wesentlich geringerer Lösungsdruck zukommt, als sie im freien Zustand zeigen. Bei der elektrolytischen Abscheidung von Messing liegt also einer der schon öfters beobachteten Fälle vor, daß ein Metall auf die Abscheidung eines anderen durch Legierungsbildung depolarisierend wirkt, d. h. die Abscheidung desselben erleichtert. Das depolarisierende Metall kann dabei entweder das Kathodenmaterial bilden, wofür die Abscheidung der Alkalimetalle auf Quecksilber, Blei, Zinn, usw. das bekannteste Beispiel bildet, oder es kann — zugleich mit dem depolarisierenden Metall — auf der Kathode niedergeschlagen werden. Der Fall der Abscheidung von Nickelmagnesiumlegierungen gehört hierher, ebenso die elektrolytische Messingabscheidung.

Etwas im Gegensatz zu diesen angeführten Tatsachen steht die Erfahrung, daß sich die elektrolytischen Messingüberzüge bei der Metallfärbung, also gegenüber von auf sie einwirkenden Metallsalzlösungen, ganz anders verhalten als kompaktes Messing, und zwar so, als wenn man einen elektrolytischen Kupferniederschlag vor sich hätte. Ein elektrolytischer Messingüberzug ist also zweifellos auch untermengt mit nebeneinander liegenden Kupfer- und Zinkteilchen. Das ungewöhnlich niedere Potential, das zum Ausfällen von Messing notwendig ist, kann leicht durch Auftreten einer Legierung erklärt werden, in der das Zink einen sehr stark verminderten Lösungsdruck besitzt. Bezüglich der Natur des auf schmelzflüssigem Wege erhaltenen Messings sind die Forscher auf diesem Gebiet zu der Auffassung gelangt, daß das Zink im Messing in Gestalt einer Kupferzinkverbindung vorliegt, welche vielleicht mit Kupfer feste Lösungen zu bilden vermag. Die Zusammenfassung der Untersuchung ergibt folgendes:

Die Potentiale, welche Kupfer bezw. Zink gegenüber ihren zyankalischen Lösungen zeigen, sind von der Konzentration der Lösungen und ihrem Zyankaliumgehalt abhängig. Sie sind höher bei höherer Konzentration der Salzlösung und werden durch Vermehrung des Zyankaliumgehaltes erhöht; diese Einflüsse treten bei Kupfer weit stärker hervor als bei Zink, sodaß Zink, das auch in den Zyankalischen Lösungen im allgemeinen unedler als Kupfer ist, gegenüber sehr zyankaliumreichen Lösungen edler erscheint als Kupfer.

Ueber das elektromotorische Verhalten von Kupfer und Zink gegenüber ihren zyankalischen Lösungen. (Siehe d. Arbeiten Spitzers, referiert im Bayr. Industrie- und Gewerbeblatt 1917, Nr. 19/20 S. 96).

Ueber das gleichzeitige elektrolytische Ausfällen von Kupfer und Zink aus verschiedenen Lösungen, welche kein Zyanid enthalten. Siehe M. de Kay Thompson (referiert im Bayr. Industrie- und Gewerbeblatt 1913 Nr. 26, S. 257).

Bronzebad. Vom Bronzebad (Kupfer—Zinn) gibt im allgemeinen das S. 133 u. 219 über die Herstellung von Legierungen auf elektrolytischem Wege, im besonderen das beim Messingbad Ausgeführte.

Es werden folgende Zusammensetzungen angegeben:

1. 610 g reine Pottasche, 48 g Kupferchlorid, 25 g Zinnsalz, 305 g salpetersaures Ammonium und 12 g Zyankalium werden in 5 Liter Wasser gelöst.

Als Anode dient eine Platte aus Bronze.

Das Bad wird bei einer Temperatur von 25° C angewendet.

Will man in der Kälte arbeiten, so nimmt man anstatt den oben angegebenen Mengen Zyankalium 50 g davon.

2. 40 g Kupferazetat werden in Wasser gelöst, mit Soda gefällt, der Niederschlag ausgewaschen. Man löst denselben in 2½ Liter Wasser, dem man 40 g Natriumbisulfit, die zur Lösung nötige Menge Zyankalium und eine Lösung von ¾ g Zinnsalz und 2 g Aetzkali zugibt.

Sogenanntes Bronzebad der Galvanotechniker (Messingbad). Herstellung mit Scherings Trisalyt. 3,25 % Kupfer-, 1,75% Zinktrisalyt. 15 cm Anodenentfernung von der Ware 3 Volt.

Galvanisches Bronzebad für Eisengegenstände.

Nach Mitteilungen von Professor Askenasy, Karlsruhe, welche wir der Zeitschrift „Das Metall" 1916, Seite 261, entnehmen, ist folgendes Bronzebad im Laboratorium der technischen Hochschule ausprobiert worden:

a) Man löst 55 g Kupfersulfat, 550 g Ammonoxalat und 50 g Oxalsäure mit 10 l Wasser und fügt hinzu eine Lösung, welche man durch Auflösen des beim Fällen einer wässrigen Lösung von 196 g Zinnchlorür mit Ammoniak enthaltenden Niederschlags in 300 g Oxalsäure und 550 g Ammonoxalat in 10 l Wasser und nachherigen Filtrieren erhalten hat.

b) Die Eisengegenstände werden blank poliert, in Soda oder Natronlauge längere Zeit gekocht, bis beim Abwaschen völlige Benetzung eintritt und sodann in einem Zinkbad mit einer Stromdichte von 0,05 Amp./qdm durch 10—15 Minuten verzinkt.

c) Die Ware wird dann sorgfältig gekratzt und sofort unter Strom in das Bronzebad eingehängt. Man richtet sich so ein, daß pro qdm Kathodenoberfläche nicht weniger als 1,5 l Badflüssigkeit vorhanden sind. Man arbeitet abwechselnd mit Kupfer- und Zinnanoden, indem erstere 58 Minuten, die letztere 10 Minuten bei konstanter Stromstärke und 0,05 Amp/qdm Kathode eingeschaltet bleiben. Bei etwaigem Schwarzwerden der Kathode kratzt man sie gründlich ab.

d) Die erhaltene Bronze haftet fest und hat folgende Zusammensetzung: rund 12 % Zinn und 88% Kupfer; pro Amp.-Stunde werden theoretisch 1,173 g Bronce abgeschieden. Die praktisch erhaltenen Zahlen dürften sich der Theorie sehr nähern. Um einen Niederschlag von ein hundertstel Millimeter Dicke zu erhalten, der für praktische Zwecke reichlich ist, müssen die Gegenstände 15 Stunden im Bad verbleiben.

Wird der Niederschlag zu kupferreich, so ist etwas Zinnhydroxyd zuzufügen; umgekehrt verlangt eine zu zinnreiche Bronze Zusatz von Kupferkarbonat.

2. Saures Kupferbad.

Wegen der verhältnismäßig geringen Leitfähigkeit neutraler Kupfersulfatlösungen bedürfte man zur Kupferfällung einer ungewöhnlich hohen Spannung und erhielte einen unbrauchbaren Ueberzug. Man hat schon früh bemerkt, daß durch Zugabe gewisser Stoffe, insbesondere von Schwefelsäure, sowohl die Stromarbeit erleichtert, als auch eine günstige Metallbeschaffenheit erreicht werden kann.

Im sauren Kupferbade haben wir eine Lösung von Kupfervitriol (= Kupfersulfat $Cu\,S\,O_4 + 5\,H_2\,O$, enthält im Kilogramm 254,5 g Kupfer, 384,77 g Schwefelsäurerest und 360,73 g Wasser) und freie Schwefelsäure. Diese Lösung enthält je nach Temperatur und Konzentration teils undissoziierte Kupfersulfatmoleküle ($Cu\,S\,O_4$), teils dissoziierte $Cu^{\cdot\cdot}$ und $S\,O_4''$-Ionen. Wirkt auf diese Lösung der elektrische Strom ein, so findet der Seite 26, 23 bereits beschriebene Vorgang statt. Ist die Anode, wie dies in der Praxis stets der Fall ist, von Kupfer, so tritt im allgemeinen von derselben soviel Kupfer ins Bad über, als sich Kupfer an der Kathode abscheidet (s. später).

Die Konzentration der Badflüssigkeit sowie das Verhältnis der Schwefelsäure zum Kupfersulfat ist von großem Einfluß auf die Eigenschaften des Kupferniederschlages.* Neben der Zusammensetzung des Bades ist auch die Stromstärke von bestimmendem Einfluß auf das elektrolytisch gefällte Kupfer.

Der Kupferniederschlag wird im neutralen Bade spröde und brüchig, weil bei geringer Stromdichte eine gewisse Menge Kupferoxydul mit dem Kupfer niederfällt, die um so geringer ist, je mehr die Stromdichte wächst, bis zu einem gewissen Grade, bei dem reines Kupfer ausfällt. In saurer Lösung wird das Kupferoxydul sekundär zersetzt. Auch ist das aus neutraler Kupferlösung niederfallende Kupfer ausgeprägt großkristallinisch, daher nicht weich und geschmeidig.

1. Aus einer nahezu gesättigten neutralen Kupfersulfatlösung erhält man einen rauhen, festhaftenden Kupferniederschlag; die der Anode zugekehrte Seite der Kathode ist wesentlich stärker mit Kupfer überzogen als die Rückseite. Die Anoden sind mit Kupferoxydul überzogen.

---

*) Zumeist verwendet man ein Bad, das im Liter 180 g Kupfervitriol und 60 g Schwefelsäure enthält.

Tabelle über die Dichte (spez. Gewicht) und entsprechenden Gehalt einer Kupfersulfatlösung bei 15° C.

Bei einem spez. Gewicht bei 15° C von	sind im Liter Lösung Gramm reines Kupfersulfat	Bei einem spez. Gewickt bei 15° C von	sind im Liter Lösung Gramm reines Kupfersulfat
1,007	10	1,095	135
1,010	15	1,099	140
1,013	20	1,102	145
1,016	25	1,106	150
1,020	30	1,110	155
1,023	35	1,114	160
1,027	40	1,117	165
1,030	45	1,121	170
1,033	50	1,125	175
1,036	55	1,129	180
1,040	60	1,133	185
1,044	65	1,137	190
1,048	70	1,140	195
1,051	75	1,144	200
1,055	80	1,148	205
1,058	85	1,152	210
1,062	90	1,156	215
1,065	95	1,160	220
1,069	100	1,164	225
1,072	105	1,169	230
1,076	110	1,173	235
1,080	115	1,177	240
1,084	120	1,181	245
1,087	125	1,185	250
1,091	130		

2. Aus einer 15% Kupfersulfatlösung erhält man einen ebenfalls rauhen, festhaftenden Kupferniederschlag; sonst ganz gleich wie bei 1.

3. Aus einer 15% Kupfersulfatlösung, die 5% Schwefelsäure enthält, erhält man einen glänzenden moiréartigen Kupferniederschlag. Vorder- und Rückseite der Kathode sind gleichmäßig bedeckt. Durch die reduzierende Wirkung des Kupfers auf eine schwachsaure Kupfersulfatlösung entsteht im Bad etwas Kupferoxydulsulfat, das unter dem Einflusse der Luft in Oxydsalz übergeht. Durch diese Nebenreaktion wird von der Anode stets etwas mehr Kupfer gelöst als an der Kathode niedergeschlagen wird, und zwar um so mehr, je geringer die Stromdichte und je rascher der Kreislauf ist, je mehr also die Lauge mit Luft in Berührung kommt.

Das Kupfer wird in nicht homogener Form, also als Pulver oder Schwamm gefällt, wenn die Stromstärke so groß ist, daß mit dem Metall gleichzeitig Wasserstoffentwicklung auftritt. In grobkristallinischer Form wird das Kupfer hingegen ausgeschieden, wenn die Stromstärke noch lange nicht hinreicht, eine Wasserstoffentwicklung zu veranlassen. Dagegen erhält man das Kupfer als zähen, gediegenen, feinkörnigen Niederschlag, wenn die Stromstärke möglichst groß ist, jedoch noch keine sichtbare Wasserstoffentwicklung eintritt.

Baron von Hübel hat eingehende Versuche[1]) angestellt, aus denen sich vor allem nachstehende Resultate für die Praxis der Galvanoplastik ergeben:

1. Soll Kupfer von großer absoluter Festigkeit und Härte niedergeschlagen werden und wird auf große Zähigkeit weniger Gewicht gelegt, so sind hohe Stromdichten wie 2 bis 3 Ampère auf 1qdm (siehe auch früher) anzuwenden. Die Badflüssigkeit muß in diesem Falle selbstverständlich tunlichst konzentriert sein, also mindestens 20 % Kupfersulfat enthalten.

2. Verlangt man Kupfer von möglichst großer Zähigkeit und sind Härte und Festigkeit von weniger Wichtigkeit, so werden Stromdichten von 0,6—1,0 Ampère zweckentsprechend sein. Als Badflüssigkeit wird man eine 15 bis 18 % Lösung wählen.

3. Für die Erzeugung einer Kupferdruckplatte wird eine Stromdichte von ca. 1,3 Ampère und ein 20 % Bad, mit 3 % Schwefelsäure angesäuert, zu empfehlen sein.

Während das Walzkupfer nach Store eine Härte von 14 bis 16 besitzt, weist Elektrolykupfer ohne Achatbehandlung, eine solche von 8—9, mit Achatbehandlung eine solche von 23—24 auf.

Die Farbe des Kupferniederschlages, der matt ausfällt, wird durch den Zusatz von gewissen Stoffen, wie z. B. Hydroxylamin, Harnstoff, Formaldehyd, bedeutend beeinflußt (hellrot).

Ein geringer Zusatz von reinem Alkohol (ca. 1 %) ist empfehlenswert.

Die Anoden werden zur Verhütung des Abfallens von Anodenschlamm am besten in Gaze eingeschlagen.

Hat man Holzbottiche, welche mit Bleiplatten ausgefüttert sind, so soll man diese durch mit Zeresin imprägnierten Leinenstoff isolieren. Besser imprägniert man direkt die Holzwände mit Zeresin.

Der Kupferniederschlag leidet, wenn auch minimale Wasserstoffentwicklung stattfindet. Dieselbe muß stets vermieden werden. Ebenso findet ein Verderben des Niederschlages statt, d. i. eine Störung in der normalen kristallinischen Abscheidung durch Konzentrationsänderungen, durch Verarmung des Elektrolyten an Metallionen in der Nähe der Kathode.

[1]) Wer sich dafür und besonders für Herstellung von Druckplatten auf galvan. Wege interessiert, den verweisen wir auf Otto Volkmer, Galvanoplastik, Hartlebens Verlag.

Bewegung des Bades, Erwärmen, Zusatz von Oxydationsmitteln, z. B. Salpetersäure, Ammonpersulfat u. dgl.

Die Gegenwart von Kolloiden, z. B. Gelatine, übt gewisse Wirkungen aus. So erzeugt letzterer Stoff, in minimalen Mengen dem Bade zugesetzt, einen außergewöhnlichen Hochglanz (Müller & Bahntje, Zeitschrift für Elektrochemie, 1906, S. 317).

Größere Mengen Gelatine aber bewirken bedeutende Störungen.

Man erhält einen streifigen, wulstenförmigen, spröden Kupferniederschlag. In solchen Fällen hilft ein Zusatz von salpetriger Säure oder indirekt eine Verreibung von Glanzruß mit Salpetersäure (Rudholzner).

Nach den oben genannten Autoren besteht die Wirkung dieser Stoffe in ihrer Betätigung als Schutzkolloid, d. i. die Erhaltung des Metalles im kolloidalen Zustande und Verhinderung der Kristallisation. Bei größerer Menge Kolloid geht dasselbe in den Niederschlag über, verändert die Farbe.

Ueber die Wirkung anorganischer Zusätze auf die elektrolytische Fällung von Kupfer, berichten Ellwood B. Spear, Boston, in der Chemiker Zeitung 1921, Nr. 118, S. 1146:

Grube und Reus (das Metall 1921) haben sich eingehend mit der Struktur des, durch die Gegenwart von Kolloiden, aus galvanischen Bädern elektrolytisch abgeschiedenen Glanzkupfers beschäftigt und metallographische Untersuchungen darüber ausgeführt. Hergestellt wurde das Glanzkupfer zu diesen Untersuchungen auf folgende Weise:

Die benutzte Kupfersulfatlösung war 0,5 molar, sie wurde an Schwefelsäure 0,01 n. gemacht. Die Gelatinelösung enthielt 1 g Gelatine in 100 ccm Wasser. Während der Elektrolyse wurde eine Temperatur von 23—25° C aufrecht erhalten.

Bei dem ersten orientierenden Versuche wurden 200 ccm der Kupferlösung ohne Rührung unter Zusatz von 10 ccm Gelatinelösung 48 Minuten mit einer Stromdichte von 0,035 Amp./qcm elektrolysiert. Man erhielt einen prachtvoll glänzenden und sehr glatten Kupferniederschlag. Versuchte man, die Dauer der Elektrolyse über 1 Stunde auszudehnen, so wurde der Niederschlag allmählich matt; wurde nunmehr wieder Gelatine zugesetzt, so trat sofort wieder spiegelnder Glanz auf. Glänzende Niederschläge von beliebiger Dicke konnten erhalten werden, wenn man 200 ccm der mit 10 ccm Gelatinelösung versetzten Kupfersulfatlösung mit einer Stromdichte von 0,031 Amp./qcm lange elektrolysierte und in Abständen von 1 Stunde je 1 ccm Gelatinelösung zufügte. Auf diese Weise wurde bei 4½ stündiger Versuchsdauer ein spiegelnd glänzender, mit einer schwachen Längsstreifung versehener Niederschlag erhalten, der an den Rändern des Bleches knollige Auswüchse zeigte. Wurde der Elektrolyt gerührt, so traten nicht mehr die geraden Längsstreifen auf, sondern dieselben wurden, wie ja auch schon Müller und Bahntje fanden, im Sinne der Flüssigkeitsbewegung verlegt.

Für die Gewinnung glatter Niederschläge ist es notwendig, daß die zugesetzte Gelatinelösung klar und dünnflüssig ist, sie wurde deswegen warm dem Elektrolyten zugefügt. Der erhaltene Niederschlag ist außerordentlich spröde, auch traten bei seiner Bildung stärkere mechanische Spannungen auf, wie bei einer gewöhnlichen Kupferabscheidung. Verwendet man ein dünnes Kupferblech als Kathode, so biegt sich dieses schon nach kurzer Elektrolysendauer der Anode zu.

Die Ergebnisse ihrer Arbeit fassen die Verf. wie folgt zusammen:

1. Aus der metallographischen Untersuchung des elektrolytisch gewonnenen Glanzkupfers wird der Schluß gezogen, daß die Abscheidung desselben in zwei zeitlich getrennte Vorgänge zerfällt.

2. Während des ersten Stadiums wird eine dehnbare Haut gebildet, bestehend aus dem dispersen System Kupfer—Gelatine, in dem die Gelatine als Dispersionsmittel das entladene Kupfer längere Zeit in dispersem Zustand erhält.

3. Der zweite Vorgang besteht in der Verfestigung des Niederschlages, wobei das Kupfer sich zu gröberen Teilchen zusammenschließt und Kupfer und Gelatine sich in Schichten übereinander ablagern.

Wenn sich im Kupferbade an der Anode Kristalle von Kupfersulfat ansetzen, so gibt das zu bedeutenden Störungen Veranlassung.

Bezüglich der sonstigen **Störungen**, welche die Arbeit der Verkupferung durch die Beschaffenheit des Bades erleiden kann, fassen wir noch folgendes zusammen:

Eine Verunreinigung des Bades kann vom Anodenkupfer ausgehen, welches eine ganze Reihe von Verunreinigungen enthalten kann, insbesondere Kupferoxydul, Kupfersulfür, Nickel, Kobalt, Eisen, Zink, Blei, Wismut, Antimon, Arsen, Selen, Tellur, Gold, Platin und Silber. Hiervon bleiben Kupferoxydul zum größten Teil, Kupfersulfür, Selen, Tellur und die Edelmetalle ungelöst, sammeln sich im Anodenschlamm, die übrigen Metalle gehen unter Abscheidung äquivalenter Kupfermengen in Lösung. Da sie ein erhebliches positiveres Potential haben als Kupfer, so können sie sich bei genügend saurer Lösung ziemlich in der Flüssigkeit anreichern, ehe die Gefahr einer Mitfällung dieser Metalle eintritt. Schon anders verhalten sich in dieser Beziehung Wismut, Arsen und Antimon, deren Potentiale nur wenig positiver als das des Kupfers sind und die daher leicht z. B. bei geringer Verarmung der Nachbarschichten der Kathode an Kupfer sich abscheiden können und den Kupferniederschlag brüchig machen.

Bei zu starkem Strom wird der Kupferniederschlag teils schwammig, knospig oder brüchig. Infolge von Sekundärreaktionen (Elektrolyse der freien Schwefelsäure) tritt an der Kathode Wasserstoffentwicklung ein, an der Anode löst sich entsprechend Kupfer auf. Das Bad wird ärmer an Schwefelsäure, reicher an Kupfer.

Die Wirkungsweise der Säure läßt sich aus einer Arbeit von Förster ersehen. Zunächst mag erwähnt werden, daß sie die Leitfähigkeit des Bades höchst bedeutend erhöht und dadurch Energieverlust in Form von Joule-Wärme verhindert. Aber die Hauptrolle spielen die Kuproionen in der Lösung. Bei sehr geringen Stromdichten (unter 0,01) bildet sich bei der Auflösung an der Anode Kuprosulfat (bei gewöhnlicher Temperatur). Bei höheren Stromdichten entstehen dagegen immer größere Mengen von Kuprisulfat. Die relative Menge der neugebildeten Kupro- und Kuprisalze ändert sich mit steigender Temperatur, so daß bei 100 ° und Stromdichten bis zu 0,3 Amp./qdm beinahe ausschließlich Kuprosalz entsteht. Dieses Kuprosalz ist höchst nachteilig für die Elektrolyse. Es zerfällt nämlich partiell nach der Gleichung:

$$Cu_2 S O_4 + H_2O = Cu_2 O + H_2 S O_4$$

$$(\text{oder } 2 Cu^{\cdot} + H_2 O —— Cu_2 O + 2 H^{\cdot}).$$

Je mehr an Säure (bezw. an Wasserstoffionen) anwesend ist, desto höher kann die Kuproinenkonzentration werden, ohne daß Zerfall eintritt.

Anderseits stehen die Kuproionen mit den Kupriionen im Gleichgewicht nach der Formel:

$$2 Cu^{\cdot} = Cu + Cu^{\cdot\cdot}.$$

Kuproion = Kupfer, Kupriion.

Bei einem bestimmten Säure-(Wasserstoffionen-)Gehalt, der mit steigender Temperatur zunimmt, scheidet sich kein Kupferoxydul mehr aus. Dieses fällt teilweise auf die Kathode und bildet schlechtleitende Partien, wovon das warzige Aussehen von gewissen Kupferausscheidungen herrührt.

Dadurch wird das Metall minderwertiger und wenig kohärent, so daß man diese Ausscheidung zu vermeiden sucht, was mit Hilfe von Schwefelsäurezusatz geschehen kann. Man kann auch in anderer Weise, nämlich durch Zusatz von organischen Stoffen, z. B. Alkohol, die Ausfällung von Kupferoxydul verhindern. Vermutlich wirkt die organische Substanz einfach reduzierend. Oettel, der die Genauigkeit des Kupfervoltameters studierte, fand, daß ein Zusatz von 5 Gew.-Proz. Alkohol genügt, um der bei geringen Stromdichten lästigen Ausscheidung von Kupferoxydul an der Kathode Einhalt zu tun. Solche Zusätze von organischen Stoffen sind in der Praxis (wegen der Kostspieligkeit) wenig gebraucht. Man benutzt anstatt derselben Zusatz von Schwefelsäure. Dabei muß man den Schwefelsäuregehalt und die Stromdichte nicht allzu groß nehmen, damit sich nicht soviel Wasserstoff an der Kathode ausscheidet —

die Sekundärprozesse reichen nicht aus, ihn zu entfernen —, daß das gefällte Metall dadurch schwammig und pulverig wird. Durch Veränderung der Stromdichte kann man kleine Veränderungen in dem ausgefällten Metall zustande bringen, welche auf die Härte und Leitfähigkeit für Elektrizität großen Einfluß haben, wovon man in der Praxis Gebrauch macht.

Je geringer die Zahl der Kupriionen, um so geringer ist auch die Konzentration der Kuproionen; nach der letzten Gleichung sollten diese Konzentrationen der Quadratwurzel aus derjenigen der Kuprionen proportional sein. Die Konzentration der Kuproionen wird stark vermindert, teils durch Säurezusatz, und in noch viel höherem Grade durch Zusatz von Salzen, welche Bildung von Kupfer-Doppelsalzen hervorrufen. Vielleicht beruht auch auf diesem Umstand die relativ gute Ausfällung von Kupfer aus Doppelsalzen.

Bei schwefelsäurereichen Kupferbädern und starkem Strom können als Nebenprodukte Ueberschwefelsäure ($H_2 S_2 O_8$), auch Ozon (O^3) entstehen, sowie Wasserstoffsuperoxyd, welche zu Störungen Veranlassung geben. Diese Beimengungen machen sich kenntlich durch die Entfärbung von Permanganatlösung und die Abscheidung von Jod aus Jodkaliumlösung, nachdem vorher das Kupfer ausgefällt ist. Durch Kochen wird die Ueberschwefelsäure zerstört. An der Kathode wird letztere zu Schwefelsäure reduziert, daher weniger Kupferabscheidung als berechnet. Auch Zusatz von Alkohol oder Ameisensäure verhindert die Bildung der Ueberschwefelsäure.

Unter Umständen bildet sich im Kupferbad Kupferwasserstoff $Cu_2 H_2$ oder das Metall okkludiert Wasserstoff und erscheint schwammig, porös oder brüchig.

V e r k u p f e r u n g (äußerst dichter Niederschlag) v o n b e s o n d e r e m G l a n z. 4 g Kupfersulfat, 200 ccm Wasser, 20 bis 30 g Ammonoxalat; hierzu gibt man eine heiß gesättigte Lösung von Oxalsäure, bis zur beginnenden Ausscheidung von Kupferoxalat. Letzteres wird durch wenig Ammon wieder in Lösung gebracht.

Bei Fleckenbildung in gebrauchten Bädern hilft etwas Oxalsäurezusatz. (Ammonkarbonat wird in Oxalat übergeführt). 80 bis 90 ° C. schwach bewegt, 1—2 Amp. Stromstärke, innerhalb ½—1 Minute.

Gußeisen kann im sauren Kupferbad verkupfert werden, wenn man dasselbe durch Verweilen in geschmolzenem Zeresin oder Ozokerit imprägniert, d. h. die Poren ausfüllt, dann mit Guttaperchalack (s. S. 245) überzieht und bei starkem Strom ins Bad gibt.

Schmiedeeisen wird im alkalischen Bad verkupfert.

Matritzen aus Stanniol zur Galvanoplastik.

Zimmermann gibt ein sehr einfaches Verfahren an zur galvanoplastischen Nachbildung von Münzen und dgl.. Man nimmt eine Münze oder Medaille, drückt ein geglättetes Stanniolblatt mit den Fingern fest an, bis alle Einzelheiten sich genau abdrücken und betropft dann den Abdruck noch während er auf der Münze liegt, mit Wachs, das z. B. von einer brennenden Wachskerze abtropft. Wenn das Wachs erstarrt ist, nimmt man die Matrize ab und beschneidet sie mit der Schere in der Rundung bis auf einen Streifen, sodaß sie die Form eines Spatels erhält. In den Stiel dieses Spatels steckt man durch das Wachs einen isolierten Kupferdraht mit dem blank gemachten Ende, befestigt ihn gehörig und wickelt das vorstehende Stanniol, zwecks besseren Kontaktes noch um den blanken Draht. Man kann nun die Matritze samt den Draht ohne den, dem galvanoplastischen Apparat beigegebenen spiralförmig gebogenen Kathodendraht in den Apparat bringen. Nach erfolgter Verkupferung löst man die Wachsschichte in heißem Wasser ab und erhält dann eine schöne Kopie, die mit Kreide geputzt, den Glanz des Kupfers annimmt.

Der einfachste, galvanoplastische Apparat ist der sog. Trommelapparat. Wenn man in eine, mit Pergamentpapier überspannte Trommel eine Zinkplatte legt, sehr verdünnte Schwefelsäure (1 zu 20) hinein gießt, und dann diese Trommel in ein mit einer Kupfervitriollösung gefülltes Kupfergefäß so einsenkt, daß gerade das Pergamentpapier genetzt wird, wenn man ferner dann das Kupfergefäß mit der Zinkplatte durch einen Metallstreifen verbindet, dann tritt ein elektrischer Strom auf, in Folge dessen sich Kupfer am Kupfergefäß abscheidet. Liegt nun am Boden des Kupfergefäßes ein metallischer, oder auch ein nichtmetallischer, mit Graphit oder Kupferbronce leitend gemachter Gegenstand, so überzieht sich derselbe mit Kupfer.

Schnellgalvanoplastik.

Swan war es bereits gelungen (Elektrochem. Zeitschrift 1892), bei Anwendung von Kupfernitrat an Stelle von Kupfersulfat gute Kupferniederschläge auch bei sehr bedeutender Stromdichte zu erhalten. Im weiteren Verfolge dieser Bestrebungen gelang es auch, mit Kupfersulfatbädern hoher Konzentration und geringem Schwefelsäuregehalt in der Wärme schnelles Arbeiten zu ermöglichen, während bisher mit den gewöhnlichen Bädern die Herstellung eines Klischees von mindestens 0,15 mm ca. 5 Stunden Zeit erforderte. Ein solches Bad besteht aus:

30—34 kg Kupfervitriol,
0,2 kg Schwefelsäure von 66 ° Bé,
100 l Wasser.

Das Bad braucht bei 5—6 cm Elektrodenentfernung ungefähr 6 Volt und arbeitet mit Stromdichten bis zu 8 Amp./qdm, so daß man solide Klischees in 1½ bis 2 Stunden herstellen kann.

Für tiefere Prägungen ist es empfehlenswert, den Kupfervitriolgehalt geringer und den Schwefelsäurezusatz größer zu nehmen, etwa

25 kg Kupfervitriol,
0,7—0,8 kg Schwefelsäure,
100 l Wasser.

Die Stromdichte nimmt man am besten etwas niedriger als bei dem ersten Bade, etwa 5 Amp./qdm.

Andere Angaben lauten:

100 l Wasser,
20 kg Kupfersulfat,
5 kg Schwefelsäure, (4-Volt).

Den Gehalt des Bades an freier Schwefelsäure muß man bestimmen. Als Anoden verwendet man am besten gewalzte Anoden. Wenn man eine Vorverkupferung im gewöhnlichen Kupferbade vermeiden will, kann man nach Rudholzners Vorschlag dem Bade 5—10 g Alkohol pro Liter zusetzen, um ein besseres Zugehen der Matrizen zu erzielen.

Man legt vorteilhaft Bleischlangen ins Bad, durch welche man Dampf, zum Zwecke der Erwärmung, aber auch kaltes Wasser, zum Zwecke der Abkühlung, leiten kann, wenn infolge der Stromarbeit eine unzulässige Erhöhung der Temperatur eintreten sollte.

Es ist empfehlenswert, die Matrize in einem gewöhnlichen Kupferbade mit geringer Stromdichte zuwachsen zu lassen und sie erst dann ins Schnellgalvanoplastikbad zu bringen.

Für gute Stromzuleitungen von genügendem Querschnitt ist
1 l Wasser.
200 g Kieselfluorkupfer,
wegen der angewandten hohen Stromdichten Sorge zu tragen. Da die zwischen Anoden und Waren befindlichen Badschichten durch die rasche Kupferabscheidung schnell kupferarm werden, muß Lösung ersetzt werden. Die Bewegung der Bäder kann durch
200 g Kupfersulfat,
man durch Bewegung der Bäder dafür sorgen, daß sie durch frische Rührwerke oder durch Einblasen von Luft erfolgen. Da diese Bäder sehr konzentriert sein müssen, ist es notwendig, sie auf etwas höherer Temperatur zu halten, etwa 25—28 ° C., um zu vermeiden, daß der Kupfervitriol auskristallisiert. Höher darf die Temperatur, wenigstens bei Verwendung von Wachsmatrizen, nicht sein.

Als Bad für S c h n e l l g a l v a n o s wird auch angegeben eine Lösung von:

Kupfer wird jetzt aus saurer Lösung in Bädern mit 6000 Amp/qm niedergeschlagen.

Anschließend hieran erwähnen wir das Albert-Galvano (siehe: Zur Theorie und Praxis der Metallmatrize von Dr. E. Albert). Die Gesamtheit dieser Erfindung war für die Technik der Galvanoplastik von umwälzender Bedeutung. Durch das Abformen bzw. Abpressen mit dünnen Bleiplatten fällt das Graphitieren der geprägten Matrize fort, die Metallmatrizen leiten den elektrischen Strom von selbst. Da bei dem hohen Schmelzpunkt des Matrizenmetalles, im Gegensatz von den bisher benutzten Wachsformen, das Kupferbad ohne Gefahr für die Matrize auf 50—60 ° C. erhitzt werden kann, was wieder eine Steigerung der Spannung auf 8—12 Volt gestattet, erfolgt die Bildung eines genügend dicken Kupferniederschlages in der äußerst kurzen Zeit von ½—1 Stunde.

Um eine annähernde Schätzung der Zusammensetzung eines Kupferbades zu erhalten, kann man sich mit Vorteil nachstehenden Verfahrens bedienen:

Ermittelt man einerseits die Dichte (das spezifische Gewicht) eines Kupferbades, mittels eines Aräometers, anderseits den Säuregehalt durch Titrieren mit Normal-Natronlauge nach Seite 238, so läßt sich aus beiden Daten durch sehr einfache Berechnung der Kupfervitriolgehalt des Bades erkennen. Man verfährt dabei wie folgt:

Man füllt einen sog. Einsenkzylinder mit Kupferbad und bestimmt dann mittels eines Aräometers, auf dessen Skala das spezifische Gewicht angegeben ist, unter Berücksichtigung der auf dem Aräometer angegebenen Temperatur, genau das spezifische Gewicht des Bades. Man liest nun auf Tabelle Seite 229 den dem gefundenen spezifischen Gewichte entsprechenden Gehalt an Kupfervitriol ab; dieser wäre sofort richtig, wenn das Bad aus reiner Kupfervitriollösung bestände; da aber im Bad eine gewisse Menge Schwefelsäure ist, so ist der bemerkte Kupfervitriolgehalt ein zu hoher und muß entsprechend korregiert werden. Man bestimmt nun nach I die Schwefelsäure, welche im Liter Bad enthalten ist. Die erhaltene Zahl mit 3 dividiert und von dem oben durch Ermittlung des spezifischen Gewichtes und Ablesen an der Tabelle erhaltenen scheinbaren Gehalt des Bades an Kupfervitriol abgezogen, gibt annähernd die im Bad erhaltene Menge Kupfervitriol. Diese Bestimmung ist um so genauer, je genauer das spezifische Gewicht und die Schwefelsäuremenge ermittelt wurde; natürlich ist diese Bestimmungsweise nur in reinen Bädern anwendbar, welche außer Wasser, Kupfervitriol und Schwefelsäure keine anderen Salze (z. B. Zinkvitriol, Eisenvitriol usw.) enthalten.

Beispiel:

Das spezifische Gewicht eines Bades bei 15 ° C = 1,144. Aus der Tabelle ergibt sich, daß dieses Gewicht einem Kupfervitriolgehalt von 200 g per Liter entspricht. Die Schwefelsäurebestimmung ergibt 58,4 g Schwefelsäure pro Liter; diese Zahl mit 3 dividiert, die erhaltene Zahl von oben gefundenem scheinbaren Kupfervitriolgehalt subtrahiert, gibt: $\begin{array}{r} 200 \\ -\ 19{,}47 \\ \hline \end{array}$ = **180,53 g** Kupfervitriolgehalt per Liter.

Diese Zahl wird etwas zu hoch sein, da ja obige Tabelle für absolut chemisch reinen Kupfervitriol gilt, der technisch reine Kupfervitriol aber immer einige Verunreinigungen enthält. Eine Analyse obigen Bades ergab genau 174,3 g Kupfersulfat im Liter.

In einem anderen Fall erhielten wir folgende Zahlen:

Spez. Gewicht des Bades: 1,080 bei 15 ° C. Aus der Tabelle abgelesener scheinbarer Kupfervitriolgehalt: 115 g im Liter.

Nach I ermittelte Schwefelsäure:

$$\textbf{Im Liter} = 34{,}1;\ \frac{34{,}1}{3} = 11{,}37.$$

115—11,37 = 103,63 Kupfervitriol im Liter; eine Analyse ergab 104,5 Vitriol.

Man sieht also, daß man mittels dieser einfachen leicht auszuführenden Bestimmungsweise ganz annähernd genaue Zahlen erhält, welche für die Bäderkontrolle in der Praxis vollständig ausreichend sind.

Will man den Gehalt seines Bades an metallischem Kupfer kennen, so braucht man den Kupfervitriolgehalt nur mit 4 zu dividieren, da der Kupfervitriol rund den vierten Teil seines Gewichtes Kupfer enthält (genau 25,4 %).

Analyse des Kupferbades. 1. Bestimmung der freien Schwefelsäure im Kupferbad. Man mißt mittels einer Pipette oder eines Meßzylinders genau 10 ccm Kupferbad ab, gibt dieselben in ein Becherglas und fügt nun unter beständigem Umschütteln aus einer Bürette solange tropfenweise Normal-Natronlösung zu, bis ein, mittels eines Glasstabes herausgenommener Tropfen auf Kongopapier gebracht, letzteres nicht mehr blau färbt. Die verbrauchten Kubikzentimeter Normal-Natronlösung mit 4,9 multipliziert geben die Anzahl der Gramme Schwefelsäure im Liter an.

Gesetzt, man hätte bis zum Eintritt der Endreaktion mittels Kongopapier, welche angibt, daß alle freie Schwefelsäure durch die Normal-Natronlösung gesättigt worden ist, für 10 ccm Bad 11,9 ccm Normal-Natronlösung gebraucht, so sind im Liter Bad 11,9×4,9 = 58,31 g Schwefelsäure enthalten.

Hoffmann (Chem. Ztg., 1893, Nr. 73) beschreibt ein Verfahren zur genauen Bestimmung freier Säure in Kupferbädern. Dieses gründet sich auf die Ausfällung des Kupfers mit Ferrozyankalium, wobei die Azidität der Lösung nicht geändert wird und lediglich eine äquivalente Menge Ferrozyanwasserstoffsäure entsteht. Die Kupferlösung versetzt man mit einem möglichst geringen Überschuß von Ferrozyankaliumlösung (etwa 2 %), füllt zum Liter auf, läßt absezen, hebert ab und titriert einen bestimmten Teil mit $^1/_{10}$ Natronlauge und Phenolphtalein.

2. Kupferbestimmung. Dieses einfache Titrierverfahren gibt unter der Bedingung verlässige Resultate, daß das Bad frei von Eisensalzen und Salpetersäure ist.

Man gibt 10 ccm Kupferbad in ein 100 ccm Kölbchen, setzt zur Abstumpfung der freien Säure tropfenweise Ammoniak zu, bis eine lasurblaue Flüssigkeit entstanden ist. Nun gibt man tropfenweise verdünnte reine Schwefelsäure zu (1:5), bis die Flüssigkeit grünlich trübe und dann durch einen letzten Tropfen vollständig klar geworden ist. Dann fügt man destilliertes Wasser genau bis zur Marke des Kölbchens zu und schüttelt gut um. Von dieser verdünnten Lösung, welche nun fast neutral ist und in 10 ccm gerade 1 ccm Kupferbad enthält, nimmt man 10 ccm mittels einer Pipette heraus, läßt dieselben in ein etwa 100 ccm fassendes Glasstöpselglas fließen, gibt 10 ccm Chlorammoniumlösung (1:10) und 10 ccm Jodkaliumlösung (1:10) zu, schüttelt um und stellt 3—5 Minuten beiseite. Die Flüssigkeit hat nun eine gelbbraune Farbe angenommen und einen weißen Niederschlag abgesetzt, indem das im Bad enthaltene Kupfersulfat sich mit dem Jodkalium in Kupferjodür (weißer Niederschlag) und freies Jod umgesetzt hat. Da für 1 Atom Kupfer 1 Atom Jod ausgeschieden wird ,so erhalten wir, indem wir die Menge des ausgeschiedenen Jodes bestimmen, die Menge des in der Flüssigkeit vorhanden gewesenen Kupfers. Man verfährt nun wie folgt: Man setzt zu der Flüssigkeit 10 ccm Stärkelösung und fügt nun zu der dadurch schmutzig-graugrün gewordenen trüben Flüssigkeit solange tropfenweise aus einer Bürette unter beständigem Umschütteln $^1/_{10}$ Thiosulfatlösung, bis die Farbe der Lösung durch grün, dunkelblau, hellblau durch den letzten Tropfen farblos geworden ist. Die verbrauchten Kubikzentimeter Thiosulfatlösung, mit 6,3 multipliziert, geben die im Bad enthaltene Menge Kupfer, mit 24,9 multipliziert, die Menge des im Liter Bad enthaltenen Kupfervitriols an.

Gesetzt, wir hätten z. B. 7,2 ccm $^1/_{10}$ Thiosulfatlösung gebraucht, so hätten wir im Bad:

$$7{,}2 \times 6{,}3 = 45{,}36 \text{ g Kupfer oder}$$
$$7{,}2 \times 24{,}9 = 179{,}28 \text{ g Kupfervitriol}$$

Zur Kupferbestimmung kann sehr gut auch die Volhardsche Rhodanmethode benutzt werden.

5 ccm Kupferbad werden mit Sodalösung bis zur Bildung eines bleibenden Niederschlages, zur Entfernung der freien Säure, versetzt. Man verdünnt mit ca. 20 ccm Wasser, erhitzt zum Kochen, setzt soviel gesättigte Schwefligsäurelösung zu, bis die Flüssigkeit stark danach riecht; nun fügt man 50 ccm Rhodanammonlösung zu, prüft nach dem Absetzen des weißen Kupferrhodanürniederschla-

ges, ob alles Kupfer gefällt ist und notiert die zugesetzte Menge titrierter Rhodanammonlösung Das Ganze bringt man in einem Meßkolben auf 250 ccm. Man filtriert und setzt zu 50 ccm des Filtrats einige Kubikzentimeter Eisenalaunlösung, dann Silberlösung ($^1/_{10}$ Normal), bis die rote Flüssigkeit farblos geworden ist, sodann einige Kubikzentimeter Salpetersäure. Nun titriert man mit Rhodanlösung zurück, bis bleibende Rötung auftritt.

Beispiel: Zugesetzt 50 ccm Rhodanlösung. Auf 250 ccm gebracht. Zu 50 ccm gebraucht 9,2 ccm Silberlösung, dann 8,1 ccm Rhodanlösung. 9,2—8,1 = 1,1 $\times$ 5 = 5,5; 50—5,5 = 44,5; 44,5 $\times$ 0,02495 = 1,12. In 5 ccm Bad = 1,12 g Kupfervitriol, daher im Liter 224 g.

Wogrinz und Kittel (Chem. Ztg. 1906, Nr. 104) geben ein einfaches Verfahren an zur raschen Bestimmung des Kupfersulfat- und Schwefelsäuregehaltes in galvanischen Kupferbädern. Die freie Säure wird mit Normal-Lauge und Kongopapier titriert; dann wird aus einer gleichen Menge Bad das Kupfer mit Schwefelwasserstoff ausgefällt und im Filtrat wieder die freie Säure bestimmt. Aus diesen Daten wird das Kupfersulfat und die freie Säure bestimmt.

Elektrolytische Kupferbestimmung. Das saure Kupferbad kann direkt elektrolysiert werden. Man mißt 10 ccm in eine Platinschale, setzt, um die gleichzeitige Ausscheidung anderer Metalle zu verhindern, 2 ccm Salpetersäure zu und elektrolysiert mit 0,5—1 Amp./qdm. Den Höchstwert der Stromdichte darf man nur anwenden, wenn das Bad nahezu frei von fremden Metallen ist. Erwärmung beschleunigt die Abscheidung.

Bezüglich der **Vorbehandlung nichtmetallischer Gegenstände,** wie z. B. Holz, Terrakotta, Gips, Glas, Wachs u. dgl., zwecks nachheriger Aufbringung von galvanischen Metallüberzügen, muß man unterscheiden, ob es sich um poröse (Gips, Holz) oder nicht-poröse (Glas, Porzellan) Gegenstände handelt. Während man im letzteren Falle lediglich darauf bedacht sein muß, die Gegenstände leitend zu machen, ist im ersteren Falle das Augenmerk darauf zu richten, die Porosität der Gegenstände aufzuheben, so daß sie vollständig undurchdringlich für Flüssigkeiten aller Art, insbesondere für die zur Verwendung gelangenden galvanischen Bäder, werden. Dieses kann aber nicht vollständig durch Behandlung mit irgendwelchen Lösungen — z. B. Harzlösungen — geschehen, wie man das in Büchern und Zeitschriften ausgeführt findet; denn durch derartige Lösungen, z. B. Schellack oder Kolophonium in Weingeist, von Paraffin in Benzin usw., wird man nie eine vollständige Ausfüllung der Poren und eine Undurchdringlichkeit der Gegenstände für die Badeflüssigkeiten erreichen. Nach dem Verdunsten des Lösungsmittels hinterbleibt nämlich nur eine minimale Menge des in der Lösung befindlichen Körpers, z. B. Harz, die bei weitem nicht genügt, die Poren des Körpers vollständig auszufüllen. Auch der viel empfohlene Leinölfirnis erfüllt seinen Zweck nur unvollständig, und es ist unvermeidlich, daß ein späteres Ausschwitzen und evtl. Zersprengen des Metallüberzuges stattfindet. Eine vollständige Durchtränkung und Ausfüllung der Poren gelingt nur durch Behandlung der porösen Körper mit schmelzenden Körpern, welche beim Erkalten erstarren und die Poren vollständig verschließen.

Als solche Körper sind am besten geeignet entweder Paraffin, Zeresin oder Mischungen von Zeresin mit Kolophonium. In diese geschmolzenen Körper wird der poröse Gegenstand solange untergetaucht, bis keine Luftblasen mehr entweichen, bis also an Stelle der die Poren ausfüllenden Luft das Imprägnierungsmittel getreten ist, welches nach dem Herausnehmen des Gegenstandes erstarrt. Auf diese Weise können alle porösen, nichtmetallischen Körper vollständig imprägniert und für wässerige Flüssigkeiten undurchdringlich gemacht werden. Die imprägnierten Gegenstände werden dann ganz ebenso leitend gemacht, wie dies bei den nichtporösen Gegenständen geschieht.

Es empfiehlt sich hierzu immer vorerst eine Ueberpinselung mit Guttaperchalack. Hierauf folgt entweder Leitendmachen durch Aufpinseln von Galvanographit in bekannter Weise, oder besser die Behandlung mit fein verteiltem, chemisch reinem Kupfer, sog. reiner Kupferbronze (nicht aber einer Kupferlegierung, z. B. Messing in Form von feinstem Bronzepulver).

Auf diese Art beschreibt bereits Dr. Christian Friedrich Hänle in seinem ausgezeichneten Buche über Galvano-Epikalymmatik 1857 das Leitendmachen von nichtmetallischen Gegenständen. Er schreibt unter „Verkupferung von Gefäßen“ folgendes:

„Man überzieht Retorten, Abrauchschalen, Kolben und dergleichen Gefäße von Glas oder Porzellan von außen mit einer Kupferrinde, um nicht Gefahr laufen zu müssen, daß sie beim Kochen über freiem Feuer zerspringen usw.“

Mohr[1]) erklärt die Behandlung wie folgt: „Man überzieht die Stelle, welche verkupfert werden soll, mit einem dünnen Kopalfirnis, auf welchen man, nachdem dieser beinahe trocken ist, Kupferbronze mit einem Pinsel gleichförmig verbreitet. Das Gefäß beschwert man, wenn es nötig ist, durch Eingießen von Wasser oder Schrot, bringt es in ein Bad von Kupfervitriollösung, worin eine Tonzelle mit verdünnter Schwefelsäure befindlich ist. In derselben steht ein Zinkzylinder, auf welchen ein Kupferdraht gelötet ist, dessen Ende die Retorte kaum berührt. Das Ende dieses Drahtes schmilzt man mit Siegellack in eine Glasröhre ein, damit es sich nicht selbst dick mit Kupfer belege.“

Dr. Elsner[2]) wendet statt des Kopalfirnisses zwei Teile Asphalt und einen Teil Mastix an, die er zusammenschmilzt und dann

---

[1]) Dingl. polyt. Journal. B. C. III. S. 364.
[2]) Dingl. polyt. Journal. B. C. VIII. S. 133.

in Terpentinöl auflöst, so daß der Firnis Sirupdicke bekommt, und gebraucht dann statt des Kupferpulvers Graphit. Ich gebe aber dem ersten schon darum den Vorzug, wenn es rein ist, weil sich vom graphitierten Grund der Niederschlag leichter loslöst.

Für Verkupferung von Gefäßen, in welchen Flüssigkeiten erhitzt werden, empfiehlt es sich, zur Vermeidung einer Ablösung der Kupferhaut, die zu verkupfernde Fläche vor dem Leitendmachen zuerst mit Flußsäure anzuätzen, was ja leicht durch Auftragen eines Breies aus Flußspatpulver und Schwefelsäure geschehen kann.

An Stelle dieser Behandlung mit Kupferbronze kann man besonders bei Gegenständen aus Glas oder Porzellan auch das sog. Glanzgold oder Glanzsilber, auch Glanzplatin, welches zum Vergolden des Porzellans dient, auftragen und einbrennen, auch kann man Platinchlorid und Lavendelöl zu einem feinen Brei anrühren, welcher auf Glas oder Porzellan ganz nach Art einer Farbe aufgetragen werden kann. Die Gegenstände werden dann in einem Muffelofen in der Rotglut gebrannt. Das Platinchlorid wird zu metallischem Platin reduziert und bildet eine leitende Unterlage, auf welcher jeder beliebige Metallniederschlag in jeder Form niedergeschlagen werden kann. Die Kupferbronze in Verbindung mit dem Guttaperchalack kann auch sehr gut dazu dienen, vertiefte Stellen, z. B. von Gipsfiguren, welche sich schwer mit Kupfer überziehen, besser leitend zu machen. Nur in ganz bestimmten Fällen wird man in die Lage kommen, an Stelle der Kupferbronze in Verbindung mit Guttaperchalack die diffizilen Verfahren zu verwenden, welche sich auf die Reduktion des Silbers aus Silbersalzlösungen mit Phosphorlösungen, Licht und photographischen Entwicklern, Aldehyd und Fomaldehyd usw. gründen.

Werden poröse Gegenstände, insbesondere Gips und Holz, nach den hier angegebenen Gesichtspunkten imprägniert, dann wird man keine mit Kupfer überzogenen Gegenstände mehr treffen, welche innen noch vollständig mit saurem Kupferbade durchtränkt sind, in heißer Jahreszeit die Kupferhaut sprengen und die in ihnen enthaltenen Badreste aussickern lassen.

U m T o n w a r e n usw. galvanisch mit Metall zu überziehen, werden dieselben mit einer Mischung aus Bleiweiß und Firnis übermalt und nach dem Trocknen eingebrannt. Durch die hierbei stattfindende Reduktion des Bleioxydes zu metallischem Blei werden die Gegenstände leitend.

Mit S i l b e r können Gegenstände aus Glas oder Porzellan auch leitend gemacht werden, indem man Silberoxyd mit Lavendelöl abreibt, auf die Gegenstände aufträgt und erhitzt.

Zum Leitendmachen kann man auch folgende Lösungen, in denen Silberreduktion eintritt, benutzen:

Lösung 1: 0,5 g Silbernitrat werden in 100 ccm Wasser gelöst und tropfenweise soviel Ammoniakflüssigkeit zugesetzt, daß eben Lösung des zuerst entstandenen Niederschlages eintritt.

Lösung 2: 0,15 g Silbernitrat werden gelöst in 100 ccm Wasser, sodann werden zugefügt 0,1 g Seignettesalz.

$\frac{1}{3}$ Vol. 1 und $\frac{2}{3}$ Vol. 2 werden gemischt und verwendet. Nach einiger Zeit findet (Silberspiegel) Reduktion statt.

Versilberung von Glasschalen

Nach folgendem Verfahren versilberte Glasschalen können nach Gewecke als Ersatz der bei Elektroanalysen als Kathoden benützten Platinschalen mit Vorteil verwendet werden. Um einen gut haftenden Silberüberzug auf den Glasschalen zu erhalten, muß deren Innenseite mit Hilfe eines Sandstrahlgebläses fein mattiert werden. Die Mattierung der Schalen mittels Flußsäuredämpfen empfiehlt sich weniger, da sie in der Regel nicht so gleichmäßig als mit dem Sandstrahlgebläse ausfällt. Die Schalen müssen vor der ersten Versilberung gründlich gereinigt werden, zuerst mit Chromsäure, sodann mit Natronlauge und schließlich mit Salpetersäure. Zur Versilberung benutzt Verfasser eine ammoniakalische Lösung von Silbernitrat, die durch Zusatz von 2 ccm 40prozentiger Formalinlösung reduziert wird. Bei einer Temperatur von höchstens 30° erhält man in 3 bis 4 Minuten einen Silberniederschlag von 0,03 bis 0,05 g, der gleichmäßig matt ist und in der Durchsicht tief dunkelblau aussieht. Die getrocknete Schale versieht man mit einem 2 mm breiten Streifen Platinblech, dessen eines Ende den Silberüberzug berühren muß, während das andere Ende über den Rand der Schale nach außen gebogen und mit einer Klemmschraube versehen wird.

Zur Herstellung metallischer Kupferniederschläge aus Glas sind folgende Verfahren empfohlen:

1. Man gießt zu einer Kupfersulfatlösung soviel alkalische Seignettesalzlösung, daß eben, bei Vermeidung eines Ueberschusses, der zuerst entstandene Niederschlag von Kupferhydroxyd verschwindet. Dann fügt man konzentrierte Formaldehydlösung hinzu und erwärmt, bis sich ein glänzender Kupferspiegel zu bilden beginnt.

2. Eine ammoniakalische Kupferlösung wird mit einer Lösung von Phenylhydrazin vermischt. Hierauf fügt man Kalilauge zu. Das Kupfer muß in einwertiger Form in der Lösung vorhanden sein.

Nach Mailatts wird das Glas mit einer konzentrierten Lösung von Silbernitrat und Gummi überzogen, dann über der Flamme getrocknet, wobei Silberreduktion stattfindet, dann verkupfert. Nach Simson wird das Glas mit Flußsäure matt geätzt, mit feinstem Graphit eingerieben, dann verkupfert.

Vorbereitung von Gegenständen für nachheriges Verkupfern usw. im galvanischen Bade.

S. Heller und Baumgartl, E. P. 1909, 11633, überziehen keramische Gegenstände mit einer alkoholischen Lösung von Zelluloid, Teer, ungesättigten Kohlenwasserstoffen und Goldgraphit und brennen diese Mischung bei 200° ein; der Goldgraphit wird aus Goldchlorid, Graphit, KCN und Wasser bei 600° gewonnen. G. A. Lutz E. P. 1908, 21243, regelt bei hohlen Gegenständen die Dicke der Niederschläge mit Hilfe von Zeitschaltern.

Th. Newell Mfg. Co., E. P. 1909, 5675, steckt eine Nadel durch eine stiellose Rosenknospe, taucht die Knospe in Schellack, überzieht mit Graphit und galvanisiert die Nadel und Knospe als Blumenhaarnadel.

Verfahren zur Erzeugung haltbarer Metallüberzüge auf biegsamen Stoffen wie Gespinstfasern, Geweben oder Federn.

Patent Kl. 8n; Nr. 260278 vom 22. Oktober 1911 (14. Mai 1913) von Robert Rafn, Nürnberg, dadurch gekennzeichnet, daß die Stoffe im Vakuum durch ein zwischen Metallelektroden erzeugtes Stromlinienfeld von solcher Intensität hindurchgeführt werden, daß das Metall einer oder beider Elektroden zerstäubt wird.

Die Herstellung von Galvanobronzen.

Die Herstellung von Galvanobronzen, d. h. von Gegenständen aus Gips, welche mit einem dünnen Ueberzug von Kupfer auf galvanischem Wege überzogen sind, ist gegenwärtig zu einem Industriezweig geworden, der einer noch größeren Verbreitung fähig ist. Es dürfte deshalb angezeigt sein, über die Art und Weise dieser Fabrikation einiges mitzuteilen:

1. Die Imprägnierung. Auf diese Arbeit ist die größte Sorgfalt zu verwenden, weil dieselbe eine Grundlage des ganzen Herstellungsverfahrens bildet.

Die Imprägnierung muß eine vollständige sein, da sonst im sauren Kupferbade die stark schwefelsaure Flüssigkeit in den schlecht imprägnierten Gips eindringt, darin verbleibt und dann oft die Ursache des Zerreißens und Aussickerns der fertigen Ware bildet. Die gut trockenen Gipsgegenstände werden in geschmolzenes Zeresin eingelegt und bleiben darin, bis das Zeresin den Gips vollständig durchdrungen hat; man erkennt das daran, daß keine Luftblasen mehr aus dem Gips entweichen, was anfangs in reichlichem Maße stattfindet. Deshalb müssen, um ein Ueberschäumen zu vermeiden, die Imprägnierungsgefäße reichlich groß sein. Ist die Imprägnierung vollständig, dann entfernt man die Gegenstände aus dem Zeresinbad und läßt sie erkalten. Bei größeren Gegenständen, bei welchen der Preis des Imprägnierungsmaterials eine Rolle spielt, tritt an die Stelle des Zeresins eine Mischung aus gleichen Teilen Kolophonium und Zeresin. Auch kann an die Stelle des letzteren der nur gereinigte, aber nicht gebleichte Ozokerit (schwarzes Rohzeresin) treten.

2. Lackierung. Diese Operation ist sehr wesentlich. Die gut imprägnierten Gegenstände werden, nachdem an geeigneten Stellen Kupferschrauben eingefügt sind (behufs Einhängung in das Bad), mit einem Lack übergepinselt, welchen man erhält durch Auflösen von 25 g Guttaperchataffet in 75 g Chloroform und nachherigem Zusatz von 100 g Steinkohlenteerbenzol. Es wird der klar abgesetzte Lack verwendet. Diese Lackierung hat sich als sehr vorteilhaft erwiesen für sicheres Arbeiten. Die Oberfläche wird dadurch sehr gleichmäßig, der Graphit haftet besser an.

3. Leitendmachen. Das Leitendmachen im allgemeinen geschieht zuerst nach dem bekannten Graphitverfahren. Der reine Galvanographit wird mittels verdünntem Spiritus angerührt, über den ganzen Gegenstand aufgetragen, nach dem Trocknen durch sorgfältiges Bürsten glänzend gemacht. Hierauf ist die größte Aufmerksamkeit zu verwenden. Solch vorbereitete Gegenstände decken sich in den Tiefen und den dem Bürsten schwer zugänglichen Stellen öfters schlecht oder gar nicht. Man schaltet nun folgende Arbeit ein, wobei dann eine besondere Stromzuleitung zu den Tiefen nicht mehr nötig ist. Man rührt feinstes, absolut reines Kupferpulver (reinste Kupferbronze der Nürnberger Blattmetallfabriken, garantiert frei von anderen Metallen) mit dem unter 2. angegebenen Guttaperchalack an und bepinselt die Tiefen und die dem Graphitieren schwerer zugänglichen Stellen. (Andere Bronzepulver, z. B. Messingbronze, geben kein gutes Resultat. Es hängt alles von dem reinen Kupferpulver ab.) Die dünne Guttaperchaschichte vermindert die Leitungsfähigkeit nicht. Dieses Verfahren bildet einen wesentlichen Vorteil und ermöglicht fabrikationsmäßig zu arbeiten.

Besondere Vorsichtsmaßregeln beim Verkupfern. Vor allem ist zur tunlichsten Vermeidung von auf den Gegenständen entstehenden Unebenheiten, welche später weggefeilt werden müssen, nötig, die Gegenstände möglichst staubfrei ins Bad zu bringen. Das Bad soll an staubfreiem Orte stehend möglichst vor Verunreinigungen geschützt werden. Ueber Nacht wird es zugedeckt. Die Anoden sollen in feinem Gasstoff eingehüllt sein, um zu vermeiden, daß die abfallenden Anodenteilchen (Anodenschlamm) sich auf den Gegenständen festsetzen und dort Unebenheiten, Wülste usw. hervorrufen. Alle Unebenheiten können jedoch nicht vermieden werden, dieselben müssen nach Fertigstellung abgefeilt werden. Durch Bewegung des Bades ist dafür zu sorgen, daß in demselben stets eine gleichmäßige Konzentration vorhanden ist, daß nicht verschiedene Strömungen kupferreicherer und kupferärmerer Schichten vorhanden sind. Besonders ist beim

Einhängen der Gegenstände darauf zu sehen, daß sich in den Tiefen keine Luftblasen ansetzen. Man legt vor dem Einhängen die Gegenstände zweckmäßig in ein Kupferbad, das einige Prozente Alkohol enthält, und entfernt mit dem Pinsel etwa anhängende Luftblasen. Die so überall benetzten Gegenstände kommen ins Kupferbad.

Bezüglich der Störungen, welche die Arbeit der Verkupferung durch die Beschaffenheit des Bades erleiden kann, siehe Seite 232.

Die fertigen, verkupferten und gründlich gewaschenen Gegenstände müssen dann, um verkäuflich zu sein, entsprechend gefärbt werden. Hierüber siehe G. Buchner: „Die Metallfärbung", 6. Aufl., Verlag M. Krayn, Berlin.

Wachsmischung für Galvanoplastik, insbesondere für Silbergalvanoplastik (Fischer, Chem. Ztg., 1903,Nr. 90): 6 Teile Bienenwachs, 9 Teile Zeresin werden geschmolzen, dann 1 Teil feinster geschlämmter Graphit eingerührt und in Platten gegossen.

Die in der Technik jetzt in größtem Maßstabe an Stelle der alten Kupfereinigungsverfahren angewandte **elektrolytische Kupferraffination** oder Kupferabscheidung beruht darauf, daß alle unedleren Metalle als Kupfer zwar an der Anode gelöst, aber unter den gegebenen Bedingungen nicht wieder, wie das Kupfer, an der Kathode abgeschieden werden. Sie bleiben im Elektrolyten gelöst. Die im Rohkupfer in geringer Menge vorhandenen Edelmetalle lösen sich nicht an der Anode, sondern fallen ungelöst als Anodenschlamm zu Boden. Zink, Nickel und Eisen gehen im Elektrolyten ganz, Arsen, Antimon und Wismuth, teilweise in Lösung, fallen zum Teil auch wieder aus, Blei wird in Form von schwefelsaurem Blei, ebenfalls ausgefällt. Bei der elektrolytischen Kupferreinigung ist eine Bewegung des Kupferbades notwendig, um eine Verarmung der Lösung an Kupfer zu verhindern, welche zur Bildung von Kupferoxydul führen würde. Die Bewegung wird so herbeigeführt, indem man die Bäder terrassenförmig anordnet, die Flüssigkeit langsam von oben nach unten fließen läßt, wieder herauf pumpt, oder aber auch so, daß man durch ein am Boden befindliches Bleirohr Luft einleitet und dieselbe in feinen Bläschen austreten läßt. Hierbei wird mit großen Stromdichten gearbeitet, die bis 150—300 Amp./qum. gehen, jedenfalls aber nicht weniger als 20—30 davon betragen. Während man früher mit Maschinen von sehr niedriger Voltzahl den Strom erzeugte, benützt man jetzt höher voltige Dynamos (bis zu 100 Volt) und schaltet eine entsprechende Zahl von Zellen hintereinander. Der Spannungsverbrauch beträgt pro Zelle 0,1—0,3 Volt.

Nickel.

(s. a. Steinach-Buchner: Die galvanischen Metallniederschläge).

Als Elektrolyten benutzt man bei der Vernicklung vor allem das schwefelsaure Nickel. Die Lösung dieses Salzes ist je nach der Temperatur und Konzentration teils in Ni- und SO_4-Ionen dissoziiert, teils enthält sie noch undissoziierte Moleküle $NiSO_4$. Wirkt auf diese Lösung der elektrische Strom ein, so findet der auf Seite 23 bereits beschriebene Vorgang statt. Ist die Anode, wie dies in der Praxis stets der Fall ist, von Nickel, so tritt von derselben bei der Elektrolyse soviel in das Bad über, als sich Nickel an der Kathode abscheidet.

Die anderen Salze, z. B. schwefelsaures Ammonium, nehmen unter normalen Verhältnissen an der Elektrolyse keinen Anteil (siehe Veränderungen des Nickelbades).

Zur galvanischen Vernicklung sind aber Lösungen der reinen Nickelsalze, wie z. B. schwefelsaures Nickel, nicht gut zu verwenden. Man muß diesen Lösungen Salze zusetzen, welche die Leitungsfähigkeit der Badflüssigkeit erhöhen, und auch andere Stoffe, welche, wie z. B. Borsäure, auf die Qualität des Nickelüberzuges vorteilhaft einwirken. Siehe Seite 250 u. 261.

Die beliebtesten Salze, die als Zugabe zu den Nickelbädern benutzt werden, sind das schwefelsaure Ammonium und das schwefelsaure Natrium, evtl. gleich das im Handel befindliche Doppelsalz Nickelsulfatammonium, das $^1/_7$ seines Gewichtes Nickel enthält ($NiSO_4 \cdot (NH_4)_2SO_4 + 6H_2O$).

In einer stark sauren Nickelsalzlösung ist keine Nickelabscheidung möglich, weil sich dort der Wasserstoff leichter entlädt als Nickel. In einer neutralen oder alkalischen Lösung erhält man dagegen metallisches Nickel (s. auch Seite 36).

Ein Hauptmoment liegt beim Nickel wie auch beim Eisen darin, daß diese Metalle Neigung zum Abblättern haben. Nach Förster kann dies sicher vermieden werden, wenn man auf 50 bis 90° C erwärmte Bäder anwendet. Über 50° C erwärmte Bäder geben nach Römmler stets festhaftendes Nickel.

Zweifellos spielt hier, worauf ältere Autoren schon hingewiesen haben, der vom Kathodenniederschlag absorbierte Wasserstoff eine große Rolle, und zwar wird es sich nicht stets um eine bloß mechanische Absorption, sondern in manchen Fällen wohl auch um eine direkte Legierung des Metalles mit dem Wasserstoff handeln. Elektrolytnickel vermag bis zu dem 13,57fachen seines Volumens Wasserstoff aufzunehmen. Der geringste beobachtete Gehalt betrug das 4,32fache (Römmler, Diss., Dresden, 1908).

Beim Nickel erfolgt das Abblättern zumeist bei neutraler Nickellösung; wird dieselbe schwach sauer gehalten, und besonders in warmen Bädern, so haftet das Metall fest auf der Unterlage. Hier besteht für jede Azidität eine bestimmte Stromdichte und umgekehrt. Niedere Azidität und niedere Stromdichte sind am geeignetsten.

Überzieht sich die Ware schlecht mit Nickel, dann ist meist der Strom zu schwach.

Erfolgt die Vernicklung bei richtigem Strom dunkel und fleckig, dann ist das Bad zu konzentriert oder alkalisch (siehe Seite 40 u. 252).

Man habe Bedacht auf richtige Anodenentfernung (Flecken und stellenweise Nichtvernicklung) und Ablagerung von Staub oder Wasserstoffbläschen (Löcherbildung).

Das Nickelbad wird sauer, wenn sich an der Anode zu wenig Nickel löst (Passivität), alkalisch, wenn neben Nickel Wasserstoffionen entladen werden.

Bei der kathodischen Abscheidung von Nickel ist zu berücksichtigen, daß das Nickel fast um ebensoviel unedler als Wasserstoff ist, als Kupfer edler ist. Die Gefahr der gleichzeitigen Abscheidung von Nickel- und Wasserstoff ist also gegeben und muß vermieden werden, dadurch, daß man den Elektrolyten nur schwach sauer hält.

Eine unangenehme Erscheinung bei der Vernicklung ist das Abblättern der niedergeschlagenen Nickelschichten. Es ist zu verhüten, wenn man das Auftreten von Sauerstoff bezw. Oxyden an der Kathode sorgfältig vermeidet, also einem absolut guten Kontakt zwischen Unterlage und Überzug bewirkt. Ursache für das Abblättern ist die häufig zu beobachtende Erscheinung, daß diese elektrolytischen Niederschläge Spannungen haben und sich überhaupt wie kaltgereckte Metalle verhalten.

Die Nickelbäder müssen frei von Kupfer sein.

Über das Abblättern von Elektrolytnickel führt K. Engemann (Zeitschrift für angewandte Chemie, 1911, S. 1288) folgendes aus:

Zur elektrolytischen Abscheidung des Nickels aus Lösungen seiner einfachen Salze bedarf es einer Mindestkonzentration an Wasserstoffionen. Unterhalb dieser findet Hydroxydtbscheidung statt, die ein Sprödewerden des Niederschlages verursacht. Ebenso bilden Eisen und Zink Veranlassung zum Abblättern, ferner ein durch kolloide organische Stoffe bewirkter Kohlenstoffgehalt des Nickels. Die Erzeugung matter, gleichmäßig krystalliner Niederschläge wird begünstigt durch abnehmende Azidität, zunehmende Stromdichte, Temperatur, Nickelkonzentration und bei Zusatz von Alkali- oder Magnesiumsalzen. Die entgegengesetzten Bedingungen liefern blankes Nickel, das zugleich zur Ausbildung einzelner Krystalle und zum nadligen Auswachsen geneigt ist. Eisengehalt fördert gleichzeitig die Entstehung solcher Niederschläge. Zusatz von Ammonsalzen liefert blanke Niederschläge, bei hohen Stromdichten pulverige Ausscheidungen. Nickel aus Chlorür ist bedeutend krystalliner als das aus Sulfat. Weiter werden noch die verschiedenen Einflüsse auf die kathodische Stromausbeute, auf die Härte und die Biegsamkeit des Nickels besprochen. In 6 Abbildungen wird das Ganze erläutert.

Die Neigung der elektrolytischen Metallüberzüge von der Unterlage abzublättern und gleichsam sich zusammen zu rollen, ist bei Nickelüberzügen ganz besonders entwickelt; es ist bekanntlich nicht immer leicht technisch einwandfreie Nickelüberzüge selbst von 0,01 mm Stärke einwandfrei herzustellen. Diese Erscheinung bei Nickel wird gewöhnlich mit einem Übergang von Eisen und Wasserstoff in das Metall in Verbindung gebracht, tritt jedoch, wie Kohlschütter gezeigt hat (Zeitschrift für Elektrochemie 1918) auch in eisenfreien Nickelbädern auf, der zugleich mit dem Nickel entladende Wasserstoff spielt zweifellos eine Rolle bei der Entstehung der blätternden Nickelform, sein Gehalt im Metall kann aber nicht als die eigentliche Ursache dieser unangenehmen Erscheinung angesehen werden. Die Beschaffenheit des Nickelüberzuges ist außer von der Stromdichte abhängig von der Beschaffenheit des Elektrolyts, insbesondere von der Wasserstoffionenkonzentration und kann durch Zusätze stark beeinflußt werden. Nach Kohlschütter beruht diese beim Nickel besonders stark ausgeprägte Erscheinung darauf, daß das Metall zuerst in hochdisperser Form abgeschieden wird und die Schichte dann eine spontane Sinterung erfährt, indem sich so dichteres Metall bildet. Es wird angenommen, daß diese feine Zerteilung mit der Ausbildung einer Gåshaut von Wasserstoff an der Kathode in Zusammenhang steht, welche bei der Abscheidung des Metalles die Rolle eines Dispersionsmittels spielt (siehe Seite 33, 36 u. 52).

Die schon von Ed. Westen gemachte Beobachtung, daß Borsäure die Bildung von basischen Salzen auf den Gegenständen verhindere und die Neigung zur Wasserstoffentwicklung hintan halte, daher Anwendung gespannterer Ströme bei rascherem Niederschlage ermögliche, sowie die Qualität des Nickelniederschlages verbessere, der weniger spröde und festhaftend, auch schöner ausfalle, hat sich die Technik zunutze gemacht. Auch wurde dieses Verhalten durch neuere wissenschaftliche Arbeiten bestätigt.

An Stelle der Borsäure hat man dann Benzoesäure und eine Menge anderer organischer Säuren und Verbindungen in Vorschlag gebracht und deren Verwendung schützen lassen.

Es seien nur erwähnt:

Salizylsäure, Gerbsäure, Pyrogallussäure, Milchsäure, Glyzerin, äthylschwefelsaures Natrium, Sulfosäuren der aromatischen Reihe und dergleichen.

Eines der gebräuchlichsten Nickelbäder besteht aus einer 5—7 % Lösung von Nickelsalz (Nickelammoniumsulfat mit einem Zusatz von 2,5 % Borsäure).

Die Nickelsalze, sowohl das Nickelsulfat als auch das Nickelammonsulfat, obwohl ihrer Zusammensetzung nach neutrale Salze, röten wie alle neutralen Salze der Schwermetalle das blaue Lackmuspapier. Man kann daher mit diesem Reagens nicht sicher prüfen, ob eine Lösung von Nickelsalz frei von freier Säure ist.

Hierzu bedient man sich des Kongopapiers, welches von den neutralen Salzen der Schwermetalle nicht, wohl aber von stärkeren freien Säuren gebläut wird.

Zur Prüfung der Nickelbäder empfiehlt Stockmeier statt Kongopapier Tropäolin in Lösung (0,8 g Tropäolin in 1 Liter Wasser) und führt die Probe in Form der Tüpfelprobe aus.

Borsäurehaltige Bäder sind besonders empfindlich gegen freie Säure. Ein zu hoher Borsäuregehalt gibt spröden, abblätternden Niederschlag.

Die Waren sollen, ehe sie ins Bad kommen, stets mit der Warenstange leitend verbunden und der Strom eingeschaltet werden. Viele Metalle wirken an und für sich auf die Nickellösung, wodurch Störungen bei dem folgenden Nickelniederschlag entstehen können.

Von Langbein wird folgendes Bad besonders gerühmt:

600 g Nickelsulfatammonium,
50 g Nickelkarbonat,
300 g Borsäure,
10—12 l destilliertes Wasser.

Dieses Bad soll bei gleichem Metallgehalt schneller arbeiten als das Bad ohne Nickelkarbonat.

Bad zur Vernicklung von Instrumenten nach Pfannhauser:

4 kg Nickelsulfat,
3,5 kg zitronensaures Nickel,
100 l Wasser.
0,33 Amp., 3 Volt.

Nickelbad für Massenvernicklung:

50,13 g Nickelsulfat (wasserfrei),
12,68 g Magnesiumsulfat (wasserfrei),
5,40 g Ammoniumchlorid,
31,79 g Wasser.

Für Nickelgalvanoplastik wird folgendes Bad empfohlen (Pfannhauser):

4 kg Nickelsulfat,
3,5 kg zitronensaures Natrium,
100 l Wasser.

Badspannung bei 10 cm Elektrodenentfernung 2,5 Volt, Stromdichte 0,2 Amp/qdm.

Nickel wird heute direkt auf Wachs niedergeschlagen, als Trennungsschichten dienen Schwefelnickel und Schwefelkupfer. Statt Wachsformen benützt man jetzt direkt Abdrucke in Blei.

Galvanoplastische Nickel- und Eisenbäder arbeiten bei 60 bis 100 ° C, bei langsamer Stromarbeit mit 150 Amp./qm.

Dieses Bad dient besonders zur Herstellung von Nickelklischees.

Zink wird vor dem Vernickeln zweckmäßig verkupfert; denn das Zink sendet infolge seines hohen Lösungsdruckes leicht Zinkionen ins Nickelbad; durch die Gegenwart dieser in einem selbst geringen Betrage wird das Nickelbad verdorben, da sich das Nickel hieraus schwarz, schäumig und streifig abscheidet. Die vorherige Verkupferung oder Vermessingung hat den Zweck, das Zink abzudecken.

Kupfer und Kupferlegierungen werden direkt vernickelt. Für Zink, Zinn, Blei, Britania ist es besser, zuerst zu verkupfern oder zu vermessingen. Eisen und Stahl wird entweder direkt oder nach vorheriger Verkupferung vernickelt.

Die Struktur und damit die physikalischen Eigenschaften der Nickelniederschläge sind verschieden, je nach den Bädern, aus denen sie erhalten sind:

Nickel aus Sulfatlösungen ist biegsamer als aus Chloridlösungen; dieses ist kristallinischer und weniger geschmeidig.

Auch Bäder, die etwas sauer sind, geben härteres, spröderes Nickel. (Wasserstoff, siehe diesen).

Borsäurehaltige Nickelbäder geben sehr helles aber härteres Nickel.

Nickelbäder, die Natrium- oder Magnesiumsulfat enthalten, liefern weichere Niederschläge.

Es ist eine vielbesprochene Frage, ob es zweckmäßiger ist, das Eisen direkt oder nach vorheriger Verkupferung zu vernickeln. Tatsache ist es (s, a. Rentabilität galvanischer Anstalten, Werkstatttechnik, 1911, Seite 300), daß verkupferte Gegenstände nach der Vernicklung je nach der Art des Metalles und der Dauer des Niederschlages schwerer zu behandeln sind als die nicht verkupferten. Anderseits ist Stahl nach vorheriger Verkupferung schneller und leichter zu vernickeln; dagegen verhält sich Gußeisen, vorausgesetzt, daß der Nickelniederschlag sehr stark sein soll, günstiger, wenn es direkt vernickelt wird, was keine Schwierigkeiten bietet. Während also bei Eisen bisher nicht vorher verkupfert wird, ist eine Kupferunterlage (evtl. Messingniederschlag) bei starker Vernicklung nötig für Zink, Alpaka, Zinn, Alfenide evtl. Britannia.

Zur Schnellvernicklung und zur Nickelgalvanoplastik verwendet man nach den Vorschlägen von Förster und Kugel Lösungen von Nickelsulfat, mit Zusätzen von Magnesiumsulfat, Natriumsulfat u. a., die auf 70 bis 80 ° erwärmt werden.

35 kg Nickelsulfat,
18 kg Magnesiumsulfat,
100 l Wasser.

Temp. 80—90 ° C, Stromdichte 4—8 Amp.

Langbein empfiehlt zu dem gleichen Zweck ein kaltes, durch D.R.P. 134736, geschütztes Bad mit äthylschwefelsauren Salzen, welches schon in 10 Minuten polierfähige Niederschläge hervorbringen und in 25 Minuten einen Niederschlag erzeugen soll, der dem einer zweistündigen Vernicklung in einem gewöhnlichen Bade entspricht. Das Bad arbeitet mit ungefähr 3 Volt Spannung. Bei Anwendung kleiner Stromdichten (0,2 bis 0,3 Ampère) kann man sehr starke Niederschläge erzeugen, die nicht abblättern.

Ein solches Bad enthält z. B.:

10 kg Chlornickel,
5 kg äthylschwefelsaures Natrium,
100 l Wasser

oder
10 kg äthylschwefelsaures Nickel,
1 kg schwefelsaures Natrium,
0,5 kg Chlorammonium,
100 l Wasser.

Die Wiedergewinnung des Nickels aus gebrauchten Bädern wird sich in der Regel nicht lohnen. Eventuell würde man das Nickel mit Sodalösung als kohlensaures Nickel fällen.

Gewalzte Nickelanoden sind schwerer löslich als gegossene; letztere benutzt man daher infolge ihrer leichteren Löslichkeit besonders bei Anwesenheit freier Säure im Nickelbad. Ist das Bad alkalisch geworden, verwendet man die schwerer löslichen, gewalzten Anoden.

Das beste Mittel, die richtige Reaktion der Nickelbäder aufrecht zu erhalten, ist die Verwendung von gewalzten und gegossenen Anoden. Tritt alkalische Reaktion ein, so muß man mehr gewalzte (schwer lösliche) und weniger gegossene (leicht lösliche) Anoden verwenden, beim Auftreten freier Säure umgekehrt. Bei Chloridbädern nimmt man nur gewalzte Anoden. Statt schwer lösliche Anoden anzuwenden, wird auch empfohlen, die Anodenfläche zu verkleinern.

Beim Vernickeln scharfer Instrumente, von kantigen Gegenständen, wie z. B. Schlittschuhen, verwendet man Bäder mit hohem Widerstand. Die Schneiden werden von den Anoden abgekehrt oder nach oben angebracht.

Lötstellen (Weichlot) werden blank geputzt, dann verkupfert, vor der Vernicklung.

Die Vernicklung von Zink, Stahl, Eisen, Weißblech kann auf den polierten Gegenständen direkt geschehen. Besser ist aber vorherige Verkupferung. Kupfer und Kupferlegierungen werden direkt vernickelt (s. Seite 251).

Aus schwach zinkhaltigen Nickellösungen entstehen bei gewöhnlicher Temperatur und kleiner Stromdichte schwarze Niederschläge, die nicht weiter untersucht sind.

Aus eisenhaltigen Nickelbädern wird unter Umständen etwas Eisen mit niedergeschlagen; es entstehen dann sog. Oxydationsflecke. Diese können mit verdünnter Salzsäure entfernt werden.

Werden die Waren im Nickelbad anstatt sich zu vernickeln, dunkel und mißfarbig, so ist entweder der Strom zu schwach, oder es ist falsche Stromverbindung vorhanden. Wenn die Ware sich schnell vernickelt, gleich danach aber mattgrau wird, so ist der Strom zu stark, dasselbe ist der Fall, wenn starke Gasentwicklung an den Waren auftritt. Mäßige Gasentwicklung ist normal, nur bei der Zinkvernicklung soll der Strom so reguliert werden, daß stärkere Gasentwicklung auftritt. Störungen im Nickelbad können auch ihre Ursache in der falschen Anordnung der Anoden ihre Ursache haben. Nach Pfannhauser haben die gut leitenden chlorammoniumhaltigen Bäder eine stärkere Stromlinienstreuung, während der Strom in Bädern mit höherem Wiederstande mehr geradlinig von der Anode zur Ware fließt. Alkalische Reaktion zeigt sich durch dunkle oder gelbliche, fleckige Vernicklung. Diese kann aber auch durch ungenügenden oder zu großen Metallgehalt, Mangel an Leitungssalz, Gegenwart von Kupfer oder Eisen oder schlechte Entfettung hervorgerufen werden.

Unzulässiger Säuregehalt zeigt sich durch Abblättern des Niederschlages beim Polieren. Wenn durch irgendeine Ursache Eisen, Zink oder Kupfer ins Bad gelangt, so arbeitet das Bad nicht mehr normal. Eisen und Zink kann man aus dem Bad entfernen, wenn man dasselbe durch Zusatz von Sodalösung schwach alkalisch macht und zum Sieden erhitzt, sodann ein Oxydationsmittel, z. B. Ammonpersulfat, zusetzt, filtriert und dann durch Zusatz von verdünnter Schwefelsäure wieder ganz schwach sauer macht. Das Kupfer entfernt man, indem man blanke Eisenbleche mit großer Oberfläche auf die Warenstangen hängt, und mit einer Spannung von 0,5—1 Volt einige Stunden behandelt, bis sich auf dem Eisen kein Kupfer mehr abscheidet.

Für rostsichere Nickelüberzüge auf Eisen oder Stahl wird folgendes Verfahren empfohlen.

Man verkupfert zuerst im alkalischen Kupferbad bei einer Temperatur von 40—50 ° C, verstärkt dann diesen Kupferniederschlag, der tadellos sein muß, im sauren Kupferbad; sodann wird der nun erhaltene Kupferüberzug geglättet (bei kleineren Gegenständen z. B. in Trommeln mit Stahlkugeln, dann erst wird vernickelt.

Für das Vernickeln von in permanenten Metallformen hergestellten Gußwaren mit hohem Zinkgehalt empfiehlt Proctor folgendes Nickelbad:

Nickelammoniumsulfat 50 g, schwefelsaures Magnesium 13 g, Wasser 1 l.

Das Bad wird in kaltem Zustand benutzt, die Badspannung beträgt 2 Volt. Die Anoden bestehen aus Nickelguß und kalt gewalztem Nickel. In 20—30 Minuten wird ein reiner silberweißer Nickelüberzug, der für gewöhnliche Zwecke eine genügende Dicke besaß, erzeugt.

Wahl der Nickelbäder.

Es ist wichtig für die verschiedenen Zwecke der Vernickelung, die richtige Zusammensetzung zu wählen, da aus verschieden zusammengesetzten Nickelbädern das Nickel in verschiedener Zustandsform erhalten wird. So kann man z. B. eine silberähnliche, hellweiße Vernickelung oder eine dunklere Vernickelung wünschen, oder in anderen Fällen ist es notwendig, einen weichen, geschmeidigen Nickelniederschlag (Schlittschuhe, chirurgische Instrumente usw.) oder ein hartes Nickel zu erhalten. Z. B. Türschilder usw. Oder man will einen glänzenden Niederschlag, der des Polierens nicht bedarf, in anderen Fällen einen weichen Nickelbelag, der leicht poliert werden kann. Wieder anders richtet sich die Wahl des Nickelbades, je nachdem man Waren aus Eisen, Zink oder Weißblech vernickelt, ob man einzelne ins Bad gehängte Gegenstände oder Massenwaren vernickeln will.

Über die geeignetsten Nickelbäder teilt M. Schlötter (das Metall 1921) folgendes mit:

Für die Vernicklung von Eisen- und Stahlwaren werden am besten die bekannten Borsäurebäder verwendet, mit 7,5 Kilo Nickel-Ammonsulfat und 2,5 Kilo Borsäure auf 100 l Wasser. Spannung 2,5 Volt, Stromdichte 30 Amp. pro qm. Die Temperatur des Bades soll, wie bei allen Nickelbädern, nicht unter 20 ° C liegen. Bekanntlich nimmt ein bei gewöhnlicher Temperatur erhaltener Nickelniederschlag das 13fache seines Volumens an Wasserstoff auf. Je tiefer die Temperatur, desto wasserstoffreicher ist der Nickelniederschlag und desto größer die Neigung zum abrollen. Um den Säuregehalt des Bades möglichst konstant zu erhalten, verwendet man gegossene und gewalzte Anoden im Verhältnis von 1:2 oder 1:3. Wichtig ist, daß das Bad stets seinen sauren Charakter beibehält, zur Vermeidung der Ausscheidung basischer Salze. In der Regel genügt die durch die schwache freie Borsäure bewirkte Ansäuerung, um dies zu verhindern.

Für chirurgische Instrumente, Messer, Schlittschuhe usw. muß ein Nickelbad gewählt werden, welches weiche Niederschläge liefert, weil sich sonst bei der Benutzung der Nickelniederschlag zu leicht abschälen würde. Als ein Bad, für solche Zwecke geeignet, sei nachstehendes erwähnt: 100 Liter Wasser, 17 kg Nickelsulfat, 6 kg Magnesiumsulfat, 2 kg Chlorammonium, 0,8 kg Borsäure. Wie durch die Untersuchungen von Coehn bekannt geworden ist, vermag das Nickel, wenn es aus magnesiumhaltigen Lösungen abgeschieden wird, bis zu 2 Prozent Magnesium aufzunehmen. Derartige Legierungen sind weicher als reines Nickel, wahrscheinlich deshalb, weil der Magnesiumgehalt dessen Lösungsfähigkeit für Wasserstoff herabgedrückt. Es ist besonders durch das Studium des Elektrolyteisens bekannt geworden, daß, je mehr der Wasserstoffgehalt des elektrolytisch abgeschiedenen Eisens steigt, auch die Härte zunimmt. So beträgt sie beispielsweise bei einem Eisen mit höherem Wasserstoffgehalt etwa 160—175 Brinellsche Härtegrade, während wasserstofffreies Eisen nur 56 Brinellsche Härte aufweist.

Für weiche Nickelniederschläge dienen auch die Nickelbäder mit Zitronensäure bzw. zitronensauren Salzen. Hierzu eignet sich folgende Zusammensetzung:

4 kg Nickelsulfat, 3,5 kg zitronensaures Natrium, 0,1 kg Borsäure, 10 Liter Wasser.

Für besonders weiße Vernicklung ist nachstehendes Nickelbad in den Vereinigten Staaten vielfach in Anwendung: 100 Liter Wasser, 6,7 kg Nickelsulfat, 0,3 kg Nickelkarbonat, 3 kg Borsäure. Ein ähnliches Bad nachfolgender Zusammensetzung gibt gleichfalls silberweiße Niederschläge: 100 Liter Wasser, 7,3 kg Nickelammonsulfat, 2,7 kg Borsäure. Außer durch ihre silberweiße Farbe sind diese Nickelniederschläge durch besondere Härte ausgezeichnet und bedürfen zur Erzeugung des Hochglanzes scharfer Polierarbeit.

Im Gegensatz hierzu liefert folgendes Nickelbad glänzende Niederschläge: 100 Liter Wasser, 2,7 kg Nickelsulfat, 1 kg zitronensaures Natrium, 0,7 kg Borsäure, 1 kg wasserfreies Natriumsulfat, 0,3 kg Kochsalz. Der Glanz der damit erzeugten Nickelniederschläge kann meist nur geringen Ansprüchen genügen, häufig ist eine Nachpolitur erforderlich. Es hat nicht gefehlt, daß in der Literatur Nickelbäder beschrieben worden sind, welche hochglänzende Niederschläge liefern sollen, so ist besonders das Bad von Classen, welcher mit Zusatz von Süßholzwurzel arbeitet, öfter erwähnt. Es sei bemerkt, daß diese Bäder einer so raschen Zersetzung unterworfen sind, daß ihrer Anwendung nur zu widerraten ist.

Bei der Vernicklung von Zink oder Weißblech muß man ein Bad wählen, bei welchem die Abscheidung des Nickels so rasch erfolgt, daß ungefähr in einer Minute das Metall mit Nickel bedeckt wird, um zu verhindern, daß Zink in Lösung geht. Wenn ein Nickelbad mit Zinksalzen verunreinigt ist, dann sieht der Nickelniederschlag nicht mehr gleichmäßig weiß aus, sondern zeigt sich von dunklen Streifen durchsetzt. Ein derartig verdorbenes Bad ist schwierig zu regenerieren. Werden Zink- oder Weißblechgegenstände vor dem Vernickeln verkupfert, dann kann leichter gearbeitet werden, ohne Schaden befürchten zu müssen. Eisenwaren werden direkt vernickelt. Eine vorherige Verkupferung ist theoretisch vorteilhaft, aber nicht notwendig. Die

Sache liegt nämlich so, daß am Kupfer der Wasserstoffgehalt des abgeschiedenen Nickels niedriger ist, als wenn Nickel direkt auf dem Eisen abgeschieden wird. Infolgedessen ist bei verkupfertem Eisen die Gefahr des Abblätterns geringer, als bei direkter Vernickelung. Indessen ist bei richtig arbeitendem, schwach saurem, nicht zu kaltem Bad das Abblättern nicht so zu befürchten, daß sich eine vorhergehende Verkupferung lohnen würde.

Für Zink- und Weißblechvernickelung wird mit Vorteil folgendes Bad benützt: 100 l Wasser, 6 kg Nickelammonsulfat, 0,4 kg Ammoniumsulfat, 0,8 kg Chlorammonium, 2 kg Kochsalz.

Bei der Vernicklung von Massenartikeln muß man gut leitende Nickelbäder verwenden, welche nicht zu harte Niederschläge liefern, damit das Polieren im Rollfaß mit Lederabfällen oder Stahlkugeln flott von statten geht.

Ein brauchbares Bad gibt nachstehende Zusammensetzung: 100 Liter Wasser, 11 kg Nickelsulfat, 8 kg Magnesiumsulfat, 0,2 kg. Chlorammonium, 2 kg Ammoniumsulfat. In der Regel ist die Spannung, die hierbei anzuwenden ist, höher als bei den ruhenden Bädern, wo sie 2 bis 3 Volt oder nur 1,5 Volt bei der Zinkvernicklung beträgt. Wesentlich abhängig ist sie von der Konstruktion des Massengalvanisierapparates und kann demgemäß schwanken zwischen 4 bis 15 Volt.

Schwarznickelniederschläge. Zur Erzeugung eines tiefschwarzen Niederschlages bedient man sich folgenden Bades:

227 g Nickelammonsulfat,
57 g Ammoniumsulfozyanat,
28 g Zinkvitriol,
4,5 l Wasser.

Bei der Bereitung des Bades löst man zuerst das Nickelsalz und fügt dann Ammoniumsulfozyanat zu. Hierauf gibt man zu der Lösung Zinkvitriol. Ist die Badflüssigkeit fertig, so soll sie 6 ° Bé zeigen. Die Temperatur soll nicht unter 15 ° betragen, die günstigste ist 27 °. Als Anoden verwendet man leicht lösliche Gußanoden, deren Oberfläche möglichst groß gewählt wird. Bei der Ausführung soll man die Waren erst hell vernickeln. Man arbeitet mit einer Spannung von höchstens 1 Volt; bei höherer Spannung wird der Niederschlag leicht streifig und zeigt Neigung zum Abblättern.

Bei Verwendung eines Stromes von ½ bis ¾ Volt werden in den ersten Sekunden keinerlei Anzeichen eines Niederschlages zu beobachten sein. Dann aber färbt sich der Gegenstand gelb und hierauf blau, um bald zu irisieren, nach 1 oder 2 Minuten verschwindet das Irisieren und die ganze Oberfläche wird schwarz. Wird die Oberfläche sofort schwarz, so ist dies ein Zeichen, daß der Strom zu stark ist. Das Niederschlagen dauert gewöhnlich 1 Stunde.

Da das Schwarznickelbad die Anoden nicht oder nur wenig angreift, so wird der Elektrolyt sauer, nachdem er einige Zeit im Gebrauch war, und der Überzug wird dann streifig und grau. Um diesen Übelstand zu beseitigen, fügt man etwas kohlensaures Nickel hinzu. Das Bad ist neutral zu halten.

Wenn die dunkel vernickelten Gegenstände aus dem Bad kommen, abgespült und abgetrocknet sind, so zeigen sie meist eine graue oder braune Farbe. Man erhält einen matt schwarzen Überzug bei Verwendung von folgender Flüssigkeit:

360 g Eisenchlorid,
28 g Salzsäure,
4,5 l Wasser.

Im kalten Zustand genügt ein 15—20 Sekunden langes Eintauchen, um die schwarze Farbe zu erhalten, bei 49 ° tritt dies augenblicklich ein.

Schwarznickel (sog. Nigrosinbäder) geht auf alle Metalle, auch Aluminium, Eisen, Stahl. Messing und Kupfer werden jedoch zweckmäßig zuvor leicht verzinkt. Verkupferung vor dem Vernickeln ist unbedingt nötig, wenn eine alte Vernickelung verstärkt werden soll. Da Nickelniederschläge aufeinander nicht gut haften.

Die Schwarznickelniederschläge bestehen nach den Untersuchungen von Wetsch (Dissertation München 1910) aus Nickel und Zink, teils als solche, teils gebunden an Schwefel und als Hydroxyde. Außerdem ist ein schwefelhaltiger organischer Stoff vorhanden.

Metallniederschläge glänzende, von dunkler Farbe, und zwar von reinschwarzer oder tiefblauer, werden von Claßen-Aachen (D. R. P. 201 663) erzeugt. Zu dem Zwecke wird der Gegenstand zunächst mattiert und dann in einem Nickelbade, welches außer den üblichen Salzen eine Abkochung von Süßholzwurzel oder diese selbst, oder auch eine andere, im Hauptpatente genannte Substanz enthält, unter Anwendung einer Spannung elektrolysiert, wie sie zur Erzielung von weißglänzendem Nickel notwendig ist, worauf alsdann die Spannung plötzlich vermindert wird. Als Badflüssigkeit wird angegeben eine Auflösung von Nickelsulfat und Nickelammoniumsulfat in Wasser zu gleichen Teilen, bis eine Lösung von 12 ° Bé entsteht. In dieser Flüssigkeit werden 2 g glyzyrrhizinsaures Ammonium in 1 Liter Bad aufgelöst. Die Gegenstände läßt man zunächst bei einer Spannung von 3,5 Volt etwa 1 Stunde im Bade und vermindert dann die Spannung auf etwa 0,25 Volt. Bei dieser Spannung wird der Gegenstand $^1/_2$ Stunde im Bade belassen, worauf eine Metallfärbung von tief blauschwarzer Farbe entsteht.

Eine andere Badzusammensetzung ist folgende: 200 g Nickelsulfat, 40 g Natriumsulfat, 10 g Nickelchlorür, 5 g Borsäure werden in einem Liter Wasser gelöst; hierzu wird ein Auszug von 50 g Süßholzwurzel oder die Wurzel selbst hinzugefügt.

Analyse der Nickelbäder:

1. Bestimmung der freien Säure im Nickelbad.

Es ist gut, den Gehalt eines Nickelbades an freier Säure von Zeit zu Zeit festzustellen. Man verfährt dabei ganz wie bei der Bestimmung der freien Säure im sauren Kupferbade Seite 238. Bei zitronensäurefreiem Bad verwendet man als Indikator Kongopapier, bei zitronensäurehaltigen Bädern Tropäolinpapier. Es ist gut, nach Herstellung des Nickelbades den Gehalt an freier Säure zu bestimmen und dann während der Arbeit zu sehen, ob dieser Gehalt zu- oder abnimmt. Nimmt der Säuregehalt zu, so fügt man vorsichtig Ammoniakflüssigkeit zu, bis der ursprüngliche Säuregrad wieder erreicht ist; nimmt der Säuregehalt ab oder wird das Bad alkalisch durch zu starkem Strom (Zersetzung des Ammonsulfats), so fügt man verdünnte Schwefelsäure zu, bis der frühere Aziditätsgrad wieder hergestellt ist.

2. Bestimmung von Borsäure in Nickelbädern.

Nach Dr. Alfred Wogrinz und Dr. Johann Kittel (siehe Chemiker-Zeitung 1912, Nr. 47, S. 433 u. f.) wird der Borsäuregehalt von Nickelbädern mit für technische Zwecke hinreichender Genauigkeit auf folgende Weise bestimmt.

Hat man ein H_3BO_3 entfaltetes Nickelbad zu untersuchen, so wird man eine Probe von etwa 100 ccm zunächst durch Elektrolyse von Nickel und der allenfalls vorhandenen Zitronensäure befreien und die so behandelte Lösung dann mit reinem festen $NaOH$ eindampfen, von welchem Stoff fast stets etwa 10 g ausreichen werden. Den Rückstand versetzt man nun mit Salzsäure, bis seine Lösung etwa ein Volumen von 25—30 ccm einnimmt, erwärmt etwas, um gelöste Kohlensäure zu vertreiben, fügt etwas Methylorange zu, läßt wieder erkalten und nun zunächst Lauge bis zur Gelbfärbung des Methylorange, d. h. bis zur Absättigung der freien Salzsäure zufließen. Dann fügt man etwa 100 ccm einer 10%igen Mannitlösung bei und titriert die freie H_3BO_3 mit Phenolphtalein als Indikator. Die Menge der H_3BO_3 soll aus Gründen mindestens eine solche sein, daß man zu ihrer Absättigung etwa 30—50 ccm einer n/5-Lauge verbraucht.

3. Bestimmung des Nickels.

Nachstehende Methode gestattet das Nickel in den Bädern, bei Gegenwart von organischen Säuren oder Salzen, zu bestimmen. Diese Methode von Lecoeuvre beruht darauf, daß Nickel in schwach ammoniakalischer Lösung mit Zyankalium gefällt, durch einen Ueberschuß des Fällungsmittels wieder gelöst wird. Man benutzt eine 10% Zyankaliumlösung, deren Gehalt mit Nickelammonsulfat genau festgestellt ·ird. Ein Kubikzentimeter entspricht ca. 22—23 mg Nickel. Die Nickelbäder enthalten gewöhnlich weinsaure oder zitronensaure Salze. Sollten solche nicht zugegen sein, so müssen sie zugesetzt werden, um die Fällung des Eisens bei Zusatz von Ammoniak zu vermeiden. Größere Mengen Eisen (5—10% vom Gehalt des Nickels), welche jedoch nur selten in Nickelbädern vorkommen, werden gleichfalls durch Ammoniumtartrat in Lösung erhalten. Dieselben beeinflussen das Resultat nur insofern, als pro Liter einige Zentrigramme Nickel mehr gefunden werden. Ammoniumsalze und geringe Mengen freies Ammon haben keinen Einfluß, größere Mengen Ammon hindern die Fällung des Nickels. Wenn die zu untersuchende Flüssigkeit weniger als 0,1 g Nickel im Liter enthält, so muß man dieselbe eindampfen oder die Zyankaliumlösung verdünnen. Man arbeitet bei Abwesenheit größerer Mengen organischer Säuren oder von deren Ammoniumsalzen bei gewöhnlicher Temperatur. Bei Anwesenheit derselben arbeitet man in der Weise, daß man in gelinder Wärme, ohne zu verdünnen, die vorher neutralisierte Flüssigkeit mit einigen Kubikzentimetern Ammoniak (5 %) versetzt bzw. schwach alkalisch macht und alsdann unter fortwährendem Umschütteln die Zyankaliumlösung zufügt, zuletzt tropfenweise, bis die trübe Flüssigkeit plötzlich klar und gelblich wird. Die Abweichungen vom wirklichen Nickelgehalte betragen bei Lösungen, welche 10 g Nickel im Liter enthalten, bei Titration von 100 ccm, 0,02 g pro Liter. Dasselbe Verfahren kann für Zink und Kobalt Anwendung finden. Kupfer darf nicht zugegen sein. S c h n e l l e N i c k e l b e s t i m m u n g e n führt man mit Dimethylglyoxim durch.

E l e k t r o l y t i s c h e B e s t i m m u n g d e s N i c k e l s. Man mißt mit der Pipette genau 20 ccm der Badflüssigkeit in die Platinschale, versetzt mit einer wässerigen Lösung von 4—6 g Ammoniumsufat und gibt 30—40 ccm Ammoniak von 0,96 spez. Gewicht zu. Man verdünnt dann mit Wasser auf 150 bis 170 ccm und elektrolysiert bei gewöhnlicher Temperatur mit einer Strom, dichte von 0,6—0,7 Amp./qdm. Die erforderliche Stromspannung beträgt reichlich 3 Volt. Die zur Ausfällung nötige Zeit richtet sich nach dem Nickelgehalt des zu prüfenden Bades, beträgt aber jedenfalls mehrere Stunden. Man prüft, indem man mit einer Pipette einige Tropfen der Lösung in ein Probierglas bringt und mit einigen Tropfen Schwefelammonium versetzt. Sobald kein schwarzer Niederschlag oder keine dunkle Färbung mehr entsteht, ist die Ausfällung beendet. Da leicht die oberen Schichten nickelfrei sein können, während in der unteren Schicht der Flüssigkeit noch Metall enthalten ist, hält man bei der Probenahme die obere Oeffnung der Pipette mit dem Finger zu und führt die Mündung so bis nahe zum Boden der Schale; dann lüftet man den Finger etwas, wodurch man eine Probe aus der tiefsten Schicht erhält.

Diese von Fresenius und Bergmann angegebene Methode läßt sich nicht nicht unmittelbar ausführen, wenn Chloride und Nitrate, größere Mengen organischer Säuren (Zitronensäure, Weinsäure) oder Magnesiumverbindungen zugegen sind. In diesen Fällen muß man die Probe von 20 ccm Badflüssigkeit so lange mit Schwefelnatriumlösung versetzen, als noch ein schwarzer Niederschlag von Schwefelnickel entsteht. Diesen Niederschlag filtriert man ab, wäscht ihn auf dem Filter gut aus, löst ihn in Salpetersäure und dampft diese Lösung auf dem Wasserbade mit reiner Schwefelsäure, bis der Salpetersäuregeruch verschwunden ist. Den Rückstand elektrolysiert man wie oben angegeben. Man vermeide zuviel Schwefelsäure zuzusetzen, evtl. ist der Ammoniakzusatz etwas zu erhöhen.

Das Gewicht des Niederschlages gibt mit 50 multipliziert den Nickelgehalt in Grammen pro Liter Bad.

Einfluß von Fremdstoffen oder Zusätzen auf Nickelbäder.

Bekanntlich sind die sog. galvanischen Bäder, also die Metallsalzlösungen, welche sich für die technische Herstellung von elektrolytischen Metallüberzügen als geeignet erweisen, sehr empfindlich gegen Verunreinigungen aller Art. Für die Nickelbäder liegen sehr verdienstvolle Arbeiten von Kohlschütter und Vuilleumier vor (Zeitschrift für Elektrochemie 1918), welche für die Praxis der Galvanostegie von Bedeutung sind. Es wurde festgestellt, daß 1. kleine Mengen anderer mit dem Nickel zugleich ausscheidbare Metalle (Magnesium, Mangan, Eisen); 2. ein Zusatz von den bei der technischen Nickelelektrolyse häufig zur Anwendung kommenden indifferenten Leitsalzen (Natriumchlorid, Natriumsulfat ; 3. indifferente Stoffe, eine beträchtliche Erhöhung der Kontraktion des anfallenden Nickelmetalls verursachen, also die Struktur des Nickelniederschlages beeinflussen. Besonders auffallend ist die Wirkung eines geringen Eisengehalts, die mit den Erfahrungen über das Blättern des Nickelniederschlages in eisenhaltigen Bädern im Einklang steht. Im Gegensatz hierzu setzt eine geringe Menge Zinksalz die Durchbiegung sehr stark herab, indem der Nickelniederschlag zugleich (offenbar durch Aufnahme von Zink) ein ganz anderes Aussehen annimmt, ohne seinen Zusammenhang zu verlieren. Ein Zusatz von Alaun war ohne merkliche Bedeutung. Die Leitsalze wirken wohl in diesem Falle hauptsächlich durch Zurückdrängung der Säuredissoziation; infolgedessen nimmt z. B. die Kontraktion der Nickelschichte mit Chlornatrium einen ähnlichen Verlauf wie bei Verminderung des Salzsäuregehalts, und die Niederschläge sind dementsprechend nicht mehr immer tadellos metallisch, sondern zeigen meist schwarze Flecke und Streifen. Rohrzucker erhöhte die Durchbiegung, ohne den Niederschlag zu verschlechtern, während Alkohol keinen wesentlichen Einfluß ausübte. Gelatine bewirkte nur in den ersten Minuten einen kontrahierenden Einfluß, zugleich wurde der Metallbeschlag durch schwarze Flecken entstellt; eine geringe Menge kollodialen Aluminiumhydroxyds verursachte, daß überhaupt kein Metall, sondern ein grüner Niederschlag abgeschieden wurde. Auffällig gesteigert wurde die Kontraktion des Nickelniederschlages, wenn die Nickellösung unter Zusatz von Ammoniumchlorid schwach ammoniakalisch gemacht wurde, was zum Teil auf die Verbesserung der Stromausbeute zurückzuführen ist, da in der alkalischen Flüssigkeit die Wasserstoffentwicklung ausbleibt; der Niederschlag war zusammenhängend, aber dunkel und samtartig, bestand aber aus reinem Metall.

Zusätze von Magnesium und Mangan beeinflußten in der ammoniakalischen Lösung weder die Durchbiegung, noch die Form oder Farbe der Abscheidung wesentlich, dagegen veranlaßte Zink statt des dunklen, samtartigen Niederschlages das Auftreten einer hellen, glänzenden Schichte, die zugleich eine merklich höhere Kontraktion gab. Die Anwendung der Borsäure bei Nickelbädern hat sich gut bewährt. Eine borsäurehaltige Lösung ist sauer; die aktuelle Wasserstoffionenkonzentration ist aber wegen der kleinen Dissoziationskonstante der Borsäure sehr niedrig, was den Vorteil hat, daß der Elektrolyt wegen der Möglichkeit der Nachlieferung von Wasserstoffionen auch bei länger dauernder Elektrolyse stets auf gleichem Aziditätsgrad gehalten werden kann und die Bildung eines schönen, metallischen Niederschlags gesichert wird; auch in Ammoniumchloridlösung, die nicht sauer reagiert, wird Nickel als tadellose, metallische Schicht niedergeschlagen; die Stromausbeute kann in beiden Fällen zu annähernd 100 % angesetzt werden. Der Einfluß der Temperatur ist so, daß bei Abkühlung auf 0°, wie bei Erwärmung auf 60° eine Verzögerung bemerkbar wird und Fleckenbildung.

Über die Nachteile zu starker Nickelbäder.

Wenn auch die galvanische Vernicklung in einem aus gesättigter Lösung von Doppelnickelsalzen bestehenden Bad vorgenommen werden kann, so ist es doch durchaus nicht ratsam, einen derartigen Grad von Konzentration zu benutzen, und man kann mit Recht behaupten, daß viele Schwierigkeiten gerade durch Verwendung einer zu starken Badflüssigkeit verursacht werden. Es sei dabei bemerkt, daß bei Benutzung eines solchen Bades die Gefahr des Mißlingens des Überzuges nicht direkt darin liegt, daß die Badflüssigkeit stark ist, sondern daß die konzentrierte Lösung eine wesentliche Änderung in bezug auf die Wirkung des elektrischen Stromes herbeiführt.

Ein Nickelbad mit einer Konzentration von 9 bis 10° Beaumé stellt eine praktisch gesättigte Lösung dar und, falls diese nicht erwärmt wird, wird sich kein Doppelsalz mehr auflösen. Es ist allgemein bekannt, daß die Nickelbadflüssigkeit, wenn man sie eine Zeitlang stehen läßt, diesen Grad der Konzentration infolge von Verdunstung erreichen wird. Dieselbe kann ursprünglich eine

Konzentration von 5° Beaumé besessen haben, und auch die gesamte Behandlung war für diese Konzentration eingerichtet.

Die Galvaniseure sehen ängstlich darauf, daß während der Arbeit eine konstante Spannung aufrechterhalten wird; die größere Gefahr liegt jedoch darin, daß man eine zu konzentrierte Badflüssigkeit benutzt. Bei einem Bad mit einer Konzentration von 5° Beaumé kann eine Spannung von 3—4 Volt benutzt werden. Wenn die Badflüssigkeit infolge von Verdunstung so stark geworden ist, daß sie einer Konzentration von 9° Beaumé entspricht, so wird bei derselben Spannung fast die doppelte Menge Strom durch das Bad hindurchfließen. Dies bedeutet, daß die Stromdichte zu hoch ist, und infolgedessen wird der Nickelüberzug sog. verbrennen. Das Ganze beruht auf dem Ohmschen Gesetz, nach welchem mit der Zunahme der Leitfähigkeit der Badflüssigkeit und der Aufrechterhaltung derselben Spannung die Ampèrezahl oder die Strommenge des hindurchfließenden Stromes zunehmen muß. Mit anderen Worten: die Stromstärke nimmt zu, wenn die Nickelbadflüssigkeit stärker wird.

Die Wirkung der wachsenden Stromstärke ist aber dem Galvaniseur sehr wohl bekannt, sie äußert sich nämlich im Verbrennen des Überzuges oder in der Erzeugung eines Niederschlages mit mangelhafter Farbe. Allerdings können diese ungünstigen Verhältnisse durch Abänderung des eingeschalteten Widerstandes beseitigt werden, so daß die Stromstärke bei starker und schwacher Badflüssigkeit dieselbe bleibt; dies ist aber zu umständlich und läßt sich in der Praxis nicht mit voller Genauigkeit durchführen. Die beste Methode besteht vielmehr darin, daß man die Badflüssigkeit auf einem bestimmten Konzentrationsgrad, z. B. auf 5° Beaumé, erhält und stets dieselbe Spannung verwendet. Auf diese Weise wird die Stromdichte immer dieselbe sein und die hindurchfließende Strommenge wird unter allen Verhältnissen die gleiche sein.

Es ist daher leicht ersichtlich, daß, wie bereits oben erwähnt, die aus der Konzentration des Nickelbades sich ergebende Gefahr nicht so sehr in der Stärke der Badflüssigkeit selbst, sondern in der größeren Leitfähigkeit liegt, indem letztere eine wesentliche Änderung in bezug auf die Menge des hindurchfließenden Stromes herbeiführt.

Über Fleckenbildung auf vernickelten Zinkwaren und die Vermeidung derselben.

Bei vernickelten Zinkwaren sieht man oft einige Zeit nach der Herstellung reichlich verbreitete Flecken auftreten, welche das Aussehen von Auswitterungen zeigen, in der Weise, daß um einen kleinsten Kern sich ein verbreiteter Hof bildet. Diese Waren werden so hergestellt, daß zumeist das Zink zuerst schwach verkupfert und dann vernickelt wird. Diese sehr unliebsamen Flecken rühren von einer nicht sachgemäßen Arbeit her und lassen sich bei richtigem Arbeitsverfahren vermeiden.

Es handelt sich hierbei um einen elektrochemischen Vorgang. Wir haben eine Metallkombination aus Zink, Kupfer und Nickel. Sind nun innerhalb dieser Metalle, in kleinsten Unebenheiten, Öffnungen oder Aushöhlungen, Salze vorhanden, zu denen von außen her Feuchtigkeit dringen kann, so entsteht eine elektrische Kette, in der das Zink als Lösungselektrode fungiert und infolgedessen oxydiert und gelöst wird. Diese Oxydationsprodukte des Zinks stellen die Auswitterung solcher Ware dar.

Es handelt sich also darum, alle möglichen Einschlüsse von Salzen während der verschiedenen Operationen zu vermeiden, dazu ist folgendes nötig:

1. Das Zinkblech soll nicht rauh, sondern vollständig glatt, am besten poliert sein. Das Zink soll z. B. durch zu starke Entfettung in alkalischen Laugen nicht rauh oder stellenweise angerauht werden.

2. Nach der Entfettung muß in heißem Wasser gründlich gewaschen werden, bis alle Salze entfernt sind.

3. Nach dem Verkupfern muß ebenso gründlich in heißem Wasser gespült werden, um alle anhängenden Salzreste zu beseitigen. Die Verkupferung soll dann angedrückt oder poliert werden, natürlich ohne Fett.

4. Die Vernicklung soll am besten in bewegtem Bad stattfinden, damit ev. Wasserstoffbläschen, welche die vollständige Deckung mit Nickel verhindern könnten, weggetrieben werden. Das Nickelbad soll nicht sauer sein oder werden. Es empfiehlt sich, zu arbeiten mit einem Anodenabstand von 6—10 cm, einer Stromdichte, je nach Badzusammensetzung, von 0,75—1,5 Amp. pro qdcm und einer Spannung von 3,5—7 Volt.

5. Nach dem Vernickeln muß wieder mit heißem Wasser gründlich gewaschen und mit warmen Sägespänen getrocknet werden. Das Polieren der Nickelschichte muß sorgfältig geschehen, damit keine Verletzung dieser Schutzschichte auftrete und das unterliegende Zink vollständig gedeckt bleibt. — Zuletzt könnte man der fertigen Ware einen Schutz vor Feuchtigkeit und vor dem Angriff des Wassers auf die Metallkombination verleihen, indem an dieselbe in heißes, säurefreies Paraffinöl taucht, dasselbe abtropfen läßt und dann abwischt, damit ev. die Poren mit einer feinen Schichte von Öl geschlossen werden und Feuchtigkeit durch ev. Oberflächenfehler nicht zum Zink und ev. vorhandenen Salzresten kommen kann.

Abschätzen der Nickelmenge auf vernickelten Gegenständen. Bringt man nach M. Pontie (in Ann. China. anal. appl, „Das Metall“ 1916) eine mit Salzsäure versetzte Lösung von

Wasserstoffsuperoxyd mit einer elektrolytisch erzeugten Nickelschicht in Berührung, so wird je nach Dicke und Gleichmäßigkeit dieser Schicht die Säure rascher oder langsamer eindringen. Dabei werden Ueberzüge auf Eisen in verhältnismäßig kürzerer Zeit durchfressen als solche auf einer Kupferunterlage. Das zur Prüfung verwendete Säuregemisch besteht aus 50 Teilen Wasser, 10 Teilen Salpetersäure von 36 ° Bé, 20 Teilen Salzsäure von 22 Grad Bé und 20 Teilen Wasserstoffsuperoxyd von 12 Vol.-Proz. Es wird mittels eines Tropfgläschens auf die mit konzentrierter Schwefelsäure vorbehandelte und mit Wasser nachgewaschene Oberfläche gegeben. Nach Verlauf von 2 Minuten fügt man einen Tropfen Ammoniak hinzu und läßt eine weitere Minute einwirken.

Dann bringt man das Reaktionsgemisch auf eine weiße Porzellanplatte. Es darf bei vernickeltem Kupfer nicht blau und bei vernickeltem Eisen nicht braun gefärbt sein. In zweifelhaften Fällen kann der Nachweis von gelöstem Kupfer auch durch Ferrozyankalium erbracht werden. Wie durch vergleichende Versuche festgestellt wurde, verbraucht das Gemisch aus Säure und Wasserstoffsuperoxyd drei Minuten, bis eine Nickelauflage in der Stärke von 1 mg auf den Quadratzentimeter auf Kupfer und eine solche von 4 mg auf den Quadratzentimeter auf verkupfertem Eisen vollständig durchdrungen wird.

Bei einer zu prüfenden Vernicklung läßt sich die Stärke aus der Zeit berechnen, die vergeht, bis das Metall des Untergrundes zur Lösung gebracht wird.

Entnicklung. Eine vorhandene Nickelschichte kann durch Abschleifen mit Schmirgel entfernt werden oder man benutzt hierzu ein angewärmtes Bad bestehend aus: 4 Liter konzentrierter Schwefelsäure 66_0 Bé, 500 g Salpetersäure 40° Bé, 50 g Salpeter gelöst in ½ Liter Wasser. In diesem Bad bleiben die Waren evtl bis zu einer halben Stunde.

Will man mit Hilfe des elektrischen Stromes anodisch entnickeln, dann benutzt man konzentrierte Schwefelsäure oder eine Lösung von 50 g Zyankalium in 1 Liter Wasser. Temperatur 50° C. Als Kathode dient Eisenblech; diese Entwicklung dauert längere Zeit.

Zum **Entnickeln** mit Strom kann man nach D. R. P. 189 876 die Ware als Anode bei 2 bis 6 Volt Spannung und 75 bis 100° Temperatur in Schwefelsäure von 53° Bé behandeln, wobei sich das Nickel auf der Kathode pulverförmig abscheidet; auch in einer Lösung von Natriumnitrat mit weniger als 2 Volt Spannung und Kohleplatten als Kathode läßt sich das Nickel anodisch von Eisenwaren ablösen; es wird dabei durch das sich bildende Ätznatron als Nickelhydrooxyd gefällt (D. R. P. 100 975.

Gelingt die Entfernung der alten Vernicklung nicht vollständig, so verkupfert oder vermessingt man, ehe man aufs neue vernickelt.

Ueber Nickelniederschläge. Im Gegensatz zu der Elektrolyse des Kupfers bietet diejenige des Nickels aus seinen Salzlösungen bekanntlich noch technische Schwierigkeiten. R. Riedel hat die Bedingungen festzustellen versucht(„Zeitschrift für angewandte Chemie“ 1916), unter denen die Herstellung eines guten, metallischen Nickelniederschlages gelingt, frei von schwarzen, grünen oder sonstwie farbigen Produkten. Unter Verwendung von Nickelchloridlösungen in Gegenwart von Salz- und Essigsäure wurde festgestellt, daß die Stromausbeute mit steigender Nickelkonzentration zunimmt. Die für Erzielung eines dauernd guten metallischen Niederschlags erforderliche Bedingung ist die Innehaltung einer geeigneten Stromdichte, die sich in hohem Maße von dem Nickelgehalte der Lösung, von der Säurekonzentration, der Art der Säure, der Reinheit der Lösung und der Art der Bewegung des Elektrolyten abhängig erweist. Man kann die zulässige Stromdichte, welche zur Vermeidung schwammiger oder farbiger Produkte gerade noch angewendet werden darf, höher wählen bei hohem Nickelgehalt oder hoher Säurekonzentration; außerdem vertragen essigsaure Lösungen unter sonst gleichen Bedingungen höhere Stromdichten besser als salzsaure Lösungen. Von ungünstiger Wirkung ist die Gegenwart von Fremdstoffen namentlich bei den Arbeiten in salzsaurer Lösung, während essigsaure Flüssigkeiten bei weitem nicht so empfindlich sind. Sind aber erst einmal schwammige Abscheidungen erfolgt, so bleibt das niedergeschlagene schwarze Nickel auch bei Gegenwart von Essigsäure bestehen und kann nicht wieder rückgängig gemacht werden. Es ergibt sich also, daß bei der Elektrolyse von Nickelchloridlösungen Salzsäure als Zusatz nicht in Betracht kommt, sondern daß man nur in Gegenwart von schwach dissoziierten Säuren arbeiten darf.

Eisen (sogenannte **Verstählung**)

(s. a. Steinach-Buchner.

Ueber die Beschaffenheit elektrolytischer Eisenniederschläge und die Bedingungen der Erzeugung derselben liegen verschiedene Arbeiten vor, insbesondere von Lenz (Journal f. prakt. Chemie, Nr. 108, S. 498), Winkeler (Zeitschr. f. Elektrochemie, 1898, Nr. 4, S. 328), Haber (Zeitschr. f. Elektrochemie, Nr. 4, S. 410 ff.), Leé, Förster und anderen (Leé, Ueber den Wasserstoffgehalt des Elektrolyteisens, Diss., Dresden 1906), die sich in M. Schlötters Galvanostegie besprochen finden. Soviel ergibt sich aus allen diesen Arbeiten, daß auch beim Eisen (s. a. Zink) der Wasserstoff und der Wasserstoffgehalt desselben eine große Rolle spielt. Alle Bemühungen gehen dahin, die Wasserstoffionenkonzentrationen bei der

Elektrolyse des Eisens möglichst zurückzudrängen. Auch bei den Eisenniederschlägen hat man es mit der Fällung von Ferrohydoxyd zu tun. Indem die Wasserstoffionen leichter als die Ferroionen entladen werden, verbinden sich die überbleibenden Hydrooxlionen mit den Eisenionen zu Ferrohydroxyd, das mitfällt. Um die verschiedenen Uebelstände zu vermeiden, setzt man den Bädern Magnesiumsulfat, Ammonsalze und auch Natriumbikarbonat zu.

Antimon.

(s. a. Steinach-Buchner die galvanischen Metallniederschläge).

Obwohl die Antimonniederschläge eine gewisse Verwendbarkeit und schönes Aussehen besitzen, haben sie bisher eine Bedeutung nicht erlangt.

Das Antimon hat nämlich die Eigenart, unter Umständen in einer besonderen Modifikation aufzutreten, welche unter Wärmeentwicklung und Ausstoßung weißer Dämpfe explodiert, wenn dieselbe mit einem spitzigen Gegenstand berührt wird. Die Ursache dieser Erscheinung scheint in einem Gehalte dieses Antimonniederschlages an gewissen Antimonverbindungen, vielleicht auch an kolloidalem Antimonylchlorid zu liegen. Die explosive Modifikation ist metastabil gegen die gewöhnliche Form des Antimons. Nicht explosive Antimonniederschläge erhält man aus alkalischen Lösungen und aus Fluorürlösungen.

Antimonüberzüge können nicht zaponiert werden (Fleckenbildung).

Arsen

(s. a. Steinach-Buchner. Die galvanischen Metallniederschläge.)

Arsenniederschläge dienen meist den Zwecken der Metallfärbung, da sie in dunklen Tönen (sog. Grauglanzoxyd) auftreten. Auch das Arsen erscheint hier in einer besonderen Modifikation (grau). Man erhält zuerst blauschwarzen, dann irisierenden Überzug, der dann je nach der Farbe des Grundmetalles graue oder schwarze Farbe annimmt.

Langbein empfiehlt folgendes Bad:

50 g arsenige Säure,
20 g Natriumpyrophosphat,
50 g Zyankalium,
1 l Wasser.

4 Volt Spannung.

Arsenniederschläge vertragen keinen Zaponüberzug (Fleckenbildung).

Blei

(s. a. Steinach-Buchner. Die galvanischen Metallniederschläge).

Es war bisher schwierig, einen vollkommen dichten Bleiniederschlag auf anderen Metallen zu erhalten. Bei der Elektrolyse von Bleilösungen erhält man das Blei bald in geeigneter mikrokristallinischer, bald in großkristallinischer oder auch in schwammförmiger Form.

Am günstigsten verhalten sich nach den Arbeiten von Senn[1]) die Lösungen, die Kieselfluorblei in saurer Lösung, unter Zusatz von etwas Gelatine enthalten.

Als günstigste Bedingungen gibt Senn an:

Elektrolyt. Gehalt an freier Kieselfluorwasserstoffsäure 11 %, Metallgehalt 4—8 % Blei, Stromdichte 50—100 Amp. pro qm, Gelatinezusatz 0,1 g.

Nach K. Elbs und F. W. Biron ist die Bildung des schwammförmigen Bleies durch das Vorhandenseini von Pb....-Ionen, das Auftreten von kristallinischem Blei durch in geringer Konzentration vorhandene Pb¨-Ionen bewirkt.

Zur Verbleiung werden empfohlen Bäder, entweder mit Kieselfluorwasserstoffsaurem Blei oder auch mit überchlorsaurem Blei. Z. B. 370 g kieselfluorwasserstoffsaures Blei, 310 g Kieselfluorwasserstoffsäure, 7 g Gelatine, 4,5 Liter Wasser. Oder 370 g überchlorsaures Blei, 113 g Überchlorsäure, 4,5 Liter Wasser und einige Tropfen Nelkenöl. Für das erste Bad gilt eine Badspannung von 0,3 Volt und Stromdichte von 1,2 Amp/qdm. Beim zweiten Bad wird eine Stromdichte von 1,8 Amp/qdm. angewandt.

Blei scheidet F. C. Mathews, „Amer. Elek. Soc. Trans.“, Bd. 17, S. 261, aus Perchlorat ab, auch beim Raffinieren. Das Perchlorat ist sehr löslich, leitet vorzüglich, verursacht keine Baumbildung und gibt gute Niederschläge (Chloride und Bariumsalze dürfen nicht zugegen sein). Das Bad enthalte 5% Blei, 2—5% freie Perchlorsäure (durch Schwefelsäurezusatz zu sichern) und gelegentlich erneuertes Pepton. Er will Niederschläge von 2,5 cm Dicke gewinnen. Nach Chem. Ztg. 1910, S. 1316, 1350 wurde dieses Verfahren gleichzeitig von Siemens & Halske, D.R.P. 223668, erfunden, welche eine größere Anlage errichten.

F. C. Mathers empfiehlt („Zeitschrift für angewandte Chemie“ 1915) folgendes Bleibad: 100 g Bleiazetat, 40 g Ammoniumpersulfat, 25—50 ccm Eisessig zu 1 l gelöst. Im Eisessig löst man vorher 12,5 g Aloe. Elektrolysiert wird, ohne vorher zu filtrieren, mit einer Stromdichte von 0,4 Amp.; man setzt während der Abscheidung noch etwas Eisessig mit Aloe zu.

Über den Einfluß von Kolloiden auf die elektrolytische Abscheidung des Bleis s. Zeitschrift für Elektrochemie 1912 und 1913 Nr. 20 S. 585 bzw. Nr. 11, S. 431. Ferners führten diesbezügliche Untersuchungekn aus C. Mathers und Overmann Chemiker-Zeitung 1913, Nr. 34, S. 341.

---

[1]) Zeitschrift für Elektrochemie, XI, 229 u. f. S. a. Galvanostegie von M. Schlötter.

Iridium.

Die Schwierigkeit, Iridium galvanisch niederzuschlagen, liegt darin, daß sich Iridium an der Anode nicht löst, so daß das Bad nicht in der nötigen Stärke gehalten werden kann. Nach W. Dudley (Chem. Ztg.) kann nun dieses bewirkt werden durch eine Kohlenanode, welche mit einem Säckchen umgeben ist, welches $Ir(OH)_4$ enthält. Die zu Iridiumniederschlägen dienlichen Verbindungen sind Natrium—Iridiochlorid und Ammon—Iridiochlorid. Iridium hat eine besondere Neigung, Blasen im Niederschlag zu bilden und erfordert regelmäßige Abmessung der Stromdichte.

Kobalt

(s. a. Steinach-Buchner. Die galvanischen Metallniederschläge).

Über Kobaltplattierung (Verkobaltung) an Stelle der Nickelplattierung teilt A. Daub in der Central-Ztg. für Optik und Mechanik, XI. Jahrgang, Nr. 15, aus einer im „Electrical Engineer" erschienenen Arbeit von Alexander Watt wissenswerte Angaben mit, von denen wir das wesentlichste nachstehend mitteilen.

Das Verkobalten bietet vor dem Vernickeln einige Vorzüge; das Kobalt ist weißer, weicher, leichter, glänzend polierbar und eignet sich daher trefflich zum Überzug von kleinen Luxusartikeln aus Kupfer, Messing, Stahl. Obgleich das Kobalt teurer ist als das Nickel, so glaubt Verfasser doch aus nachstehenden Gründen an die vorzugsweise Anwendung des Kobalts an Stelle des Nickels binnen kurzer Zeit:

1. Beim Verkobalten ist nur ein Drittel der Salze zu dem erforderlichen Bade notwendig.
2. Ebenso bedarf es nur ein Drittel der Anodenfläche.
3. Da das niedergeschlagene Metall weicher ist, so bedarf es weniger Arbeit beim Polieren.
4. Ist ein schwächerer Strom notwendig als beim Vernickeln.

Als bestes „Kobaltbad" haben die Versuche des Verf. nachstehende Lösung ausgemittelt: 135 g schwefelsaures Kobaltoxydulammonium werden in 4,5 Liter Wasser gelöst. Die Lösung soll ein spez. Gewicht von 1,015 zeigen bei 15 ° C. Als beste Stromstärke haben sich 0,8 Ampère bei ca. 2 Volt ergeben. Die Größe der Anoden ergab sich von großem Einfluß auf die Gleichmäßigkeit der Verkobaltung. Zu einem Niederschlag von Kobalt auf Messing, Kupfer, Stahl oder Eisen können die Anoden aus gewalztem Kobalt in engen Streifen etwa 2 Zoll breit und 12—18 Zoll lang, je nach der Größe des Gefäßes, sein. Diese Anoden sollen längs der Seiten des Behälters etwa 6 Zoll auseinander arrangiert werden. Bei Anwendung eines großen Behälters, Gefäßen, die 500 bis 1000 Liter Bad enthalten, soll eine entsprechende Reihe von solchen Anoden an einem Leitungsstängchen, welches der Länge nach mit den Enden auf dem Behälter ruht, eingehängt werden; die betreffenden Metallartikel sollen gleich nach ein paar Sekunden, nachdem sie ins Bad gebracht wurden, mit einem Häutchen Kobalt überzogen sein — dann aber soll der Strom schwächer gemacht werden. Erst wenn weitere Gegenstände ins Bad kommen, soll der Strom wieder verstärkt werden. Überhaupt ist die Art der Behandlung hier eine ganz andere als beim Nickelbad, und da das Kobalt sich viel leichter niederschlägt als das Nickel, ist die Stromregulierung eine Hauptsache.

Es soll also immer der Strom geschwächt werden, sobald der Gegenstand schön und vollständig mit Kobalt überzogen ist. Da Kupfer bei gleicher Stromstärke das Kobalt nicht so leicht annimmt als Messing, muß bei kupfernen Gegenständen mit stärkerem Strom begonnen werden. Aber auch dann soll nach dem vollständigen Decken eine Stromschwächung eintreten. Bei Stahl- und Eisengegenständen genügt noch ein schwächerer Strom als bei Kupfer und Messing. Hier, wie überhaupt bei allen Artikeln mit erhabenen Stellen, müssen letztere möglichst weit von den Anoden gehalten werden, damit dieselben nicht „geschwärzt" oder „verbrannt" werden. Auch Zink versuchte Verf. zu verkobalten, doch erhielt er dabei keine sicheren Resultate. Eine Hauptbedingung ist nach des Verfassers Angabe, daß man die Dichtigkeit des Bades entweder durch Zugabe von Wasser oder entsprechenden Salzes gleich erhält. Die Farbe des Kobaltniederschlages wird sehr durch die Stromstärke beeinflußt. So wird ein Niederschlag bei 1 Volt und einer großen Anodenfläche nicht so weiß werden, als ein solcher bei 2 Volt und bei geringer Anodenoberfläche, etwa ⅔ der Kathode.

Kobaltbad.

Gegen Abblättern der Kobaltüberzüge (Zeitschrift für angewandte Chemie 1915) wird ein neutral gehaltenes Bad aus 12,25 g Kobaltsulfat, 56,25 g Ammonsulfat und 5 g Ammonkarbonat auf 1 l Wasser empfohlen. Dabei soll die Abscheidung unter stetem Durchleiten von Kohlensäure vor sich gehen. Als geeignetste Spannung wird angegeben 1—1,2 Volt, die Stromdichte soll betragen 0,5 Amp. bei 10 cm Elektrodenentfernung.

Für die Kobaltbäder benützt man für normalen Betrieb Kobaltanoden, lösliche Kobaltanoden in Plattenform. Verwendet man unlösliche Kohlenanoden, so erhält man Schwierigkeiten. Die Verkobaltung ist härter und widerstandsfähiger als die Vernicklung, infolgedessen genügt es, den Kobaltniederschlag um den vierten Teil schwächer zu machen, als die Nickelauflage. In Amerika werden nach Mitteilungen in der Zeitschrift „Das Metall" 1915, Kobaltbäder in bedeutend stärkeren Konzentrationen als oben angegeben verwendet. Es ist zu beachten, daß bei den höheren Konzentrationen die elektrische Leitfähigkeit der Bäder steigt, so daß der Spannungsverbrauch niedriger wird. Ein Mißstand bildet das Anlaufen verkobalteter Gegenstände, insbesonders bei der Massengalvanisierung in Trommelapparaten. Beim Herausnehmen der Waren bildet sich auf den Gegenständen eine dunkle Anlauffarbe, infolge der Bildung von Kobaltoxyden. Man vermeidet das am besten, wenn die Gegenstände nach dem Herausnehmen sofort reichlich mit Wasser gespült, dann in verdünnter Weinsteinlösung eingelegt und dann mit Sägespänen getrocknet werden. Was das Abblättern der Kobaltniederschläge betrifft und die Verunreinigung der Kobaltbäder, so gilt davon alles das, was bei den Nickelbädern darüber gesagt ist.

Ebenso wie die Vernicklung, so sollte man auch die Verkobaltung nicht bei Küchen- oder Trinkgeschirren anwenden. Hauptsächlich bewährt sich die Verkobaltung bei Gegenständen, die in trockenen Räumen aufbewahrt werden, oder zu Verzierungen und Schmuck. Besonders eignet sich Messingguß zum Verkobalten.

Herstellung von Kobaltniederschlägen auf anderen Metallen und Legierungen, wie Messing, Eisen, Stahl, Kupfer, Zinn, Neusilber, Blei und Britanniametall. Hierüber haben H. T. Kalmus, C. H. Harper und W. L. Savell (Journ. of Ind. and Eng. Chem. 7, 379, 1915, durch „Die Naturwissenschaften" Nr. 35, 1916 sehr umfangreiche Versuche angestellt. Aus der großen Zahl der erprobten Bäder empfehlen sie folgende zwei Lösungen: Lösung A, 200 g kristallisiertes Kobaltammoniumsulfat auf 1 l Wasser und Lösung B, 312 g Kobaltsulfat, 19,6 g Kochsalz und Borsäure bis zur Sättigung auf 1 l Wasser. Die mit diesen Lösungen herzustellenden Niederschläge sind dicht, fest anhaftend, hart und gleichmäßig. Sie sind sehr leicht zu einer Oberfläche von vollkommen befriedigender Glätte zu polieren, die eine glänzend weiße Farbe mit einem schwach bläulichem Schimmer besitzt. Dabei haben diese Niederschläge vor Nickelniederschlägen bei ihrer Herstellung eine große Reihe von Vorzügen. Die elektrische Leitfähigkeit der Lösungen ist größer, als bei den gebräuchlichen Nickelbädern, so daß die Kobaltbäder einer geringeren Spannung bedürfen. Besonders hervortretend ist die Schnelligkeit, mit der sich die Kobaltniederschläge herstellen lassen. Lösung A liefert die Niederschläge viermal schneller als die am geschwindesten arbeitenden Nickelbäder, und bei Lösung B ist die Geschwindigkeit sogar 15 mal so groß. Die mit so großer Schnelligkeit erzeugten Niederschläge sind viel härter als Nickelniederschläge, sie können daher dünner sein und trotzdem den gleichen Schutz für die Oberfläche leisten. Beim Arbeiten mit der Lösung B unter Verwendung von 16 Amp. auf 1 qdcm erfordern Automobilteile, Messingstempel usw. für Vollendung des Kobaltüberzuges einschließlich der Politur nur 1 Minute, die besten Nickelbäder dagegen beim Betrieb mit 1,1 Amp. auf 1 qdcm 1 Stunde. Hiernach braucht man zu den Kobaltniederschlägen nur ein Viertel so viel Metall wie zu den Nickelniederschlägen. Kobalt kann also viermal so teuer sein wie Nickel, und dennoch ist seine Verwendung vorteilhafter, weil sie Arbeit und Zeit erspart. In einem kleinen Raum kann auch mehr Arbeit mit Kobalt als mit Nickelbädern geleistet werden. Kobaltüberzüge, die zum Schmuck auf Messing, Kupfer, Zink oder Neusilber angebracht werden, können in einer Minute hergestellt werden. Waren, die starker Schädigung durch Wettereinflüsse oder durch Reibung ausgesetzt sind, erfordern höchstens 15 Minuten. Die Russel Motar Car Campany hat mit Kobaltüberzügen auf Automobilen und Schlittschuhen sehr günstige Erfahrungen gemacht und bei den gegenwärtigen Zeitumständen wird der Ersatz des Nickels durch Kobalt bei uns in Deutschland ganz besonders hoch zu schätzen sein

Anlaufen verkobalteter Gegenstände.

Verkobaltete Gegenstände laufen im feuchten Zustand durch die Einwirkung des Luftsauerstoffes schnell an, d. h. sie bedecken sich mit einem dünnen Oxydüberzug.

Daher sollen verkobaltete Waren, wenn sie aus dem galvanischen Bad oder der sog. Galvanisiertrommel kommen, möglichst schnell mit Wasser gespült und trocken gerieben werden oder bei Massenartikeln in erwärmten Sägespänen von Feuchtigkeit befreit werden, wie das bei anderen mit galvanischen Metallüberzügen versehenen Massenartikeln ja auch geschieht. Dem Waschwasser fügt man am besten etwas Weinstein bei.

Palladium

(s. a. Steinach-Buchner. Die galvanischen Metallniederschläge).

Besondere Verwendung zum Überziehen von Uhrwerken. Es genügen 4 mg, um das Werk einer Taschenuhr mit Palladium zu bekleiden. Bad:

10 g Palladiumchlorid,
100 g Ammoniumphosphat,
500 g Natriumphosphat,
5 g Benzoesäure,
5 l Wasser.

Für alle Metalle mit Ausnahme von Zink verwendbar.

Palladiumüberzüge werden besonders hergestellt zum Ueberziehen von Uhren, von Skalen, astronomischer und ähnlicher Instrumente, bei denen ein weißer, nicht zu harter, beständiger Überzug erforderlich ist. Als Badflüssigkeit benützt man folgende Zusammensetzung: Man löst 7 g Palladium in Königswasser und dampft die Lösung auf dem Wasserbad ab. Das erhaltene Palladiumchlorid löst man in 20 g destilliertem Wasser evtl. unter Erwärmen auf. Jetzt stelle man her eine Lösung von 226 g Wasser und 14 g phosphorsaurem Ammonium. Diese Lösung wird erwärmt und zu der vorher dargestellten Lösung von Palladiumchlorid hinzugegeben. Die auf solche Weise erhaltene Flüssigkeit wird ein gelbliches und trübes Aussehen haben. Nun bringe man zu dieser Lösung eine andere, welche man aus 228 g phosphorsaurem Natrium und 2 l Wasser hergestellt hat. Die so gewonnene Lösung wird kurze Zeit gekocht, bis der Ammoniakgeruch vollständig beseitigt und die Flüssigkeit klar geworden ist. Dann gebe man 8 g Benzoesäure hinzu, welche wie oben schon erwähnt, dazu dienen soll, dem Überzug eine hellere Färbung zu erteilen. Diese Zugabe von Benzoesäure ist jedoch nicht unbedingt erforderlich. Nun füge man zu der Lösung noch ein Liter Wasser hinzu, worauf dieselbe fertig zur Herstellung des Überzuges ist. Die auf diese Weise gewonnene Flüssigkeitsmenge wird ca 4½ Liter betragen. Wenn auch diese Lösung zur Herstellung des Palladiumüberzuges in kaltem Zustande verwendet werden kann, so ist es doch bei weitem vorteilhafter, dieselbe auf ca 48° C zu erwärmen. Palladium läßt sich auf Messing, Kupfer, Stahl oder Eisen niederschlagen. Die Erzeugung eines ziemlich starken Überzuges wird nur eine Zeit von 5—10 Minuten erfordern. Man kann eine Platin- oder Kohlenanode benutzen; die erstere ist selbstverständlich die vorteilhafteste, allerdings auch die teuerste. Die Badflüssigkeit soll in einem Porzellan-, Glas- oder emaillierten Gefäß verwendet werden. Es ist nur ein schwacher Strom erforderlich, und zwar wird ein solcher von 1—2 Volt genügen.

Platin.

(s. a. Steinach-Buchner. Die galvanischen Metallniederschläge).

Die Erzeugung dünner, schöner, glänzender Platinierungen bietet keine Schwierigkeit. Diese dünnen Schichten erweisen sich jedoch infolge der beträchtlichen Legierungsfähigkeit mit dem unterliegenden Metall vergänglich und bieten nur ungenügenden Schutz. Die Erzielung dickerer Niederschläge, wobei öfter tüchtig durchgekratzt werden muß, ist schwieriger. Als Unterlage eignen sich am besten Kupfer oder Messing.

Über das Verplatinieren.

G. Nicolaus gibt für das Verplatinieren (Elektrochem. Zeitschrift 1914 Band 21 S. 193—195) folgende Mitteilungen.

Ein für das Platinieren von Metallen geeignetes Bad besteht aus einer Lösung von 4 g Platinchlorid, 20 g phosphorsaurem Ammoniak, 90 g phosphorsaurem Natron und 5 g Kochsalz in 1 Liter Wasser. Das Bad muß kochend heiß angewandt werden bei einer Stromstärke von 6—8 Volt. Die Anodenflächen müssen ziemlich groß sein und sich dicht an den zwischen ihnen befindlichen, zu verplatinierenden Gegenständen befinden.

Letztere müssen im Bade tüchtig bewegt werden. Für Mattverplatinien ist der Gegenstand vorher matt zu bürsten, für Glanzplatinieren muß er vorher glanzpoliert sein.

Nur Gold, Silber, Messing und Kupfer können direkt verplatiniert werden, — Eisen, Zink, Stahl, Zinn und Blei sind vorher stark zu verkupfern. Es ist vorteilhafter, kleine als große Bäder zu verwenden.

Rhodium.

Da das Rhodium (ein Metall der Platingruppe) ein sehr hartes, schwer schmelzbares Metall ist und von den gewöhnlichen Reagenzien nicht angegriffen wird, so hat man versucht, eiserne und kupferne Gefäße mit einem Rhodiumüberzuge auf galvanischem Wege zu überziehen. Das hierzu verwendete Bad wird bereitet:

100 g Rhodiumsulfat,
100 g Ammoniumfluorsilicat,
100 g Salmiak,
50 g Ammoniumzyanid,
1 l Wasser.

Kupfer soll sich besser als Eisen überziehen.

Zink

(s. a. Steinach-Buchner. Die galvanischen Metallniederschläge).

Die elektrolytische Abscheidung eines brauchbaren Zinkniederschlages begegnete bisher großen Schwierigkeiten, da man es auch hier, wie beim Blei und beim Zinn, mit dem Auftreten des Metalles in ungeeigneter Form zu tun hat, insbesondere mit dem Zinkschwamm.

Die Elektrolyse der Zinksalze hat in neuerer Zeit sachgemäße, wissenschaftliche Bearbeitung erfahren.

Nahnsen (Berg- und Hüttenmännische Zeitung 1891, 393) hat bereits mehrfach darauf hingewiesen. daß das Zink die schwammige Form am leichtesten annimmt, wenn die Lösung Verunreinigungen wie Kupfer, Arsen, Antimon usw. enthält. 10 % Zinksulfatlösung, welche 0,004 % Arsen als Ammoniumarsenit enthielt, ließ schon nach einer Minute die Bildung des porösen grauen Zinks erkennen, alsbald zeigte sich auch deutlich Wasserstoffentwicklung.

Diese Tatsache wird dadurch erklärlich, wenn man sich vor Augen hält, daß das Zink die Wasserstoffentwicklung durch seine hohe Überspannung erschwert; kommen nun an der Kathode Metallteilchen negativeren Charakters zur Abscheidung, so wird an ihnen die Wasserstoffentwicklung viel leichter einsetzen, und es werden in der Umgebung solcher Metallabscheidungen Hydroxylionen verbleiben und Zinkhydroxyd wird sich um so eher und um so rascher abscheiden können, je mehr das Metall die Wasserstoffabscheidung erleichtet.

Man hat aus der Beobachtung, daß die Bildung von Zinkschwamm häufig eine Begleiterscheinung der Abscheidung von Wasserstoff neben Zink aus Zinksalzlösungen ist, geschlossen, daß der Wasserstoff bei dieser Bildung mitwirkt.

Die Arbeit von Förster und Günther (Zeitschr. f. Elektrochemie, V., S. 16 ff) über die Elektrolyse von Zinkchloridlösungen und über die Natur des Zinkschwammes bestätigt aber die Ansicht, daß die Bildung des Zinkschwammes nicht eine Folge der Entstehung von Zinkwasserstoff sei, sondern durch die Ausscheidung basischer Zinksalze und durch Zinkoxydhydrat hervorgerufen wird; letzteres geschieht aber stets dann, wenn neben den Zinkionen Wasserstoffionen in solchen Mengen entladen werden, daß dadurch die Konzentration der dabei an der Kathode zurückbleibenden Hydroxylionen das Löslichkeitsprodukt von basischem Zinksulfat oder -chlorid oder von Zinkhydroxyd überschritten wird . Scheiden sich diese Salze neben metallischem Zink an der Kathode aus, so stören sie dessen Kristallisation und verursachen die Absetzung lockerer, schwammiger Metallmassen.

Für die Erzielung schwammfreier Zinkniederschläge in neutraler bzw. schwachsaurer Lösung ergeben sich demnach nach Förster, Elektrochemie wässeriger Lösungen, S. 290, folgende Bedingungen:

1. Es ist eine sehr weitgehende Abwesenheit aller Metalle erforderlich, welche negativer sind als Zink.

2. Die die Kathode bespülende Lösung muß einen gewissen schwachen Säuregehalt besitzen. Daher muß, da durch an der Kathode stets stattfindende Wasserstoffentwicklung fortwährend Säure verbraucht wird, für dauernde Nachlieferung von Säure gesorgt und durch lebhafte Bewegung des Elektrolyten vermieden werden, daß Anteile von ihm an der Kathode neutral oder basisch werden.

3. Die Stromdichte an der Kathode darf nicht allzu klein sein: man schlägt das Zink zweckmäßig mit 0,01—0,03 Amp./qcm nieder.

4. Der Gehalt des Elektrolyten an Zinksulfat oder -chlorid soll nicht zu niedrig sein; eine Konzentration von 40—60 g im Liter ist eine ausreichende.

Aus alkalischen Lösungen erhält man zu Beginn der Elektrolyse fast immer weißes, schwach glänzendes Zink, aber bei fortdauernder Stromeinwirkung tritt auch hier Zinkschwammbildung auf, obwohl doch anzunehmen ist, daß in den zur Verwendung kommenden stark alkalischen Bädern die Ausscheidung von Zinkhydroxyd unmöglich ist. Diese Erscheinung wird erklärlich, wenn man sich vor Augen hält, daß außer in hoch konzentrierten Lösungen fast gar kein Zinkat, sondern nach Hantzsch (Zeitschr. anorg. Chem., 1902, Nr. 30, S. 298) meist kolloidales Zinkhydroxyd vorhanden ist.

Es ist bekannt, daß Kolloide, und zwar ausschließlich positive Kolloide die elektrolytische Abscheidung der Metalle in dichter, kohärenter und glänzender Form wesentlich begünstigen. Zu dieser Art Kolloiden gehört das Zinkhydroxyd, und es läßt sich die Abscheidung glänzenden Zinkes durch seine Anwesenheit erklären. Was die Ursache zur Schwammbildung betrifft, so sind zwei Fälle möglich. Entweder wird das kolloidale Zinkhydroxyd, weil positiv, durch die Einwirkung des Stromes an der Kathode zur Abscheidung gelangen, oder die Ausfällung könnte durch die an der Kathode vorhandenen Natriumionen, die infolge größerer Wanderungsgeschwindigkeit dort in erhöhter Konzentration vorhanden sind, bedingt durch Massenwirkung dieses Ions, stattfinden. Diese Ausscheidung gibt den Anstoß zur Zinkschwammbildung.

Ueber **Eigenschaften und Prüfung der Zinkniederschläge**, insbesondere nach dem von Pettenkofer zuerst angewandten Verfahren mit Kupfersulfatlösung, gibt M. Schlötter in seiner Galvanostegie ausführliche Mitteilungen (siehe auch Seite 276).

Eine g l ä n z e n d e V e r z i n k u n g soll erzielt werden durch geringe Zusätze von kolloidal wirkenden Stoffen.

Ueber den Einfluß von K o l l o i d e n auf die elektrolytische Abscheidung von Z i n k s. Zeitschrift für Elektrochemie 1913, Nr. 11, S. 431.

Die V e r z i n k u n g arbeitet jetzt mit Bädern, bei denen Stromdichten von 3—4000 Amp./pm Oberfläche vorhanden sind.

Zi-Led-Niederschläge sind übereinander gelagerte Niederschläge von Zink und Blei.

Die Prüfung von galvanisiertem Eisen.

Nach Philipp (Zeitschrift für Angew. Chemie 1918, Nr. 14, liefert die K u p f e r s u l f a t t a u c h m e t h o d e zur Prüfung der Stärke einer Verzinkung bei ungleichmäßigen Ueberzügen fehlerhafte Ergebnisse. Bedeutend besser ist das Ablösen mit Bleiazetat nach Walker und Parker, J. Ind. Eng. Chem. 3, 239/1911. Dabei muß der Gehalt der Lösung an essigsaurem Blei bedeutend höher sein als der theoretisch berechnete. da mit dem Eintreten von Zinkionen in die Bleiflüssigkeit die Wirkung sehr zurückgeht. Zinkhaltige Lösungen mit weniger als 2,6 Bleiazetat im Liter vermögen weder Zink noch Eisenlegierungen anzugreifen. Sehr rasch läßt sich der Zinküberzug durch Abbeizen mit Salzsäure bestimmen. Eine Säure vom spez. Gew. 1,098, hergestellt aus gleichen Volumteilen konz. Salzsäure und Wasser, greift bei Temperaturen unter 45° die Eisenunterlage nur spurenweise an. Vor der Bleiazetatmethode hat die Behandlung mit Salzsäure den Vorzug, daß das gelöste Zink und das Eisen in einfacher Weise bestimmt werden können. Wie Lösungsversuche ergaben, wird in den ersten Minuten der Einwirkung fast nur reines Zink gelöst.

Erst nach Entfernung der Hauptmenge des Zinks findet ein Angriff auf die Zink-Eisenlegierungen statt. Sollen verschiedene Prüfungsmethoden verglichen werden, so ist vor allem festzustellen, wieviel Eisen von der Unterlage gelöst wird, und ob nicht etwa Zink in Form von Zink-Eisenlegierungen unangegriffen zurückbleibt.

Bestimmung des Zinküberzugs auf Blech und Draht.

An Stelle des bisherigen Verfahren, um die Dicke und Dauerhaftigkeit des verzinkten Eisens zu bestimmen (siehe auch Georg Buchner, Hilfsbuch für Metalltechniker, Berlin 1922, empfiehlt Aupperle eine neue Methode (Chemiker Zeitung 1916), die darin besteht, als Lösungsmittel eine Salzsäure (spez. Gew. 1,2) zu verwenden, der man geringe Mengen Antimonchlorid zugesetzt hat. Man taucht die verzinkte Probe 1 Min. lang ein, der Ueberzug löst sich. Eisen geht kaum in Lösung, dagegen überzieht sich seine Oberfläche mit einem äußerst dünnen Häutchen von Antimon. Die Probe ist äußerst rasch durchführbar und genau. Für Blech setzt man zu 100 ccm Salzsäure 5 ccm, für Draht 2—3 ccm Antimonchlorid (erhalten durch Auflösen von 20 g Antimontrioxyd in 1000 ccm H Cl, spez. Gew. 1,2). Die entzinkten Proben werden gewaschen, getrocknet und die Zinkauflage durch Differenzwägung festgestellt.

Unterscheidung der Heißverzinkung (sog. Feuerverzinkung) von der elektrolytischen, sog. galvanischen Verzinkung.

Diese Feststellungen haben oft erhebliches Interesse. Nach O. Bauer ist das Eisen ein außerordentlich charakteristischer Begleiter des auf feuerflüssigem Wege aufgetragenen Zinks. Eine galvanische Verzinkung enthält niemals Eisen. Der leicht zu führende Nachweis von Eisen liefert für die Herkunft der Verzinkung einen sicheren Beweis, der auch durch den gleichzeitigen Nachweis von Blei (im Hüttenzink) gestützt werden kann. Das von Bauer angegebene Prüfungsverfahren beruht auf der Abtrennung der Zinkschicht durch verdünnte, arsenige Säure enthaltende Schwefelsäure, welche die Verzinkung einschließlich der eisenhaltigen Legierungszwischenschicht (bei Feuerverzinkung) quantitativ ablöst, ohne daß nennenswerte Mengen Eisens vom Untergrund mit in die Lösung gehen. Die Ausführung der Prüfung geschieht in der Weise, daß man den zu untersuchenden Gegenstand kurze Zeit, bis zum Aufhören der Gasentwicklung, in die Säure eintaucht und diese dann nach dem Herausnehmen des Probestücks auf Eisen qualitativ untersucht. Das in der Zinkschicht vorhandene Blei bleibt nach dem Ablösen des Zinks in Form schwarzer Flocken zurück und ist leicht zu charakterisieren. Der Nachweis von Blei kann ferner durch Behandeln des verzinkten Gegenstandes mit Ammonnitratlösung erbracht werden. Hierbei wird ebenfalls das Zink gelöst, während das Blei flockig abgeschieden wird.

Ausgedehnte **Versuche** von Szirmay **bezüglich der verschiedenen Verzinkungsarten** haben Resultate ergeben, welche durchaus zu G u n s t e n d e r e l e k t r o l y t i s c h e n V e r z i n k u n g sprechen. Die Vorteile der elektrolytischen Verzinkung gegenüber der sog. Heißverzinkung ergeben sich aus folgender Zusammenstellung:

1. Während bei der Heißverzinkung infolge der unumgänglichen Unreinheit des Zinks verhältnismäßig große Zinkmengen aufgebracht werden müssen, um Rostsicherheit zu verbürgen, genügt ein viel geringerer Zinkniederschlag, elektrolytisch bewirkt, um die Gegenstände vor Rost zu schützen, infolge der Reinheit derselben.

2. Die große Zinkmenge und die Ungleichmäßigkeit des Überzugs beim Heißverfahren beeinträchtigen die feste Haftbarkeit und da sowohl Bleche als Rohre und Drähte bei Gebrauch mechanisch verarbeitet werden, wobei der Zinküberzug leidet, findet ein vorzeitiges Rosten der bearbeiteten Stellen statt.

In letzterer Zeit suchte man dem Übelstand durch das sog. Wischverfahren, besonders bei Drahtverzinkung, zu steuern. Man sparte dadurch an Zink und erzielte eine größere Gleichmäßigkeit und Haltbarkeit des Überzugs; aber sehr auf Kosten der Rostsicherheit, wie die chemischen Versuche dargetan haben, wonach die von erstklassigen englischen und amerikanischen Firmen bezogenen Wischdrähte absolut keinen Schutz gegen atmosphärische Einflüsse bieten. Darüber kann auch ihr schönes Aussehen nicht hinwegtäuschen, und es werden tatsächlich unter den Konsumenten Stimmen laut, die solche Drähte wegen des raschen Rostens ablehnen.

3. Infolge des Gebrauchs von Salmiak und Chlorzink bei der Heißverzinkung korrodiert der Überzug bei mechanischer Lädierung, und die eingeschlossenen Chlorsalze bewirken in solchen Fällen ein Rosten von innen nach außen. Wenn sonach die großen Zinkmengen, trotz der darin enthaltenen Unreinheiten, das darunter befindliche Eisen vor Rost auch für längere Dauer schützen würden, bewirkt dieser Übelstand vor der Zeit ein Verrosten des Eisens oder Stahls, obwohl die vorgeschriebene Tauchzeit und Zahl einwandfrei erreicht wird. Eigentümlich ist der Mangel einer einwandfreien Verzinkung des Rohrinnern gerade bei solchen Dimensionen, die zumeist in Gebrauch kommen, wie wohl sehr leicht zu erklären. Die zähe geschmolzene Zinkmasse kann nicht so rasch wie notwendig das enge Rohrinnere ausfüllen, daher das Vorkommen bloß einzelner Streifen und erstarrter Klümpchen, so daß diese Rohre im Innern viel rostiger sind und früher zu Grunde gehen müssen als Schwarzrohre, denen das Oxyduloxyd wenigstens für einige Zeit Schutz bietet.

Alle diese Mängel kommen bei elektrolytischer Verzinkung in Wegfall, weshalb auch diese den Vorzug vor dem Heißverzinken verdient.

Allerdings ist auch hierbei nicht gleichgültig, aus welchen Bädern der Zinküberzug niedergeschlagen wurde.

Es wurden elektrolytisch verzinkte Waren untersucht, die eine genügend starke Zinkschicht aufwiesen und dennoch rasch rosteten, während seit Jahren exponierte elektrolytisch verzinkte Bleche, Rohre und Stacheldrähte in Größen, wie solche auf den Markt gebracht werden, sich noch heute als tadellos erweisen.

Eine sorgfältige Untersuchung des Zinkblechniederschlags verschaffte die Aufklärung über das verschiedene Verhalten.

Man fand manchen Niederschlag nahezu chemisch rein; die mit diesem versehene Ware hat auch atmosphärischen Einflüssen siegreich widerstanden. Manche Niederschläge hingegen enthielten Salze eingeschlossen, welche sich als direkte Ursache des frühen Rostens zeigten.

Auf Grund der Befunde einer Reihe von Zinkelektrolyten ist festzustellen, daß natürlich das Zink nicht an Salze gebunden sein darf und der Elektrolyt keine derartigen Leitsalze enthalten darf, welche rostsichere Niederschläge verhindern. Nach dem Verfasser ist das ablehnende Verhalten der Großindustrie elektrolytischen Verfahren gegenüber auf solche Fehler zurückzuführen. Da diesem Mangel leicht abzuhelfen ist, wäre es an der Zeit, sich zu Verzinkungen immer mehr der elektrochemischen Verfahren zu bedienen.

Wertvolle Ausführungen über die galvanische Verzinkung, ihre Fehler und deren Beseitigung finden wir bei Barth, Bayr. Industrie- und Gewerbeblatt 1914 Nr. 20; Seite 192.

Zinn.

(s. a. Steinach-Buchner Die galvanischen Metallniederschläge).

Bei der galvanischen Verzinnung ergeben sich ähnliche Schwierigkeiten wie beim Blei.

Steinach erhielt mit einer 1—2 % Lösung von dem sog. Pinksalz (Zinnammoniumchlorid $Sn\,Cl_4 + 2\,NH_4\,Cl$ mit 32,16 % Zinn) beim Verzinnen von kleineren Gegenständen eine vollkommen brauchbare Verzinnung.

An Stelle der von Roseleur angegebenen Verzinnungsbäder werden folgende Zusammensetzungen empfohlen:

Für Kupfer, Bronze und Messing:

Wasser	5 l
Zyankalium	155 g
Ätzkali	31 g
Zinnchlorid	31 g

Für Gußwaren oder Stahl:

Wasser	5 l
Zyankalium	63 g
Ätzkali	63 g
Zinnchlorid	63 g

Als Anoden kommen solche von Zinn zur Verwendung, die Spannung beträgt in kalter Lösung 2,5 bis 3 Volt, wobei zur Ausfällung 3 bis 5 Minuten nötig sind.

Galvanische Überzüge auf Aluminium.

Versucht man das Aluminium auf gewöhnliche Weise wie Messing, Eisen oder Zink elektrolytisch mit Kupfer, Silber oder Gold zu überziehen, so gewahrt man bald; daß entweder kein oder höchstens ein pulveriger Niederschlag entsteht, und daß sogar das Aluminium sowohl durch das saure als auch das alkalische Kupferbad (Zyanbad) gelöst wird. Die direkte elektrochemische Reaktion gewinnt die Oberhand über die Wirkung des elektrischen Stromes.

Bei Stromdichten, bei denen dieses Übergewicht nicht mehr vorhanden ist, fallen die Niederschläge an und für sich nicht mehr gut aus. In beiden Fällen tritt an der Kathode eine Wasserstoffentwicklung auf, die, wenn noch so schwach und mit dem Auge kaum sichtbar, doch genügt, um ein festes Anhaften des scheinbar tadellosen Niederschlages zu verhindern. Die minimalste Gasschichte reicht hin, um eine Adhäsion des Kupfers an das Aluminium unmöglich zu machen. Diese Beobachtungen führten dazu, eine Salzlösung zu verwenden, deren saurer Bestandteil die Eigenschaft besitzt:

1. Aluminium nicht zu lösen,
2. allenfalls auftretenden Wasserstoff gleich im Status nascens zu oxydieren.

Eine solche Verbindung ist das Kupfernitrat, und seine Wirkung wird noch verstärkt durch einen Überschuß freier Salpetersäure. So lange man für Überschuß an Salpetersäure sorgt, wird der Wasserstoff jeweilig zu deren Reduktion verwendet und kann so überhaupt nicht im freien Zustande auftreten.

In Neuhausen wird zur Verkupferung eine Lösung von 100 g Kupfervitriol und 60 ccm konz. Salpetersäure (36° Bé = 1,334) in 1 Liter angewendet. Es ist dabei für das Festhaften des Niederschlages nicht gut, wenn die Flächen ganz blank und glänzend sind, vielmehr sollen dieselben mit Schmirgel gerieben und so lange in verdünnte Natronlauge getaucht werden, bis überall beträchtliche Gasentwicklung eingetreten ist. Dann wäscht man mit konzentrierter Salpetersäure ab und bringt ins Kupferbad. Die Kupferanode soll ungefähr die gleiche Oberfläche wie der zu verkupfernde Gegenstand haben. Die geeignetste Spannung am

Bade ist ca. 4 Volt bei einer Elektrodenentfernung von ca. 5 cm. Der Strom soll durch das Eintauchen und Herausnehmen der Gegenstände selbst geschlossen und geöffnet werden. Die Dauer der Stromeinwirkung soll nicht länger als 10—20 Minuten dauern. Zu dicke Niederschläge blättern leicht ab.

Der letzte Umstand macht das Verfahren etwas unsicher. Ganz fest, auch in dickeren Lagen, sollen dagegen jene Niederschläge haften, welche auf „lötbaren" Blechen der Neuhausener Fabrik aus einem alkalischen Kupferbad (17,8 g Ammoniak, 31 g Kupferazetat, 44,5 g Zyankalium, 26,5 g Natriumsulfit) mit schwachem Strome niedergeschlagen werden. Eine direkte Versilberung wäre im salpetersauren Silberbade ebenso gut erreichbar wie die Verkupferung, wenn das Silber aus salpetersaurer Lösung überhaupt kompakt niederfallen würde. Dies ist leider nicht der Fall, man erhält vielmehr daraus nur Kristallnadeln oder aus feinsten Nädelchen zusammengesetzten Schwamm. Nur ganz dünne Schichten kann man bei schwachem Strome kompakt erhalten, doch lösen sich dieselben nur zu leicht wieder vom Aluminium ab. Es ist deswegen geratener, der Versilberung (das gleiche gilt von der Vergoldung) erst eine Verkupfung auf lötbarem[1]) Bleche im alkalischen Bade vorausgehen zu lassen, dann im gewöhnlichen Zyansilberbade zu versilbern, evtl. im Goldbade zu vergolden.

Um Metallüberzüge auf Aluminium zu erzeugen, verfährt Wagner wie folgt:

Aluminium wird zuerst sorgfältig gereinigt, sodann in ein siedendes Bad aus 10 g Zyansilber, 20 g Zyanquecksilber in 220 g Wasser einige Minuten gebracht. Das nun mit Silberamalgam überzogene Aluminium kommt in ein Bad aus: 100 g Zinkchlorid, 300 g Natriumsulfat in 1 Liter Wasser. Nach erfolgter Verzinkung wird dann versilbert, verkupfert usw. (Siehe auch Bayer. Industrie- und Gewerbeblatt, 1894, S. 278 und 136.)

Direktes Vernickeln von Aluminium.

Nach dem Verfahren von Canacsch wird Aluminium direkt, also ohne die bisher nötige vorherige Verkupferung, Verzinkung usw. festhaftend vernickelt. Diese Vernicklung, im Handel fälschlich Aluminiumnickel genannt, wird wie folgt ausgeführt: Zunächst wird das Aluminium in kochender Pottaschelösung gereinigt und dann in Kalkmilch gelegt, am besten damit abgebürstet. Dann taucht man es einige Minuten in eine 2prozentige Zyankaliumlösung. Hierauf erhält das Aluminium einen dünnen Eisenüber-

---

[1]) Die Neuhausener Fabrik bringt ein besonders präpariertes Aluminiumblech in den Handel, welches auf gewöhnliche Weise mittels des Kupferkolbens und mit Zinn gelötet werden kann. Vor dem Löten bestreicht man dasselbe, d. h. die Lötstelle, mit einer Paste aus Kolophonium, Talg und neutralem Chlorzink. Gewöhnliches Aluminiumblech läßt sich leicht löten, wenn man die Ränder zuvor schwach verkupfert.

zug, indem man den Gegenstand in eine Lösung aus 500 g Salzsäure, 500 g Wasser und 1 g Eisen bringt, bis das Aluminium ein eigenes an Metallmoor erinnerndes Aussehen erhalten hat. Die Gegenstände werden dann abgespült und kommen ins Nickelbad, welches am besten aus einer Lösung von 50 g Nickelchlorür, 20 g Borsäure, in einem Liter Wasser besteht. Der dünne Eisenüberzug breitet sich wie ein Netz über dem Aluminium aus und bewirkt das Haften des Nickels auf dem Aluminium.

An Stelle des Verfahrens von Canac und Tassily, welche zu diesem Zweck zuerst eine dünne Eisenschicht niederschlagen, empfehlen Wogrinz und Hella (Metall 1914 durch „Zeitschrift für angewandte Chemie" 1915) folgendes Verfahren: Die entsprechend vorbehandelten Aluminiumwaren werden zunächst 1—2 Minuten lang in ein 30—40 ° C warmes Bad aus 40 g Kaliumzinkzyanid, 10 g Zyankalium, 150 g Soda und 50 g Ätznatron in 1 l Wasser gebracht, in dem sie bei Verwendung von Eisenanoden einen grauen, gleichmäßigen Zinküberzug erhalten. Dadurch sind die Gegenstände für die Weiterbehandlung in einem beliebigen Bade geeignet. Wünscht man solide Galvanisierungen, bei denen auch bei längerer feuchter Lagerung ein Durchschlagen von Ausblühungen aus dem Aluminium nicht zu befürchten ist, so muß die Zinkschicht erst im alkalischen Kupferbad verkupfert und dieser Niederschlag in saurem Kupferbad verstärkt werden, wobei dem letzteren zweckmäßig etwas Glyzerin zugesetzt wird.

Eine Zusammenstellung aller auf Galvanoplastik und Galvanostegie bezüglichen Patente findet sich in dem Handbuch der Elektrochemie von Vogel und Rössing, und der Galvanostegie von M. Schlötter.

Galvanolack.

— In Zelluloidlack, z. B. Zapon, suspendierte Metallpulver, zur Imitation von galvanischen Niederschlägen, da die aufgetragene Schichte sehr widerstandsfähig ist gegen atmosphärische Einflüsse.

Anhang.

Atomgewichte 1917

Sauerstoff = 16 (Einheit).

Ag	Silber	107,88	N	Stickstoff	14,01
Al	Aluminium	27,1	Na	Natrium	23,00
Ar	Argon	39,88	Nb	Niobium	93,5
As	Arsen	74,96	Nd	Neodymium	144,3
Au	Gold	197,2	Ne	Neon	20,2
B	Bor	11,0	Ni	Nickel	58,68
Ba	Barium	137,37	Nt	Niton	222,4
Be	Beryllium	9,1	O	Sauerstoff	16,000
Bi	Wismut	208,0	Os	Osmium	190,9
Br	Brom	79,92	P	Phosphor	31,04
C	Kohlenstoff	12,00	Pb	Blei	207,20
Ca	Kalzium	40,07	Pd	Palladium	106,7
Cd	Kadmium	112,40	Pr	Praseodym	140,6
Ce	Cerium	140,25	Pt	Platin	195,2
Cl	Chlor	35,46	Ra	Radium	226,4
Co	Kobalt	58,97	Rb	Rubidium	85,45
Cr	Chrom	52,0	Rh	Rhodium	102,9
Cs	Caesium	132,81	Ru	Ruthenium	101,7
Cu	Kupfer	63,57	S	Schwefel	32,06
Dy	Dysprosium	162,5	Sb	Antimon	120,2
Er	Erbium	167,7	Sc	Scandium	44,1
Eu	Europium	152,0	Se	Selen	79,2
F	Fluor	19,0	Si	Silicium	28,3
Fe	Eisen	55,84	Sm	Samarium	150,4
Ga	Gallium	69,9	Sn	Zinn	118,7
Gd	Gadolinium	157,3	Sr	Strontium	87,63
Ge	Germanium	72,5	Ta	Tantal	181,5
H	Wasserstoff	1,008	Tb	Terbium	159,2
He	Helium	3,99	Te	Tellur	127,5
Hg	Quecksilber	200,6	Th	Thor	232,4
In	Indium	114,8	Ti	Titan	48,1
Ir	Iridium	193,1	Tl	Thallium	204,0
J	Jod	126,92	Tu	Thulium	168,5
K	Kalium	39,10	U	Uran	238 5
Kr	Krypton	82,9	V	Vanadium	51,0
La	Lanthan	139,0	W	Wolfram	184,0
Li	Lithium	6,94	X	Xenon	130 2
Lu	Lutetium	175,0	Y	Yttrium	88 7
Mg	Magnesium	24,32	Yb	Ytterbium	173 5
Mn	Mangan	54,93	Zn	Zink	65,27
Mo	Molybdän	96,0	Zr	Zirkonium	90 6

Elektrische Grössen.

Die Stromstärke $= \frac{\text{Elektrizitätsmenge}}{\text{Zeit}} = \frac{\text{Potentialdifferenz}}{\text{Widerstand}}$

Einheit der Elektrizitätsmenge ist ein Coulomb. Ein Coulomb scheidet 0,0011180 g Silber aus Silbernitrat aus. Einheit der Stromstärke = ein Coulomb pro Sekunde ist ein Ampère.

Ein Ampére ist $= \frac{\text{Potentialdifferenz Eins}}{\text{Widerstand Eins}}$

Widerstand $= \frac{\text{Potentialdifferenz}}{\text{Stromstärke}}$

Einheit des Widerstandes ist ein Ohm, es wird durch den Widerstand, den eine prismatische Säule von konstantem Querschnitt aus reinem Quecksilber von 14,4521 g Masse und 106,300 cm Länge bei 0° ergibt, charakterisiert.

Leitfähigkeit $= \frac{1}{\text{Ohm}}$ ist das Reciproke vom Widerstand.

Potentialdifferenz = Stromstärke × Widerstand.
Einheit der Potentialdifferenz, ein Volt, ist diejenige Potentialdifferenz, die am Ende eines Ohms vorhanden sein muß, damit ein Coulomb pro Sekunde (ein Ampère) durch diesen Widerstand fließt.

Elektrische Energie = Potentialdifferenz × Elektrizitätsmenge.
Einheit der elektrischen Energie ist ein Joule = ein Volt × ein Coulomb = 10^7 Erg.

Elektrische Leistung = Potentialdifferenz × Stromstärke.
Einheit der elektrischen Leistung ist ein Watt = ein Volt × ein Ampère = 10^7 Erg pro Sekunde.

Die internationale Maßeinheit für „elektrische Leistung" ist das Watt, ähnlich wie z. B. Meter die Maßeinheit für Längen, Kilogramm diejenige für Gewicht darstellt.

1000 Watt (abgekürzt W) = 1 Kilowatt (= KW).

Die allgemein eingeführte Einheit für die Messung elektrischer Arbeit bildet die Kilowattstunde (= KWSt), d. h. diejenige Arbeitsmenge, welche der Benutzung von 1 KW auf eine Stunde entspricht.

Die elektrische Leistung in Watt kann durch Multiplikation der Spannung (Maßeinheit Volt [= V.]) mit der Stromstärke (Maßeinheit Ampère [= A. oder Amp.]) ermittelt werden.

Weitere Bezeichnungen:

Ampèrestunde = 3600 Coulomb, Wattstunde = 3600 Joule.
Die dekadischen Hilfseinheiten: Milli — 10^{-3}, Mikro — 10^{-6}, Kilo — 10^{3}, Mega — 10^{6}.

Elektrochemisches Äquivalent F = 96 540 Coulomb.

Elektrische Kapazität = $\frac{\text{Elektrizitätsmenge}}{\text{Potential}}$

Einheit der Kapazität, ein Farad, besitzt ein Leiter, der durch die Elektrizitätsmenge Eins zum Potential Eins geladen wird, d. h. ein Farad ist = $\frac{\text{Ein Coulomb.}}{\text{Ein Volt}}$ Die Dimension ist die Länge und wird in cm gemessen. Da diese Einheit sehr groß ist, so wird meistens Mikrofarad benutzt.

Die Dielektrizitätskonstante Eins hat der leere Raum.

Bei einem Dielektrikum wird sie durch das Verhältnis der Kapazitäten eines Kondensators im Vakuum und im gegebenen Dielektrikum charakterisiert.

Selbstinduktion — praktische Einheit Quadrant = 10^{9} cm Länge.

$$\frac{1\ \text{Erg}}{\text{sec}} = 10^{-7}\ \text{Watt} = 1.020.10^{-8}\frac{\text{Kilogrammeter}}{\text{sec}} = 136.10^{-12}$$

$$\text{Pferdestärke} = 2.39.10^{-8}\ \frac{9\ \text{kal.}}{\text{sec}}$$

1 Watt = 1 Joule pro sec = 10^{7} Erg; 1 Pferdestärke = 75 kg m/sec = 735 . 10^{7} Erg; 1 kgm = 98 . 1 . 00 . 000 Erg; 1 g kal. = 41 . 900 . 000 Erg = 4,19 Watt = 4,19 Joule pro sec.

Die elektrischen Maßeinheiten.

Definitionen des Internationalen Elektriker-Kongresses, Chicago 1893, nach den Vorschlägen der Physikalisch-technischen Reichsanstalt. (In Deutschland eingeführt durch das Reichsgesetz vom 1. Juni 1908.)

1. Die gesetzlichen Einheiten für elektrische Messungen sind das Ohm, d. i. der Widerstand, den der Leiter dem Passieren der elektrischen Energie entgegensetzt, das Ampère, d. i. die Stromstärke, und das Volt, d. i. die elektromotorische Kraft.

2. Das (sog. internationale) Ohm ist die Einheit des elektrischen Widerstandes. Es wird dargestellt durch den Widerstand einer Quecksilbersäule von 0° C, deren Länge bei durchweg gleichem, 1 qmm messenden Querschnitt 106,3 cm und deren Gewicht 14,4521 g beträgt.

3. Das **Ampère** ist die Einheit der elektrischen Stromstärke. Es wird dargestellt durch den unveränderlichen elektrischen Strom, der beim Durchgange durch eine wässerige Lösung von Silbernitrat in 1 Sekunde 0,001118 g Silber niederschlägt.

4. Das **Volt** ist die Einheit der elektromotorischen Kraft. Es wird dargestellt durch die elektromotorische Kraft, welche in einem Leiter, dessen Widerstand 1 Ohm beträgt, einen elektrischen Strom von 1 Ampère erzeugt.

1 Voltampère (V. A.) oder Watt ist = 0,102 Sek/mk.

1 Kilowatt = 1000 Watt.

1 Kilowattstunde = 1,359 PS (Pferdestärke = 864 W. Kalorien).

1 Voltcoulomb = 10^7 Erg = 0,1018 Kilogrammeter = 0,239 Kalorien.

1 Pferdekraft (PS) = 736 Watt (= 75 Meterkilogramm in 1 Sekunde [1]).

1 HP (horse power) = 746 Watt.

Meg(a) ist das Millionfache,
Kilo „ „ Tausendfache,
Milli „ „ $^1/_{1000}$,
Mikr(o) „ „ $^1/_{100000}$,

Der Ausdruck **Klemmspannung** ist ein komplexer Begriff, der sich zusammensetzt aus:

1. dem Potentialsprung, Anode—Elektrolyt,
2. dem Potentialabfall im Elektrolyten,
3. dem Potentialsprung, Kathode—Elektrolyt, wenn man von dem Abfall in den Elektroden selbst absieht.

Als Einheit für alle Kräfte benutzt man in der Physik eine Dyne. Es ist dies die Kraft, mit welcher die Erde ein Milligramm anzieht; die Anziehungskraft, welche die Erde auf ein Kilogramm ausübt, also das Gewicht eines Kilogramms ist = 981 000 Dynen. Die Elektrizitätsmenge, die auf eine gleichgroße, in der Entfernung von 1 cm befindliche Menge eine Kraft ausübt, deren Größe eine Dyne ist, ist die elektrostatische Einheit der Elektrizitätsmenge. Statt dieser Einheit gebraucht man in der Praxis eine solche, die dreitausend Millionen Mal so groß ist. Diese praktisch gebrauchte Einheit ist ein **Coulomb**.

Ein Körper, der 1 Coulomb Elektrizitätsmenge enthält, würde ganz bedeutende Kräfte auf einen, mit derselben Elektrizitätsmenge enthaltenden Körper ausüben, da 1 Coulomb dreitausend Millionen elektrostatische Einheiten ist. Man bezeichnet ein Millionstel Coulomb als ein Mikrocoulomb. Zwei kleine Körper,

---

[1]) Ein Meterkilogramm ist das Äquivalent einer Arbeit, welche 1 kg einen Meter hoch hebt. Eine Pferdekraft wird demnach eine Arbeitsleistung genannt, welche gleich derjenigen, die in 1 Sekunde 75 kg einen Meter hoch hebt oder 1 kg in 1 Sekunde 75 m.

von denen jeder mit 1 Mikrocoulomb, d. h. dreitausend elektrostatischen Einheiten geladen wäre, wenn sie 1 cm Abstand voneinander haben, würden eine Kraft aufeinander ausüben, die = neun Millionen Dynen, also etwa gleich dem Gewichte von 10 Kilogramm wäre. Würden wir den einen Körper auf eine Wagschale legen und denjenigen mit derselben Menge entgegengesetzt geladenen Elektrizität darunter, so müßte man auf die andere Wagschale 10 Kilogramm aufbringen, um die Wage im Gleichgewicht zu erhalten. Diese Anziehungskraft ist aber nicht stets dieselbe, ob sich Luft oder ein anderer Körper zwischen den Körpern befindet. Im vorigen Falle wäre, wenn statt Luft Petroleum sich zwischen den Stoffen befände, die Anziehungskraft nicht 10 Kilogramm, sondern nur 10 : 2,2. Die Zahl 2,2 nennt man die Dielektrizitätskonstante.

In anderer Form ausgedrückt, ist 1 Coulomb diejenige Elektrizitätsmenge, welche durch einen Leiter vom Widerstande 1 Ohm unter der Einwirkung einer elektromotorischen Kraft 1 Volt während 1 Sekunde hindurchgeht, oder welche durch 1 Ampère in 1 Sek. geliefert wird. 1 Ampèrestunde = 3600 Coulomb.

1 Coulomb ist der zehnte Teil der elektromagnetischen cm . g . sec Einheit.

Ein Coulomb scheidet 0,001118 g Silber aus. Ein Coulomb ist ferner die elektrische Ladung von 0,01036 mg Aequivalenten eines Ions und scheidet ebensoviel mg Aequivalente eines jeden Stoffes von den Elektroden ab.

Hygiene des Galvanotechnikers.

Bei den Arbeiten, welche in den galvanotechnischen Werkstätten ausgeführt werden, ist vielfach Gelegenheit zur Schädigung der Gesundheit gegeben. Es ist daher eine gewisse Vorsicht und die Befolgung des obersten Grundsatzes der Hygiene geboten: „Verhüten ist leichter als Wiedergutmachen.“ Man hüte sich vor allem

1. vor den stark ätzenden Wirkungen, welche konzentrierte Säuren und Laugen auf der Haut verursachen;

2. vor der Einatmung von Blausäure, Säuredämpfen aller Art, nitrosen Gasen usw.;

3. vor der Giftwirkung von Chemikalien aller Art, Metallsalzen, Zyankalium usw.

Man behandle alle Zusammensetzungen so, als ob sie giftig wären, gewöhne sich an peinliche Sauberkeit und vermeide es, die Lösungen mit den Händen zu berühren.

Andernfalls entferne man diese Stoffe durch rasches Abwaschen mit viel reinem Wasser.

Insbesondere gilt dies für diejenigen Zusammensetzungen, welche Blei, Quecksilber, arsenige Säure oder Zyankalium enthalten.

Man bedenke, daß die Haut stets kleine Verletzungen, Risse usw. aufweist, durch die Gifte eindringen können.

Schließlich wollen wir nicht versäumen, auf die notwendige Vorsicht beim Umgehen mit Quecksilber hinzuweisen. Man hüte sich, Quecksilber zu verschütten; denn da man dieses kaum auflesen kann und dasselbe schon bei gewöhnlicher Temperatur dampfförmig wird, d. h. langsam sich verflüchtigt, so befindet man sich immer in einer quecksilberhaltigen Luft, welche im Laufe der Zeit die Gesundheit ernstlich gefährden kann.

Grundsätze für die gewerbepolizeiliche Überwachung der Metallbeizereien (Metallbrennen).

(Aus dem Amtsblatt der Staatsministerien Königreich Bayern, 1911, Nr. 30.)

1. Metallbeizereien (Metallbrennen) zum Beizen von Metallen mit Salpetersäure müssen von den sonstigen Arbeits- und Wohnräumen durch dichte Wände abgetrennt und so angeordnet sein, daß keine schädlichen Gase in andere Arbeits- und in Wohnräume gelangen können. Verbindungsöffnungen mit anderen Arbeits- und mit Wohnräumen sind durch selbsttätig zufallende, dicht schließende Türen geschlossen zu halten.

2. Der Fußboden der Beizerei ist aus säurebeständigem Stoff (Steinplatten, harten Klinkern, Asphalt u. dgl., nicht Zement) undurchlässig und so herzustellen, daß Säuren und säurehaltige Spülwasser nach Sinklöchern ablaufen müssen. Der Anschluß des Fußbodens an die Umfassungswände ist säurefest und so herzustellen, daß letztere von Säure nicht zerstört werden können. Der Fußboden und die Seitenwände müssen durch Abspritzen mit Wasser dauernd sauber gehalten werden. Die Sinklöcher sind durch säurebeständige Rohrleitungen (glasierte Tonröhren u. dgl., nicht Zementröhren) mit einem ebenfalls säurebeständigen Sammelbehälter zu verbinden, in welchem sie vor weiterer Ableitung durch Kalk oder auf andere Weise neutralisiert werden.

3. Die zum Beizen benutzten Säuregefäße müssen auf säurefestem Untergrund und, wenn nicht auf andere Weise für den Schutz der Arbeiter gesorgt ist, so hoch aufgestellt werden, daß die Arbeiter durch die Säure und die Dämpfe möglichst wenig gefährdet werden.

4. Metallbeizereien müssen durch Tageslicht und bei Dunkelheit durch künstliche Beleuchtung so gut erhellt sein, wie es die Sicherheit des Betriebes erfordert.

5. Die Säuredämpfe sind an der Entstehungsstelle in wirksamer Weise abzufangen und so abzuführen, daß sie nicht in Wohn- oder Arbeitsräume dringen können.

6. Das Ansetzen der Säure darf nur unter einem gut wirkenden Abzug erfolgen. Bei Nichtbenutzung der Beizerei sind die Säuregefäße dicht abzudecken.

7. In der Beizerei selbst dürfen organische Stoffe, wie Papier, Holz, Stroh, Kohlen, Gewebe u. dgl., nicht aufbewahrt werden.

8. Jugendliche Arbeiter dürfen in der Beizerei nicht beschäftigt werden. Doch ist in Handwerksbetrieben die Heranziehung jugendlicher Arbeiter zu Beizarbeiten insoweit nicht zu beanstanden, als die Lehrlingsausbildung in Frage steht und die Beschäftigung unter entsprechender Anweisung und Beaufsichtigung durch den Meister erfolgt.

9. Der Genuß von Branntwein ist in der Beizerei zu untersagen. Personen, die zu übermäßigem Genusse von Spirituosen neigen, sind von der Beschäftigung in der Beizerei auszuschließen.

10. Als Gegenmittel gegen Einatmung von nitrosen Dämpfen ist die Möglichkeit der Sauerstoffatmung vorzusehen. Wo Einrichtungen dieser Art nicht vorhanden sind, ist eventuell durch Anschlag auf die Sauerstoff- und Wiederbelebungsapparate der nächsten Feuerwache hinzuweisen.

11. In jeder Beizerei ist auf die Gefahr der Vergiftung durch Einatmung nitroser, rotbrauner Dämpfe mittels auffallenden Anschlags eindringlich aufmerksam zu machen und anzuraten, nach Einatmung größerer Mengen dieser Dämpfe, auch bei scheinbarem Wohlbefinden, sofort den Arzt aufzusuchen und Gegenmittel anzuwenden.

12. Für den Anschlag wird folgender Wortlaut empfohlen:

Vorsicht!

Die Dämpfe der Salpetersäure, besonders die rotbraunen, sind giftig. Es ist lebensgefährlich, sie einzuatmen, da sie die Lunge angreifen.

Nicht unter die Abzugshaube beugen!

Wer Säuredämpfe in großer Menge eingeatmet hat, suche, auch wenn er sich scheinbar wohlbefindet, sofort den Arzt auf.

Auslaufende Säure ist sofort mit viel Wasser zu verdünnen und fortzuspülen.

Erste Hilfe bei den in den galvanotechnischen Werkstätten vorkommenden Unfällen.

Selbstverständlich ist bei derartigen Vorkommnissen sofort ein Arzt zu holen.

Da aber bis zur Ankunft eines solchen oft längere Zeit vergehen kann, so gebe ich für alle Fälle allgemeine Angaben für erste, dringendste Hilfeleistung; für gewerbliche und industrielle Betriebe kommen selbstredend in erster Linie die Vorschriften der Berufsgenossenschaften in Betracht.

1. Verbrennungen und Ätzungen durch Säuren, Laugen usw.

Schnelles Abwischen mit Wattebauschen, dann Abwaschen mit viel Wasser (Wasserleitung), dann nach 2.

2. Behandlung der Brandwunden.

Eine Brandwunde ersten Grades (Rötung der Haut, schwache Blasenbildung) wird mit einer Mullbinde, welche mit 10 % Borvaselin bestrichen wurde, verbunden. Sehr bewährt hat sich auch das Einreiben mit einem dicken Brei, hergestellt aus, mit Wasser befeuchteten doppelt kohlensaurem Natrium.

Eine Brandwunde zweiten Grades (offene Blasen) behandelt man mit Suspension von gleichen Teilen Kalkwasser und Olivenöl (Brandsalbe). Vorteilhaft verbindet man die Wunde auch mit der Wismut-Brandbinde von Bardeleben. Geschlossene Blasen werden vorsichtig mit der ausgeglühten Spitze einer Nadel aufgestochen.

Eine Brandwunde dritten Grades (bis auf den Knochen) verbindet man mit in essigsaurer Tonerde getränktem Mull.

3. Vergiftungen.

Allgemeine Regel: Um das Gift so schnell als möglich wieder aus dem Magen zu bringen, sind die wirksamsten Mittel: Erbrechen und Magenausspülen mit dem Schlauche; da aber letzteres nur von geübter Hand ausgeführt werden kann, so kann man statt dessen durch Trinken von sehr viel Wasser infolge der dadurch erzielten Verdünnung im Magen die Wirkung des Giftes verringern. Trinkt man hernach noch lauwarmes Wasser oder kitzelt den Rachen mit dem Finger, dann wird Erbrechen erregt und auf diese Weise der Magen auch entleert. Ferner stets dienlich: frische Luft, Sauerstoffinhalation, Belebungs- und Anregungsmittel sog. Analeptika (schwarzer Kaffee, Äther, Kampfer usw.).

Ammoniakflüssigkeit: Einnehmen von verdünnten organischen Säuren z. B. Essigsäure, Citronensaft, 1%ige Weinsäurelösung.

Ammoniakgas: Frische Luft, Sauerstoff.

Arsenik (arsenige Säure): Erbrechen, Magenausspülen, Eingeben großer Mengen heißer Milch, Wasser, gemischt mit gebrannter Magnesia.

Gegenmittel: frisch gefälltes Eisenhydroxyd, erhalten aus verdünnter Ferrisulfatlösung und mit Wasser gemischter gebrannter

Magnesia; vorrätig in den Apotheken als sogen. Antidotum arsenici.

Alkalien: siehe Laugen.

Blausäure (Zyanwasserstoff): Einatmen von verdünntem Ammoniak oder verdünntem Chloroform; Erbrechen, Magen ausspülen. Verdünntes Wasserstoffsuperoxyd. Als wirksame Gegenmittel bei Blausäure bezw. Zyankaliumvergiftungen, die natürlich nur dann irgend einen Erfolg versprechen, wenn sie sofort zur Anwendung kommen, sind neuerdings Wasserstoffsuperoxyd und Kobaltnitrat auf Grund experimenteller Ermittlungen empfohlen worden. Ersteres wird in $2^1/_2$—3 % Lösung zu subkutanen Injektionen an verschiedenen Körperstellen und zu Magenspülungen angewandt und führt die Bläusäure in das ungiftige Oxamid über.

Kobaltnitrat, welches mit Zyankalium das nicht giftige Kaliumkobaltzyanid bildet, wird in 0,5—1 % Lösung verabreicht. Neuerdings wird, besonders als Vorbeugungsmittel, Natriumthiosulfat, innerlich gegeben, von Teichmann und Nagel, Biochemische Zeitschrift 1919 empfohlen.

Es sollten diese Mittel in jeder Anstalt vorrätig gehalten werden. Eventuell sind Sauerstoffinhalationen, Magenausspülungen durch reichliches Wassertrinken am Platze, ebenso Belebungsmittel.

Blei und Bleisalze: z. B. Bleizucker u. a. (akut), Magenspülung, Erbrechen, Milch, Eiweißlösungen, Abführmittel (Glaubersalz, Bittersalz u. a.).

Brom- und Chlorgas: frische Luft, Sauerstoff, Einatmen von Wasserdämpfen, Alkohol- und Ätherdämpfe; Belebungsmittel.

Zyan siehe Blausäure.

Jod: Magenspülung mit Milch, Eiweißlösungen.

Kohlenoxydgas (Kohlendunst, Leuchtgas): frische Luft, Sauerstoff, künstliche Atmung, Belebungsmittel.

Karbolsäure auch Lysol u. a.: Magenspülung, Milch, verdünntes Kalkwasser, schwefelsaures Natrium, Anregungsmittel.

Kupfer z. B. Kupfersalze: Eiweißlösungen, Milch, Magenspülung, gebrannte Magnesia, Belebungsmittel.

Laugen z. B. Kali- oder Natronlauge, Soda, Potasche, Salmiakgeist. Siehe allgemeine Regeln; verdünnte organische Säuren, Essig, Zitronensaft, 1 %ige Weinsäurelösung, Milch, Eiweiß, Belebungsmittel.

Leuchtgas siehe Kohlenoxydgas.

Giftige Gase z. B. Schwefelwasserstoff, Schwefelammonium u. a.: frische Luft, Sauerstoffinhalation, künstliche Atmung, Belebungsmittel.

N i t r o s e G a s e (Stickstoffoxyde (Zerfallsprodukte der Salpetersäure): frische Luft, Sauerstoffinhalation und künstliche Atmung, Belebungsmittel.

S ä u r e d ä m p f e: reine Luft, Einatmen von verdünntem Ammoniak, Inhalation zerstäubter Natriumbikarbonatlösungen.

P h o s p h o r: Magenspülung mit verdünntem Kaliumpermanganatlösungen, Eiweiß, Stärkekleister, Erbrechen, kleine Gaben von Terpentinöl (10—20 Tropfen), k e i n e M i l c h, k e i n O e l, **also keine Stoffe, welche Phosphor lösen.**

Q u e c k s i l b e r s a l z e: Eiweißlösungen, Magenspülung mit Milch, Erbrechen, Mehlbrei, k e i n K o c h s a l z.

S ä u r e n wie z. B. Schwefelsäure (Vitriolöl) Salpetersäure (Scheidewasser), Salzsäure, Oxalsäure (= Zuckersäure) Weinsteinsäure, Essigsäure, Essigessenz, Essigsprit u. a. Siehe: a l l g e m e i n e R e g e l.. Reiche doppelkohlensaures Natrium in Wasser gelöst oder gebrannte Magnesia oder Kreidepulver mit Wasser angerührt, auch Eiweiß mit Wasser geschlagen oder gequirlt. Bei Oxalsäurevergiftung gib nur gebrannte Magnesia mit Wasser angerührt. Belebungsmittel.

Z y a n k a l i u m siehe B l a u s ä u r e.

Man beachte stets den Grundsatz:

„Verhüten ist leichter als Wiedergutmachen!

Sach- und Namenregister.

www.ingramcontent.com/pod-product-compliance
Lightning Source LLC
LaVergne TN
LVHW060626300926
849162LV00008B/1722
* 9 7 8 3 1 1 2 6 7 9 9 5 1 *